高等学校土木工程专业规划教材

JIAOTONGBAN GAODENG XUEXIAO TUMU GONGCHENG ZHUANYE GUIHUA JIAOCAI

第2版

混凝土结构设计

Hunningtu Jiegou Sheji

段敬民　程选生　何明胜　主编

内容提要

本书是交通版高等学校土木工程专业规划教材之一，是《混凝土结构设计原理》的姊妹书。教材内容按现行最新的《混凝土结构设计规范》(GB 50010—2010)及《建筑结构荷载规范》(GB 50009—2012)编写。本书共三章，内容包括：梁板结构、单层厂房结构、多层框架结构等。每章配有详细的设计实例，章末附有思考题和习题。

本书供土木工程专业本科作教材，也可供房屋建筑工程专业及相近专业专科作教材，还可供从事土建工程技术的设计、施工及科研工作者参考。

图书在版编目（CIP）数据

混凝土结构设计／段敬民，程选生，何明胜主编.
--2版. --北京：人民交通出版社，2013.4
ISBN 978-7-114-10400-8

Ⅰ.①混… Ⅱ.①段…②程…③何… Ⅲ.①混凝土结构-结构设计 Ⅳ.①TU370.4

中国版本图书馆 CIP 数据核字（2013）第 037140 号

交通版高等学校土木工程专业规划教材

书　　名：混凝土结构设计（第 2 版）
著 作 者：段敬民　程选生　何明胜
责任编辑：张征宇　赵瑞琴
出版发行：人民交通出版社
地　　址：（100011）北京市朝阳区安定门外外馆斜街 3 号
网　　址：http://www.ccpress.com.cn
销售电话：（010）59757973
总 经 销：人民交通出版社发行部
经　　销：各地新华书店
印　　刷：北京市密东印刷有限公司
开　　本：787×1092　1/16
印　　张：17
字　　数：435 千
版　　次：2005 年 12 月第 1 版　2013 年 4 月第 2 版
印　　次：2013 年 4 月第 2 版　第 1 次印刷　总第 2 次印刷
书　　号：ISBN 978-7-114-10400-8
印　　数：3001-6000 册
定　　价：35.00 元

交通版

高等学校土木工程专业规划教材

编委会

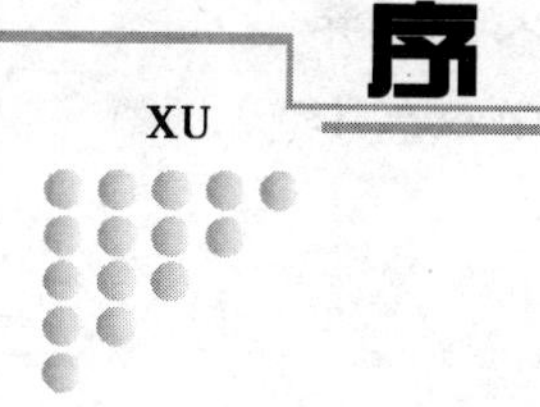

序

XU

随着科学技术的迅猛发展、全球经济一体化趋势的进一步加强以及国力竞争的日趋激烈，作为实施"科教兴国"战略重要战线的高等学校，面临着新的机遇与挑战。高等教育战线按照"巩固、深化、提高、发展"的方针，着力提高高等教育的水平和质量，取得了举世瞩目的成就，实现了改革和发展的历史性跨越。

在这个前所未有的发展时期，高等学校的土木类教材建设也取得了很大成绩，出版了许多优秀教材，但在满足不同层次的院校和不同层次的学生需求方面，还存在较大的差距，部分教材尚未能反映最新颁布的规范内容。为了配合高等学校的教学改革和教材建设，体现高等学校在教材建设上的特色和优势，满足高校及社会对土木类专业教材的多层次要求，适应我国国民经济建设的最新形势，人民交通出版社组织了全国二十余所高等学校编写"交通版高等学校土木工程专业规划教材"，并于2004年9月在重庆召开了第一次编写工作会议，确定了教材编写的总体思路。于2004年11月在北京召开了第二次编写工作会议，全面审定了各门教材的编写大纲。在编者和出版社的共同努力下，这套规划教材已陆续出版。

在教材的使用过程中，我们也发现有些教材存在诸如知识体系不够完善，适用性、准确性存在问题，相关教材在内容衔接上不够合理以及随着规范的修订及本学科领域技术的发展而出现的教材内容陈旧、亟待修订的问题。为此，新改组的编委会决定于2010年底启动该套教材的修订工作。

这套教材包括《土木工程概论》、《建筑工程施工》等31种，涵盖了土木工程专业的专业基础课和专业课的主要系列课程。这套教材的编写原则是"厚基础、重能力、求创新，以培养应用型人才为主"，强调结合新规范、增大例题、图解等内容的比例并适当反映本学科领域的新发展，力求通俗易懂、图文并茂；其中对专业基础课要求理论体系完整、严密、适度，兼顾各专业方向，应达到教育部和专业教学指导委员会的规定要求；对专业课要体现出"重应用"及"加强创新能力和工程素质培养"的特色，保证知识体系的完整性、准确性、正确性和适应性，专业课教材原则上按课群组划分不同专业方向分别考虑，不在一本教材中体现多专业内容。

反映土木工程领域的最新技术发展、符合我国国情、与现有教材相比具有明显特色是这套教材所力求达到的目标，在各相关院校及所有编审人员的共同努力下，交通版高等学校土木工程专业规划教材必将对我国高等学校土木工程专业建设起到重要的促进作用。

交通版高等学校土木工程专业规划教材编审委员会

人民交通出版社

我国高等学校土木工程教育按照教育部的部署，实现"厚基础、宽口径、多方向、高素质"的教育要求，实现两个根本性转变，特别是实现由应试教育向素质教育的转变，要求毕业生能从事土木工程的设计、施工及管理工作，业务范围涉及房屋建筑、桥梁隧道、公路及城市道路、矿山建筑等。为此我国高等学校土木工程专业教学指导委员会提出，拟在保证专业基础课的前提下，按专业方向分成若干课程组，如专业基础组、建筑工程组、桥梁隧道组等。

本书是《混凝土结构设计原理》的姊妹书，是专业课教材。在学生已修《混凝土结构设计原理》的基础上，从专业培养方向及培养目标出发，提供给学生以结构工程师的基础训练。通过本课程的学习，学生可以对混凝土结构工程中的结构设计有较系统的训练。

本书编写时，贯彻了《中国教育改革和发展纲要》精神，本着"厚基础、重能力、求创新、以培养应用型人才为主"的总体思路，保证课程体系的完整性，同时注重加强基本理论、基本技能和基本知识的训练。做到内容精练、特色鲜明，文字力求通俗流畅，对涉及国家标准或规范的内容、均以现行最新国家标准或规范为准。由人民交通出版社组织华北水利水电学院、兰州理工大学、石河子大学、浙江农林大学和天津城市建设学院等老师编写，内容包括：梁板结构，阐述楼盖和屋盖的结构设计理论与方法；单层厂房结构，尽管钢结构厂房近年来逐渐增多，但混凝土结构单层厂房由于标准化、工业化程度较高，今后一个时期仍将是主要结构形式之一；多层框架结构，这部分内容对于学生掌握多层框架结构设计原理与方法，无论结构分析或截面设计，都是作为工程师(特别是注册结构工程师)训练的重要内容。

本书由段敬民、程选生、何明胜主编。具体编写如下：段敬民编写第 3 章的第1～6 节；程选生编写第 2 章的第 1～7 节；何明胜编写第 1 章的第 1～6 节、第 8 节；齐锋编写第 2 章的第 8 节、第 3 章的第 7～10 节；艾胜利编写第 1 章的第 7 节、第 3 章的第 11～12 节。

限于编者水平，在本书的编写过程中一定存在很多不足之处，敬请读者不吝指正。

编　者

2013 年 3 月

目录 MULU

第一章 梁板结构

DIYIZHANG

第一节 概 述

钢筋混凝土梁板结构(beam-slab structures of reinforcement concrete)由钢筋混凝土受弯构件(梁和板)组成,它是土木工程中常见的结构形式,例如楼(屋)盖、楼梯、阳台、雨篷、地下室底板等。混凝土楼盖在整个房屋的材料用量和造价方面所占的比例很大,选择适当的楼盖形式,并正确、合理地进行设计计算,对整个房屋的使用和技术经济指标至关重要。本章着重讲述建筑结构中的楼(屋)盖设计。

一、楼盖类型

按施工方法,可将楼盖分成现浇、装配式和装配整体式三种。

现浇式楼盖的优点是整体性好、刚度大、防水性好、抗震性强,并能适合于房间的平面形状、设备管道、荷载或施工条件比较特殊的情况;其缺点是费工、费模板、工期长、施工受季节的限制。故现浇式楼盖通常用于建筑平面布置不规则的局部楼面或运输吊装设备不足的情况。

装配式楼盖的楼板采用混凝土预制构件,便于工业化生产,在多层民用建筑和多层工业厂房中得到广泛应用。但是,这种楼面由于整体性、防水性和抗震性较差,不便于开设孔洞,故对于高层建筑、有抗震设防要求的建筑以及使用上要求防水和开设洞口的楼面,均不宜采用。

装配整体式楼盖的整体性较装配式的好,又比现浇式楼盖节省模板和支撑,但这种楼盖需要进行混凝土的二次浇筑,有时还须增加焊接工作量,故给施工进度和造价都带来一些不利影响。因此,这种楼盖仅适用于荷载较大的多层工业厂房、高层民用建筑及有抗震设防要求的建筑。采用装配式楼盖可以克服现浇楼盖的缺点,而装配整体式楼盖则兼具现浇式楼盖和装配式楼盖的优点。

以上三种形式楼盖设计计算与单个构件没有大的区别,主要是加强梁和板的整体连接构造,而现浇梁板结构是现在用量最大的一种。

现浇楼盖主要有肋梁楼盖(单向板肋梁楼盖、双向板肋梁楼盖)、井式梁楼盖和无梁楼盖,如图 1-1 所示:

1)肋梁楼盖:如图 1-1a)、b)所示,一般由板、次梁和主梁组成,其主要传力途径为板—次梁—主梁—柱或墙—基础—地基。肋梁楼盖是现浇楼盖中使用最普遍的一种。

2)井式梁楼盖:如图 1-1c)所示,两个方向的柱网间距接近,梁的截面相同。由于是两个方向受力的结构,梁的高度比肋梁楼盖小,故用于跨度较大且柱网呈方形的结构。由于其天篷的区格整齐,建筑效果较好,故常用于建筑物的门厅、餐厅、展厅和会议厅中。

3)无梁楼盖:如图 1-1d)所示,板直接支承于柱上,其传力途径是荷载由板传至柱或墙。无梁楼盖的结构高度小、净空大、支模简单,但用钢量较大,常用于仓库、商店等柱网布置接近方形的建筑。

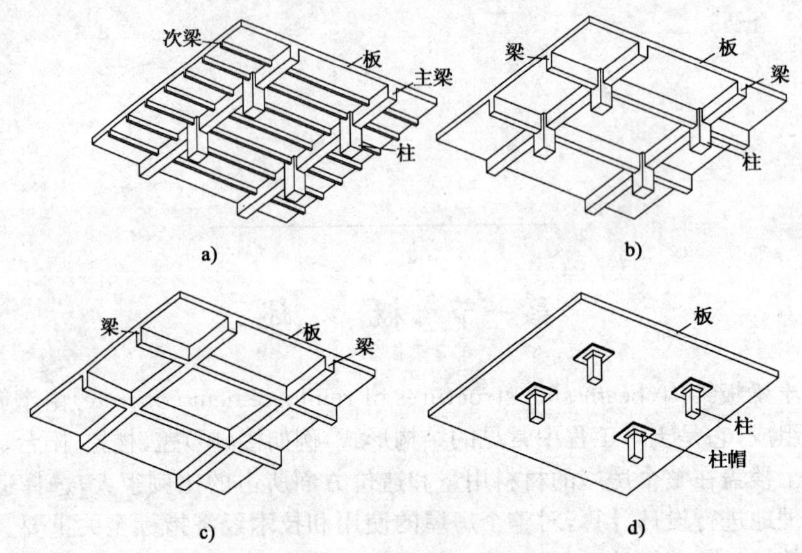

图 1-1 楼盖的结构形式

a)单向板肋梁楼盖;b)双向板肋梁楼盖;c)井字楼盖;d)无梁楼盖

二、单向板和双向板

肋梁楼盖每一区格板的四边一般均有梁或墙支承,板上的荷载主要通过板的受弯作用传到四边支承的构件上。根据弹性薄板理论的分析结果,当区格板的长边与短边之比超过一定数值时,荷载主要是通过沿板的短边方向的弯曲(及剪切)作用传递的,沿长边方向传递的荷载可以忽略不计,这时可称其为“单向板”。双向板的受力特征不同于单向板,它在两个方向的横截面上均作用有弯矩和剪力,另外还有扭矩。我国的《混凝土结构设计规范》(GB 50010—2010)规定:沿两对边支承的板应按单向板计算;对于四边支承的板,当长边与短边比值大于 3 时,可按沿短边方向的单向板计算;当长边与短边比值小于 3 时,宜按双向板计算;当长边与短边比值介于 2 和 3 之间时,亦可按沿短边方向的单向板计算,但应沿长边方向布置足够数量的构造钢筋;当长边与短边比值小于 2 时,应按双向板计算。

三、梁、板尺寸

对于梁、板等结构,在开始计算时其截面尺寸可参考已有经验或有关资料(表 1-1)先估算确定。若计算结果所得的截面尺寸与原估算的尺寸相差很大时,需重新估算,直至满足要求为止。板的跨厚比:钢筋混凝土单向板不大于 30,双向板不大于 40;无梁支承的有柱帽板不大于 35,无梁支承的无柱帽板不大于 30。预应力板可适当增加。当板的荷载、跨度较大时宜适当减小。

混凝土梁、板截面的常规尺寸　　表 1-1

构件种类		高跨比(h/l)	备注
单向板	简支 两端连续	≥1/30 ≥1/35	屋面板 h≥60mm 民用建筑楼板 h≥60mm 工业建筑楼板 h≥70mm 行车道下的楼板 h≥80mm
双向板	单跨简支 多跨连续	≥1/40 ≥1/45 (按短向跨度)	板厚一般取 h≥80mm
密肋板	单跨简支 多跨连续	≥1/20 ≥1/25	板厚 h≥50mm 肋高 h≥250mm
悬臂板		≥1/10	板的悬臂长度≤500mm　h≥60mm 板的悬臂长度 1200mm　h≥100mm
无梁楼板	无柱帽 有柱帽	≥1/30 ≥1/35	h≥150mm 柱帽宽度 $c=(0.2\sim0.3)l$
多跨连续次梁 多跨连续主梁 单跨简支梁		1/18～1/12 1/14～1/8 1/14～1/8	最小梁高:次梁 $h \geq l/25$ 主梁:$h \geq l/15$ 宽高比(b/h)一般为 1/3～1/2,并以 50mm 为模数

第二节　单向板肋梁楼盖

一、肋梁楼盖布置

合理布置柱网和梁格,对楼盖的设计和它的适用性以及经济效果,都有十分重要的意义。柱网和梁格尺寸应满足生产工艺和使用要求,并应使结构具有较好的经济指标。柱网、梁格尺寸过大会使梁、板截面尺寸过大,从而引起材料用量的大幅度增加;柱网、梁格尺寸过小又会受到梁、板截面尺寸及配筋等构造要求的限制,而使材料不能充分发挥作用,同时也限制了使用的灵活性。

肋梁楼盖的主梁一般宜布置在整个结构刚度较弱的方向(即垂直于纵向柱或墙的方向),也就是主梁沿横向布置,如图 1-2a)所示,这样可使主梁截面较大,且抗弯刚度较好,主梁能与柱形成一片片框架,同时次梁将各片框架连接起来,以加强承受水平作用力的侧向刚度。而当柱的横向间距大于纵向间距时,主梁沿纵向布置,如图 1-2b)所示,可以减小主梁的截面高度,增大室内净高。

板的经济跨度为 2～3m,次梁的经济跨度为 4～6m,主梁的经济跨度为 5～8m。

梁格布置应尽可能规整、统一,减少梁、板跨度的变化,以简化设计、方便施工。

二、弹性理论计算方法

按弹性理论计算的方法,是将钢筋混凝土梁、板视为理想弹性体,并按结构力学中的一般方法进行内力计算。

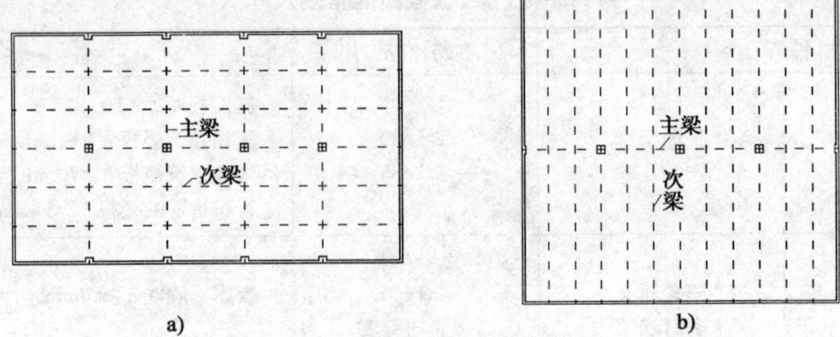

图 1-2 肋梁楼盖

a)主梁沿横向布置；b)主梁沿纵向布置

1. 计算单元及计算模型

在现浇单向板肋梁楼盖中，板、次梁和主梁的计算模型一般为连续板或连续梁。其中板一般视为以次梁和边墙(或梁)为铰支承的多跨连续板；次梁一般可视为以主梁和边墙(或梁)为铰支承的多跨连续梁。对于支承于混凝土柱上的主梁，其计算模型应根据梁柱线刚度比确定。当主梁与柱的线刚度比≥4 时，柱梁可视为以柱和边墙(或梁)为铰支承的多跨连续梁，否则应按梁、柱刚接的框架模型(框架梁)计算主梁。对于单向板肋梁楼盖，可从整个板面上沿板短跨方向取 1m 宽板带作为板的计算单元，梁的计算单元取相邻梁中心距的一半(图 1-3)。

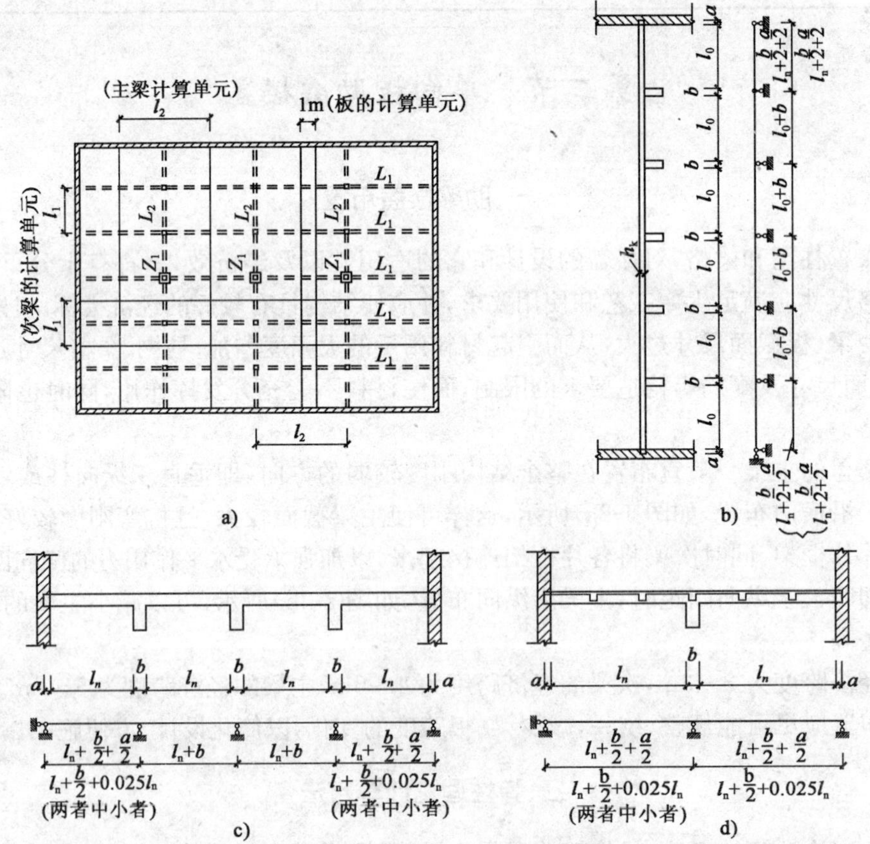

图 1-3 单向板肋梁楼盖按弹性理论计算的梁板计算模型

a)构件计算单元；b)板计算模型；c)L_1 计算模型；d)L_2 计算模型

当连续梁、板各跨的计算跨度相差不超过10%时，为简化计算，可视为等跨。其支座负弯矩应按相邻两跨的平均值确定，跨中正弯矩则仍按本跨跨长计算。对于各跨荷载相同、跨数超过5跨的等跨、等截面连续梁(板)，第三跨以内的所有中间跨的内力十分接近。为简化计算，可按5跨连续梁(板)来计算其内力。计算跨度应按支座处的实际转动情况确定。通常中间跨可取支座中心线间的距离。边跨计算跨度如下(图1-4)：

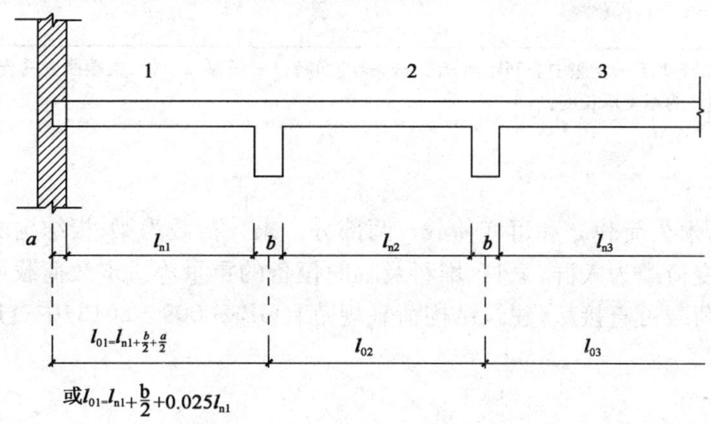

图1-4　按弹性理论计算的计算跨度

当板、梁边跨端部搁置在支承构件上

$$l_{01}=l_{n1}+\frac{b}{2}+\frac{a}{2}\leqslant l_{n1}+\frac{b}{2}+\frac{h}{2}\quad(板)$$

$$l_{01}=l_{n1}+\frac{b}{2}+\frac{a}{2}\leqslant 1.025l_{n1}+\frac{b}{2}\quad(梁)$$

当板、梁边跨端部与支承构件整浇时

$$l_{01}=l_{n1}+\frac{b}{2}+\frac{a}{2}\quad(板和梁)$$

式中：l_{n1}、l_{n2}——板、梁中间跨的净跨长、边跨的净跨长；

a——板、梁端部支承长度；

b——中间支座或第一内支座的宽度；

h——板厚。

梁、板计算跨度的取值方法见表1-2。

梁、板计算跨度　　表1-2

按弹性理论计算	单跨	两端搁置	$l_0=l_n+a\leqslant l_n+h$(板) $l_0=l_n+a\leqslant 1.05l_n$(梁)
		一端搁置、一端与支承构件整浇	$l_0=l_n+a/2\leqslant l_n+h/2$(板) $l_0=l_n+a/2+b/2\leqslant 1.05l_n$(梁)
		两端与支承构件整浇	$l_0=l_n$(板) $l_0=l_n+a\leqslant 1.05l_n$(梁)
	多跨	两端搁置	$l_0=l_n+a\leqslant l_n+h$(板) $l_0=l_n+a\leqslant 1.05l_n$(梁)
		一端搁置、一端与支承构件整浇	$l_0=l_n+b/2+a/2\leqslant l_n+b/2+h/2$(板) $l_0=l_n+b/2+a/2\leqslant 1.025l_n+b/2$(梁)
		两端与支承构件整浇	$l_0=l_c$(板和梁)

续上表

按塑性理论计算	两端搁置	$l_0=l_n+a\leqslant l_n+h$(板) $l_0=l_n+a\leqslant 1.05l_n$(梁)
	一端搁置、一端与支承构件整浇	$l_0=l_n+a/2\leqslant l_n+h/2$(板) $l_0=l_n+a/2\leqslant 1.025l_n$(梁)
	两端与支承构件整浇	$l_0=l_n$(板) $l_0=l_n$(梁)

注:l_0—板、梁的计算跨度;l_c—支座中心间距离;l_n—板、梁的净跨;h—板厚;a—板、梁端搁置的支承长度;b—中间支座宽带或与构件整浇的端支承长度。

2. 荷载取值

楼面荷载包括永久荷载 g 和可变荷载 q 两部分。永久荷载为梁、板结构的自重及隔墙、固定设备重量等;可变荷载为人群、家具、堆料及临时设备的重量等。永久荷载可根据梁、板等几何尺寸求得,可变荷载可直接从《建筑结构荷载规范》(GB 50009—2012)中查用。

3. 折减荷载

上述将与板(或梁)整体联结的支承视为铰支座的假定,对于等跨连续板(或梁),当荷载沿各跨均为满布时(如只有恒载)是可行的。因为,此时板或梁在中间支座发生的转角很小($\theta=0$),按铰支简图计算与实际情况相差很小。但是,当活荷载隔跨布置时,情况则不相同。现以支承在次梁上的连续板为例说明。如图 1-5a)所示的连续板,当按铰支简图计算时,板绕支座的转角 θ 值较大。实际上,因为板与次梁整浇在一起,当板受荷弯曲而在支座发生转动时,将带动次梁一起转动。但次梁具有一定的抗扭刚度,且两端又受主梁约束,将阻止板自由转动,使板在支承处的转角由铰支承时的 θ 减小为 θ',如图 1-5b)所示。这样使板的跨内弯矩有所降低、支座负弯矩相应有所增加,但不会超过两相邻跨满布活荷载时的支座负弯矩。类似的情况也发生在次梁与主梁之间。为了使板、次梁的内力计算值更接近于实际,可以进行适当的调整,如图 1-5c)所示。但由于次梁的抗扭刚度与板的抗弯刚度之比大于主梁的抗扭刚度与次梁的抗弯刚度之比,所以次梁对板的约束作用大于主梁对次梁的约束作用,故对于板和次梁,其折算荷载 g' 和 q' 取值分别为

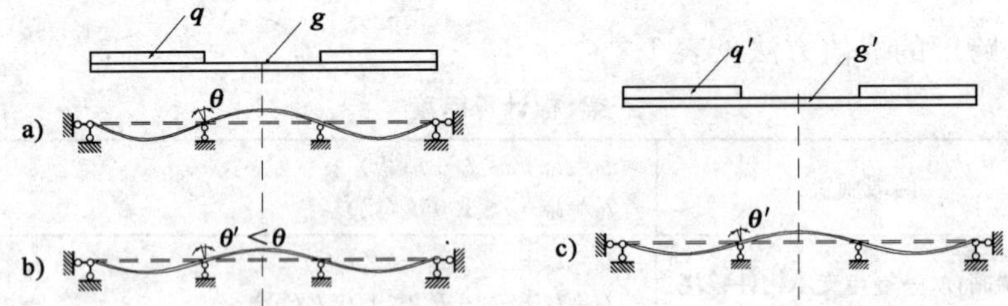

图 1-5 梁杭扭的影响

a)理想铰支座的变形;b)支座弹性约束时的变形;c)采用折算荷载时的变形

板 $g'=g+\frac{1}{2}q \qquad q'=\frac{1}{2}q$

次梁 $g'=g+\frac{1}{4}q \qquad q'=\frac{3}{4}q$

式中：g'、q'——折算永久荷载和折算可变荷载；

g、q——实际永久荷载和可变荷载。

当板或梁支承在砖墙或钢结构上时，上述约束作用将不存在，则荷载也不作上述调整，对主梁不进行上述荷载折算。因柱对主梁的约束作用很小，忽略其影响不会引起太大的误差。为简化计算，工程中一般不考虑柱对主梁的约束作用，但当柱刚度较大时，则应按框架计算结构的内力。

4. 活荷载最不利布置

恒荷载作用于结构上之后，其布置不会发生改变，而活荷载的布置可以变化。由于活荷载的布置方式不同，会使连续结构构件各截面产生不同的内力。为了保证结构的安全性，就需要找出产生最大内力的活荷载布置方式及内力，并与恒荷载内力叠加作为设计的依据，这就是荷载最不利组合或最不利内力组合的概念。

在荷载作用下，连续梁的跨中截面和支座截面是出现最大内力的截面，称为控制截面。控制截面产生最大内力的活荷载布置原则如下：

(1)使某跨跨中产生弯矩最大值时，除应在该跨布置活荷载外，尚应向左、右两侧隔跨布置活荷载；使该跨跨中产生弯矩最小值时，其布置恰好与此相反。

(2)使某支座产生负弯矩最大值或剪力最大值时，应在该支座两侧跨内同时布置活荷载，并向左、右两侧隔跨布置活荷载(边支座负弯矩为零；考虑剪力时，可视支座外侧跨长为零)。

按上述原则，对 n 跨连续梁 $2<n<5$，可得出 $n+1$ 种活荷载最不利布置(图 1-6)。

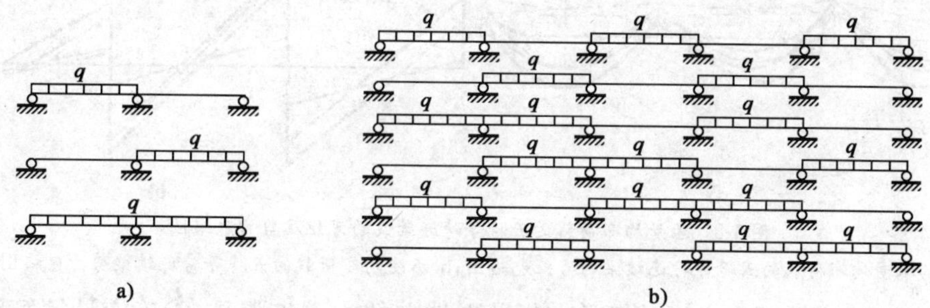

图 1-6　连续当的活荷载最不利布置(均布荷载 q)

a)两跨连续梁；b)五跨连续梁

对于跨度相对差值小于 10%的不等跨连续梁、板，其内力也可近似按等跨度结构进行分析。计算跨内截面弯矩时，采用各个跨的计算跨度；而计算支座截面弯矩时，采用相邻两跨计算跨度的平均值。

5. 支座截面内力设计值的修正

在用弹性理论方法计算时，计算跨度一般都取至支座中心线。当板与梁整浇、次梁与主梁整浇以及主梁与混凝土柱整浇时，支承处的截面工作高度大大增加，危险截面不是支座中心处的构件截面而是支座边缘处截面(图 1-7)。

为了节省材料，整浇支座截面的内力设计值可按支座边缘处取用，并近似取为

$$M_c = M - \frac{V_0}{2}b \tag{1-1}$$

$$V_c = V - \frac{(g+q)}{2}b \tag{1-2}$$

式中：M、V——支座中心线处截面的弯矩和剪力；

V_0——按简支梁计算的支座剪力；

b——整浇支座的宽度，

g、q——作用在梁（扳）上的均布恒荷载和均布活荷载。

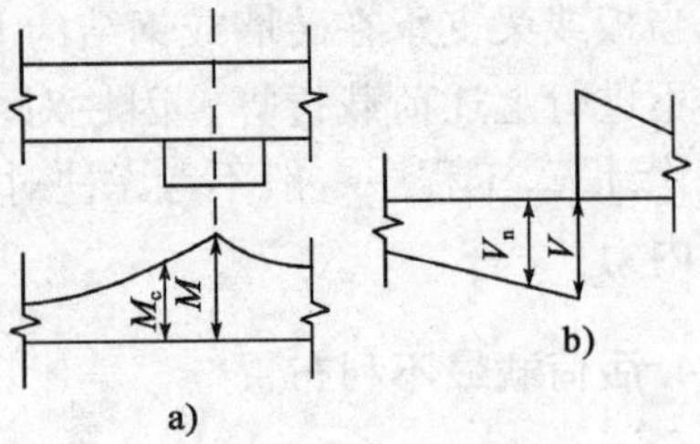

图 1-7　整浇构件的支座内力

a）弯矩；b）剪力

6. 内力包络图

把永久荷载作用下各截面产生的内力与各相应截面在最不利可变荷载作用下产生的内力相叠加（包括正、负弯矩和剪力），便可得到各截面可能出现的最不利内力。图 1-8 为承受均布荷载五跨等跨连续梁的弯矩叠合图。其外包线即为各截面可能出现弯矩的最大和最小值，由这些外包线围成的图形称为弯矩包络图。利用类似的方法可绘出剪力包络图。

【例 1-1】　某单向板肋形楼盖的主梁为五跨连续梁（图 1-8），其承受有恒荷载（设计值 $g=20\text{kN/m}$）、活荷载（设计值 $q=10\text{kN/m}$），主梁自重（均布荷载）荷载设计值 $q=2\text{kN/m}$。试作出该梁的弯矩包络图和剪力包络图。

解：该梁的弯矩包络及剪力包络如图 1-8 所示。

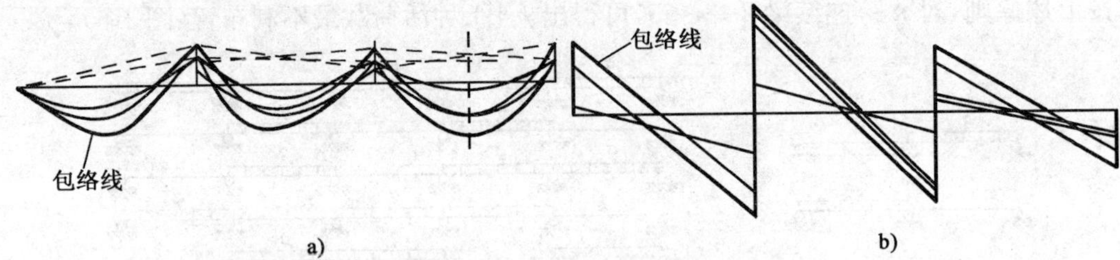

图 1-8　承受均布荷载的五跨等跨连续梁的弯矩及剪力包络图

a）承受均布荷载的五跨等跨连续梁的弯矩包络图；b）承受均布荷载的五跨等跨连续梁剪力包络图

综上所述，按弹性理论方法计算单向板肋形楼盖的主要步骤是：①确定计算简图（其中板和次梁采用折算荷载）；②求出恒荷载作用下的内力和最不利活荷载作用下的内力并分别进行叠加；③作出内力包络图；④对整浇支座截面的弯矩和剪力进行调整；⑤进行配筋计算；⑥按弯矩包络图确定弯起钢筋和纵向钢筋截断位置，按剪力包络图确定腹筋。

三、塑性理论计算方法

1. 基本概念

以弹性理论计算的连续梁弯矩包络图来设计构件的截面及配筋，无疑可以保证结构的安全、可靠。但弯矩包络图反映的是各截面可能出现的最不利弯矩，而这些最不利弯矩并非同时出现。所以某截面的弯矩达到最大值时，另一些截面的弯矩并未达到最大值，也即这些截面的材料未能得到充分利用。按弹性理论计算（即按线弹性分析）时，结构构件的刚度始终不变，内力与荷载成正比。而钢筋混凝土受弯构件在荷载作用下会产生裂缝，而且材料也非匀质弹性材料，随着荷载的增加、混凝土塑性变形的发展，其结构构件各截面的刚度相对值会发生变化；

而超静定结构构件的内力是与构件刚度有关的，刚度的变化意味着截面内力分布会发生不同于弹性理论的分布，这就是塑性内力重分布的概念。

钢筋混凝土结构的截面配筋是按极限状态设计的，这已充分考虑了钢筋混凝土的塑性性能，而按弹性理论计算的内力却未考虑这一性能，所以两者是互不协调的。若在钢筋混凝土超静定结构内力计算时考虑塑性内力重分布，则可使计算的内力与实际情况相符合，消除内力计算和截面计算之间的矛盾；另外，还可使各截面的材料都得到充分利用，获得一定的经济效益。

1)钢筋混凝土受弯构件塑性铰

钢筋混凝土受弯构件在受拉钢筋达到屈服强度后，将发生钢筋的塑性流动，此时弯矩的增量很小，但相应的截面转角却增加很多。若忽略钢筋开始屈服到截面破坏前这一阶段弯矩的微小增长，则梁中钢筋一旦达到屈服，截面将在弯矩不变的情况下产生很大的转动，从而形成一个能转动的“铰”。对于这种塑性变形集中发展的区域，在杆系结构中称为塑性铰，在板内则称为塑性铰线。

塑性铰特点为：

(1)塑性铰不是集中于一点，而是形成于钢筋屈服的整个区域。

(2)塑性铰处能承受一定的弯矩，即能承受该截面的极限弯矩。

(3)塑性铰只能沿弯矩作用方向做一定限度的转动。

塑性铰与理想铰的区别：

(1)理想铰不能承受任何弯矩，而塑性铰则能承受一定的弯矩($M_y \leqslant M \leqslant M_u$)。

(2)理想铰集中于一点，塑性铰则有一定的长度。

(3)理想铰在两个方向都可产生无限的转动，而塑性铰则是有限转动的单向铰，只能在弯矩作用方向做有限的转动。

2)内力重分布的过程

在钢筋混凝土超静定结构中，由于混凝土开裂引起的刚度变化，特别是塑性铰的形成，将在结构各截面产生内力重分布。

以图 1-9 为例，讨论一两跨连续梁，每跨距离中支座 1/3 跨度处作用有集中荷载 F，其中支座截面及荷载作用截面弯矩随荷载变化的情况。假定支座截面与跨内截面的截面尺寸与配筋相同，梁的受力全过程大致可分为 3 个阶段：

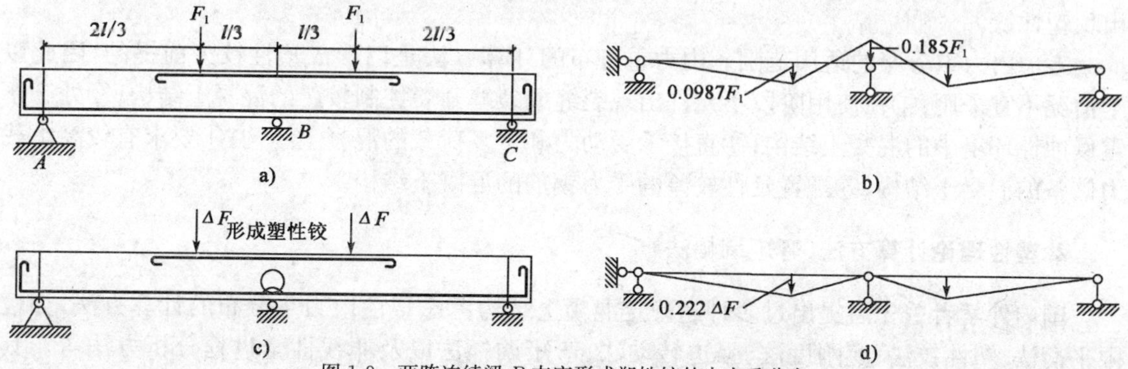

图 1-9　两跨连续梁 B 支座形成塑性铰的内力重分布

a)形成塑性铰之前的计算简图；b)形成塑性铰之前的 M 图；c)形成塑性铰之后增加的荷载；d)形成塑性铰之后的新增 ΔM 图

(1)弹性阶段：当集中力很小，混凝土尚未开裂，整个梁接近于弹性体，各部分截面抗弯刚度的比值未改变，弯矩分布由弹性理论方法确定。其弯矩的实测值与按弹性梁的计算值非常接近，观察不到内力重分布的现象。

(2)弹塑性阶段：当加载至 B 支座截面受拉区混凝土先开裂，截面抗弯刚度降低，但跨中截面尚未开裂时，由于支座与跨中截面抗弯刚度的比值降低，使 B 支座截面弯矩 M_B 增长率减小，跨中弯矩 M_1 增长率加大；继续加载，当跨中截面也出现裂缝时，但在 B 支座截面的受拉钢筋屈服前，截面抗弯刚度的比值有所回升，可观察到 M_B 的增长率增加，而 M_1 增长率减小，表现出两截面之间的内力重分布。

(3)塑性阶段：当加载至 B 支座截面受拉钢筋屈服，支座形成塑性铰，再继续加载时，梁从一次超静定连续梁转变成两根简支梁。此时可观察到明显的内力重分布，B 支座截面弯矩 M_B 增加缓慢，跨中弯矩 M_1 增加加快。由于跨内截面承载力尚未耗尽，因此还可继续增加荷载，直至跨中受拉钢筋屈服，即跨内截面也出现塑性铰，梁成为几何可变体系而告破坏。设后加的那部分荷载为 ΔF，则梁承受的总荷载为 $F=F_1+\Delta F$。由此可见，按塑性理论计算，此梁的极限荷载要比按弹性理论计算大 ΔF，也即提高了超静定梁的承载能力。

从上例可见，对于具有塑性性能的钢筋混凝土超静定结构，某一截面的钢筋达到屈服，但结构并未破坏，其中还有强度储备可以利用。考虑塑性内力重分布计算，则可以充分利用结构的这一潜力，提高结构的极限承载能力，从而达到节省钢材的目的。另外也简化了计算、方便了施工。

影响内力重分布的因素如下。

(1)塑性铰的转动能力：塑性铰的转动能力主要取决于纵向钢筋的配筋率、钢材的品种和混凝土的极限压应变。配筋率越低，受压区高度 x 就越小，塑性铰转动能力越大；混凝土的极限压应变越大，塑性铰转动能力也越大。混凝土强度等级高时，极限压应变减小，转动能力下降；普通热轧钢筋具有明显的屈服台阶，延伸率较大，塑性铰转动能力也越大。

(2)斜截面承载能力：要想实现预期的内力重分布，其前提条件是在破坏机构形成前，不能发生因斜截面承载力不足而引起的破坏，否则将阻碍内力重分布继续进行。国内外的试验研究表明，支座出现塑性铰后，连续梁的受剪承载力比不出现塑性铰的梁低。因此，为了保证连续梁内力重分布能充分发展，结构构件必须要有足够的受剪承载能力。

(3)正常使用条件：如果最初出现的塑性铰转动幅度过大，塑性铰附近截面的裂缝就可能开展过宽，结构的挠度过大，不能满足正常使用的要求。因此在考虑内力重分布时，应对塑性铰的允许转动量予以控制，也就是要控制内力重分布的幅度。一般要求在正常使用阶段不应出现塑性铰。

考虑内力重分布的适用范围。内力重分布的计算方法是以形成塑性铰为前提的，因此以下情况不宜采用：①在使用阶段不允许出现裂缝或裂缝开展控制较严的混凝土结构；②处于严重侵蚀性环境中的混凝土结构；③直接承受动力和重复荷载的混凝土结构；④要求有较高承载力储备的混凝土结构；⑤配置延性较差的受力钢筋的混凝土结构。

2. 塑性理论计算方法(弯矩调幅法)

国内外学者曾先后提出过多种超静定混凝土结构考虑塑性内力重分布的计算方法，如极限平衡法、塑性铰法、变刚度法、强迫转动法、弯矩调幅法以及非线性全过程分析方法等。其中，弯矩调幅法最为实用、方便，因此一直为许多国家的设计规范所采用。所谓弯矩调幅法，就是先按弹性理论计算出结构各截面的弯矩值，然后根据需要，对结构中某些弯矩绝对值最大的截面(多数为支座截面)进行调整，即人为地降低其弯矩值，这称为调幅。若调幅值为 30%，此截面可按 70%进行配筋计算。当支座弯矩调幅后，相应增加了跨中弯矩，只要不超过弹性弯矩包络图即可。这样，既节省钢筋，又避免了支座截面常出现配筋较拥挤的现象，方便了施工。设截面弯矩调整的幅度用调幅系数 β 来表示，则

$$M=(1-\beta)M_e \tag{1-3}$$

式中：M——调整后的弯矩设计值；

M_e——按弹性方法算得的弯矩设计值。

用弯矩调幅法计算连续梁、板的内力时，应遵守下列原则：

(1)一般调幅值不超过30%，若 $q/g\leqslant 1/3$，则调幅值不超过15%（q 和 g 分别为均布可变荷载和永久荷载），以免塑性内力重分布过程过长、裂缝开展过宽、挠度过大而影响正常使用。

(2)在计算截面承载力时，混凝土强度等级宜在C20～C45范围内，混凝土受压区计算高度系数 ξ 不宜超过0.35，也不宜小于0.1，同时应采用塑性性能较好的HRB335级、HRB400级热轧钢筋，以保证塑性铰具有足够的转动能力，达到完全的内力重分布。

(3)结构的跨中截面弯矩值应取弹性分析所得的最不利弯矩值和下式计算值中的较大值：

$$M=1.02M_0-\frac{M^l+M^r}{2} \tag{1-4}$$

式中：M_0——按简支梁计算的跨中弯矩设计值；

M^l、M^r——左、右支座截面弯矩调幅后的设计值。

(4)调幅后，支座及跨中控制截面的弯矩值均应不小于 M_0 的1/3。

(5)各控制截面的剪力设计值按荷载最不利布置和调幅后的支座弯矩由静力平衡条件计算确定。

为便于计算，对工程中常用的承受均布荷载的等跨连续梁或连续单向板，用调幅法导得的内力系数，设计时可直接查用并计算内力。以下是建议的计算方法。

各跨的跨中和支座截面的弯矩设计值和支座边缘的剪力设计值，按下列公式计算

$$M=\alpha_M(g+q)l_0^2 \tag{1-5}$$

$$V=\alpha_V(g+q)l_n \tag{1-6}$$

式中：α_M——考虑塑性内力重分布的弯矩系数，按表1-3取值；

α_V——考虑塑性内力重分布的剪力系数，按表1-4取值；

$g+q$——均布永久荷载与可变荷载设计值之和；

l_0——计算跨度，按塑性理论计算时的计算跨度见表1-2；

l_n——净跨。

连续梁和连续单向板的弯矩计算系数 α_M 表1-3

<table>
<tr><th colspan="2" rowspan="2">支承情况</th><th colspan="5">截面位置</th></tr>
<tr><th>端支座</th><th>边跨跨中</th><th>离端第二支座</th><th>中间支座</th><th>中间跨跨中</th></tr>
<tr><td colspan="2">梁、板搁置在墙上</td><td>0</td><td>$\frac{1}{11}$</td><td rowspan="4">两跨连续：$-\frac{1}{10}$
三跨以上连续：$-\frac{1}{11}$</td><td rowspan="4">$-\frac{1}{14}$</td><td rowspan="4">$\frac{1}{16}$</td></tr>
<tr><td>板</td><td rowspan="2">与梁整浇连接</td><td>$-\frac{1}{16}$</td><td rowspan="2">$\frac{1}{14}$</td></tr>
<tr><td>梁</td><td>$-\frac{1}{24}$</td></tr>
<tr><td colspan="2">梁与柱整浇连接</td><td>$-\frac{1}{16}$</td><td>$\frac{1}{14}$</td></tr>
</table>

注：①表中系数适用于荷载比 $q/g>0.3$ 的等跨连续梁和连续单向板；

②连续梁或连续单向板的各跨长度不等，但相邻两跨的长跨与短跨之比值小于1.10时，仍可采用表中弯矩系数值。计算支座弯矩时，就不取相邻两跨中的较大值。计算跨中弯矩时，应取本跨长度。

连续梁的剪力计算系数 α_V 表 1-4

支承情况	截面位置				
	端支座内侧	离端第二支座		中间支座	
		外侧	内侧	外侧	内侧
搁置在墙上	0.45	0.60	0.55	0.55	0.55
梁与柱整浇连接	0.50	0.55			

2)下面举例阐明根据上述原则用弯矩调幅法求算内力的方法(图 1-10)。

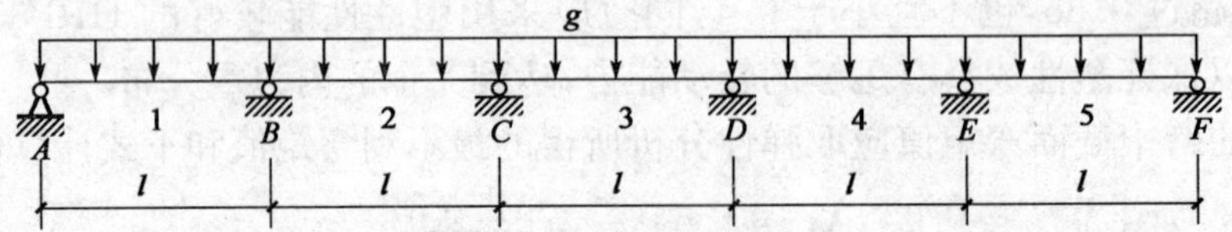

图 1-10 五跨连续梁(例 1-2)

【例 1-2】 有一搁置在墙上、承受均布荷载的五跨等跨连续梁(图 1-10),其可变荷载与永久荷载之比 $q/g=0.3$,用调幅法确定各跨的跨中和支座截面的弯矩设计值。

解:(1)折算荷载

$q/g=0.3$,计算可得出 $g=0.769(g+q)$,$q=0.231(g+q)$

折算永久荷载 $g'=g+\frac{q}{4}=0.827(g+q)$

折算可变荷载 $q'=\frac{3}{4}q=0.173(g+q)$

(2)支座 B 弯矩

连续梁按弹性体系计算,当支座 B 产生最大负弯矩时,可变荷载应布置在 1、2、4 跨,故

$$\begin{aligned}M_{\text{Bmax}}&=-0.105g'l^2-0.119ql^2\\&=-0.105\times0.827(g+q)l^2-0.119\times0.173(g+q)l^2\\&=-0.107(g+q)l^2\end{aligned}$$

考虑调幅 20%(即 $\beta_M=0.2$),则

$M_B=0.8M_{\text{Bmax}}=0.8\times[-0.107(g+q)l^2]=-0.0856(g+q)l^2$

实际取 $M_B=-\frac{1}{11}(g+q)l^2=-0.0909(g+q)l^2$

(3)边跨跨中弯矩

对应于 $M_B=-\frac{1}{11}(g+q)l^2$,边支座 A 的反力为 $0.409(g+q)l$,边跨跨中最大弯矩在离 A 支座 $x=0.409l$ 处,其值为

$M_1=\frac{1}{2}\times0.409(g+q)l\times0.409l=0.0836(g+q)l^2$

按弹性体系计算，当可变荷载布置在1、3、5跨时，其支座负弯矩 $M_B = -0.0960(g+q)l^2$，最大跨中弯矩发生在离 A 支座 $x=0.404l$ 处，则

$$M_{1max} = \frac{1}{2} \times 0.404(g+q)l \times 0.404l = 0.0816(g+q)l^2 < M_1$$

说明按 $M_1 = 0.0836(g+q)l^2$ 计算是安全的。为便于记忆及计算，取

$$M_1 = \frac{1}{11}(g+q)l^2 = 0.0909(g+q)l^2$$

其余截面的弯矩值可按类似方法求得，不再赘述。

不等跨连续板、梁的计算：对不等跨连续板、梁的计算，主要是对各支座和各跨中的最大弯矩进行调幅。

先按弹性理论求出梁的弯矩包络图，然后选择弯矩绝对值较大的截面（一般为支座截面）进行调幅，在弹性弯矩图基础上叠加考虑调幅。例如，对于附加弯矩图，调幅值不超过30%。在表示 $-M_{Bmax}$ 的弹性弯矩图形上，叠加以 $+\Delta M_B$ 和 $-\Delta M_C$ 为纵坐标的三角形弯矩图，则得虚线所示调整后的弯矩图。此时，若跨中最大弹性弯矩（根据弯矩包络图）仍大于调整后的跨中弯矩，则可叠加一以 $-\Delta M$ 为纵坐标的三角形弯矩图，使跨中弯矩有所减小。

现举例说明弯矩调幅法在不等跨连续次梁上的应用。

【例 1-3】 某不等跨三跨连续楼面梁，梁截面尺寸各跨相同，计算跨度如图1-11所示。梁承受永久荷载（设计值 $g=20$kN/m）、可变荷载（设计值 $q=32$kN/m），试按内力重分布方法计算其内力。

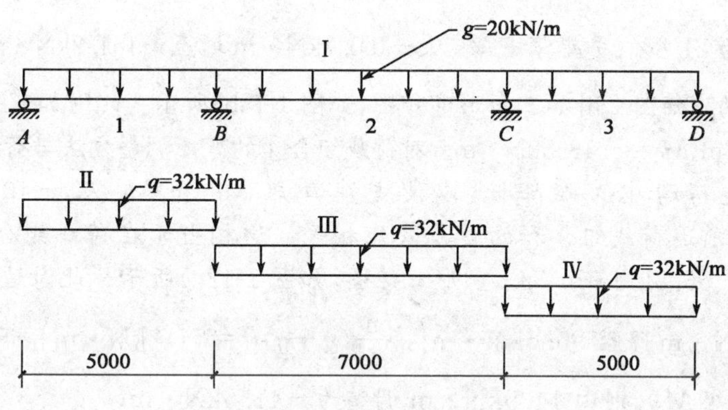

图1-11 三跨连续梁计算简图（尺寸单位：mm）

解：先按弹性方法计算各荷载作用下的弯矩值及其不利组合（组合结果见表1-5，其中带*号的跨中弯矩是按跨度中心确定的），然后进行弯矩调整。

各截面弯矩计算（kN·m） 表1-5

荷载组合		截面				
		1	B	2	C	3
①	Ⅰ+Ⅱ+Ⅳ	113.5	−107.7	14.9	−107.7	113.5
②	Ⅰ+Ⅲ	−19.7*	−164.2	154.4	−164.2	−19.7*
③	Ⅰ+Ⅱ+Ⅲ	57.2*	−210.0	138.0	−150.7	−12.8*
④	Ⅰ+Ⅲ+Ⅳ	−12.8*	−150.7	138.0	−210.0	57.2*

连续梁在各不利组合下的弯矩叠合情况如图1-12a)所示。

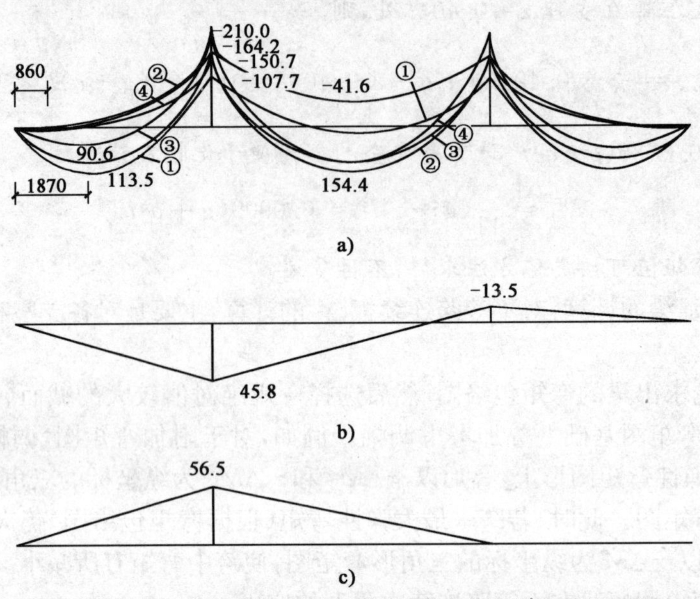

图1-12　承受均布荷载不等跨连续梁弯矩包络图(单位:kN·m)

a)梁在各种最不利组合下的弯矩图;b)组合③的附加弯矩图;c)组合①的附加弯矩图

将表1-5中荷载组合③的两个中间支座弯矩调整到相同的数值,并使中间跨跨中的弯矩值与M_{2max}相等,则支座弯矩M_{Bmax}从-210.0kN·m降至-164.2kN·m$\left(>\frac{1}{24}(g+q)l_1^2=54.2\text{kN}\cdot\text{m}\right)$,调幅为21.8%;支座弯矩$M_C$从$-150.7$kN·m增至$-164.2$kN·m,调幅为9.0%,相当于在荷载组合③的弯矩图上附加三角形弯矩图,如图1-12b)所示。此附加弯矩图的支座弯矩分别为$M_B=45.8$kN·m、$M_C=-13.5$kN·m。对荷载组合④的弯矩调整方法与荷载组合③相同。

将组合④的边跨跨中弯矩降低,以使支座弯矩M_B和M_C从-107.7kN·m增到-164.2kN·m,与前述荷载组合和的支座弯矩相等。这相当于在荷载组合①内弯矩图上附加支座弯矩$M_B=-56.5$kN·m的三角形弯矩图,如图1-12c)所示。此时边跨跨中弯矩M_{1max}和M_{3max}从113.5kN·m降至90.6kN·m$\left(>\frac{1}{24}(g+q)l_1^2=54.2\text{kN}\cdot\text{m}\right)$,调幅为20.2%。中间跨跨中的最小弯矩$M_{2min}$则由14.9kN·m调整为$-41.6$kN·m。

调整后的弯矩包络图如图1-12a)中粗线所示。

随着弯矩的调整,支座剪力也需进行相应的调整,并与原来按弹性计算所得剪力值进行比较,取较大值进行设计。经调整后,大多数控制截面的最大弯矩均有不同幅度的降低,且弯矩分布较均匀,从而不仅节约了钢材,还使配筋方便、易于施工。当可变荷载较大时,效果尤其明显。

四、配筋设计及构造要求

1. 连续单向板的构造要求与截面计算要点

1)构造要求

(1)受力钢筋。

板的支承长度应满足其受力钢筋在支座内的锚固要求,且一般不小于板厚及120mm。

板中受力钢筋一般采用 HPB300 钢筋，常用直径为 ϕ6、ϕ8 和 ϕ10，其间距一般不小于 70mm。当板厚 $h \leqslant 150$mm 时，间距不应大于 200mm；当 $h > 150$mm 时，间距不应大于 $1.5h$，且每米板宽度内不少于 3 根。伸入支座的受力钢筋的间距不应大于 400mm，且截面面积不得少于跨中受力钢筋面积的 1/3。实心板的经济配筋率约为 0.4%～0.8%。

连续板中受力钢筋的配置方式，有弯起式和分离式两种。

弯起式配筋时，跨中钢筋可在支座 1/2～1/3 处弯起，以承受负弯矩。若支座处钢筋截面面积不够，可另加直钢筋。弯起角度起角度一般为 30°；当板厚 $h > 120$mm 时，弯起角度起角度一般为 45°。板的钢筋一般采用半圆弯钩，但对于上部负钢筋，为保证施工时不至改变有效高度和位置，宜做成直钩以便支撑在模板上。弯起式配筋锚固较好，可节约用钢量，但施工较复杂。分离式配筋的锚固较差，耗钢量稍大，但施工方便。

连续板中受力钢筋的弯起和截断一般可按图 1-13 所示要求确定。但若板的相邻跨度相差超过 20%，或各跨荷载相差太大时应按弯矩包络图确定。图 1-13 中，当 $g/q \leqslant 3$ 时，$a = l_0/2$；当 $g/q > 3$ 时，$a = l_0/3$。此处，g 和 q 分别为永久荷载和可变荷载。

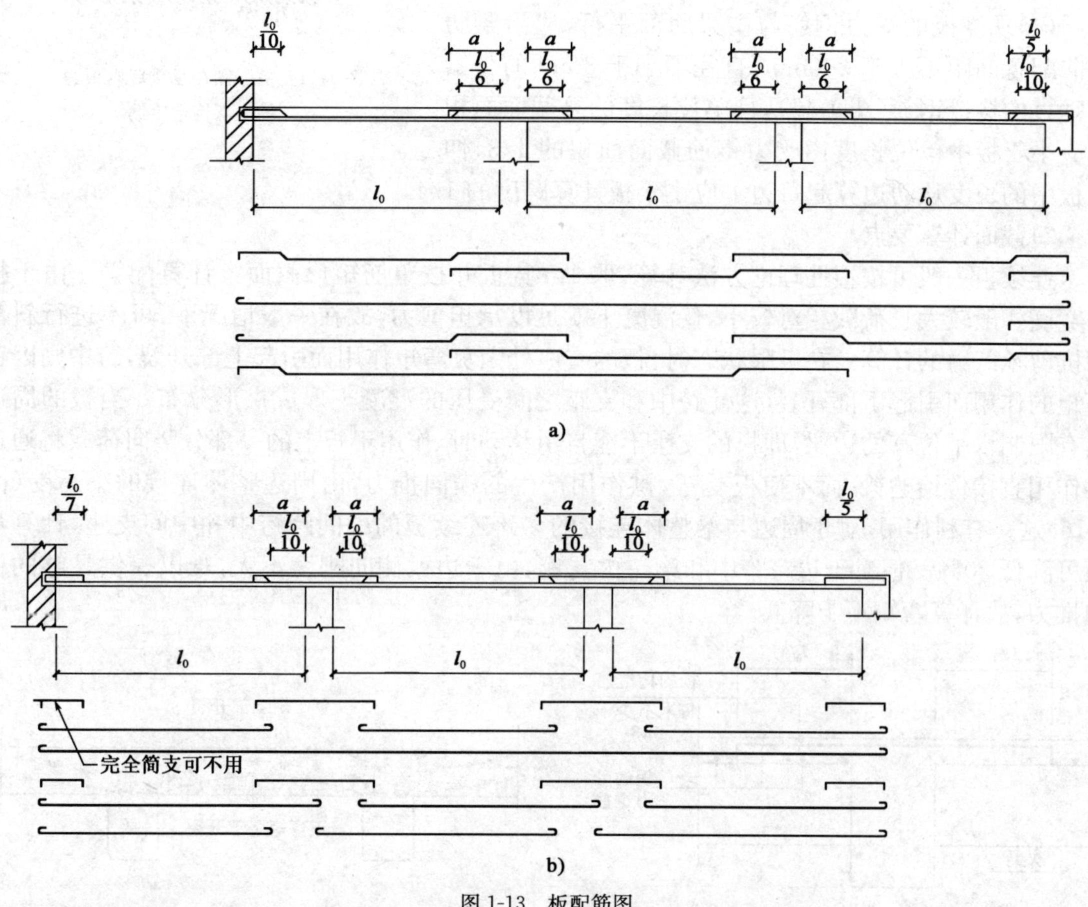

图 1-13　板配筋图

a)弯起式配筋；b)分离式配筋

(2)分布钢筋。

分布钢筋布置于受力钢筋内侧，与受力钢筋垂直放置并互相绑扎(或焊接)。其单位长度上的面积不少于单位长度上受力钢筋面积的 15%，且不小于该方向板截面面积的 0.15%，其间距不宜大于 250mm，直径不小于 6mm；在集中荷载较大时，分布钢筋间距不宜大于 200mm。

在受力钢筋的弯折处，也都应布置分布钢筋。分布钢筋末端可不设弯钩。分布钢筋的作用是：固定受力钢筋位置；抵抗混凝土的温度应力和收缩应力；承担并分散板上局部荷载产生的内力。

(3)板面附加钢筋。

对嵌入墙体内的板，为抵抗墙体对板约束产生的负弯矩，以及抵抗由温度收缩影响在板角产生的拉应力，应在沿墙长方向及墙角部分的板面增设构造钢筋(图1-14)。钢筋间距不应大于200mm，直径不应小于6mm(包括弯起钢筋在内)，其伸出墙边的长度不应小于$l_1/7$(l_1为单向板的跨度或双向板的短边跨度)。

对两边均嵌固在墙内的板角部分，应双向配置上部构造钢筋，其伸出墙边的长度不应小于$l_1/4$。沿受力方向配置的上部构造钢筋(包括弯起钢筋)的截面面积不宜小于跨中受力钢筋截面面积的1/3～1/2。

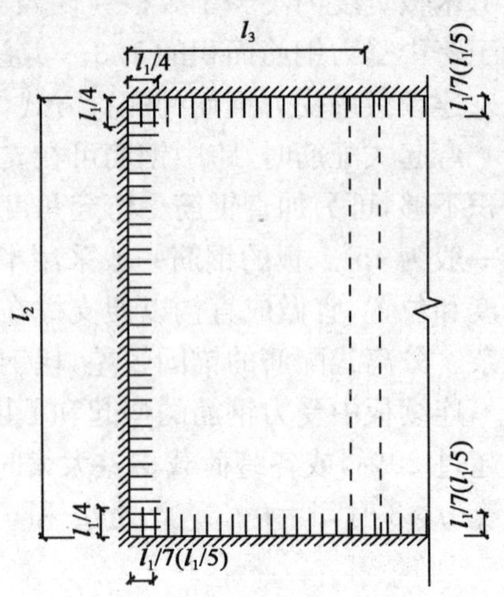

图1-14　板嵌固在承重墙内板边的上部构造钢筋

(4)现浇板的受力钢筋与主梁肋部平行，应沿梁肋方向配置间距不大于200mm、直径不小于8mm的与梁肋垂直的构造钢筋(图1-15)，且单位长度的总截面面积不应小于板中单位长度内受力钢筋截面面积的1/3，伸入板中的长度从肋边算起每边不应小于板计算跨度的1/4。

2)截面计算要点

连续板一般可按塑性理论方法计算，取1m宽板并按单筋矩形截面梁计算配筋。由于板的宽度一般较大且荷载相对较小，仅混凝土就足以承担剪力，故在一般情况下，可不进行斜截面抗剪承载力的计算。在极限状态时，板的支座处因负弯矩作用而引起上部开裂，跨中则因正弯矩的作用而引起下部开裂，这使跨中和支座之间受压的混凝土形成拱形分布。当板的周边具有限制水平位移的边梁，即板的支座不能自由移动时，作用于板上的一部分竖向荷载将通过拱作用直接传给边梁，而不使板受弯，拱作用产生的横向推力，由周边整体连接的梁承受(图1-16)这一有利作用，对于周边与梁整体连接的多跨连续板的中间跨跨中和中间支座，计算弯矩可降低20%。但对于边跨跨中和第一内支座，由于边梁侧向刚度不大，难以提供足够的横向推力，故计算弯矩不予降低。

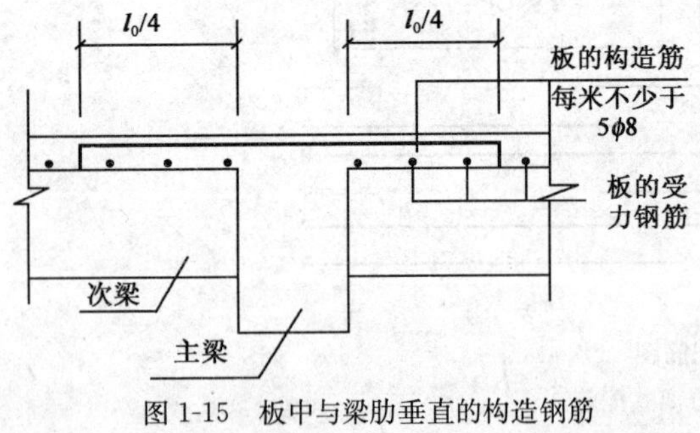

图1-15　板中与梁肋垂直的构造钢筋

负弯矩上部开裂
正弯矩下部开裂

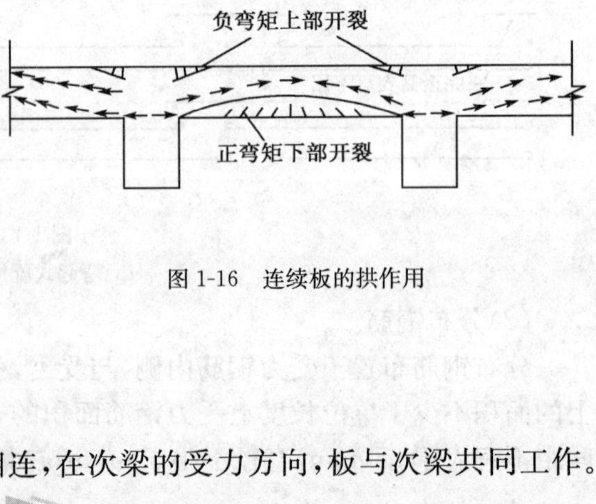

图1-16　连续板的拱作用

2. 次梁的截面计算要点与构造要求

1)截面计算要点

在现浇整体式肋梁楼盖中，板与次梁整体相连，在次梁的受力方向，板与次梁共同工作。

在跨中弯矩作用下，板位于受压区，次梁应按T形截面计算受力纵筋。在支座附近的负弯矩区域，板位于受拉区，次梁应按矩形截面计算受拉纵筋。

次梁应按斜截面受剪承载力确定箍筋和弯起钢筋数量，当荷载、跨度较小时，一般可只配置箍筋；否则，宜在支座附近设置弯起钢筋，以减少箍筋用量。

2)构造要求

(1)截面尺寸：次梁的跨度 $l=4\sim6$m，梁高 $h=(1/18\sim1/12)l$，梁宽 $b=(1/3\sim1/2)h$。纵向钢筋的配筋率一般为0.6%～1.5%。

(2)次梁在砌体墙上的支承长度≥240mm。

(3)钢筋的直径：梁的纵向受力钢筋及架立钢筋的直径不宜小于表1-6的规定。出于混凝土结构截面受力的需要，对钢筋直径的要求是：混凝土结构中受力钢筋的尺寸应与截面高度及跨度有一定的比例，过于纤细的钢筋难以起到应有的承载受力和构造的作用。

梁内纵向钢筋的最小直径 表1-6

钢筋类型	受力钢筋		架立钢筋		
条件	$h<300$mm	$h\geqslant300$mm	$l<4$m	$4\text{m}\leqslant l\leqslant6\text{m}$	$l>6$m
直径 d(mm)	8	10	8	10	12

注：表中为 h 梁高；l 为梁的跨度。

(4)梁侧的纵向构造钢筋：由于混凝土收缩量的增大，近年在梁的侧面产生收缩裂缝的现象时有发生。裂缝一般呈枣核状，两头尖而中间宽，向上伸至板底，向下至梁底纵筋处，截面较高的梁，情况更为严重。

《混凝土结构设计规范》(GB 50010—2010)规定，当梁的腹板高度 $h_w\geqslant450$mm时，在梁的两个侧面沿高度配置纵向构造钢筋(腰筋)，每侧纵向构造钢筋(不包括梁上、下部受力钢筋及架立钢筋)的截面面积不应小于腹板截面面积的 bh_w0.1%，且其间距不宜大于200mm。此处，矩形截面的腹板高度 h_w 为有效高度；对T形截面，取有效高度减去翼缘高度；对工字形截面，取腹板净高。

(5)配筋方式：对于相邻跨度相差不超过20%，且均布活荷载和恒荷载的比值 $q/g\leqslant3$ 的连续次梁，其纵向受力钢筋的弯起和截断，可按图1 17进行，否则应按弯矩包络图确定。

按图1-17a)，中间支座负钢筋的弯起，第一排的上弯点距支座边缘为50mm；第二排、第三排的上弯点距支座边缘分别为 h 和 $2h$。

支座处上部受力钢筋总面积 A_n，则第一批截断的钢筋面积不得超过 $A_n/2$，延伸长度从支座边缘起不小于 $l_n/5+20d$(d 为截断钢筋的直径)；第二批截断的钢筋面积不得超过 $A_n/4$，延伸长度不小于 $l_n/3$。余下的纵筋面积不小于 $A_n/4$，且不少于2根，可用来承担部分负弯矩并兼作架立钢筋，其伸入边支座的锚固长度不得小于 l_n。

位于次梁下部的纵向钢筋除弯起的以外，应全部伸入支座，不得在跨间截断。下部纵筋伸入边支座和中间支座的锚固长度详见《混凝土结构设计原理》。

连续次梁因截面上、下均配置受力钢筋，所以一般均沿梁全长配置封闭式箍筋。第一根箍筋可距支座边50mm处开始布置，同时在简支端的支座范围内，一般宜布置一根箍筋。

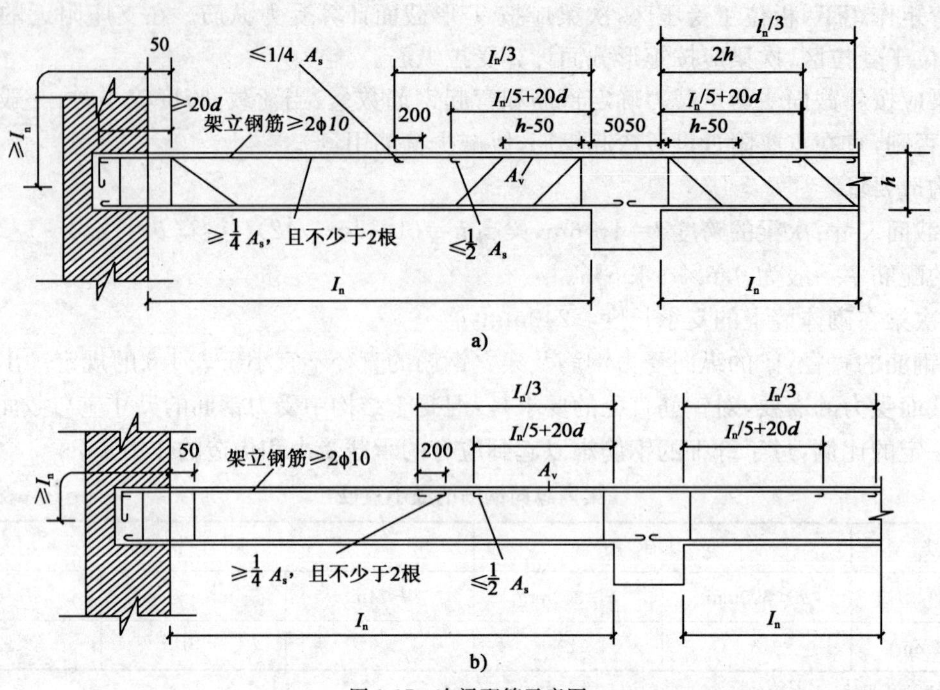

图 1-17　次梁配筋示意图

a)设弯起钢筋；b)不设弯起钢筋

3. 主梁的截面计算要点与构造要求

1)截面计算要点

(1)主梁一般按弹性理论的设计计算方法进行设计计算，设计方法和步骤按前述。

(2)可按连续设计的主梁(即支承在砌体上或梁与柱整体浇但梁柱的线刚度比大于5时)、次梁传下的荷载按集中荷载考虑，计算时不考虑次梁连续性影响(即次梁传下的集中荷载按简支构件考虑)；主梁自重也简化为集中荷载。梁的计算跨度 l_0 取支座中心线间距离，但 $l_0 \leqslant 1.05 l_n$ (l_n 为净跨度)，支承在砌体上的长度不应小于370mm，并应进行砌体局部受压承载力验算。

(3)在主梁支座处，由于次梁与主梁的负弯矩钢筋彼此相交，且次梁的钢筋置于主梁的钢筋之上(图1-18)，因而计算主支座的负弯矩钢筋时，其截面有效高度应按下列规定减小：当为单排钢筋时，$h_0=(h-60)$mm；当为双排钢筋时钢筋时，$h_0=(h-90)$mm。

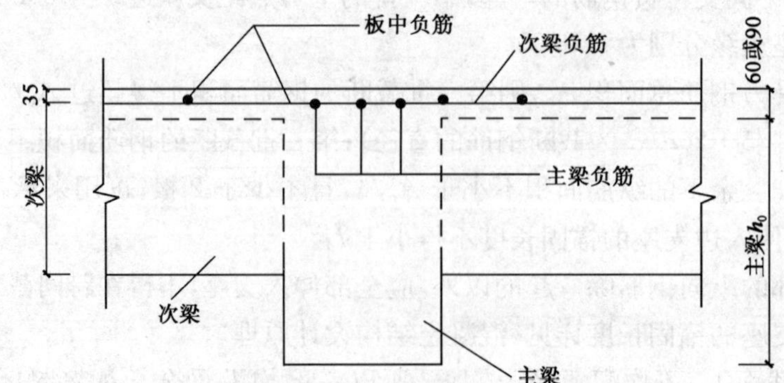

图 1-18　主梁支座处的截面有效高度(尺寸单位：mm)

2)构造要求

(1)主梁的截面尺寸、钢筋选择等应遵守梁的有关规定。主梁的跨度一般为5～8m。纵向受力钢筋的弯起、截断等应通过作材料图确定。当支座处剪力很大，箍筋和弯起钢筋尚不足以抗剪时，可以增设浮筋抗剪。

(2)在次梁和主梁相交处，次梁的集中荷载传至主梁的腹部，有可能在主梁内引起斜裂缝。为了防止斜裂缝的发生引起局部破坏，应在次梁支承处的主梁内设置附加横向钢筋(图1-19)，将上述集中荷载有效地传递到主梁的混凝土受压区。

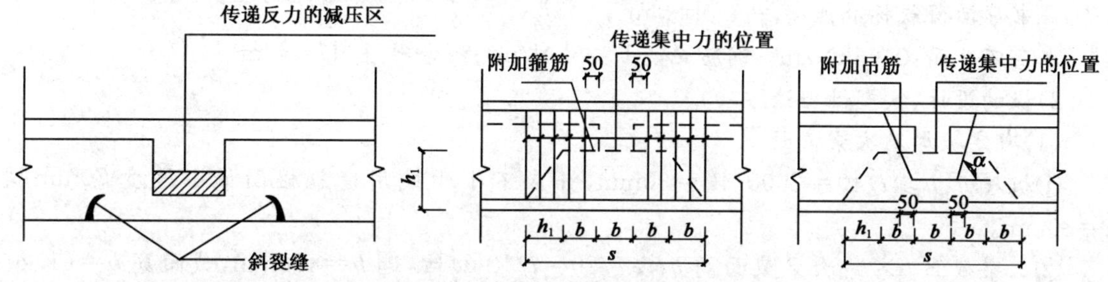

图 1-19 主梁的附加横向钢筋(尺寸单位：mm)

附加横向钢筋包括吊筋和箍筋，布置在长度 s($s=2h_1+3b$，h_1 为次梁与主梁的高度差，b 为次梁腹板宽度)的范围内。附加横向钢筋宜优先采用箍筋，其截面面积按如下公式计算

$$F \leqslant mnf_{yv}A_{sv1} + 2f_yA_{sb}\sin\alpha \tag{1-7}$$

式中：F——次梁传来的集中荷载设计值；

m、n——分别为长度 s 范围内的箍筋根数和每根箍筋肢数；

A_{sv1}——单肢箍筋截面面积；

A_{sb}——吊筋截面面积；

α——吊筋与梁轴线间夹角，与弯起钢筋取值相同；

f_{yv}、f_y——分别为箍筋、吊筋的抗拉强度设计值。

当仅选择箍筋或吊筋时，可取 $A_{sb}=0$ 或 $A_{sv1}=0$。

【例 1-4】 某藏书库的二层楼盖结构平面布置如图 1-20 所示，墙体厚 370mm。楼盖面层为水磨石，梁板底面为 15mm 厚混合砂浆抹平。采用 C25 混凝土；梁中纵向受力钢筋为 HRB400 级，其余钢筋为 HPB300 级。试设计该楼盖(一类环境)。

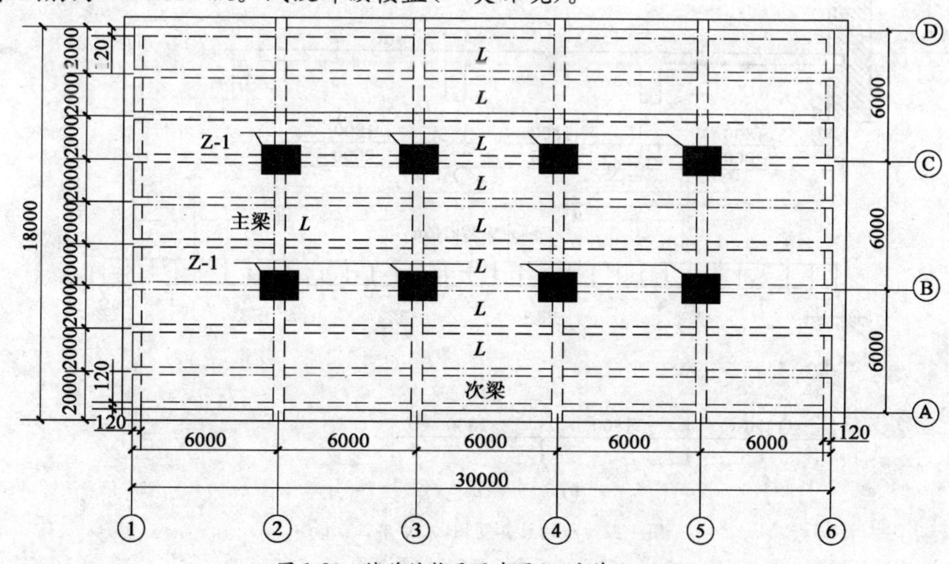

图 1-20 楼盖结构平面布置(尺寸单位：mm)

解:1)基本设计材料

(1)材料

C25 混凝土:$f_c=11.9\text{N/mm}^2$,$f_t=1.27\text{N/mm}^2$;$f_{tk}=1.78\text{N/mm}^2$;

钢筋:板采用 HPB300 级($f_y=270\text{N/mm}^2$),梁采用 HRB400 级($f_y=360\text{N/mm}^2$)

(2)荷载标准值

藏书库活荷载标准值:$q_k=5.0\text{kN/m}^2$;

水磨石地面:0.65kN/m^2;钢筋混凝土:25kN/m^3;混合砂浆:17kN/m^3。

2)板的设计(按塑性理论方法)

(1)确定板厚及次梁截面

①板厚 h:$h\geqslant l/40=2000/40=50\text{mm}$,并应不小于民用建筑楼面最小厚度 70mm,取 $h=80\text{mm}$。

②次梁截面 $b\times h$:次梁截面高 h 按 $l/20\sim l/12$ 初估,选 $h=450\text{mm}$,截面宽 $b=(1/2\sim 1/3)h$,选 $b=200\text{mm}$。

(2)板荷载计算

楼面面层	0.65kN/m^2
板自重	$0.08\times25=2.0\text{kN/m}^2$
板底抹灰	$0.015\times17=0.255\text{kN/m}^2$
恒荷载 g	$1.2\times2.905=3.49\text{kN/m}^2$
活荷载 q	$1.3\times5.0=6.5\text{kN/m}^2$

$$g+q=9.99\text{kN/m}^2$$

$$q/g=6.5/3.49=1.86<3$$

(3)计算简图

取板宽 $b=1000\text{mm}$ 作为计算单元,由板和次梁尺寸可得板的计算简图(实际 9 跨,可按 5 跨计算)如图 1-21 所示。

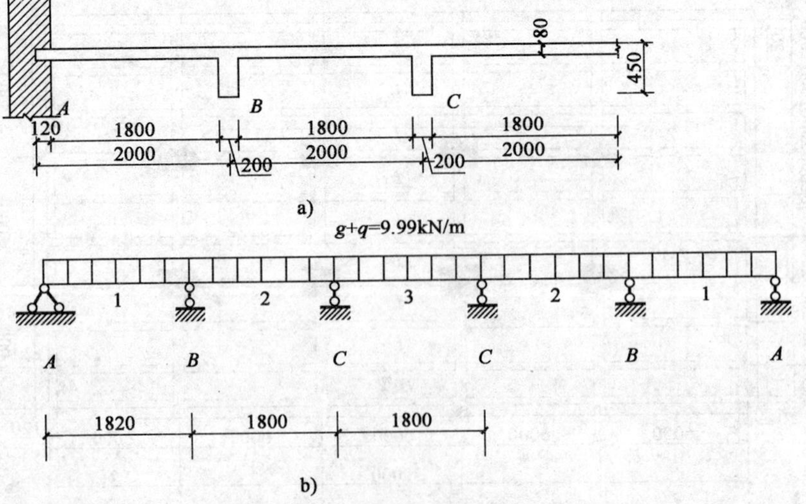

图 1-21 板的计算简图(尺寸单位:mm)

a)梁板尺寸;b)板的计算简图

边跨：$l_0=l_n+\frac{a}{2}=2-0.12-\frac{0.2}{2}+\frac{0.12}{2}=1.84\text{m}>1.82\text{m}$，取 $l_0=1.82\text{m}$

中间跨：$l_0=2-0.2=1.80\text{m}$

边跨与中间跨的计算跨度相差$\frac{1.82-1.8}{1.8}\times100\%=1.1\%$，故可按等跨连续板计算内力。

(4)弯矩及配筋计算

取板的截面有效高度 $h_0=h-20=80-20=60\text{mm}$，并考虑②～⑤轴线间的弯矩折减，可列表计算，取见表1-7。

对四周与梁整浇的单向板跨中和中间支座处，弯矩可减少20%(表1-7)括号中数字，也可直接采用钢筋面积折减，即将非折减处的钢筋面积直接乘以0.8，这样计算简便些，且误差不大，倾向于安全。

板的配筋计算 表1-7

截　面	1	B	2	C
弯矩系数 a	+1/11	−1/11	+(1/16)(+0.8×1/16)	−(1/14)(−0.8×1/14)
$M=a(g+q)l_0^2$ (kN·m)	(1/11)×9.99×1.82×1.82=3.01	$-(1/11)\times9.99\times\left(\frac{1.82+1.8}{2}\right)^2=-3.01$	(1/16)×9.99×1.8×1.8=2.02(1.62)	−(1/14)×9.99×1.8×1.8=−2.31(−1.85)
$\xi=1-\sqrt{1-\frac{M}{0.5f_cbh_0^2}}$	0.073	−0.073	0.0483(0.0386)	−0.0555(−0.0442)
$A_s=\frac{\xi f_c bh_0}{f_y}$(mm²)	193	193	128(102)	147(117)
选用钢筋	ϕ8@200	ϕ8@200	ϕ8@200	ϕ8@200
实际钢筋面积(mm²)	251	251	251	251

注：①括号内数字用于②～⑤轴间；
②$\rho_{min}bh=160\text{mm}^2$。

本例采用的配筋图如图1-22所示。

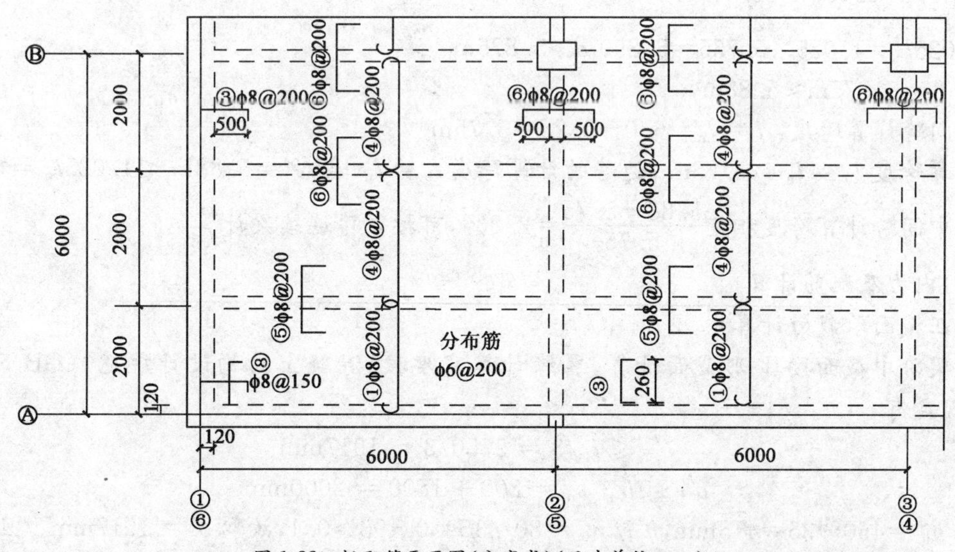

图1-22 板配筋平面图(分离式)(尺寸单位：mm)

板配筋选择法：板的配筋用间距 s 表示。在求出钢筋面积 A_s 后，习惯上是通过查"板配筋表"得到间距的。通过该表的编制可知间距 s、钢筋直径 d，计算面积 A_s 的关系式为

$$s=\frac{(28.01d)^2}{A_s}\approx\frac{(28d)^2}{A_s} \tag{1-8}$$

故在计算出钢筋面积后，可将其存储于计算器内，最后选择常用直径 d 与 28 相乘，再平方，最后除以 A_s 即得间距 s。此法快速、简便，被称为板配筋的"28d"法。

3）次梁设计（按塑性理论计算）

（1）计算简图的确定

①荷载：

板传来的恒荷载	$3.49\times2=6.98\text{kN/m}$
次梁自重	$1.2\times25\times0.2\times(0.45-0.08)=2.22\text{kN/m}$
次梁粉刷	$1.2\times17\times0.015\times(0.45-0.08)\times2=0.23\text{kN/m}$
恒荷载	$g=9.43\text{kN/m}$
活荷载	$q=1.3\times5.0\times2=13.0\text{kN/m}$
	$g+q=22.43\text{kN/m}$
	$q/g=13.0/9.43=1.38<3$

②主梁截面尺寸选择：

主梁高度 $h=(1/4-1/18)\ l_0=430\sim750\text{mm}$，选 $h=600\text{mm}$；由 $b=(1/2\sim1/3)h$，选 $b=250\text{mm}$；故主梁截面尺寸 $b\times h=250\text{mm}\times600\text{mm}$。

③计算简图：

根据平面布置及主梁截面尺寸，可得出次梁计算简图（图 1-23）。

边跨：$l_n=6.0-0.12-0.125=5.755\text{m}$

$l_n+\frac{a}{2}=5.755+\frac{0.24}{2}=5.875\text{m}$

$1.025l_n=1.025\times5.755=5.899\text{m}>5.875\text{m}$

取 $l_0=5.875\text{m}\approx5.88\text{m}$

中间跨计算跨度：$l_0=l_n=6.0-0.25=5.75\text{m}$

计算跨度 $l_0=l_n=5.75\text{m}$；边跨的计算跨度 $l_0=l_n+a/2=5.88\text{m}<1.025l_n=5.90\text{m}$。边跨和中间跨计算跨度相差$\frac{5.88-5.75}{5.75}=2.2\%$，可按等跨连续梁计算。

（2）内力及配筋计算

①正截面承载力计算：

次梁跨中截面按 T 形截面计算，翼缘计算宽度按《混凝土结构设计规范》（GB 50010—2010）规定有

$$b'_f\leqslant l_0/3=5750/3=1917\text{mm}$$

$$b'_f\leqslant b+s_n=200+1800=2000\text{mm}$$

取 $h_0=450-35=415\text{mm}$，$h'_f/h_0=80/415=0.193>0.1$，故取 $b'_f=1917\text{mm}$。且

$$f_cb'_fh'_f\left(h_0-\frac{h'_f}{2}\right)=11.9\times1917\times80\times\left(415-\frac{80}{2}\right)=684.4\text{kN}\cdot\text{m}$$

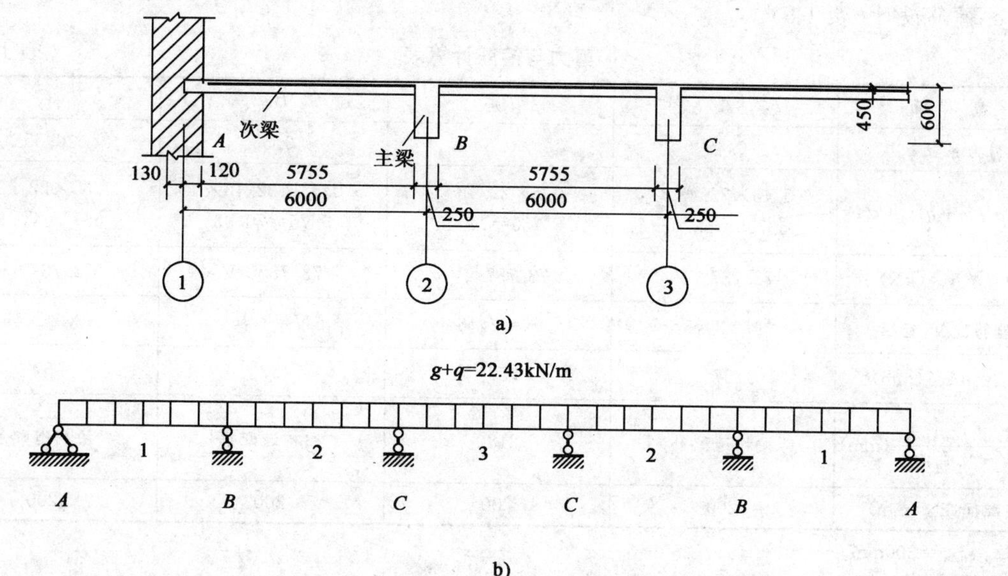

图 1-23　次梁计算简图的确定(尺寸单位:mm)

a)次梁尺寸;b)次梁计算简图

以此作为判别 T 形截面类别的依据。

次梁支座截面按 $b\times h=200\text{mm}\times450\text{mm}$ 的矩形截面计算,并取 $h_0=450-35=415\text{mm}$,支座截面应满足 $\xi\leqslant0.35$。以下计算过程见表 1-8。次梁受力纵筋采用 HRP400 级($\xi_b=0.517$,$f_y=360\text{N/mm}^2$)。

次梁正截面受弯承载力计算

表 1-8

截面位置	1	B	2	C
弯矩系数 a	1/11	−1/11	+1/16	−1/14
$M=a(g+q)l_0^2$ (kN·m)	$(1/11)\times22.43\times5.88\times5.88=70.50$	$-(1/11)\times22.43\times\left(\frac{5.88+5.75}{2}\right)^2=-68.95$	$(1/16)\times22.43\times5.75\times5.75=46.35$	$-(1/14)\times22.43\times5.75\times5.75=-52.97$
截面类别及截面尺寸 (mm×mm)	一类 T 形 $b\times h=1917\times450$	矩形 $b\times h=200\times450$	一类 T 形 $b\times h=1917\times450$	矩形 $b\times h=200\times450$
$\xi=1-\sqrt{1-\frac{M}{0.5f_cbh_0^2}}$	0.0181	0.185	0.0119	0.139
$A_s=\frac{\xi f_cbh_0}{f_y}$ (mm²)	476	508	313	382
选用钢筋	2Φ16+1Φ14	2Φ18+1Φ14	3Φ14	3Φ14
实际钢筋面积(mm²)	509	556	402	402

注:$A_{smin}=\rho_{smin}bh=0.2\%\times200\times450=180\text{mm}^2$。

②斜截面受剪承载力计算:

a. 剪力设计值(表 1-9)

b. 截面尺寸校核

$$h_w/b=415/200<4$$

$$0.25f_cbh_0=0.25\times11.9\times200\times415=246.9\text{kN}>V$$

故截面尺寸满足要求。

c. 箍筋设计(表 1-9)

剪力与箍筋计算表

表 1-9

截面	A	$B_{左}$	$B_{右}$	C
剪力系数 a_v	0.45	0.6	0.55	0.55
$V = a_y(g+q)l_n$ (kN)	0.45×22.43×5.755=58.02	0.6×22.43×5.755=77.45	0.55×22.43×5.75=70.93	0.55×22.43×5.75=70.93
$0.7f_tbh_0$ (kN)	73.787>V	73.787<V	73.787>V	73.787>V
箍筋肢数，直径	N=2，ϕ6	N=2，ϕ6	N=2，ϕ6	N=2，ϕ6
$A_{sv}=nA_{sv1}$ (mm)	57	57	57	57
$s=\dfrac{1.25f_{yv}A_{sv}h_0}{V-0.7f_tbh_0}$ (mm)	按构造配筋	2180	按构造配筋	按构造配筋
实配间距 s (mm)	200	200	200	200

注：s_{max} =300mm。

根据计算结果，画出次梁配筋图如图 1-24 所示。中间支座负钢筋对于非通长筋，伸出长度为 $l_n/3$，即在 $l_n/3$ 处截断。

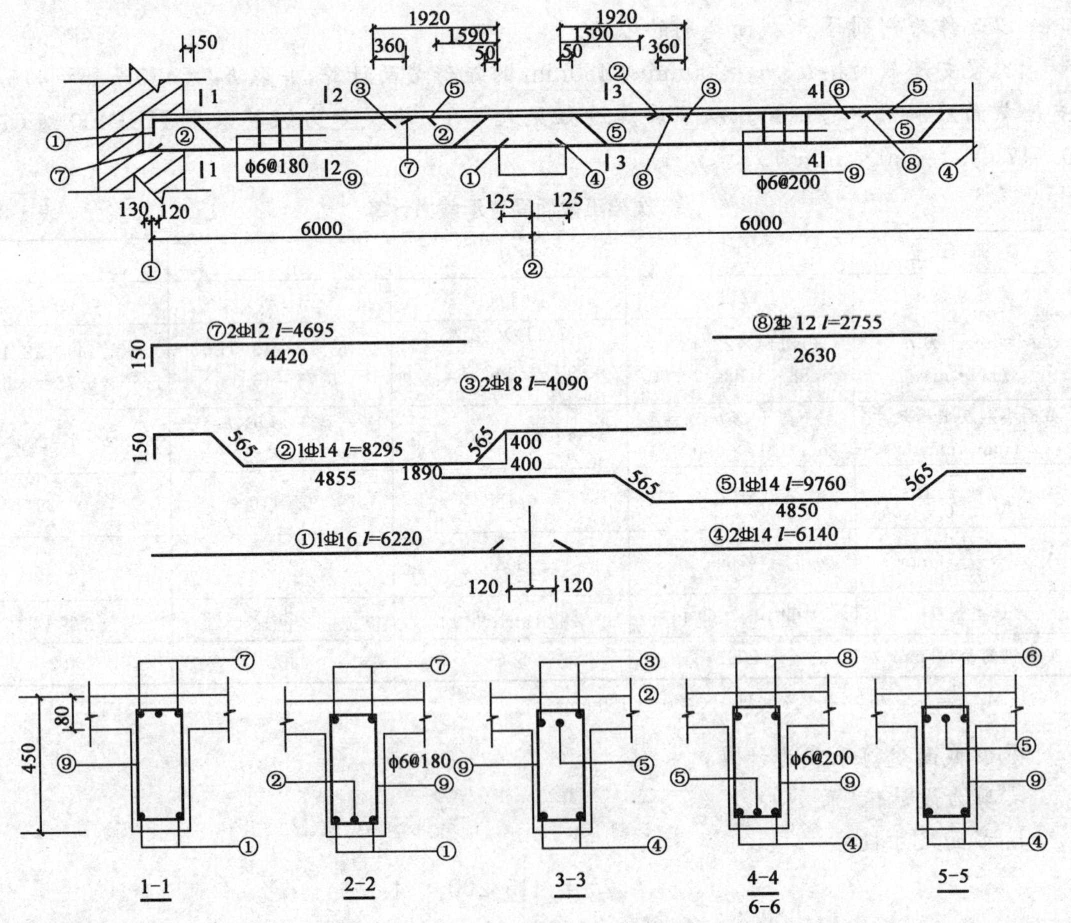

图 1-24　次梁配筋图(尺寸单位:mm)

4)主梁设计(按弹性理论计算)

(1)计算简图的确定

①荷载:

次梁传来恒荷载	9.43×6=56.58kN
主梁自重	0.25×1.2×25×2×(0.6−0.08)=31.2kN
梁侧抹灰	1.2×17×2×0.015×(0.6−0.08)×2=0.64kN
恒荷载 G	=65.02kN
活荷载 Q	13×6=78.0kN
$G+Q$	=143.02kN

②计算简图:

假定主梁线刚度与钢筋混凝土柱线刚度比大于5,则中间支承按铰支座考虑,边支座为砖砌体,支承长度为370mm,如图1-25a)所示。

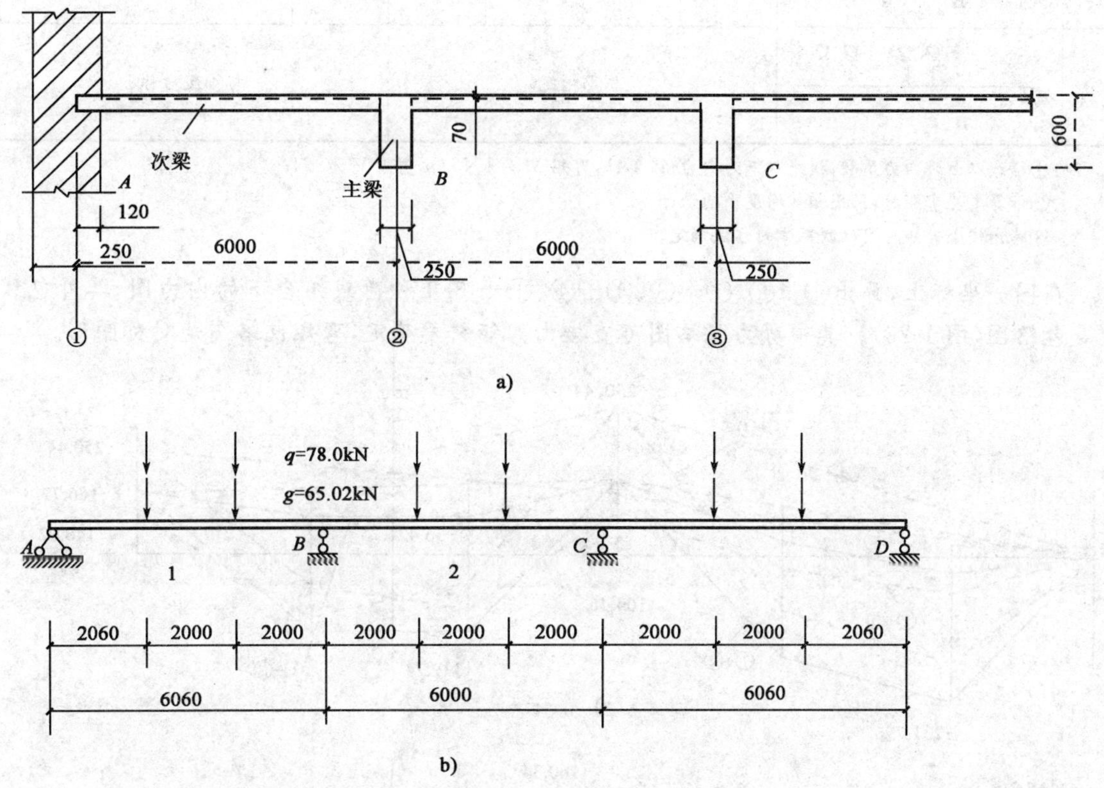

图1-25 主梁计算简图的确定(尺寸单位:mm)

a)尺寸及支承情况;b)计算简图

按弹性理论计算时,各跨计算均可取支座中心线间距离。则中间跨 l_0 =6m,边跨 l_0 = 6.06m。计算简图如图1-25b)所示。

(2)内力计算和内力包络图

恒荷载 G=65.02kN,活荷载 Q=78.0kN,$G+Q$=143.02kN,可求出恒荷载作用下内力及各种活荷载最不利布置下的内力,见表1-10。

恒荷载与活荷载作用下内力 表 1-10

项次	荷载图	跨内弯矩		支座弯矩		剪力			
		M_1	M_2	M_B	M_C	V_A	$V_{B左}$	$V_{B右}$	$V_{C左}$
①	G G G G G G A 1 B 2 C	$\frac{0.244}{95.19}$	$\frac{0.067}{26.14}$	$\frac{-0.267}{-104.16}$	$\frac{0.267}{-104.16}$	$\frac{0.733}{47.66}$	$\frac{1.267}{-82.38}$	$\frac{1.000}{650.02}$	$\frac{-1.000}{-65.02}$
②	Q Q Q Q A 1 B 2 C	$\frac{0.289}{135.6}$	$\frac{-0.133}{-62.56}$	$\frac{-0.133}{-62.56}$	$\frac{-0.133}{-62.56}$	$\frac{0.866}{67.55}$	$\frac{-1.134}{-88.45}$	0	0
③	Q Q A 1 B 2 C	$\frac{-0.044}{-20.85}$	$\frac{0.200}{93.60}$	$\frac{-0.133}{-62.56}$	$\frac{-0.133}{-62.65}$	$\frac{-0.133}{-10.37}$	$\frac{-0.133}{-10.37}$	$\frac{1.000}{78.0}$	$\frac{-1.000}{-78.0}$
④	Q Q Q Q A 1 B 2 C	$\frac{0.229}{108.24}$	$\frac{0.170}{79.56}$	$\frac{-0.311}{-146.28}$	$\frac{-0.089}{-41.86}$	$\frac{0.689}{53.74}$	$\frac{-1.311}{-102.56}$	$\frac{1.222}{95.32}$	$\frac{-0.778}{-60.68}$
⑤	Q Q Q Q A 1 B 2 C	与④相反				与④反对称			

注：①横线以上为内力系数，横线以下为内力值，单位：弯矩 M 为 kN·m，剪力 V 为 kN；

②计算支座弯矩时，采用相邻跨度平均值；

③跨内较小弯矩可用取脱离体的方法确定。

在同一坐标上，画出①＋②、①＋③、①＋④、①＋⑤几种荷载组合下的内力图，其外包线就是包络图（图 1-26）。其中剪力包络图可直接由弯矩斜率确定，弯矩包络图是对称图形。

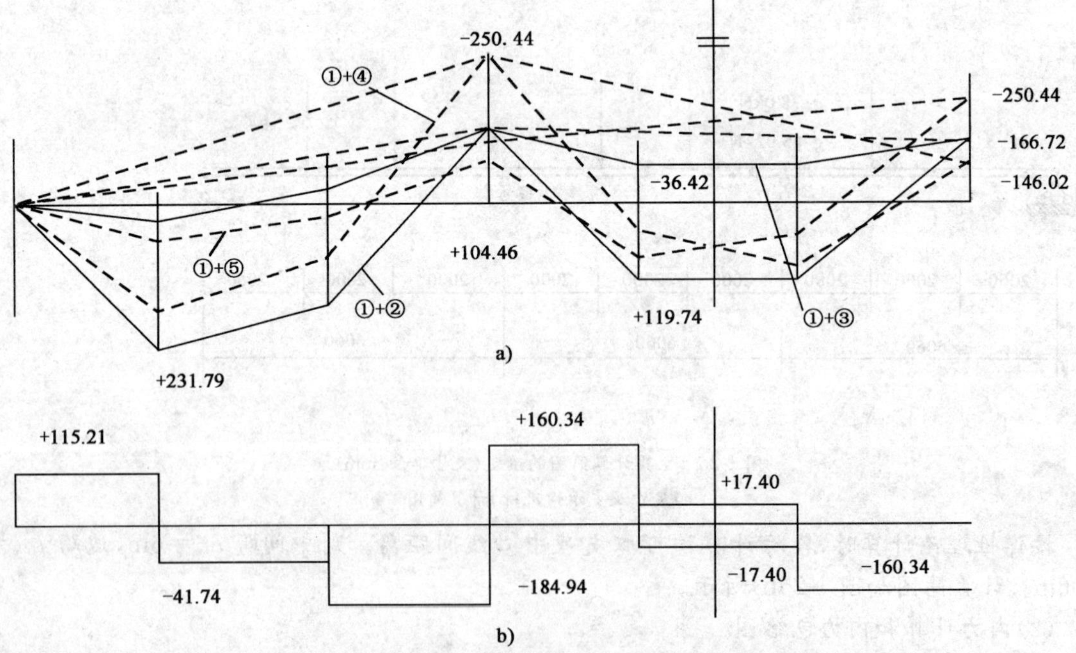

图 1-26 主梁弯矩包络图和剪力包络图（单位：弯矩为 kN·M，剪力为 kN）

a)弯矩包络图；b)剪力包络图

(3)截面配筋计算

跨中截面在正弯矩作用下，为T形截面，其翼缘宽度按规定取为

$$b'_f \leqslant l_0/3 = 6000/3 = 2000\text{mm}$$

$$b'_f \leqslant b + s_n = 6000\text{mm}$$

故取 $b'_f = 2000\text{mm}$。

跨中钢筋按一排考虑，$h_0 = h - a_s = 600 - 35 = 565\text{mm}$。

支座截面在负弯矩作用下，为矩形截面，按两排钢筋考虑，取 $h_0 = h - a_s = 600 - 90 = 510\text{mm}$。

主梁中间支座为整浇，宽度 $b = 250\text{mm}$，则支座边 $M_C = M - \frac{V_0}{2}b$，$V_0 = G + Q = 143.02\text{kN}$。

配筋计算结果见表1-11、表1-12。

主梁正截面受弯计算

表1-11

截　面	边跨中	中间支座	中间跨中
M(kN)	231.79	−250.44	119.94(−36.42)
截面尺寸	$b = b'_f = 2000$ $h_0 = 565$	$b = 250$ $h_0 = 510$	$b = 2000(250)$ $h_0 = 565$
$\xi = 1 - \sqrt{1 - \frac{M}{0.5 f_c b h_0^2}}$	0.031	0.408	0.016(0.039)
$A_s = \frac{\xi f_c b h_0}{f_y}$(mm²)	1158	1719	600(183)
选用钢筋	4Φ20	6Φ20	3Φ18(2Φ14)
实际钢筋面积(mm²)	1257	1885	764(308)

注：①$f_c b'_f h'_f (h_0 - h'_f/2) = 11.9 \times 2000 \times 80 \times (565 - 80/2) = 999.6\text{kN·m} > M$，边跨中和中间跨均为一类T形截面；

②中间支座弯矩已修正为 M_0；括号内数字指中间跨中受负弯矩的情形；

③ $A_{smin} = \rho_{min} bh = 0.2 \times 250 \times 600 = 300\text{mm}^2$。

主梁斜截面受剪计算

表1-12

截　面	边支座边	B 支座左	B 支座右
V(kN)	115.21	184.94	160.31
$0.25 f_c b h_0$ (kN)	379.3>V	379.3>V	379.3>V
$0.7 f_t b h_0$ (N)	113.35<V	113.35<V	113.35<V
箍筋肢数、直径	$N=2$，ϕ8	$N=2$，ϕ8	$N=2$，ϕ8
$A_{sv} = nA_{sv1}$(mm)	101	101	101
$s = \frac{1.25 f_{yv} A_{sv} h_0}{V - 0.7 f_t b h_0}$ (mm)	9334	243	370
实配箍筋间距(mm)	200	200	200

注：抗剪计算时的 b 均为腹板宽度，$b = 250\text{mm}$。

(4)附加横向钢筋计算

(5)由次梁传至主梁的集中荷载设计值为

$$F = 56.58 + 78 = 134.58\text{kN}$$

附加横向钢筋应配置在 $s = 3b + 2h_1 = 3 \times 200 + 2 \times (600 - 450) = 900\text{mm}$ 的范围内。

①方案 1:仅选择箍筋

由 $F \leqslant mnf_{yv}A_{sv1}$,并取 2ϕ8 双肢箍,则

$$m > \frac{134580}{2 \times 270 \times 50.3} = 5 \text{ 个}$$

取 $m=6$ 个,在次梁相交处的主梁内,每侧附加 3ϕ8@70 箍筋。

②方案 2:选择吊筋

由 $F \leqslant f_y A_{sb} \sin\alpha$,并选用 HRB345 级钢筋,则

$$A_{sb} \geqslant \frac{134580}{2 \times 300 \times \sin 45^\circ} = 316.8\text{mm}^2$$

可选用 2　14($A_{sb}=402\text{mm}^2$)吊筋。

本例集中荷载不大,可按方案 1 配附加箍筋。

(6)主梁配筋图

①按比例画出主梁的弯矩包络图。

②按同样比例(长度方向)画出主梁纵向配筋图。本例不需纵向钢筋弯起抗剪,故纵向钢筋弯起时只需满足正截面受弯承载力要求(材料图覆盖弯矩图)及斜截面受弯承载力要求(弯起钢筋弯起点距该钢筋充分利用截面距离不小于 $h_0/2$)。

③作材料图。确定纵向钢筋的弯起位置和截断位置,具体做法应满足相关构造规定。

主梁的材料图和实际配筋图如图 1-27 所示。

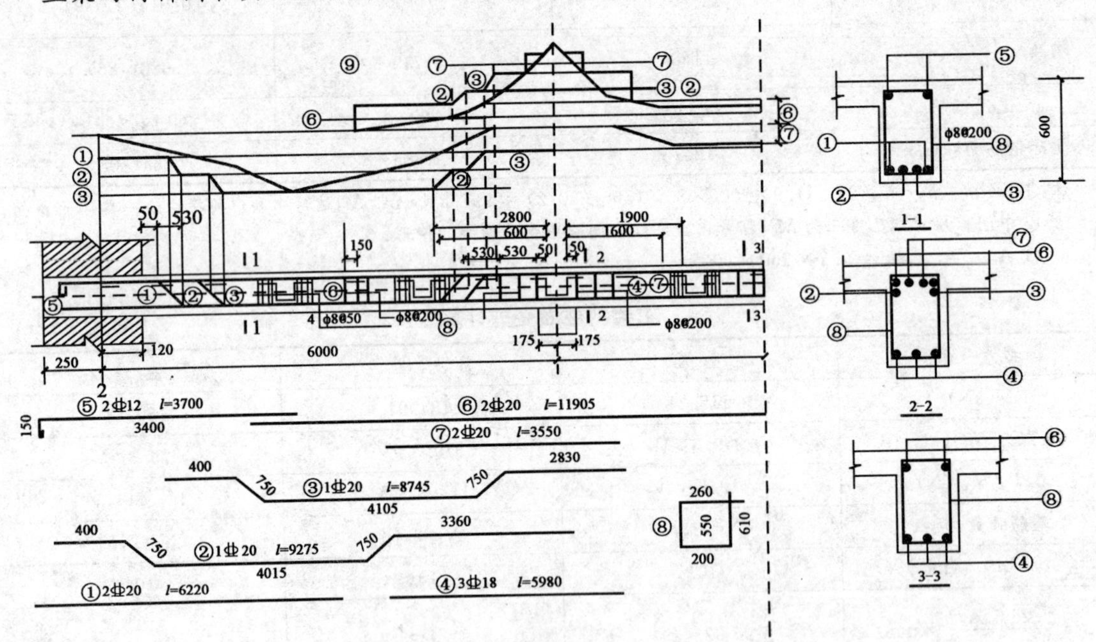

图 1-27　主梁材料图与配筋图(尺寸单位:mm)

第三节　双向板肋梁楼盖

一、双向板的受力分析和试验研究

板载荷载作用下沿两个正交方向受力并且都不可以忽略时称为双向板。

双向板可以为四边支承、三边支承或相邻边支承板。在肋梁楼盖每一区格板的四边一般都有梁或墙支承，是四边支承，板上的荷载主要通过板的受弯作用传到四边支承的构件上。根据弹性薄板理论的分析，当区格板的长边与短边之比超过一定数量时，荷载主要通过沿板的短边方向的弯曲及剪切作用传递，沿长边方向传递的荷载可以忽略不计，这样的板称为“单向板”；否则，区格在两个方向的横截面上均作用有弯矩和剪力，沿长边方向和短边方向同时传递荷载，这样的板即为“双向板”。双向板的受力特征与单向板不同。

1. 双向板受力分析

以均布荷载作用下四边简支的板为例进行内力的近似分析，如图 1-28 所示。在板中心点 A 处，取出两个单位宽度（板宽 b=1000mm）的正交板带，板带的计算跨度分别为 l_{01} 和 l_{02} 。

设单位面积总荷载为 p ，沿 x 方向和 y 方向分配的荷载分别为 p_1 和 p_2 ，则

$$p = p_1 + p_2 \tag{1-9}$$

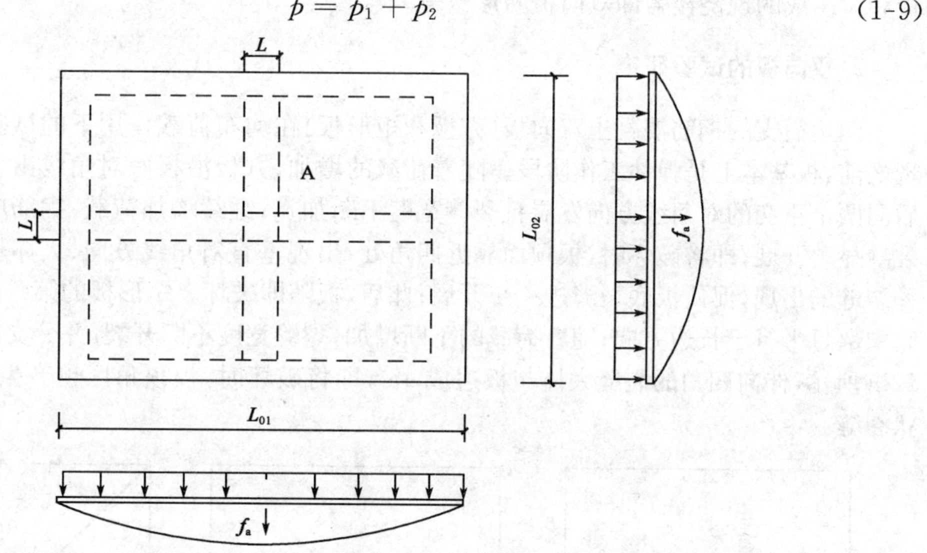

图 1-28　双向板受力的近似分析

忽略相邻的板带的影响，根据两个板带在跨中 A 处挠度相等的条件，可将板上的均布荷载在两个方向进行分配：

$$f_A = \frac{5p_1 l_{01}^4}{384E_C I_1} = \frac{5p_2 l_{02}^4}{384E_C I_2} \tag{1-10}$$

式中：p_1 、p_2 ——分别为 l_{01} 、l_{02} 方向板带的均布荷载；

I_1 、I_2 ——分别为 l_{01} 、l_{02} 方向板带的换算截面惯性矩。

若忽略钢筋在两个方向的位置高低及数量不同的影响，则 $I_1 = I_2 = I$ 由式(1-10)得

$$\frac{p_1}{p_2} = \left(\frac{l_{01}}{l_{02}}\right)^4 \tag{1-11}$$

解式(1-8)、式(1-10)，得

$$p_2 = \frac{p}{1+\left(\frac{l_{01}}{l_{02}}\right)^4} \tag{1-12}$$

$$p_1 = p - p_2 \tag{1-13}$$

分别取不同的 $\frac{l_{02}}{l_{01}}$ 值代入式(1-11)、式(1-12)，计算 p_1 、p_2

①当 $\frac{l_{02}}{l_{01}}=1$ 时,得 $p_1=p_2=\frac{p}{2}$;

②当 $\frac{l_{02}}{l_{01}}=2$ 时,得 $p_2=\frac{p}{17}$,$p_1=\frac{16p}{17}$;

③当 $\frac{l_{02}}{l_{01}}=3$ 时,得 $p_2=\frac{p}{81}$,$p_1=\frac{80p}{81}$。

由此可见,随着 $\frac{l_{02}}{l_{01}}$ 值的增大,大部分的荷载将沿板的短方向传递,主要在短跨方向发生弯曲变形。因此"规范"规定:当 $\frac{l_{02}}{l_{01}}>3$,按单向板计算;当 $\frac{l_{02}}{l_{01}}<2$,按双向板计算。

所以,当四边支承板的两向跨度之比不大于2(按弹性理论计算)或不大于3(按塑性理论计算)时,应考虑荷载向板的两个方向传递,受力钢筋也应沿板的两个方向布置。由上述双向板和梁组成的现浇楼盖即双向板肋形楼盖。

2. 双向板的试验研究

四边简支的钢筋混凝土双向板(方板和矩形板)在均布荷载作用下的试验表明:在裂缝出现之前,板基本上是弹性工作阶段。随着荷载的增加,方板沿板底对角线出现第一批裂缝,之后向两个正交的对角线方向发展且裂缝宽度不断加宽;继续增加荷载,钢筋应力达到屈服点,裂缝显著开展;即将破坏时,板顶面靠近四角处,出现垂直对角线方向、大体呈环形的裂缝,这种裂缝的出现,促使板底裂缝进一步开展;此后,板随即破坏。矩形板的第一批裂缝,出现在板底中部且平行于长边方向;随着荷载的不断增加,裂缝宽度不断开裂,并分支向四角延伸,如图1-29所示,伸向四角的裂缝大体与板边成45°;即将破坏时,板顶角区也产生与方板类似的环状裂缝。

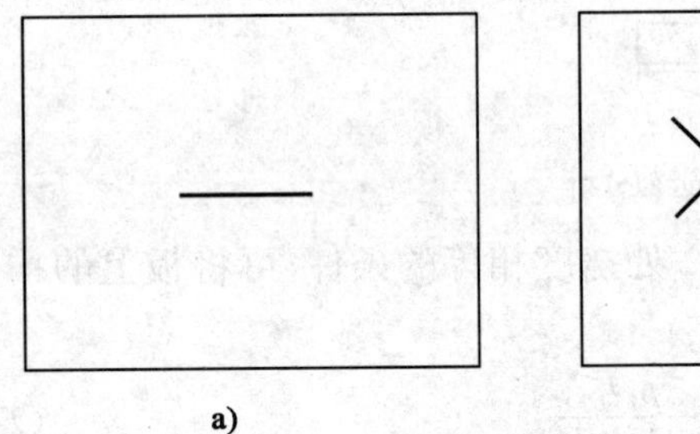
a)

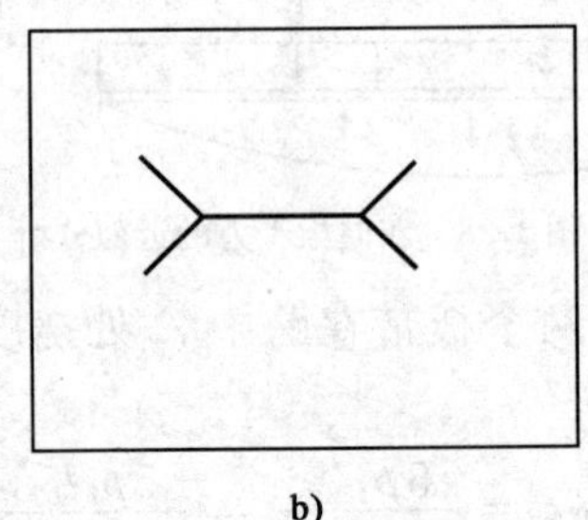
b)

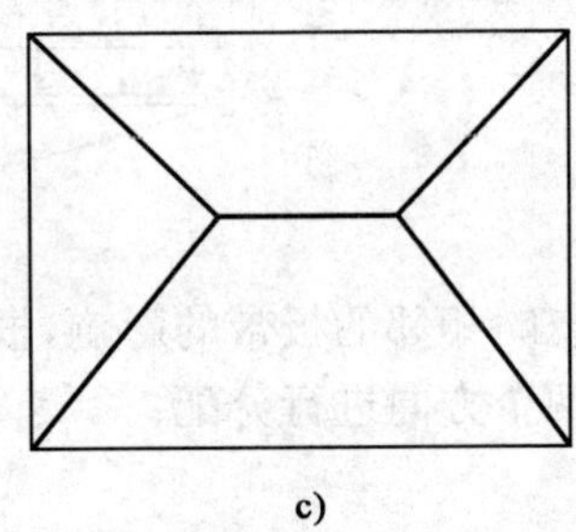
c)

图1-29 简支矩形板破坏图形形成的过程

a)板底跨中先裂;b)裂缝向四角展开;c)形成破坏机构

双向板破坏时板底、板顶裂缝如图1-30所示。

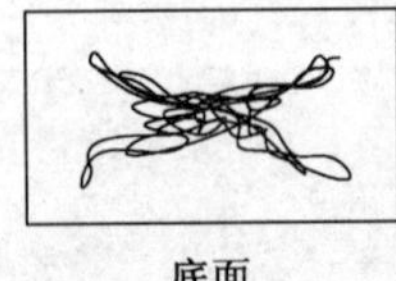
底面

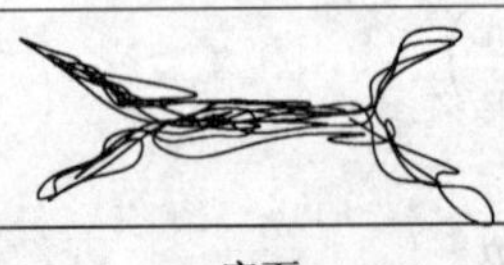
底面

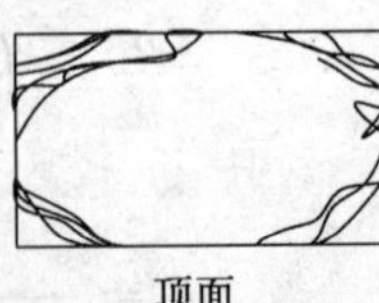
顶面

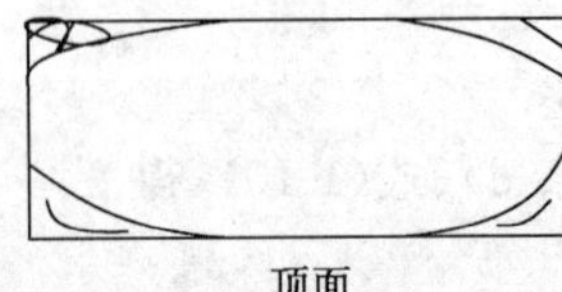
顶面

图1-30 双向板破坏时裂缝分布

分析简支方板或矩形板板面出现环状裂缝的原因,认为试件所以在板面出现环状裂缝的原因是因为板四角受到试验中拉杆的约束,不能自由翘起造成的。

双向板在弹性工作阶段,板的四角有翘起的趋势,若周边没有可靠固定,将产生如图 1-31 所示,犹如碗状的变形。板传给支座的压力沿边长不是均匀分布的,而是在每边的中心处达到最大值。因此,在双向板肋形楼盖中,由于板顶面实际会受墙或支承梁约束,破坏时就会出现如图 1-32 所示的板底及板顶裂缝。

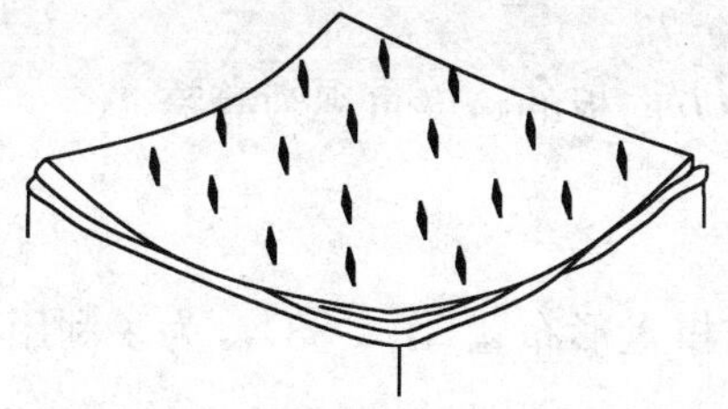

图 1-31　双向板的变形

图 1-32　肋形楼盖中双向板的裂缝分布
a)板底面裂缝分布;b)板顶面裂缝分布

双向板也有两种计算方法:弹性理论和塑性理论的计算方法。

二、双向板按弹性理论的计算方法

1. 单块双向板的计算

在各种荷载作用下,对不同边界条件双向板的内力和变形的计算,因涉及弹性薄板弯曲的问题,故计算比较复杂。为了简化计算,已编制了相应的计算表格,以供计算时查用(见第八节附表)。

第八节附表中,选列出 6 种边界条件:

(1)四边简支;

(2)一边固定,三边简支;

(3)两对边固定,两对边简支;

(4)四边固定;

(5)两邻边固定,两邻边简支;

(6)三边固定,一边简支。

根据上述计算简图,可在第八节附表中查到横向变性系数(即泊松比)$\mu=0$ 时的弯矩系数,然后可求得各相关弯矩为

$$m=\text{表中系数}\times ql^2 \tag{1-14}$$

式中:m——跨中或支座单位板宽内的弯矩;

q——均布荷载;

l——板的较小跨度。

对跨中弯矩,当 $\nu\neq0$ 时,可按下式计算

$$m_x^{(\nu)}=m_x+\nu m_y \tag{1-15}$$

$$m_y^{(\nu)}=m_y+\nu m_x \tag{1-16}$$

对钢筋混凝土板,可取 $\nu=0.2$。

2. 连续双向板的计算

连续双向板内力与变形的精确计算较复杂。为了简化起见,对双向板上可变荷载的最不

利布置以及支承情况等，提出了既接近实际情况，又便于计算的方法，使之能运用单块板的计算系数进行计算。这种方法对双向板的支承梁作如下假定：

(1)支承梁的抗弯刚度很大，其垂直变形可以忽略不计。

(2)支承梁的抗扭刚度很小，板可以绕梁转动。

(3)同一方向的相邻最小跨度与最大跨度之比大于0.75。

按照上述基本假定，梁可视为板的不动铰支座；同一方向板的跨度可视为等跨。

计算方法如下：

1)求区格跨中最大弯矩

此时，应将恒荷载 g 满布板面各个区格，活荷载 q 作棋盘形布置(图1-33)。为了利用已有的单区格板内力系数表格，将 g 与 q 分解为 $g'=g+\frac{q}{2}$、$q'=\pm\frac{q}{2}$ 分别作用于相应区格。

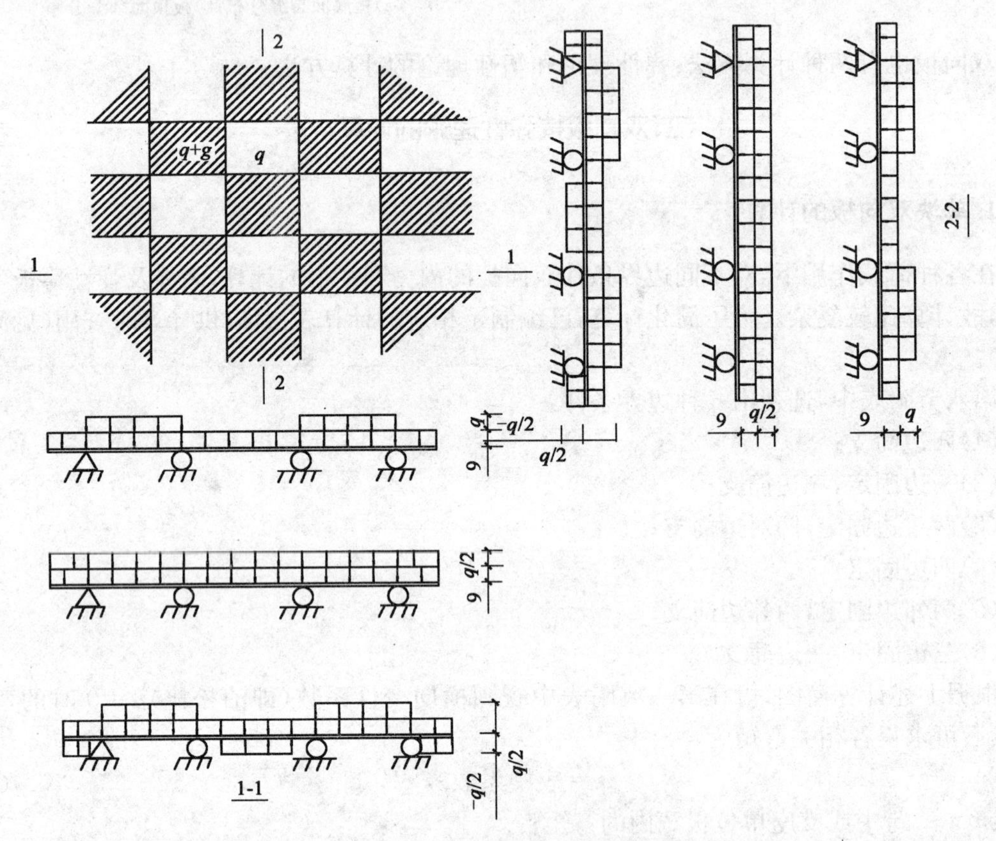

图1-33　双向板的横盘式荷载布置

在 g' 作用于各区格时，各内区格支座转动很小，可视为固定支座，故可利用四边固定板系数表求内区格在 g' 作用下的跨中弯矩。在 q' 作用下，各内区格可视为承受反对称荷载 $\pm\frac{q}{2}$ 的连续板，中间支座的弯矩近似为零，因而内区格板在 q' 作用下可利用四边简支板表格求出此时的跨中弯矩，而外区格按实际支承考虑。最后，叠加 g' 和 q' 作用下同一区格跨中弯矩，即得出相应跨中最大弯矩。

2)求区格支座的最大负弯矩

此时，应将各区格均布满活荷载 q 内区格板按作用 $g+q$ 的四边固定板求得的支座弯矩即为支座最大负弯矩；外区格按实际支承情况考虑在 $g+q$ 作用下的支座弯矩也即该支座最大负弯矩。同一内支座按相邻区格求出的负弯矩有差别(近似计算的结果)，可取其平均值或较大值进行配筋设计。

三、双向板的配筋构造

1. 配筋计算

(1)双向板的短跨方向受力较大，其跨中受力钢筋应置于板的外侧；而长跨方向的受力钢筋应与短跨方向的受力钢筋垂直，置于内侧，其截面有效高度 $h_{0y}=h_{0x}-d$(h_{0x} 为短跨方向跨中截面有效高度，d 为受力钢筋直径)。当为正方形板时，可取两个方向截面有效高度平均值作为计算时的跨中截面有效高度。

(2)按弹性理论求得的弯矩是中间板带的最大弯矩，而靠近支座的边板带，其弯矩已大为减小，故配筋也可减少。通常的做法是：将每个区格板划分为一个中间板带和两个边缘板带(图 1-34)，中间板带按计算配筋，边缘板带的单位宽度配筋量为中间板带单位宽度配筋量的 1/2(但不少于 4 根/m)。支座负弯矩钢筋沿支座均匀布置，不应减少(因角部有扭矩作用)。

(3)由于板的内拱作用(与单向板肋形楼盖相似)，弯矩设计值在下述情况可减小(图 1-35)。

①中间区格的跨中截面及中间支座减少 20%。

注：A_{s1}、A_{s2} 分别沿 l_x 和 l_y 方向布置的钢筋在单位宽度内的截面面积。

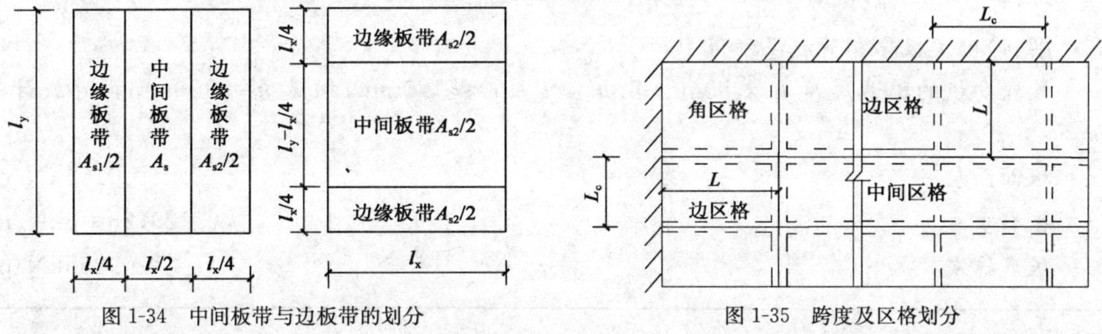

图 1-34　中间板带与边板带的划分　　　图 1-35　跨度及区格划分

②边区格的跨中截面及从楼板边缘算起的第二支座：当 $l_b/l<1.5$ 时，减少 20%；当 $l_b/l=1.5\sim2.0$ 时，减少 10%；当 $l_b/l>2$ 时，不折减。其中，l 为垂直于楼板边缘方向计算跨度。l_b 为沿楼板边缘方向计算跨度。

③角区格不折减。

(4)为简化计算，双向板的配筋面积可按下式求出

$$A_s=\frac{m}{0.9f_yh_0} \tag{1-17}$$

式中：h_0——截面有效高度，跨中长向应比短向少 10mm。

m——相应方向板的弯矩。

2. 构造规定

(1)双向板的厚度 h 不宜小于 80mm，且 $h/l_0\geqslant1/45$；对于连续板，$h/l_0\geqslant1/50$。l_0 为板的较小方向计算跨度。

(2)板的配筋方式类似于单向板,有分离式和弯起式两种。负弯矩钢筋及板面构造钢筋的设置也和单向板的类似。

【例 1-5】 设计资料同例 1-4,但按双向板肋梁楼盖进行设计,楼盖结构平面布置详见图 1-36。

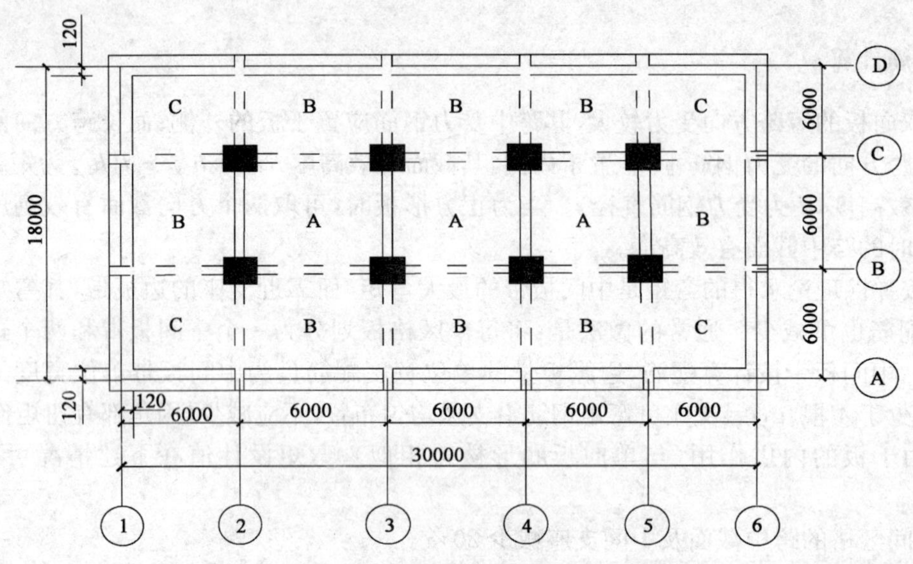

图 1-36 结构平面布置及板分区(尺寸单位:mm)

解:1)确定板厚和荷载设计值

按双向板的构造厚度 $h \geqslant 80$mm 且 $h \geqslant l_0/50 \approx 120$mm,初选 $h=120$mm。荷载计算如下:

板面面层	$=0.65\text{kN/m}^2$
板自重	$0.12\times25=3\text{kN/m}^2$
板底抹灰	$=0.255\text{kN/m}^2$
恒荷载 g	$1.2\times3.905=4.69\text{kN/m}^2$
活荷载 q	$1.3\times5.0=6.5\text{kN/m}^2$
$g+q$	$=11.19\text{kN/m}^2$

2)板的计算跨度及区格划分

按弹性理论计算时,构件计算跨度均可取支座中心线间距离。本例各区格板,均取 $l_x=l_y=6000$mm(角区格及边区格一个方向的计算跨度实际为 5940mm,取 6000mm 偏于安全),则 $l_y/l_x=1.0$。

按板的支承情况,可划分为 3 种区格:中间区格 A、边区格 B、角区格 C。板外周边简支在砖墙上,各内区格以支承梁为界。

3)分区格进行内力计算

$$g'=g+q/2=4.69+6.5/2=7.94\text{kN/m}^2;q'=q/2=6.5/2=3.25\text{kN/m}^2$$

(1)区格A

只有四边固定和四边简支两种情况，见第八节附表可得

l_y/l_x	支承条件	m_x	m_y	m'_x	m'_y
1.0	四边固定 四边简支	0.0176 0.0368	0.0176 0.0368	−0.0513 —	−0.0513 —

①跨中弯矩。

取钢筋混凝土泊松比$\nu=0.2$，则有

$$m_x^{(v)}=m_y^{(v)}=m_x+0.2m_y=1.2m_x=1.2\times(0.0176g'+0.0368q')l_0^2$$
$$=1.2\times(0.0176\times7.94+0.0368\times3.250)\times6^2=11.20\text{kN}\cdot\text{m}$$

②支座弯矩。

$$m'_x=m'_y=-0.0513(g+q)\quad l_0^2=-0.0513\times11.19\times6^2=-20.67\text{kN}\cdot\text{m}$$

(2)区格B

有三边固定、一边简支和四边简支两种情况，见第八节附表可得三边固定、一边简支的弯矩系数。

l_y/l_x	m_x	m_y	m'_x	m'_y
1.0	0.0227	0.0168(简支方向)	−0.0600	−0.0550

$$m_x^{(v)}=m_x+0.2m_y=(0.0227g'+0.0368q')l_0^2+0.2\times(0.0168g'+0.0368q')l_0^2$$
$$=[(0.0227+0.2\times0.0168)\times7.94+1.2\times0.0368\times3.25]\times6^2=12.62\text{kN}\cdot\text{m}$$
$$m_y^{(v)}=m_y+0.2m_x=(0.0168g'+0.0368q')l_0^2+0.2\times(0.0227g'+0.0368q')l_0^2$$
$$=[(0.0168+0.2\times0.0227)\times7.94+1.2\times0.0368\times3.25]\times6^2=11.27\text{kN}\cdot\text{m}$$
$$m'_x=-0.06(g+q)l_0^2=-0.06\times11.19\times6^2=-24.17\text{kN}\cdot\text{m}$$
$$m'_y=-0.055(g+q)l_0^2=-0.055\times11.19\times6^2=-29.00\text{kN}\cdot\text{m}$$

(3)区格C

有两邻边固定、两邻边简支及四边简支两种情况，见第八节附表可得两邻边固定、两邻边简支时的弯矩系数。

l_y/l_x	m_x	m_y	m'_x	m'_y
1.0	0.0234	0.0234	−0.0677	−0.0677

$$m_x^{(v)}=m_y^{(v)}=m_x+0.2m_y=(0.0234g'+0.0368q')l_0^2+0.2\times(0.0234g'+0.0368q')l_0^2$$
$$=1.2\times(0.0234\times7.94+0.0368\times3.25)\times6^2=-13.19\text{kN}\cdot\text{m}$$
$$m'_x=m'_y=-0.0677(g+q)l_0^2=-0.0677\times11.9\times6^2=-27.27\text{kN}\cdot\text{m}$$

(4)配筋设计

假定钢筋直径为10mm，混凝土保护层厚度取15mm，则支座截面有效高度$h_0=100$mm，跨中截面有效高度分别为100mm和90mm，取平均值$h_0=95$mm。

由于$l_y/l_x<1.5$，边区格B及中区格A的弯矩设计值均可降低20%，角区格C不折减，计算过程见表1-13，配筋平面图如图1-37所示。

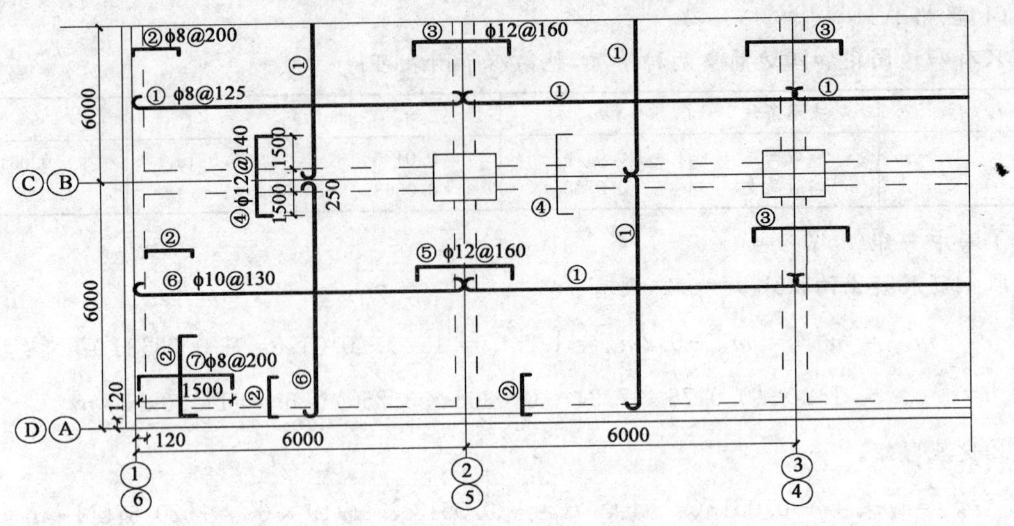

图 1-37　双向板按弹性理论计算配筋平面图(尺寸单位:mm)

截面配筋计算表

表 1-13

截面			m(kN·m)	h_0(mm)	$A_s=\dfrac{m}{0.9f_yh_0}$ (mm²)	实配	
						直径、间距	面积(mm²)
跨中	A	X方向	11.2×0.8	95	388	ϕ8@125	402
		Y方向	11.2×0.8	95	388	ϕ8@125	402
	B	X方向	12.62×0.8	95	393	ϕ8@125	402
		Y方向	11.27×0.8	95	391	ϕ8@125	402
	C	X方向	13.19	95	571	ϕ10@130	604
		Y方向	13.19	95	571	ϕ10@130	604
支座	A-A		−20.67×0.8	100	680	ϕ12@160	707
	B-B		−24.17×0.8	100	796	ϕ12@140	808
	A-B		$-\dfrac{20.67+22.16}{2}\times0.8$	100	705	ϕ12@160	707
	B-C		$-\dfrac{24.17+27.24}{2}$	160	1058	ϕ12@100	1131

注:B区格X方向指顺墙方向,Y方向与X方向垂直。

四、双向板按塑性理论的计算方法

对均布荷载作用下的四边简支板的试验研究表明:当荷载较小、板未开裂时,其受力处于弹性工作阶段,由于板角部的集中反力作用,板四角有上翘的趋势;随着荷载的增加,在板底受力大的位置出现第一批裂缝(正方形板沿对角线方向,矩形板沿板底中部的长边方向);荷载继续增加,板底裂缝发展、数量增多、宽度加大,板顶角部出现环状裂缝(图 1-38);当板接近破坏时,与主要裂缝相交的板受力钢筋屈服。

双向板作为高次超静定结构,按塑性理论计算其精确解是比较困难的,一般只能按塑性理论计算其上限解和下限解。常用的计算方法有极限平衡法和能量法(亦称虚功法和机动法)等。

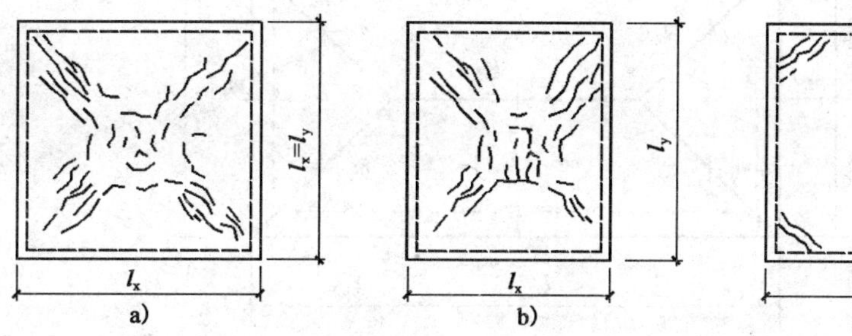

图 1-38 均布荷载下双向板的裂缝分布

a)四边简支方形板板底裂缝分布;b)四边简支矩形板板底裂缝分布;c)四边简支矩形板板面裂缝分布

现将用极限平衡法(塑性铰线法)计算双向板极限承载力的方法叙述如下。

计算时需作如下基本假定:

(1)双向板在即将破坏时,在最大弯矩处形成塑性铰线(图 1-39)。

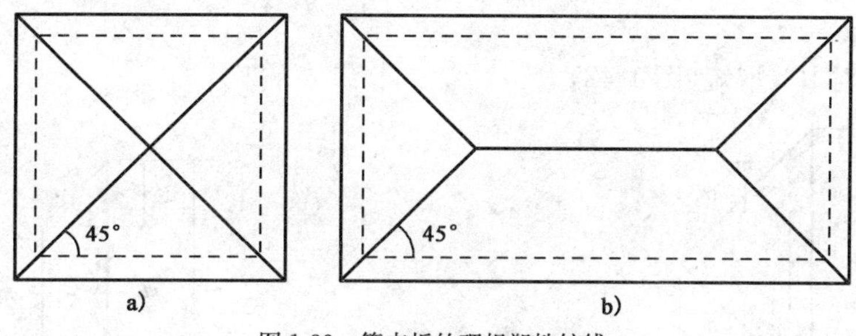

图 1-39 简支板的理想塑性铰线

a)正方形板;b)矩形板

(2)在均布荷载作用下,塑性铰线为直线,整块板由塑性铰线划分为若干个板块。当形成足够的塑性铰线后,结构即形成一个机动体系而破坏,称为破坏机构。

(3)板块的变形远小于塑性铰线处的变形,故可把板块视为刚性平面。破坏时,各板块绕塑性铰线转动。

(4)整块板在即将破坏时,理论上存在多组塑性铰线,但其中只有一组是最危险的,即在该组塑性铰线上只能承受最小的极限荷载。

(5)在最危险的塑性铰线上,只承受常量的极限弯矩,扭矩和剪力均很小,可略去不计。

利用上述假定,对用塑性铰线分割的各个板块 A、B、C、D 分别考虑极限平衡条件(图 1-40)。

在均布荷载作用下,当不计四边支承矩形双向板的角部和边界效应时,其破坏模式主要有倒锥形、倒幕形和正幕形三种。倒锥形是最基本的破坏模式,为简化计算,可将此破坏模式近似看作对称的,跨中斜向塑性铰线与邻边夹角均取为 45°。简化后的倒锥形破坏模式如图1-40所示。

(1)板块 A,对 a-a 取矩(图 1-41)

$$m'_y l_x + m_y l_x = \frac{1}{2}(g+q)l_x \cdot \frac{l_x}{2} \cdot \frac{1}{3} \cdot \frac{l_x}{2} = \frac{1}{24}(g+q)l_x^3 \tag{1-18}$$

即

$$m_y + m'_y = \frac{1}{24}(g+q)l_x^2 \tag{1-19}$$

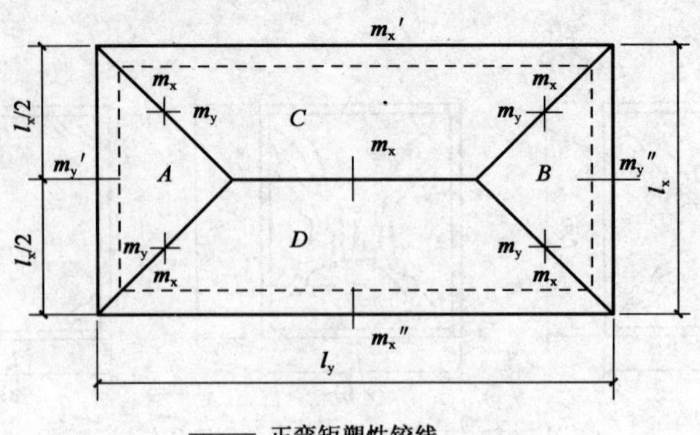

图 1-40 塑性铰线上的弯矩分布

同理，对板 B 块可得

$$m_y + m'_y = \frac{1}{24}(g+q)l_x^2 \tag{1-20}$$

（2）板块 C，对 b-b 取矩（图 1-42）

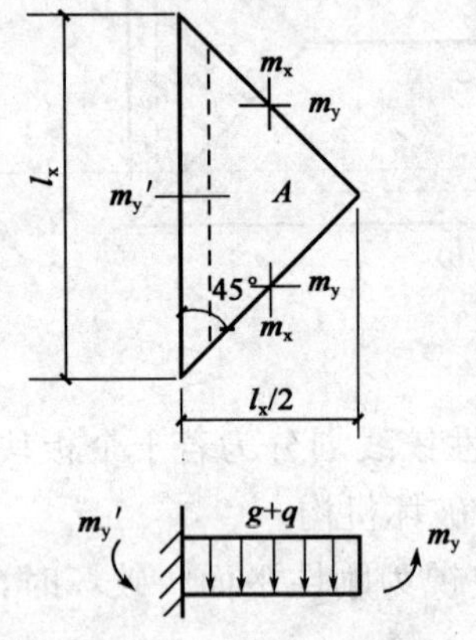

图 1-41 板块 A 的平衡

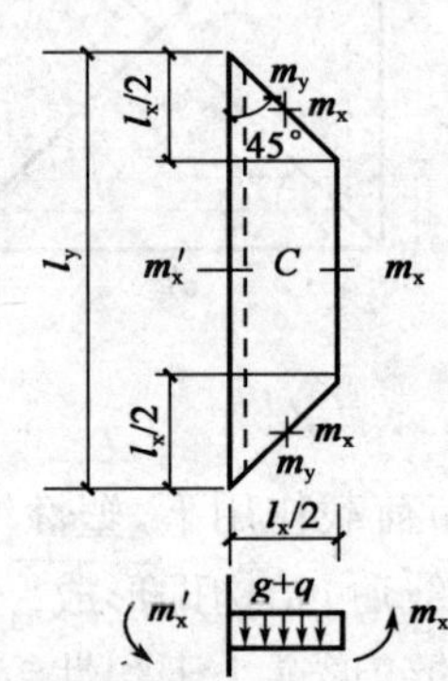

图 1-42 板块 C 的平衡

$$m'_x l_y + m_x l_y$$

$$= (g+q)\cdot\frac{l_x}{2}(l_y - l_x)\cdot\frac{l_x}{4} + \frac{1}{2}(g+q)l_x\cdot\frac{l_x}{2}\cdot\frac{1}{3}\cdot\frac{l_x}{2}$$

$$= \frac{l_x^2}{24}(g+q)(3l_y - 2l_x)$$

即
$$m_x + m'_x = \frac{g+q}{24}\frac{l_x^2}{l_y}(3l_y - 2l_x) \tag{1-21}$$

同理，对板块 D，有

$$m_x + m''_x = \frac{g+q}{24}\frac{l_x^2}{l_y}(3l_y - 2l_x) \tag{1-22}$$

令 $M_x = m_x l_y$，$M'_x = m'_x l_y$，$M''_x = m''_x l_y$，$M_y = m_y l_x$，$M'_y = m'_y l_x$，$M''_y = m''_y l_x$，则有

$$M_x + M_y + \frac{1}{2}(M'_x + M''_x + M'_y + M''_y) = \frac{1}{24}(g+q)l_x^2(3l_y - l_x) \tag{1-23a}$$

式中：M_x、M'_x、M''_x——短跨方向的跨中和支座总弯矩，$M_x = m_x l_y$，$M'_x = m'_x l_y$，$M''_x = m''_x l_y$；l_y 为长向跨度，m_x、m'_x、m''_x 为短跨方向上单位长度的弯矩值；

M_y、M'_y、M''_y——短跨方向的跨中和支座总弯矩，$M_y = m_y l_x$，$M'_y = m'_y l'_x$，$M''_y = m''_y l_x$；

l_x——短向跨度；

m_y、m'_y、m''_y——长跨方向上单位长度的弯矩值；

$g+q$——单位面积上的极限荷载值。

当用单位弯矩表示时，即将式(1-19)、式(1-20)、式(1-21)、式(1-22)相加，有

$$m_x + m_y + \frac{1}{2}(m'_x + m''_x + m'_y + m''_y) = \frac{1}{12}(g+q)l_x^2\left(2 - \frac{l_x}{l_y}\right) \tag{1-23b}$$

四边简支时，可令式(1-23)中的

$$M'_x = M'_y = M''_x = M''_y = 0$$

或

$$m'_x = m''_x = m'_y = m''_y = 0$$

即可得出四边简支的公式。

具体计算时，式(1-23)中有 6 个未知数 M'_x、M''_x、M'_y、M''_y、M_x 和 M_y 不可能求解，此时可事先选定。

各弯矩之间的比值：

$$\alpha = \frac{m_y}{m_x} = \frac{l_x^2}{l_y^2}$$

$$\beta_x = \frac{m'_x}{m_x} = \frac{m''_x}{m_x}$$

$$\beta_y = \frac{m'_y}{m_y} = \frac{m''_y}{m_y}$$

式中，β_x 和 β_x 宜在 1.5～2.5 之间选用，通常选用 2.0。

式(1-24)中左边各项皆可通过 α 和 β 换算成 m_x 和 m_y，当已知 l_x、l_y 和 q 后，即可计算出 m_x 或 m_y，进而求出 m'_x、m''_x、m'_y、m''_y，然后作截面配筋计算。

在固定支座处，将全部跨中钢筋伸入支座会造成一定的浪费。通常是在距支座 $l_x/4$ 处，将跨中钢筋弯起 $\frac{1}{2}$ 作为支座负弯矩钢筋(图 1-43)。这样在 4 个角部，抵抗正弯矩的钢筋将减少 $\frac{1}{2}$，则总弯矩 M_x、M_y 需修正为

$$M_x = \left(\frac{1}{\lambda} - \frac{1}{4}\right)l_x m_x \tag{1-24a}$$

$$M_y = \frac{3}{4}\lambda^2 l_x m_x \tag{1-24b}$$

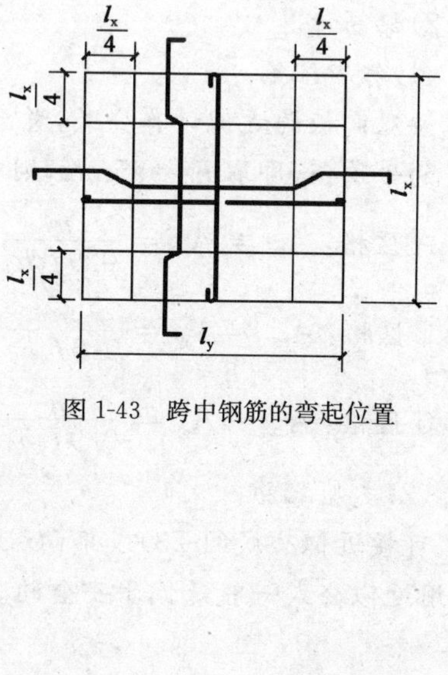

图 1-43　跨中钢筋的弯起位置

式中，$\lambda = l_x/l_y$。

经上述修正后，仍可利用式(1-23)进行计算。

(3)支座负弯矩钢筋的截断(或弯下)

支座负弯矩钢筋的过早截断或弯下会造成负弯矩塑性铰线的位置改变。在工程设计中，取截断位置$\geqslant \frac{l_x}{4}$就可满足要求。

【例 1-6】 设计资料同例 1-5，但按塑性方法设计，板厚 $h=120$mm，板区格布置同图 1-36。为便于比较，采用板底钢筋全部伸入支座方式，即直接运用式(1-23)进行设计。

解：取梁宽 $b=250$mm，板支承在梁上与梁整浇时，板的计算跨度取净跨度。则：A 区格 $l_x=l_y=5750$mm；B 区格 $l_x=5750$mm，$l_x=5815$mm；C 区格 $l_x=l_y=5815$mm。计算从 A 区格开始。

1)弯矩设计值

(1)A 区格计算

$\lambda=\frac{l_x}{l_y}=1.0;\alpha=\lambda^2=1.0;m_y=m_x$

令$\frac{m'_x}{m_x}=\frac{m''_x}{m_x}=\frac{m'_y}{m_y}=\frac{m''_y}{m_y}=2$，则由式(1-23b)，有 $m_x=\frac{g+q}{72}l_x^2=\frac{11.19}{72}\times 5.75^2=5.14\text{kN}\cdot\text{m}$

$m_y=5.14\text{kN}\cdot\text{m}$

$m'_x=m''_x=m'_y=m''_y=10.28\text{kN}\cdot\text{m}$

(2)B 区格计算

$\lambda=\frac{l_x}{l_y}=\frac{5.75}{5.815}=0.989;\alpha=\lambda^2=0.978;m_y=\alpha m_x=0.978;m'_y=10.28\text{kN}\cdot\text{m};m''_y=0$

令 $m'_x=m''_x=2m_x$，则由式(1-23b)，有

$m_x+0.978m_x+\frac{1}{2}(4m_x+10.28)=\frac{11.19}{12}\times 5.75^2\times(2-0.989)$ 得 $m_x=6.54\text{kN}\cdot\text{m}$；$m_y=6.40\text{kN}\cdot\text{m};m'_x=m''_x=13.08\text{kN}\cdot\text{m}$

(3)C 区格计算

$\lambda=\frac{l_x}{l_y}=1.0,\alpha=1.0,m_x=m_y,m'_x=m'_y=13.08\text{kN}\cdot\text{m},m''_x=m''_y=0$

则由式(1-23b) 有 $2m_x+\frac{1}{2}\times(13.08+13.08)=\frac{1}{12}\times 11.19\times 5.815^2$

得 $m_x=9.23\text{kN}\cdot\text{m},m_y=9.23\text{kN}\cdot\text{m}$

2)配筋计算

(1)跨中配筋

按双向板的近似计算公式，考虑两个方向跨度相等或接近相等，截面有效高度取两向有效高度的平均值，即取 $h_0=95$mm，则对

A 区格：$A_{sx}=A_{sy}=\frac{m}{0.9f_yh_0}=\frac{5.14\times 10^6}{0.9\times 270\times 95}=222\text{mm}^2$，选 ϕ6@120

B 区格：$A_{sx}=A_{sy}=\frac{m}{0.9f_yh_0}=\frac{6.54\times 10^6}{0.9\times 270\times 95}=283\text{mm}^2$，选 ϕ6@100

C 区格：$A_{sx}=A_{sy}=\frac{m}{0.9f_yh_0}=\frac{9.23\times 10^6}{0.9\times 270\times 95}=399\text{mm}^2$，选 ϕ8@120

(2)支座配筋

可按近似公式(1-23)或单向板公式计算。现将两种方法计算结果比较见表 1-14，可以看出，用近似公式一般是偏于安全的。

两种方法计算结果比较

表 1-14

位置	m(kN·m)	h_0(mm)	$A_s=\frac{m}{0.9f_yh_0}$ (mm²)	$\xi=1-\sqrt{1-\frac{M}{0.5f_cbh_0^2}}$	$A_s=\frac{\xi f_cbh_0}{f_s}$
A-A B-B	10.28	100	423 (选 ϕ8@110	0.0905	419
B-C	13.08	100	538 (ϕ10@140)	0.117	663

由上述配筋可见，按塑性理论相对于按弹性理论计算结果，具有一定的经济效益。

第四节　无 梁 楼 盖

一、概　　述

所谓无梁楼盖，就是在楼盖中不设梁肋，而将板直接支承在柱上。无梁楼盖是一种双向受力楼盖，楼面荷载直接传给柱子，再传给基础。因此，它的柱网都采用正方形或矩形，以正方形最为经济，板内钢筋沿两个方向布置。楼盖的四周可支承在墙上或边梁上，或悬臂伸出边柱以外。悬臂板挑出适当的距离，能减少边跨的跨中弯矩。

无梁楼盖的特点是传力体系简化，又没有梁，因此扩大了楼层净空，并且底面平整、模板简单，便于施工。根据经验，当楼面可变荷载标准值在 5kN/m 以上、跨度在 6m 以内时，无梁楼盖较肋梁楼盖经济。因而无梁楼盖常用于多层厂房、商场、库房等建筑。

无梁楼盖的主要缺点是：由于取消了肋梁，无梁楼盖的抗弯刚度减小、挠度增大；柱子周边的剪应力高度集中，可能会引起局部板的冲切破坏。

通过在柱的上端设置柱帽、托板（图 1-44）可以减小板的挠度，提高板柱连接处的受冲切承载力；当不设置柱帽、托板时，一般需在板柱连接处配置剪切钢筋来满足冲切承载力的要求。通过施加预应力或采用密肋板也能有效地增加刚度、减小板的挠度，而不增加自重。无梁板与柱构成的板柱结构体系，由于侧向刚度较差，只有在层数较少的建筑中才靠板柱结构本身来抵抗水平荷载。当层数较多或要求抗震时，一般需设剪力墙来增加侧向刚度，构成板柱—剪力墙结构。无梁楼盖按楼面结构形式分为平板和密肋板。按有无柱帽分为无柱帽轻型无梁楼盖和有柱帽无梁楼盖。按施工程序分为现浇式无梁楼盖和装配式无梁楼盖。采用升板法施工的无梁楼盖即为装配整体式的一种。

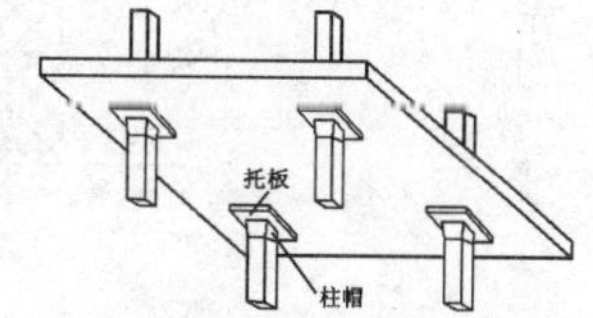

图 1-44　设置柱帽、托板的无梁楼盖

二、无梁楼盖的实验研究

无梁楼盖在均布荷载作用下，第一批裂缝首先出现于柱帽顶面上。随着荷载增加，柱帽顶面边缘的板面上出现沿柱列轴线的裂缝，并且不断发展，如图 1-45a）所示。同时，板底跨中出现成批互相垂直且平行于柱列轴线的裂缝，并不断发展，如图 1-45b）所示。当即将破坏时，在柱帽顶上和沿柱列轴线的板面裂缝以及跨中的板底裂缝出现一些特别宽的主裂缝。在这些裂缝处，受拉钢筋达到屈服强度。当受压混凝土达到弯曲抗压强度时，楼板即告破坏。

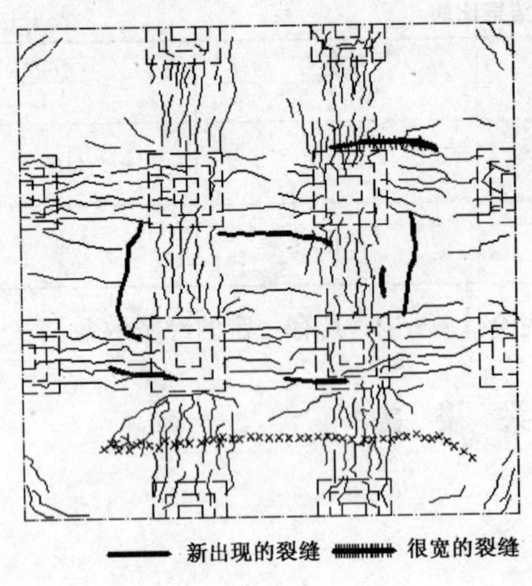

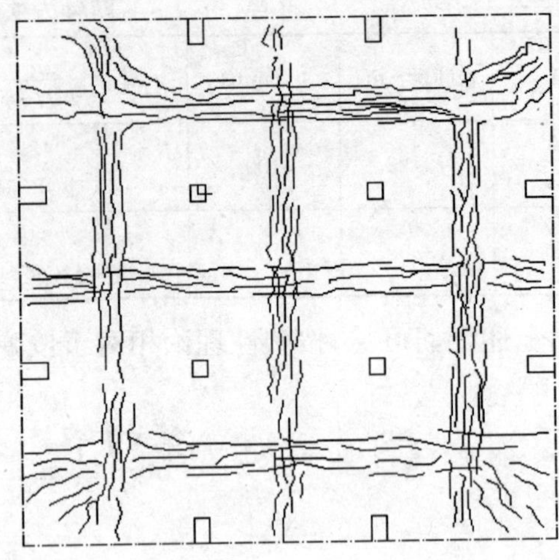

图 1-45　无梁楼盖裂缝图

由试验可知，无梁楼盖系双向受力，且受力性能较复杂。为了便于分析计算，一般可将整个楼板沿纵横两个方向假想为两条板带，即柱上板带和跨中板带(图 1-46)。前者好似一条搁置在柱支座上的连续板，后者好似一条搁置在弹性柔软支座(柱上板带)上的连续板。

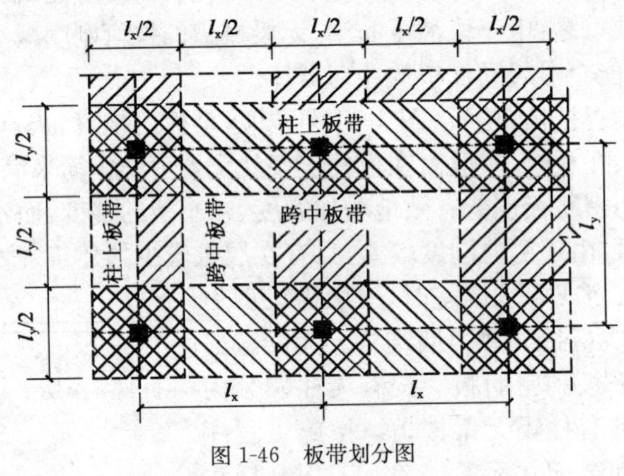

图 1-46　板带划分图

三、受 力 特 点

直接支承于柱的无梁板(亦称平板)是双向受力的。为了更清楚地了解无梁板的受力特点，先将其与前面介绍过的单向板、双向板做个比较。图 1-47 中的正方形无梁板、单向板和双向板都是在 4 个角点用柱支承。如果板上的面荷载为 q，不难知道，单向板跨中弯矩与在柱支承平板的跨中弯矩一样，都等于 $\frac{1}{8}ql_yl_x^2$。于是，可以得到这样的结论：无梁板虽然是双向受力，但其受力特点却更接近于单向板，只不过单向板是一向由板受弯、另一向由梁受弯；而无梁板在两个方向都是由板受弯。与单向板不同的是，在无梁板计算跨度内的任一截面，内力与变形沿宽度方向是处处不同的。

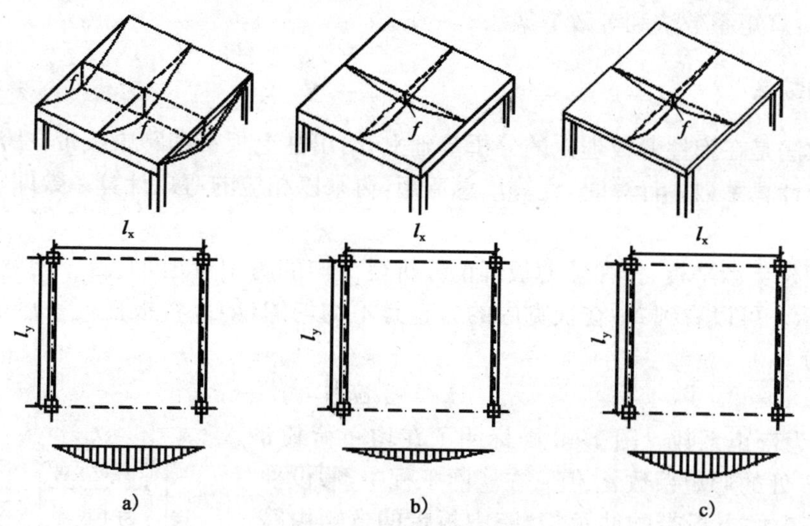

图 1-47　单向板、双向板和无梁板的受力比较

a)单向板;b)双向板;c)无梁板

无梁楼盖可按柱网划分成若干区格,将其视为由支承在柱上的“柱上板带”和弹性支承于柱上板带的“跨中板带”组成的水平结构,如图 1-48 所示。柱中心线两侧各 1/4 跨度范围内的板带称为柱上板带 ,跨中板带是柱上板带之间的部分,其宽度是跨度的 1/2。考虑到钢筋混凝土板具有内力重分布的能力,可以假定在同一种板带宽度内,内力的数值是均匀的,钢筋也可以均匀地布置。

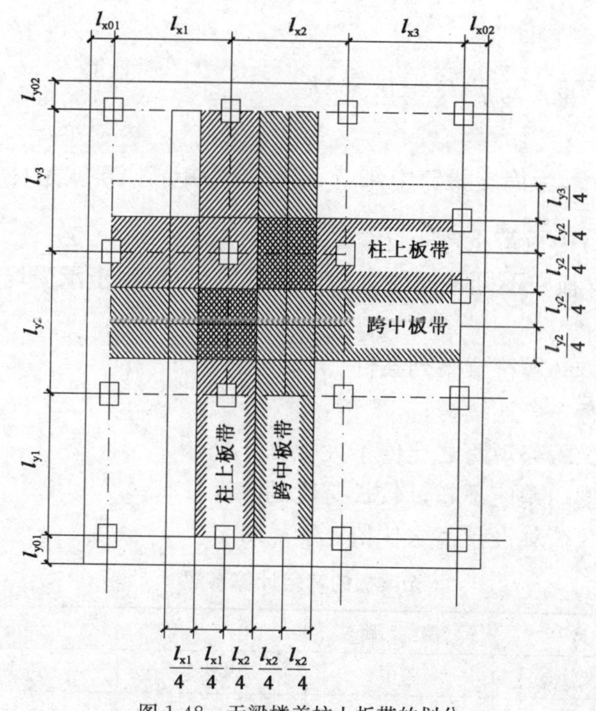

图 1-48　无梁楼盖柱上板带的划分

四、内 力 计 算

无梁楼盖既可按弹性理论计算,也可按塑性理论计算。下面介绍两种用途较为广的弹性

理论计算方法：弯矩系数法和等效框架法。

1. 弯矩系数法

弯矩系数法是在弹性薄板理论的分析基础上，给出柱上板带和跨中板带在跨中截面、支座截面上的弯矩计算系数。计算时，先算出总弯矩，再乘以相应的弯矩计算系数即可得到各截面的弯矩。

对单跨的柱支承平板，按弹性薄板理论分析得 x 向的跨中弯矩 M_x 沿 y 向宽度内的分布，如图 1-49 所示。可以看到 M_x 在板宽内的分布是不均匀的，如果将板任何一点单位宽度的跨中弯矩表示为

$$M_x = \alpha_x q l_x^2 \tag{1-25}$$

式中，α_x 为弯矩系数。图 1-49 中标明了在均布荷载 q 作用下每 $l_y/8$ 处的弯矩系数 α_x 值。在实际工程中，假设柱上板带的弯矩由柱上板带配筋负担，跨中板带的弯矩由跨中板带配筋负担，设计时取同一板带内的平均弯矩值进行计算。

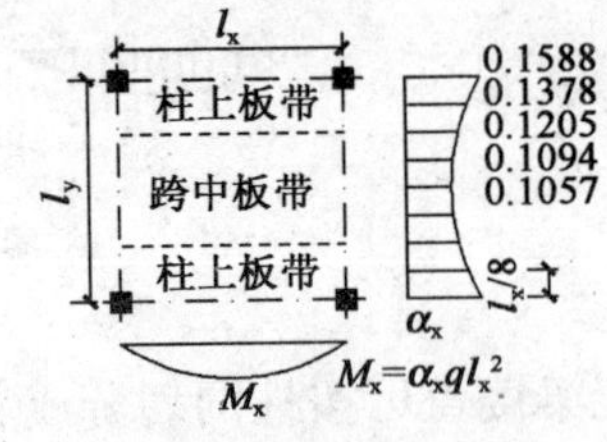

图 1-49　单跨平板跨中弯矩 M_x 的分布

由图 1-49 可得柱上板带正弯矩

$$\sum\left(M_x \frac{l_y}{8}\right) = \sum\left(\alpha_x q l_x^2 \frac{l_y}{8}\right)$$

$$= \frac{1}{8} q l_y l_x^2 \sum \alpha_x = \frac{1}{8} q l_y l_x^2 (0.1588 + 2 \times 0.1378 + 0.1205)$$

$$= 0.555 \times \frac{1}{8} q l_y l_x^2 \approx 0.55 M_0$$

式中，$M_0 = \frac{1}{8} q l_y l_x^2$，为简支梁跨中弯矩，或称总弯矩，0.55 就是柱上板带跨中正弯矩计算系数。类似地，可得跨中板带正弯矩计算系数为 0.45。

表 1-15 汇总了无梁板在不同截面的弯矩计算系数，它可用于承受均布荷载的钢筋混凝土连续平板的计算。

采用弯矩系数法时，必须符合下列条件：

(1)每个方向至少有 3 个连续跨；

(2)任一区格板的长跨与短跨之比值不大于 1.5；

(3)同方向相邻跨度的差值不超过较长跨度的 1/3；

(4)可变荷载和永久荷载设计值之比值 $q/g \leqslant 3$。

无梁板的弯矩计算系数　　表 1-15

截面位置	端跨			内跨	
	边支座	跨中	内支座	跨中	支座
柱上板带	−0.48	0.22	−0.50	0.18	−0.50
跨中板带	−0.05	0.18	−0.17	0.15	−0.17

注：①表中系数用于长跨和短跨之比小于 1.5；

②端跨外有悬臂板且悬臂板端部的负弯矩大于端跨边支座弯矩时，需考虑悬臂弯矩对边支座和内跨弯矩的影响。

在一个区格板中,两个方向的总弯矩设计值分别为

$$M_{0x} = \frac{1}{8}(g+q)l_y\left(l_x - \frac{2}{3}c\right)^2 \tag{1-26a}$$

$$M_{0y} = \frac{1}{8}(g+q)l_y\left(l_x - \frac{2}{3}c\right)^2 \tag{1-26b}$$

式中:g、q——板面永久荷载和可变荷载设计值,kN/m²;

l_x、l_y——沿纵、横两个方向的柱网轴线尺寸;

c——柱帽计算宽度,按图 1-50 确定。

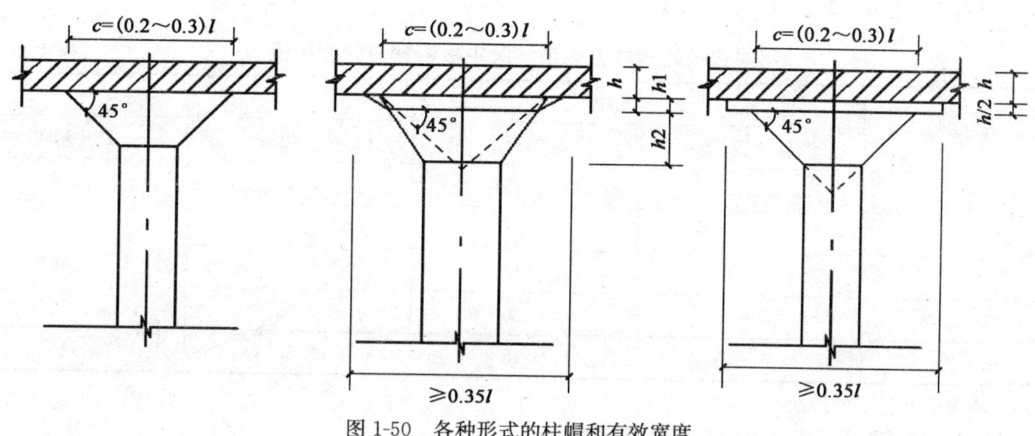

图 1-50　各种形式的柱帽和有效宽度

2. 等效框架法

当无梁板结构不符合弯矩系数法的应用条件时,可采用等效框架法计算结构的内力(当然,等效框架法也能用于符合弯矩系数法应用条件的场合)。

等效框架法,即将整个无梁板结构分别沿纵横柱列方向划分为具有"等代柱"和"等代梁"的纵向和横向框架。

等代柱的截面即原柱的截面。等代柱的计算高度为:对底层,取为基础顶面至楼板底面的高度减去柱帽的高度,对于其他各楼层,取为层高减去柱帽的高度。

等代梁的高度取为板的厚度。等代框架梁的跨度,在两个方向分别取为 $l_x - 2/3c$ 和 $l_y - 2/3c$ 。

对竖向荷载作用下的无梁板结构用等效框架法确定其内力时,等代梁的宽度取为板跨中心线间的距离(l_x 或 l_y)。

当仅有竖向荷载作用时,框架可按分层法简化计算,即所计算的上、下层楼板均视作上层柱与下层柱的固定远端。这样,就将复杂的多层等效框架的计算转化为简单的两层或单层(顶层)框架的计算,如图 1-51 所示。

按等效框架计算时,应考虑可变荷载的最不利位置。但当可变荷载值不超过永久荷载值的 75%时,可变荷载可按各跨满布考虑。

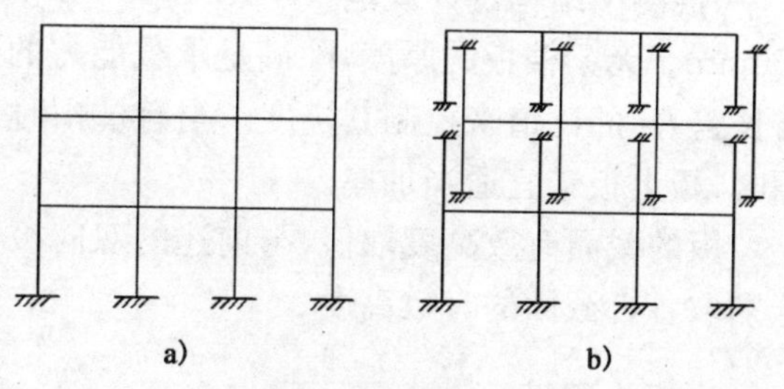

图 1-51　竖向荷载作用下等效框架计算——分层法

a)等效框架;b)分层框架

当区格板的边长比 $l_x/l_y \leqslant 1.5$ 时，可将计算所得的等代框架梁中各截面的弯矩值按表1-16所列的分配比值分配给柱上板带和跨中板带。但严格地说，当 $l_x/l_y \neq 1$ 时，就应采用表1-17所列的分配比值。

等效框架计算的弯矩分配比值　　表 1-16

项　目	端　跨			内　跨	
	边支座	跨中	内支座	跨中	支座
柱上板带	0.90	0.55	0.75	0.55	0.75
跨中板带	0.10	0.45	0.25	0.45	0.25

注：本表适用于周边连续板。

不同边长比时柱上板带和跨中板带弯矩分配比值　　表 1-17

l_x/l_y	负　弯　矩		正　弯　矩	
	柱上板带	跨中板带	柱上板带	跨中板带
0.5～0.6	0.55	0.45	0.50	0.50
0.6～0.75	0.65	0.35	0.55	0.45
0.75～1.33	0.70	0.30	0.60	0.40
1.33～1.67	0.80	0.20	0.75	0.25
1.67～2.0	0.85	0.15	0.85	0.15

注：①本表适用于周边连续板；

②对有柱帽的平板，表中的分配比值应作如下修正：

负弯矩：柱上板带 +0.05，跨中板带 −0.05；

正弯矩：柱上板带 −0.05，跨中弯矩 +0.05；

③在保持总弯矩值不变的情况下，允许在板带之间或支座弯矩与跨中弯矩之间相应调幅 10%。

按照弹性薄板解得的弯矩横向分布状况并不完全符合实际，在钢筋混凝土平板中内力的塑性重分布现象也是存在的。鉴于柱上板带负弯矩分配较多可能造成配筋过密、不便于施工，允许在保持总弯矩值不变的情况下，将柱上板带负弯矩的 10%分配给跨中板带负弯矩。

对设置柱帽的无梁楼盖，考虑到楼盖中存在的弯隆作用(拱作用)，可参照前述对肋梁楼盖中与梁整体连接的板的规定，对计算所得的弯矩值予以折减。

五、截面设计及构造要求

1. 板的厚度及截面有效高度

《混凝土结构设计规范》(GB 50010—2010)规定，现浇钢筋混凝土无梁楼板的最小厚度为150mm。无梁楼板的厚度，除满足承载能力的要求外，尚应满足板的刚度要求。一般用板厚 h 与长跨 l_{02} 的比值来控制其挠度。当有柱帽时，$h/l_{02} \leqslant 1/35$；无柱帽时，$h/l_{02} \leqslant 1/32$。当无柱帽时，板上板带宜适当加厚。

板的截面有效高度取值，与前述的双向板类同。在同一部位有两个方向的钢筋重叠时，应分别取各自截面的有效高度。

2. 板的配筋

按柱上板带和跨中板带的弯矩算出板带钢筋后，即可进行配筋。配筋一般采用一端弯起式(图 1-52),钢筋的弯起和截断位置应满足图中的构造要求。对于支座处承受负弯矩的钢筋,钢筋直径不宜小于 12mm。

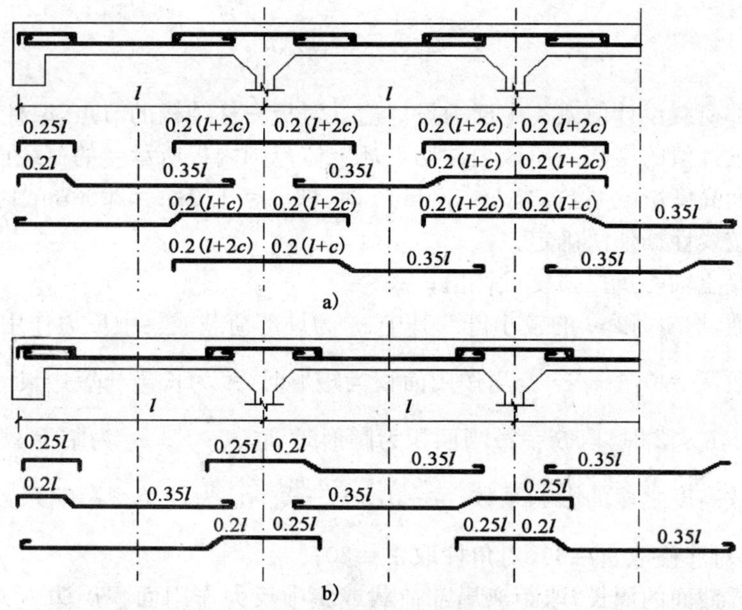

图 1-52　无梁楼板的配筋构造

a)柱上板带配筋;b)跨中板带配筋

六、柱帽的设计计算

在无梁楼盖的柱顶处增设柱帽,可以增加板柱连接面面积、减少板的计算跨度、增加楼面刚度,并使楼板各部分合理地承受板面荷载(柱上板带承受较大弯矩,柱帽的设置使总弯矩减少,从而柱上板带弯矩有较大的降低)。因此,一般的无梁楼盖都设计有柱帽。柱帽的设计主要是考虑板的抗冲切承载力要求。

1. 板的抗冲切计算

如图 1-53 所示,在柱顶反力和板面荷载的作用下,若板厚度不够或混凝土强度低,可能出现由板面指向柱边的 45°斜裂缝而发生冲切破坏,其实质是该 45°斜面上的混凝土主拉应力超过混凝土抗拉强度而导致的剪切破坏。防止该破坏的发生与防止一般剪切破坏发生的方法相同:一是保证截面尺寸满足一定要求,二是配置必要的抗剪钢筋。

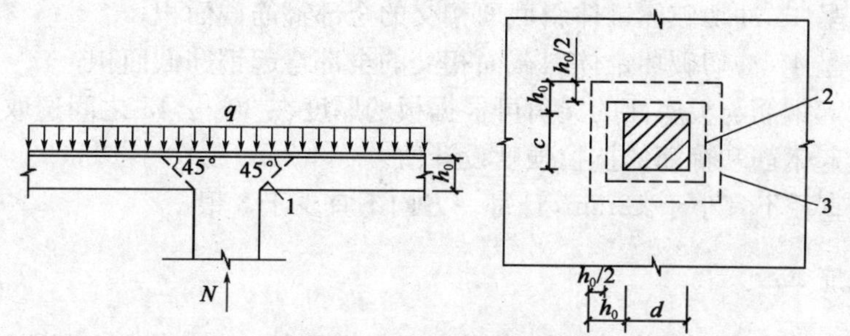

图 1-53　楼盖受冲切承载力计算

1-冲切破坏锥体的斜面;2-距荷载面积周边 $h_0/2$ 处的周长;3-冲切破坏锥体的底面线

(1)在局部荷载或集中反力作用下不配箍筋或弯起钢筋的板，其受冲切承载力应满足下列规定：

$$F_l \leqslant 0.7\beta_h f_t \eta \mu_m h_0 \tag{1-27}$$

式中：f_l——局部荷载设计值或集中反力设计值。对板—柱结构的节点，取柱所承受的轴向压力设计值的层间差值减去冲切破坏锥体范围内板所承受的荷载设计值；

β_h——截面高度影响系数，当 $h \leqslant 800$mm 时，取 $\beta_h = 1.0$；$h \geqslant 2000$mm 时，取 $\beta_h = 0.9$，其间按线性插值法确定；

f_t——混凝土轴心抗拉强度设计值；

η——系数，取 η_1 和 η_2 的较小值。其中 η_1 为局部荷载或集中反力作用面积形状的影响系数，$\eta_1 = 0.4 + \frac{1.2}{\beta_s}$。当作用面积为矩形时，$\beta_s$ 为长边与短边尺寸比值，β_s 不宜大于 4，$\beta_s < 2$ 时，取 $\beta_s = 2$；当面积为圆形时，取 $\beta_s = 2$。η_2 为临界截面周长与板截面有效高度之比的影响系数，$\eta_2 = 0.5 + \frac{\alpha_s h_0}{4\mu_m}$。$\alpha_s$ 为柱类型影响系数，对中柱取 $\alpha_s = 40$，对边柱取 $\alpha_s = 30$，对角柱取 $\alpha_s = 20$；

μ_m——临界截面的周长，取距离局部荷载或集中反力作用面积周边 $h_0/2$ 处板垂直截面的最不利周长；

h_0——截面有效高度，取两个配筋方向的截面有效高度的平均值。

(2)当受冲切承载力不满足式(1-27)的要求且板厚受到限制时，可配置箍筋或弯起钢筋。

a. 在配置箍筋或弯起钢筋时，受冲切截面应符合下列条件：

$$F_l \leqslant 1.2 f_t \eta \mu_m h_0 \tag{1-28}$$

b. 抗冲切箍筋或弯起钢筋的配置

按计算求得的箍筋，应配置在冲切破坏锥体范围内。此外，尚应按相同的箍筋直径和间距向外延伸配置在不小于 $0.5h_0$ 范围内。箍筋宜为封闭式，并应箍住架立钢筋，箍筋直径不应小于 6mm，其间距不应大于 $h_0/3$，如图 1-54a)所示。

当配置箍筋、弯起钢筋时的受冲切承载力按下式验算：

$$F_l \leqslant 0.5 f_t \eta \mu_m h_0 + 0.8 f_{yv} A_{svu} + 0.8 f_y A_{sbu} \sin\alpha \tag{1-29}$$

式中：A_{svu}——与呈 45°冲切破坏锥体斜截面相交的全部箍筋截面积；

A_{sbu}——与呈 45°冲切破坏锥体斜截面相交的全部弯起钢筋截面积；

α——弯起钢筋与板底面的夹角可根据板的厚度在 30°～45°之间选取；

f_y、f_{yv}——弯起钢筋和箍筋的抗拉强度设计值。

弯起钢筋的直径不宜小于 12mm，且每一方向不宜少于 3 根。

2. 柱帽的配筋

除在柱帽上部的板内配置抗冲切的箍筋或弯起钢筋外，在柱帽内应配置 ϕ8～ϕ10 的构造钢筋，钢筋间距为 100～150mm(图 1-55)。

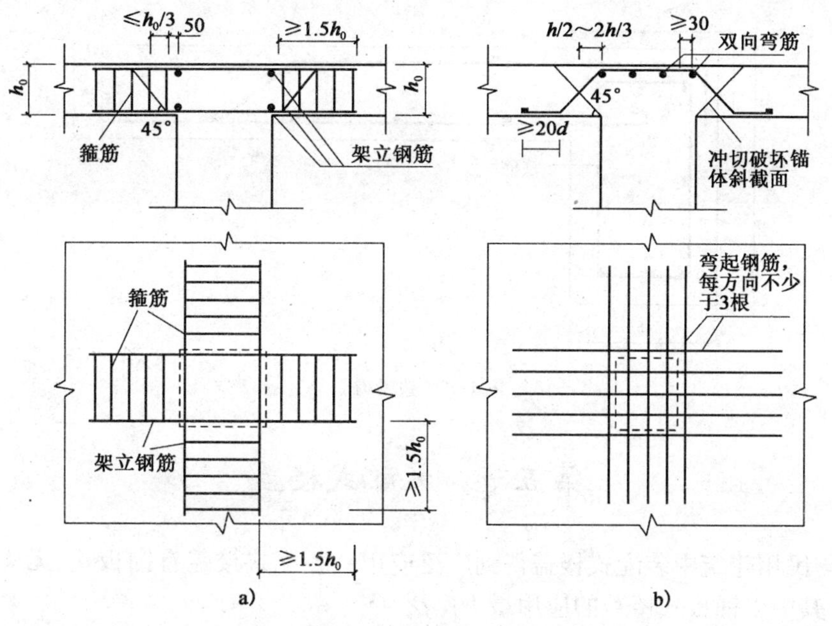

图 1-54　楼盖抗冲切钢筋布置（尺寸单位：mm）

a）箍筋；b）弯起钢筋

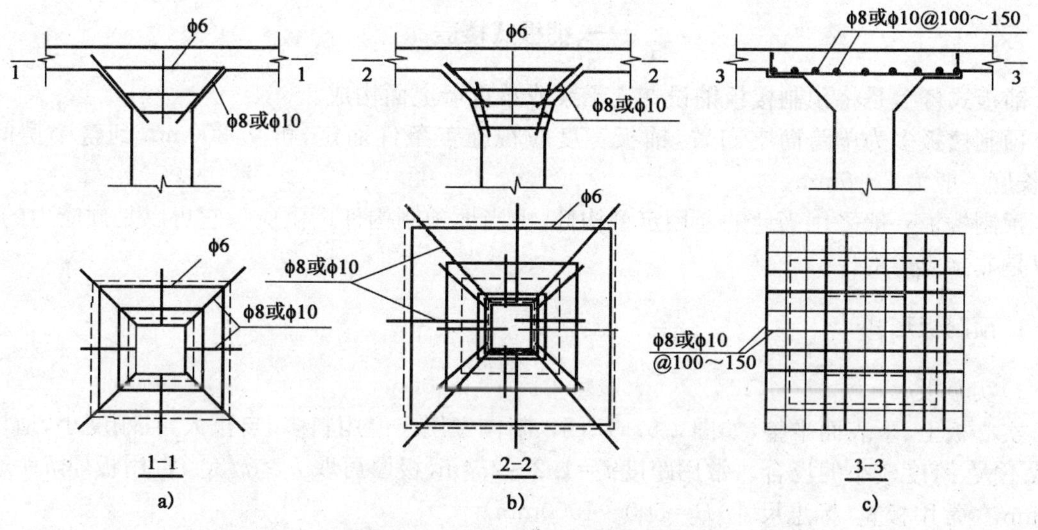

图 1-55　柱帽的配筋构造（尺寸单位：mm）

a）无顶板柱帽；b）折线形柱帽；c）有顶板柱帽

七、边　梁

沿无梁楼盖的周边，应设置钢筋混凝土边梁。边梁的截面高度不应小于板厚的 2.5 倍，边梁宽度应满足板带钢筋的锚固要求（图 1-56）。边梁支承于柱上或支承于由柱挑出的梁内（板宽超出柱范围时）。边梁与柱上板带共同承受弯矩和未计及的扭矩，因此边梁除有纵向受弯钢筋外，尚应有抗扭的纵向构造钢筋，箍筋亦应按抗扭要求设置。

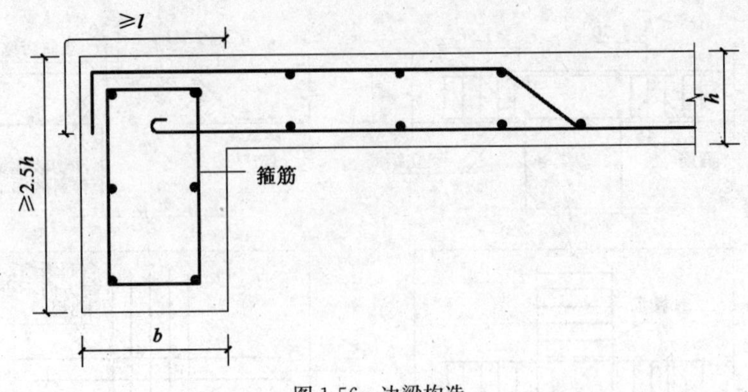

图 1-56 边梁构造

第五节 装配式楼盖

在工业与民用建筑中装配式楼盖得到广泛应用。装配式楼盖有铺板式、无梁式和密肋式等多种形式，其中以铺板式楼盖的应用最为广泛。

现代装配式楼盖中，一部分构件采用预制，另一部分采用现浇，并可利用预制部分作为现浇部分的模板支承，或直接作为现浇部分的模板。这样能够大量节省模板，减少现场工作量，结构的整体性也几可与整浇式楼盖相媲美。

一、铺板式楼盖

铺板式楼盖是将预制楼板铺设在支承梁或承重墙上面构成。

预制楼板多为单跨简支布置，铺板宽度应视施工条件而定，可从 300mm 到整个房间宽度，长度一般为 2～6mm。

预制楼板一般采用当地的通用定型构件，由当地预制构件厂供应。它可以是预应力的，也可以是非预应力的。

1. 预制板形式

1)实心板

实心板上、下表面平整，如图 1-57a)所示，制作方便。但用料多、自重大，且刚度小，适用于荷载不大、跨度较小的场合。常用跨度 $l=1.2\sim2.4$m，板厚可取 $h\geqslant l/30$，常用板厚 $h=50\sim100$mm。常用板宽(标志尺寸)$B=500\sim1000$mm。

2)空心板

空心板孔洞的形状有圆形、矩形和长圆形等，如图 1-57b)所示。其中圆孔板因制作比较简单而较为常用。

空心板材料用量省、自重轻、隔声效果好、上下板面平整，并且刚度大、受力性能好，但板面不能任意开洞。

普通钢筋混凝土空心板常用跨度 $l=2.4\sim4.8$m；预应力混凝土空心板常用跨度 $l=2.4\sim7.5$m。普通钢筋混凝土空心板厚 $h\geqslant(1/20\sim1/25)l$；预应力混凝土空心板厚 $h\geqslant(1/30\sim1/35)l$；空心板厚通常有 $h=110$mm(或 120mm)、180mm 和 240mm。常用板宽 $B=600$mm、900mm 和 1200mm。

3)槽形板

槽形板由面板、纵肋和横肋组成。横肋除在板的两端设置外,在板的中部也可设置数道,以提高板的整体刚度。根据肋的方向是向下或向上,槽形板又可分为正槽形板及倒槽形板两种,如图1-57c)所示。

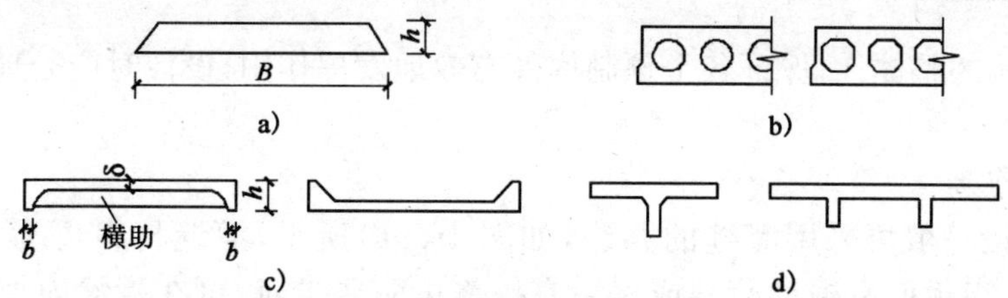

图1-57 常用的预制板形式

正槽形板受力合理,并且用料省、自重轻、便于开洞。但它不能提供平整天篷,隔声、隔热效果差。

槽形板的常用跨度 l=1.5～5.6m,而面板厚度 δ=25～30mm,纵肋高 h=(1/17～1/22)l,一般有 h=120mm、180mm 和 240mm,肋宽 b=50～80mm,常用板宽 B=500mm、600mm、900mm 和 1200mm。

4)T形板

T形板由单T形板和双T形板两种,如图1-57d)所示。T形板受力性能较好,能跨越较大跨度。但整体刚度稍逊于其他形式的预制楼板。

单T形板和双T形板常用跨度 l=6～12m,肋高 h=300～500mm,板面厚度 δ=40～50mm,板宽 B=1500～2100mm。

2. 预制梁形式

预制混凝土梁一般多为单跨,可以是简支梁或伸臂梁,有时也采用连续梁。梁的截面形式有矩形、T形、倒T形、十字形及花篮形等(图1-58)。当梁截面较高时,采用十字形梁或花篮形梁,可增加房屋净空高度。梁的跨高比一般为1/14～1/8。

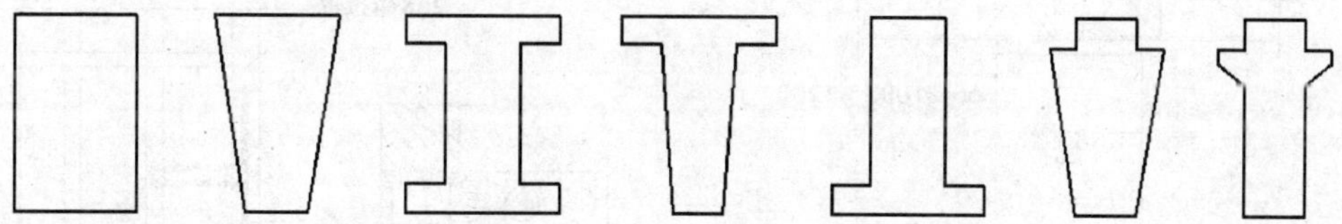

图1-58 预制梁截面形式

3. 铺板式楼盖的布置

铺板式楼盖的结构布置,应根据建筑平面尺寸、墙体承重方案及施工吊装能力等要求综合考虑。在混合结构房屋中,一般有下列几种布置方案:

(1)纵向布置。当房屋开间不大、横墙较多时,通常可将预制楼板沿房屋纵向直接搁置于横墙上。在横墙间距较大的情况下,也可通过在纵墙上架设横梁,将预制楼板沿纵向搁置在横墙或横梁上。

(2)横向布置。当横墙间距较大且层高又受到限制时,可将板沿横向直接搁置在纵墙上。

(3)混合布置。楼盖中部分预制板沿纵向布置,部分预制板沿横向布置。

结构布置方案确定后,即可根据建筑平面尺寸从定型图集中选择合适的预制板。

4. 装配式楼盖的连接

为了加强结构的整体性,保证各个预制构件有效地发挥作用,设计时应处理好构件间的连接构造问题。

1)板与板的连接

板与板的连接一般可采用灌缝的办法,如图 1-59a)所示,灌缝材料可为 C15 细石混凝土或 M15 砂浆。当板面有振动荷载或房屋有抗震设防要求时,可在板缝内加设纵横向拉结钢筋以加强整体刚性。必要时可在预制板上现浇配有钢筋网的混凝土面层,如图 1-59b)所示。

2)板与墙、梁的连接

预制板搁置于墙、梁上时,板底应坐浆 10～20mm 厚。板在墙上支承长度应≥100mm,板在梁上支承长度应≥80mm。

3)板与非支承墙的连接

一般可采用细石混凝土灌缝,如图 1-60a)所示。当板跨≥4. 8m 时,应配置锚拉筋以加强其与墙体的连接,如图 1-60c)所示;或将圈梁设置于楼盖平面处,如图 1-60b)所示。

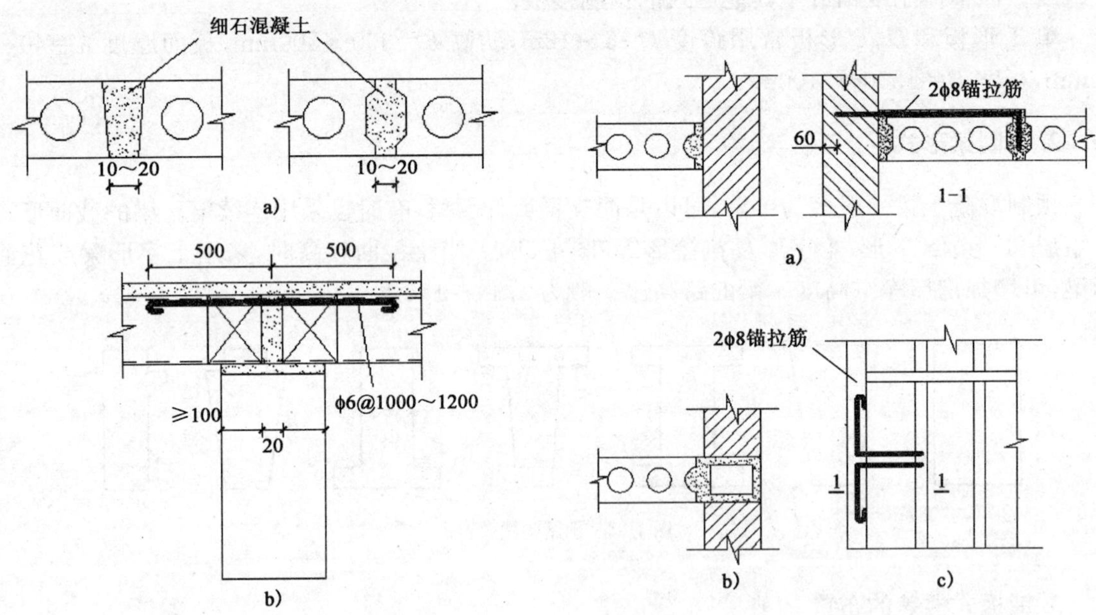

图 1-59　板与板的连接构造(尺寸单位:mm)

图 1-60　板与墙的连接构造(尺寸单位:mm)

二、装配式楼盖的计算特点

装配式楼盖的主要构件是梁和板,他们的计算原理与现浇楼盖相同,计算特点是应分为使用阶段的计算和施工阶段的验算两个方面。

1. 使用阶段的计算

对使用阶段的装配式楼盖，按一般的梁、板计算原理进行承载力计算和变形、裂缝宽度验算。

2. 施工阶段的验算

以预制构件在运输、堆放及吊装时的受力状况与使用阶段不同，应按其实际情况进行验算。验算时应注意以下问题：

(1)运输、堆放的实际情况和吊点位置确定计算简图。

(2)对构件进行吊装验算时，构件的自重应乘以动力系数 1.5。

(3)重要性系数 因施工阶段的承载力是属临时性的，验算时结构的重要性系数应较使用阶段计算降低一级使用，但亦不得低于三级。

(4)集中荷载。对预制板、檩条、预制小梁、挑檐和雨篷，应按在最不利位置上作用 1kN 的施工或检修集中荷载进行验算，但此集中荷载不与使用可变荷载同时考虑。

第六节　无黏结预应力混凝土楼盖

一、概　　述

在无黏结预应力混凝土中，允许配置的预应力筋在张拉后与周围混凝土产生相对滑动。无黏结预应力筋一般由钢丝束或钢绞线涂上润滑油脂，外加注塑成型的聚乙烯塑料套管而构成。施工时，将无黏结预应力筋像普通的钢筋一样，浇筑在混凝土内。当混凝土达到规定强度后，用千斤顶张拉，两端用锚具锚固。无黏结预应力混凝土不需要预留管道、穿筋和灌浆，简化了施工工艺。无黏结预应力筋易于形成连续的多波形状，受到的摩擦力也很小，因此特别适合需要复杂的连续曲线配筋的多跨楼盖结构。

无黏结预应力混凝土是以采用高强钢材、先进的预应力工艺和现代的设计方法为特征，非常适用于建造大柱网、大开间、大空间的多、高层及超高层建筑楼盖。

二、预应力楼盖的截面设计与构造

1. 应力楼盖的尺寸

预应力楼盖的截面高度与其跨度、形式、荷载情况等有关，同时必须满足各种截面承载能力、挠度、裂缝、防火及钢筋防腐蚀等方面的要求。根据我国的工程经验，预应力楼盖的跨高比和跨度可参照表 1-18 取用。

2. 黏结预应力筋应力设计值

《无黏结预应力混凝土结构技术规程》(JGJ 92—2004)规定，在受弯承载力极限状态下无黏结筋的应力设计值 σ_p 按下列公式计算

当跨高比≤35 时
$$\sigma_p = \frac{1}{\gamma_s}[\sigma_{pe} + (500 - 770\beta_0)] \tag{1-30a}$$

预应力混凝土梁板的跨高比及经济跨度　　表 1-18

结构形式	跨　高　比	经济跨度(m)	结构形式	跨　高　比	经济跨度(m)
单向梁	16～25	8～15	单向板	35～45	6～9
扁梁	20～25	9～18	双向板	40～50	7～10
框架梁	12～18	15～25	密肋板	30～35	10～15
井字梁	20～25	16～32	悬臂板	≤16	—
悬臂梁	≤10	—			

当跨高比>35 时

$$\sigma_p = \frac{1}{\gamma_s}[\sigma_{pe} + (250 - 380\beta_0)] \tag{1-30b}$$

式中：σ_{pe}——无黏结预应力筋扣除全部预应力损失后的有效预应力；

β_0——综合配筋指标，$\beta_0 = \dfrac{\rho_p\sigma_{pe}}{f_{cm}} + \dfrac{\rho_s f_y}{f_{cm}}$，且 $\beta_0 \leqslant 0.45$；

σ_p、σ_s——预应力筋、非预应力筋的配筋率；

f_y——非预应力筋抗拉强度设计值；

f_{cm}——混凝土弯曲抗压强度设计值，数值取为 $1.1f_c$（f_c 为混凝土轴心抗压强度设计值）；

γ_s——材料分项系数，取 1.2。

同时，σ_p 不应大于无黏结预应力筋的抗拉强度设计值 f_{py}，且不小于其有效预应力 σ_{pe}。

3. 无梁板内预应力筋的布置

无梁板两个方向的预应力筋用量确定之后，可采用以下两种布置方式：

(1)方向按柱上板带和跨中板带布置，如图 1-61a)所示。其中柱上板带占 60%～75%，相应的跨中板带占 40%～25%。这种布置方式比较符合板的受力状态，缺点是要将两个方向的抛物线形预应力筋交织成网，施工上诸多不便。

(2)钢筋在一向集中布置，在另一向均匀布置，如图 1-61b)所示。集中布置的无黏结预应力筋宜分布在柱两边各 1.5 倍板厚的范围内；均匀布置的无黏结预应力筋的间距不得超过 6 倍的板厚，且不宜大于 1m。这种布置方式易于保证无黏结筋的曲线形状。以上两种布置方式中，每一方向穿过柱子的无黏结预应力筋不得少于 2 根。

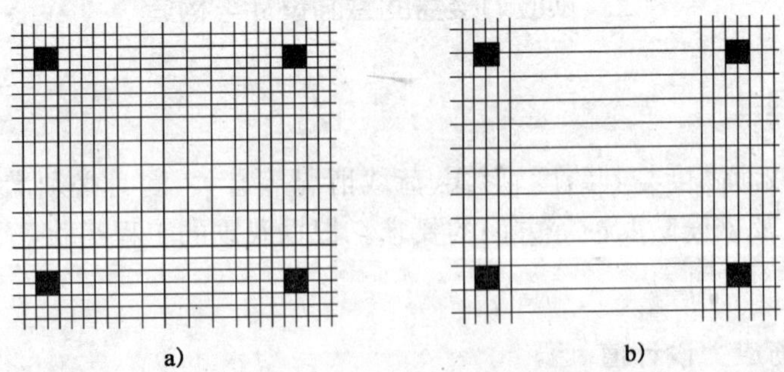

图 1-61　无梁板中无黏结预应力筋的布置

4. 非预应力筋的配置

现代预应力混凝土结构中通常都配置适当数量的有黏结的非预应力钢筋，这样能防止受拉区混凝土突然开裂，而且能使裂缝分布均匀，破坏时有预兆。

如果配置的预应力筋数量不能满足承载力要求，可用非预应力筋予以补充。

截面中最大配筋率与最小配筋率应符合有关规范的要求。

对采用无黏结预应力筋做主筋的受弯截面，在尚无充足的试验依据之前，非预应力筋的最小配筋量应满足 $A_s \geqslant 0.004A_t$ 。

其中，A_t 为受弯截面中受拉区域的面积。

对于地震区的主梁，普通钢筋的相对含量应满足下式要求

$$\frac{f_y A_s}{f_y A_s + \sigma_p A_p} \geqslant 0.25 \tag{1-31}$$

第七节　楼梯、雨篷计算与构造

楼梯、雨篷、阳台等是建筑物中的重要组成部分。本节主要讲述楼梯和雨篷的结构计算及构造要点。

一、楼　　梯

楼梯的平面布置，踏步尺寸、栏杆形式等由建筑设计确定。板式楼梯和梁式楼梯是最常见的现浇楼梯，宾馆和公共建筑有时也采用一些特种楼梯的(图 1-62)。

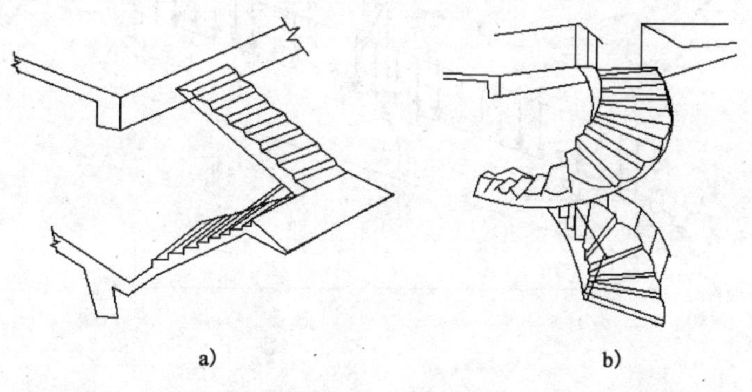

图 1-62　特种楼梯

a)剪刀式楼梯；b)螺旋板式楼梯

楼梯的结构设计包括以下内容：

(1)建筑要求和施工条件，确定楼梯的结构形式和结构布置。

(2)建筑类别，按《荷载规范》确定楼梯的活荷载标准值。需要注意的是楼梯的活荷载往往比所在楼面的活荷载大。生产车间楼梯的活荷载可按实际情况确定，但不宜小于 3.5kN/m (按水平投影面计算)。除以上竖向荷载外，设计楼梯栏杆时尚应按规定考虑栏杆顶部水平荷载 0.5 kN/m(对于住宅、医院、幼儿园等)或 1.0 kN/m(对于学校、车站、展览馆等)。

(3)各部件的内力计算和截面设计。

(4)特别应注意处理好连接部位的配筋构造。

1. 板式楼梯

板式楼梯由梯段板、休息平台和平台梁组成(图 1-63)。梯段是斜放的齿形板，支承在平

台梁上和楼层梁上。板式楼梯的优点下表面平整，施工支模较方便，外观比较轻巧；缺点是斜板较厚，约为梯段板斜长的 1/25～1/30，其混凝土用量和钢材用量都较多，一般适用于梯段板的水平跨长不超过 3m 时。

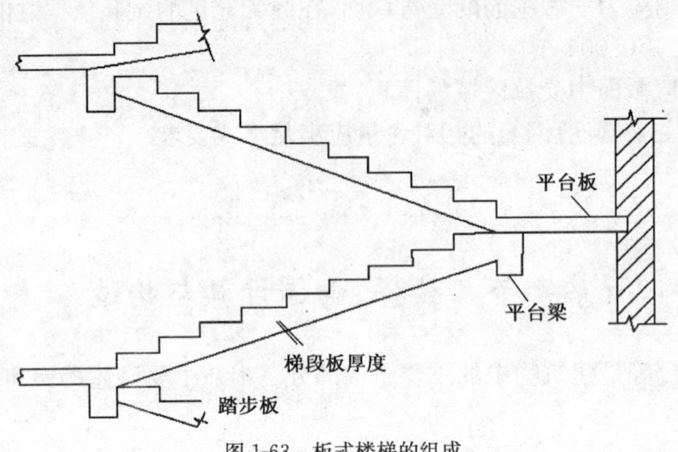

图 1-63 板式楼梯的组成

板式楼梯的计算特点：梯段斜板按斜放的简支梁计算（图 1-64），斜板的计算跨度取平台梁间的斜长距离。

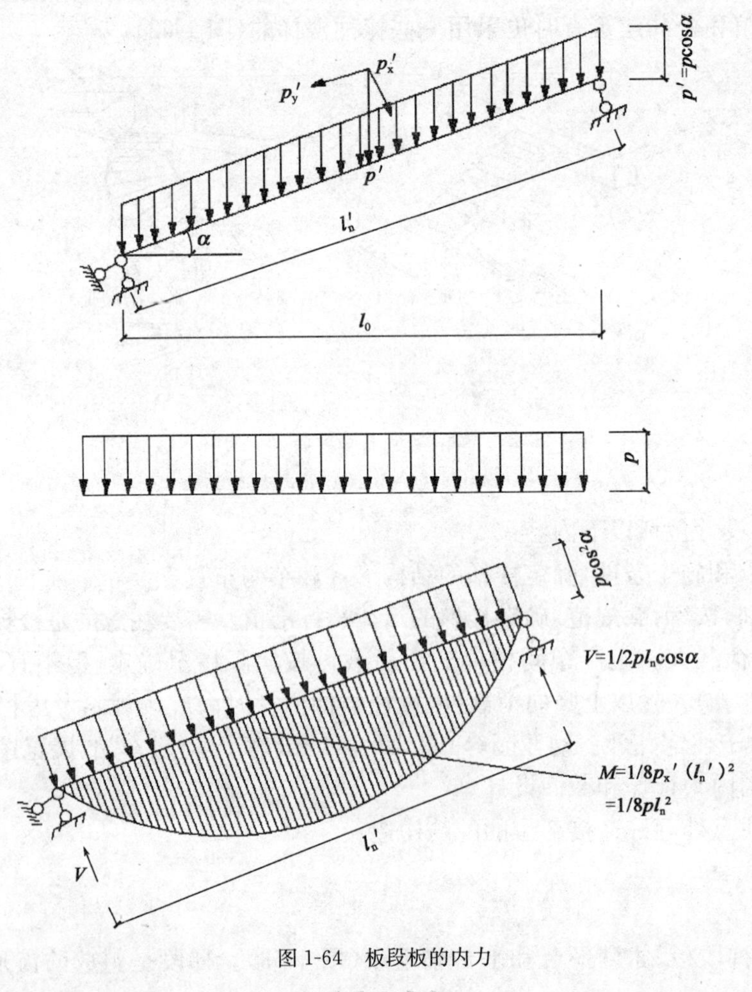

图 1-64 板段板的内力

设楼梯单位水平长度上的竖向均布荷载 $p=g+q$（与水平面垂直），则沿斜板单位斜长上的竖向均布荷载 $p'=p\cos\alpha$（与斜面垂直），此处 α 为梯段板与水平线间的夹角（图 1-65），将 p' 分解为

$$p'_{x}=p'\cos\alpha=p\cos\alpha\cdot\cos\alpha$$

$$p'_{y}=p'\sin\alpha=p\cos\alpha\cdot\sin\alpha$$

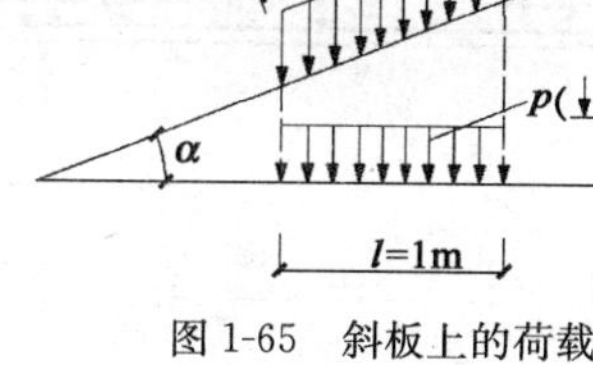

图 1-65　斜板上的荷载

此处，p'_{x}、p'_{y} 分别为 p' 在垂直于斜板方向及沿斜板方向的分力，忽略 p'_{y} 对梯段板的影响，只考虑 p'_{x} 对梯段板的弯曲作用。

设 l_{n} 为梯段板的水平净跨长，l'_{n} 为其斜向净跨长，因

$$l_{n}=l'_{n}\cos\alpha$$

故斜板弯矩：$M_{max}=\frac{1}{8}p'_{x}(l'_{n})^{2}=\frac{1}{8}p\cos^{2}\alpha\times\left(\frac{l_{n}}{\cos\alpha}\right)^{2}=\frac{1}{8}pl_{n}^{2}$

斜板剪力：$v_{max}=\frac{1}{2}p'_{x}l'_{n}=\frac{1}{2}p\cos^{2}\alpha\times\left(\frac{l_{n}}{\cos\alpha}\right)=\frac{1}{2}pl_{n}\times\cos\alpha$

因此，可以得到简支板（梁）计算的特点为：

(1)简支斜梁在竖向均布荷载 p（沿单位水平长度）作用下的最大弯矩，等于其水平投影长度的简支梁在 p 作用下的最大弯矩。

(2)最大剪力等于斜梁为水平投影长度的简支梁在 p 作用下的最大弯矩。

(3)截面承载力计算时，梁的截面高度应垂直于斜面量取。

虽然斜板按简支计算，但由于梯段与平台梁整浇，平台对斜板的变形有一定的约束作用，故计算板的跨中弯矩时，也可以近似取 $M_{max}=\frac{ql_{n}^{2}}{10}$。为避免板在支座处产生裂缝，应在板的上面配置一定量的钢筋，一般取 ϕ8@200，长度为 $\frac{l_{n}}{4}$。分布钢筋可采用 ϕ6 或 ϕ8，每级踏步 1 根。1m 宽板带进行计算，平台板一端与平台梁整体连接。

平台板一般都是单向板，可取 1m 宽板带进行计算。平台板一端与平台梁整体连接，另一端可能支撑在砖墙上，也可能与过梁整浇，跨中弯矩可近似取为 $M=\frac{1}{8}pl^{2}$，或取 $M=\frac{1}{10}pl^{2}$。考虑到板支座的转动会受到一定约束，一般应将板下部受力钢筋在制作附近弯起 $\frac{1}{2}$，必要时可在支座处板上面配置一定数量钢筋，伸出支承边缘长度为 $\frac{l_{n}}{4}$，如图 1-66 所示。

【例 1-7】 某公共建筑现浇板式楼梯，楼梯结构平面布置如图 1-67 所示。其层高 3.6m，踏步尺寸 150mm×300mm。采用混凝土强度等级 C25，钢筋为 HPB300、HRB335。楼梯梯段板上均布活荷载标准值=3.5kN/m^2，恒荷载标准值=4.56 kN/m^2。试设计此楼梯。

1)板计算

板倾斜度　$\tan\alpha=150/300=0.5$，$\cos\alpha=0.894$

设板厚　$h=120$mm，大于板斜长的 1/30

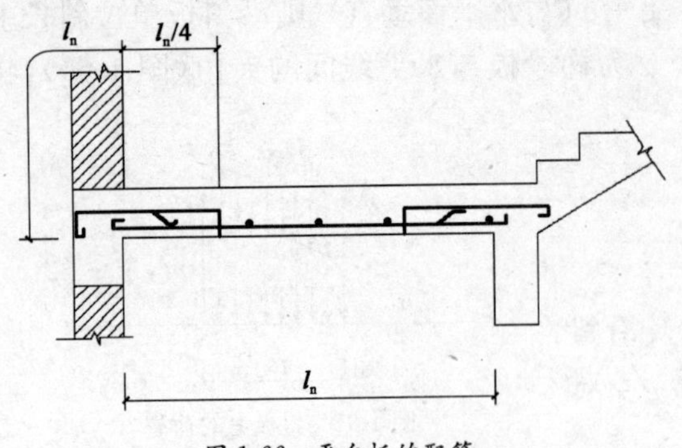

图 1-66 平台板的配筋

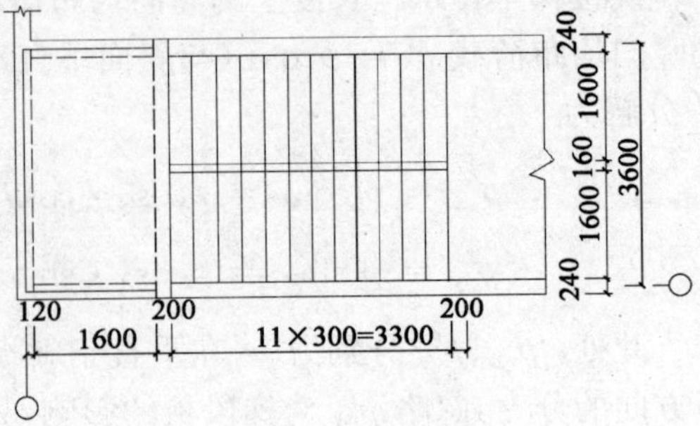

图 1-67 楼梯平面图(尺寸单位:mm)

取 1m 宽板带计算

(1)荷载计算

荷载分项系数 $\gamma_G=1.2$ $\gamma_Q=1.4$

梯段板的荷载见表 1-19

基本组合的总荷载设计值 $P=4.56\times1.2+3.5\times1.4=10.36$kN/m

(2)截面设计

板水平计算跨度 $l_n=3.3$m

梯段板的荷载 表 1-19

荷载种类		荷载标准值(kN/m)
恒载	水磨石面层 三角形踏步 斜板 板底抹灰	$0.3\times22\times1=0.66$ $\frac{1}{2}\times0.3\times0.15\times25=0.56$ $0.12\times25\times1=3.00$ $0.02\times17\times1=0.34$
	小计	4.56
	活荷载	3.5

弯矩设计值,$M=\frac{1}{10}Pl_n^2=\frac{1}{10}\times10.36\times3.3^2=11.28\text{kN}\cdot\text{m}$ $h_0=120-20=100\text{mm}$

$$\alpha_s=\frac{M}{\alpha_1 f_c bh_0^2}=\frac{11.28\times10^6}{1.0\times11.9\times1000\times100^2}=0.095$$

$$\xi=1-\sqrt{1-2\alpha_s}=1-\sqrt{1-2\times0.095}=0.1<\xi_b=0.576$$

$$A_s=\frac{\alpha_1 f_c bh_0\xi}{f_y}=1.0\times\frac{11.9\times1000\times100\times0.1}{270}=441\text{mm}^2$$

$$\rho_1=\frac{A_s}{bh}=\frac{441}{1000\times120}=0.37\%>\rho_{min}=0.45\frac{f_t}{f_y}=0.45\times\frac{1.27}{270}=0.21\%$$

选配 ϕ8@100($A_s=561\text{mm}^2$)

故分布筋 ϕ6,每级踏步下 1 根,梯段板配筋如图 1-68 所示。

2)平台板计算

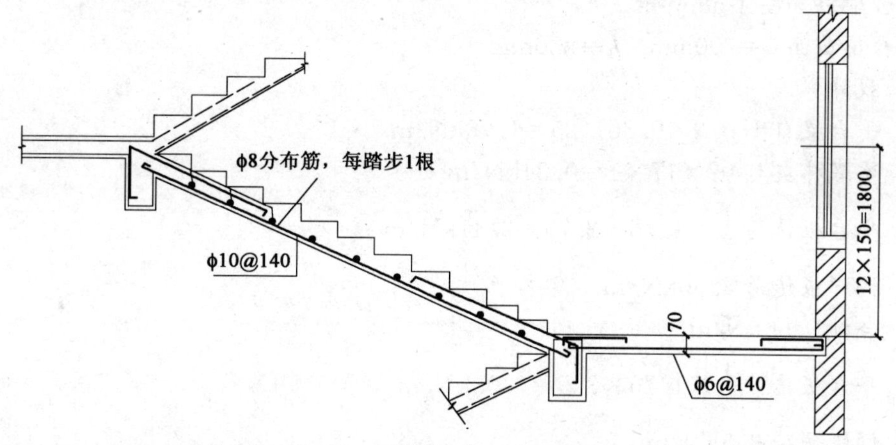

图 1-68　梯段板和平台板配筋

设平台板厚 $h=70\text{mm}$，取 1m 宽板带计算。

平台板的荷载　　表 1-20

荷载种类		荷载标准值(kN/m)
恒载	水磨石面层 70 厚混凝土板 板底抹灰	0.65 0.07×25=1.75 0.02×17×=0.34
	小计	2.74
	活荷载	3.5

(1)荷载计算

总荷载设计值(平台板的荷载见表 1-20)

$$p=1.2\times2.74+1.4\times3.5=8.19\text{kN}\cdot\text{m}$$

(2)截面设计

板的计算跨度　　$l_0=1.8-0.2/2+0.12/2=1.76\text{m}$

弯矩设计值　　$M=\frac{1}{10}pl_0^2=\frac{1}{10}\times8.19\times1.76^2=2.54\text{ kN}\cdot\text{m}$

$$h_0=70-20=50\text{mm}$$

$$\alpha_s=\frac{M}{\alpha_1 f_c bh_0^2}=\frac{2.54\times10^6}{11.9\times1000\times50^2}=0.085$$

$$\xi=1-\sqrt{1-2\alpha_s}=1-\sqrt{1-2\times0.085}=0.09<\xi_b=0.576$$

$$A_s=\frac{\alpha_1 f_c bh_0\xi}{f_y}=\frac{11.9\times1000\times50\times0.09}{270}=198\text{mm}^2$$

$$\rho=\frac{A_s}{bh}=\frac{198}{1000\times70}=0.283\%>\rho_{\min}=0.45\frac{f_t}{f_y}=0.45\frac{1.27}{270}=0.212\%$$

选配 ϕ6@130($A_s=213\text{mm}^2$)

平台板配筋如图 1-68 所示。

3)平台梁截面 $b=200\text{mm}$　$h=350\text{mm}$

(1)荷载计算

恒载:平台梁自重 $0.2\times0.35\times25=1.75\text{kN/m}$

梁底抹灰 $0.02\times17\times1=0.34\text{kN/m}$

平台板传荷 $\frac{1}{2}\times1.76\times2.75=2.41\text{kN/m}$

楼梯板传荷 4.56kN/m

合计 9.06kN/m

活载:平台板传荷 $\frac{1}{2}\times1.76\times3.5=3.08\text{kN/m}$

梯段传荷 3.5kN/m

合计 6.58kN/m

荷载设计值:$9.06\times1.2+6.58\times1.4=20.08\text{kN/m}$

(2)截面设计

计算跨度 $l_0=1.05l_n=1.05(3.6-0.24)=3.53\text{m}$

弯矩设计值 $M=\frac{1}{8}pl_0=\frac{1}{8}\times20.08\times3.53^2=31.28\text{kN}\cdot\text{m}$

剪力设计值 $V=\frac{1}{2}pl_n=\frac{1}{2}\times20.08\times3.36=33.73\text{kN}$

截面按倒 L 形计算,$b'_f=b+5h'_f=200+5\times70=550\text{mm}$

$h_0=350-35=315\text{mm}$

$\alpha_1f_cb'_fh'_f(h_0-\frac{h'_f}{2})=1.0\times11.9\times550\times70\times(315-\frac{70}{2})=128.3\text{kN}\cdot\text{m}>M=31.28\text{kN}\cdot\text{m}$

属于第一类 T 形截面,采用 HRB335 钢筋

$$\alpha_s=\frac{M}{\alpha_1f_cb'_fh_0^2}=\frac{31.28\times10^6}{1.0\times11.9\times550\times315^2}=0.048$$

$$\xi=1-\sqrt{1-2\alpha_s}=1-\sqrt{1-2\times0.048}=0.049<\xi_b=0.55$$

$$A_s=\frac{\alpha_1f_ch'_0\xi}{f_y}=\frac{1.0\times11.9\times550\times315\times0.049}{300}=337\text{mm}^2$$

$$\rho_1=\frac{A_s}{bh}=\frac{337}{200\times350}=0.48\%>\rho_{min}=0.45\frac{f_t}{f_y}=0.21\%$$

选 3Φ14($A_s=462\text{mm}^2$),在抗震区需另附加 2Φ12 抗扭钢筋。

斜截面受剪承载力计算

配置箍筋 φ6@200mm

$$V_u=0.7f_tbh_0+1.25f_{yv}\frac{A_{sv}}{s}h_0=0.7\times1.27\times200\times315+1.25\times270\times\frac{2\times28.3}{200}\times315$$

$$=86.1\text{kN}>V=33.73\text{kN}$$

满足要求，在抗震区取 ϕ6@100mm 平台梁配筋如图 1-69 所示。

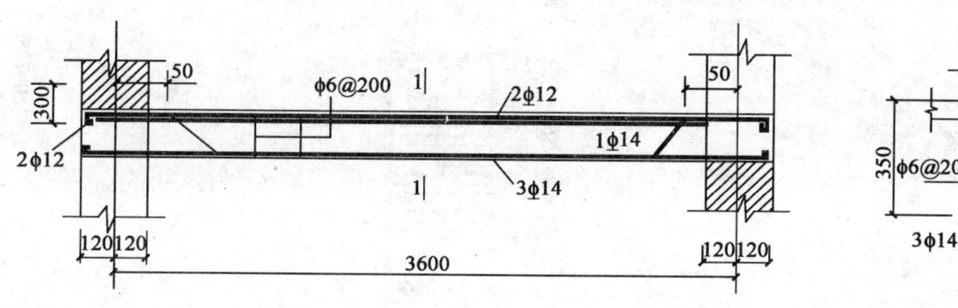

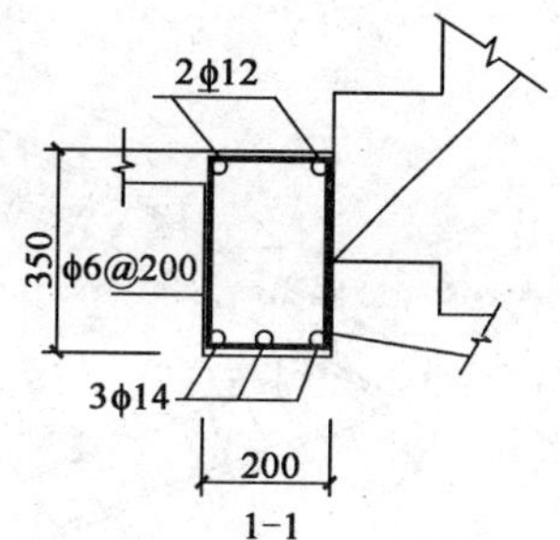

图 1-69 平台梁配筋图（尺寸单位：mm）

2. 梁式楼梯

梁式楼梯由踏步板、斜梁和平台板组成（图 1-70）。其荷载传递为

梯段上荷载 $\xrightarrow{\text{均布荷载}}$ 踏步板 $\xrightarrow{\text{均布荷载}}$ 斜边梁 $\xrightarrow{\text{集中荷载}}$ 平台梁 $\xrightarrow{\text{集中荷载}}$ 侧墙（或框架梁）。

1)踏步板

踏步板按两端简支在斜梁上的单向板考虑，计算时一般取一个踏步板作为计算单元。踏步板为梯形截面，板的计算高度可近似取平均高度 $h=(h_1+h_2)/2$（图 1-71），板厚一般不小于 30～40mm。每一踏步一般需配置不少于 2ϕ6 的受力钢筋，沿斜向布置间距不大于 300mm 的 ϕ6 分布钢筋。

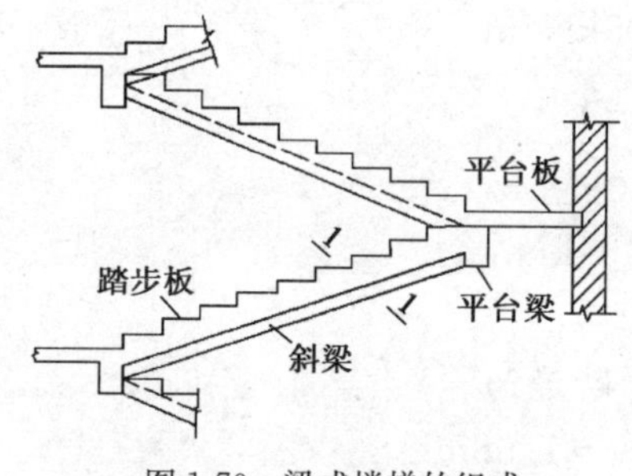

图 1-70 梁式楼梯的组成

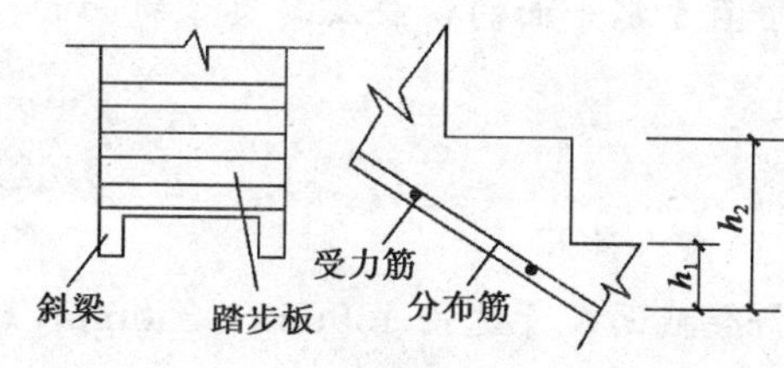

图 1-71 踏步板

2)斜边梁

斜边梁的内力计算特点与梯段板相同。踏步板可能位于斜边梁截面高度的上部，也可能位于下部，计算时可近似取为矩形截面。图 1-72 为斜边梁的配筋构造图。

3)平台梁

平台梁主要承受斜边梁传来的集中荷载（由上、下楼梯斜板传来）和平台板传来的均布荷载。平台梁一般按简支梁计算。

【例 1-8】 某教学楼楼梯活荷载标准值为 2.5kN/m²，踏步面层采用 30mm 厚水磨石，底层为 20mm 厚，混合砂浆抹灰，混凝土采用 C25，梁中受力钢筋采用 HRB335，其余钢筋采用 HPB300，楼梯结构布置如图 1-73 所示。试设计此楼梯。

解：1)踏步板（TB-1）计算

(1)荷载计算

（踏步尺寸 $a_1\times b_1=300\text{mm}\times150\text{mm}$，底板厚 $d=40\text{mm}$）

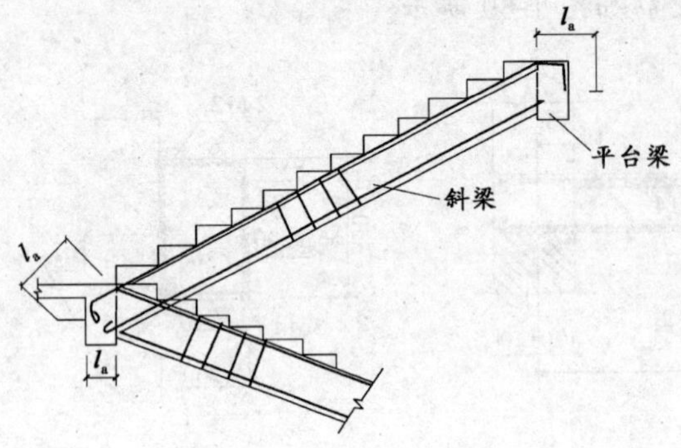

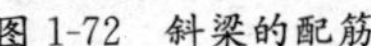
图 1-72 斜梁的配筋

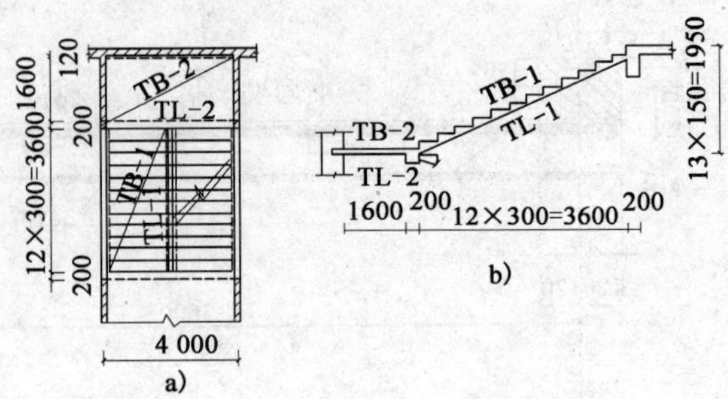

图 1-73 梁式楼梯结构布置图(尺寸单位:mm)

a)楼梯结构平面;b)楼梯结构剖面

恒荷载

踏步板自重 $1.2\times\dfrac{0.195+0.045}{2}\times0.3\times25=1.08\text{kN/m}$

踏步面层重 $1.2\times(0.3+0.15)\times0.65=0.35\text{kN/m}$

(计算踏步板自重时,前述 ABCDE 五角星踏步截面面积可按上底为 $d/\cos\alpha=40/0.894=45\text{mm}$,下底为 $b_1+d/\cos\varphi=150+40/0.894=195\text{mm}$,高为 $a_1=300\text{mm}$ 的梯形截面计算。)

踏步抹灰重 $1.2\times\dfrac{0.3}{0.894}\times0.02\times17=0.14\text{kN/m}$

$$g=1.4\times2.5\times0.3=1.05\text{kN/m}$$

垂直于水平面的荷载及垂直于斜面的荷载分别为

$$g+q=2.62\text{kN/m}$$

$$g'+q'=2.62\times0.894=2.34\text{kN/m}$$

(2)内力计算

斜梁截面尺寸选用 150mm×350mm,则踏步的计算跨度为

$$l_0=l_n+b=1.53+0.15=1.68\text{m}$$

踏步板的跨中弯矩

$$M=\frac{1}{8}(g'+q')l_0^2=\frac{1}{8}\times2.34\times1.68^2=0.826\text{kN/m}$$

(3)截面承载力计算

取一踏步($a_1\times b_1=300\text{mm}\times150\text{mm}$)为计算单元,已知 $\cos\varphi=\cos26°56'=0.894$,等效矩形截面的高度 h 和宽度 b 为

$$h=\frac{2}{3}b_1\cos\varphi+d=\frac{2}{3}\times150\times0.894+40=129.4\text{mm}$$

$$b=0.75a_1/\cos\varphi=0.75\times300/0.894=251.7\text{mm}$$

则 $h_0=h-\alpha_s=129.4-20=109.4\text{mm}$

$$\alpha_s=\frac{M}{\alpha_1 f_c b h_0^2}=\frac{8.26\times10^5}{11.9\times251.7\times109.4^2}=0.0248$$

$$\xi=1-\sqrt{1-2\times0.0248}=0.0252<\xi_b=0.576$$

$$A_s=\frac{\alpha_1 f_c b h_0 \xi}{f_y}=\frac{11.9\times 251.7\times 109.4\times 0.0252}{270}=30.6\text{mm}^2$$

$$\rho_1=\frac{A_s}{bh}=\frac{30.6}{251.7\times 129.4}=0.094\%<\rho_{min}=0.45\times\frac{f_t}{f_y}=0.45\times\frac{1.27}{270}=0.21\%$$

则 $A_s=\rho_{min}bh=0.0021\times 251.7\times 129.4=68.4\text{mm}^2$

踏步板应按 ρ_{min} 配筋，每米宽沿斜面配置的受力钢筋

$A_s=\dfrac{68.4\times 1000}{300}\times 0.894=203.8\text{mm}^2/m$，为保证每个踏步至少有 2 根钢筋，故选用 ϕ8@150（$A_s=335\text{mm}^2$）

2）楼梯斜梁（TL-1）计算

（1）荷载

踏步板传来 $\dfrac{1}{2}\times 2.62\times(1.53+2\times 0.15)\times\dfrac{1}{0.3}=7.99\text{kN/m}$

斜梁自重 $1.2\times(0.35-0.04)\times 0.15\times 25\times\dfrac{1}{0.894}=1.56\text{kN/m}$

斜梁抹灰 $1.2\times(0.35-0.04)\times 0.02\times 17\times 2\times\dfrac{1}{0.894}=0.28\text{kN/m}$

楼梯栏杆 $1.2\times 0.1=0.12\text{kN/m}$

总计 $p+q=9.95\text{kN/m}$

（2）内力计算

取平台梁截面尺寸 $b\times h=200\text{mm}\times 450\text{mm}$，则斜梁计算跨度

$$l_0=l_n+b=3.6+0.2=3.8\text{m}$$

斜梁跨中弯矩和支座剪力为

$$M=\frac{1}{8}(g+q)l_0^2=\frac{1}{8}\times 9.95\times 3.8^2=18.0\text{kN/m}$$

$$V=\frac{1}{2}(g+q)l_n=\frac{1}{2}\times 9.95\times 3.6=17.9\text{kN/m}$$

（3）截面承载能力计算

取 $h_0=h-a_s=350-35=315\text{mm}$

翼缘有效宽度 b'_f

按梁跨考虑 $b'_f=\dfrac{l_0}{6}=633\text{mm}$

按梁跨净距考虑 $b'_f=\dfrac{s_0}{2}+b=\dfrac{1530}{2}+150=915\text{mm}$

由于 $h'_f/h=40/350>0.1$，最后应取 $b'_f=633\text{mm}$

判别 T 形截面类型：

$$\alpha_1 f_c b'_f h'_f(h_0-0.5h'_f)=11.9\times 633\times 40\times(315-0.5\times 40)$$

$$=82\text{kN}\cdot\text{m}>M=18\text{kN}\cdot\text{m}$$

故按第一类 T 形截面计算。

$$\alpha_s = \frac{M}{\alpha_1 f_c b'_f h_0^2} = \frac{18 \times 10^6}{11.9 \times 633 \times 315^2} = 0.025$$

$$\xi = 1 - \sqrt{1 - 2\alpha_s} = 1 - \sqrt{1 - 2 \times 0.025} = 0.0264 < \xi_b = 0.550$$

$$A_s = \frac{\alpha_1 f_c b'_f h_0 \xi}{f_y} = \frac{11.9 \times 633 \times 315 \times 0.0264}{300} = 187\text{mm}^2$$

$$\rho = \frac{A_s}{bh} = \frac{187}{150 \times 350} = 0.36\% > \rho_{\min} = 0.45\frac{f_t}{f_y} = 0.2\%$$

故选用 $2\varphi12(A_s=226\text{mm}^2)$

由于无腹筋梁的抗剪能力为

$$V_c = 0.7 f_t b h_0 = 0.7 \times 1.27 \times 150 \times 315 = 42.0\text{kN} > V = 17.9\text{kN}$$

可按构造要求配置箍筋，选用双肢箍 $\varphi6@200$。

3)平台梁(TL—2)计算

(1)荷载

斜梁传来的集中力 $G+Q = \frac{1}{2} \times 9.95 \times 3.8 = 18.9\text{kN}$

平台板传来的均布恒荷载

$$1.2 \times (0.65 + 0.06 \times 25 + 0.02 \times 17) \times \left(\frac{1.6}{2} + 0.2\right) = 2.99\text{kN/m}$$

平台板传来的均布荷载 $1.4 \times \left(\frac{1.6}{2} + 0.2\right) \times 2.5 = 3.5\text{kN/m}$

平台梁自重 $1.2 \times 0.2 \times (0.45 - 0.06) \times 25 = 2.34\text{kN/m}$

平台梁抹灰 $2 \times 1.2 \times 0.02 \times (0.45 - 0.06) \times 17 = 0.32\text{kN/m}$

总计 $g + q = 9.15\text{kN/m}$

(2)内力计算(计算简图如图 1-74 所示)

平台梁计算跨度

$$l_0 = l_n + a = 3.76 + 0.24 = 4.00\text{m}$$

$$l_0 = 1.05 l_n = 1.05 \times 3.76 = 3.95\text{m} < 4.00\text{m}$$

故取 $l_0 = 3.95\text{m}$

跨中弯矩

$$M = \frac{1}{8}(g+q) \times 3.95^2 + (G+Q) \times (1.68 + 0.17) + (G+Q) \times 0.17$$

$$= \frac{1}{8} \times 9.15 \times 3.95^2 + 18.9 \times 1.85 + 18.9 \times 0.17 = 56\text{kN} \cdot \text{m}$$

支座剪力

$$V = \frac{1}{2}(g+q) l_n + 2(G+Q)$$

$$\frac{1}{2}\times 9.15\times 3.76+2\times 18.9=55.0\text{kN}$$

考虑计算的斜截面应取在斜梁内侧，故

$$V=\frac{1}{2}\times 9.15\times 3.76+18.9=36.1\text{kN}$$

(3)正截面承载力计算

翼缘有效宽度 b'_f：

按梁跨度考虑 $b'_f=\frac{l_0}{6}=\frac{3950}{6}=658\text{mm}$

按梁肋净距考虑 $b'_f=\frac{s_0}{2}+b$

$$=\frac{1600}{2}+200$$

$$=1000\text{mm}$$

最后应取 $b'_f=658\text{mm}$

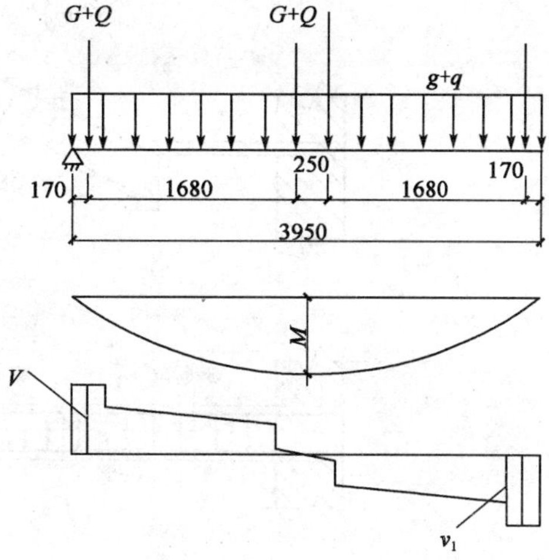

判别 T 形截面类型；

$$\alpha_1 f_c b'_f h'_f(h_0-0.5h'_f)$$
$$=11.9\times 658\times 60\times(415-0.5\times 60)$$
$$=167\text{kN/m}>M=56\text{kN/m}$$

图 1-74 平台梁计算简图(尺寸单位:mm)

按第一类 T 形截面计算

$$\alpha_s=\frac{M}{\alpha_1 f_c b'_f h_0^2}=\frac{56\times 10^6}{11.9\times 658\times 415^2}=0.045$$

$$\xi=1-\sqrt{1-2\alpha_s}=1-\sqrt{1-2\times 0.045}=0.046<\xi_b=0.550$$

$$A_s=\frac{\alpha_1 f_c b'_f h_0\xi}{f_y}=\frac{11.9\times 658\times 415\times 0.046}{300}=498\text{mm}^2$$

$$\rho_1=\frac{A_s}{bh}=\frac{498}{200\times 450}=0.55\%>\rho_{\min}=0.45\frac{f_t}{f_y}=0.2\%$$

选用 $2\varphi 18$($A_s=509\text{m}^2$)。

(4)斜截面承载力计算

由于无腹筋梁的承载力

$$V_c=0.7f_t bh_0=0.7\times 1.27\times 200\times 415=73.8\text{kN}>V=36.1\text{kN}$$

可按构造要求配筋，选用双肢箍 $\varphi 6$@200。

(5)附加箍筋计算

采用附加箍筋承受由斜梁传来的集中力，若附加箍筋仍采用双肢箍 $\phi 6$，则附加箍筋总数为

$$m=\frac{G+Q}{nA_{sv1}f_{yv}}=\frac{18900}{2\times 28.3\times 270}=1.23\text{个}$$

斜梁侧需附加 2 个 $\varphi 6$ 得双肢箍筋。

踏步板(TB-1)斜梁(TL-1)和平台梁(TL-2)的配筋图如图 1-75a)、b)、c)所示。

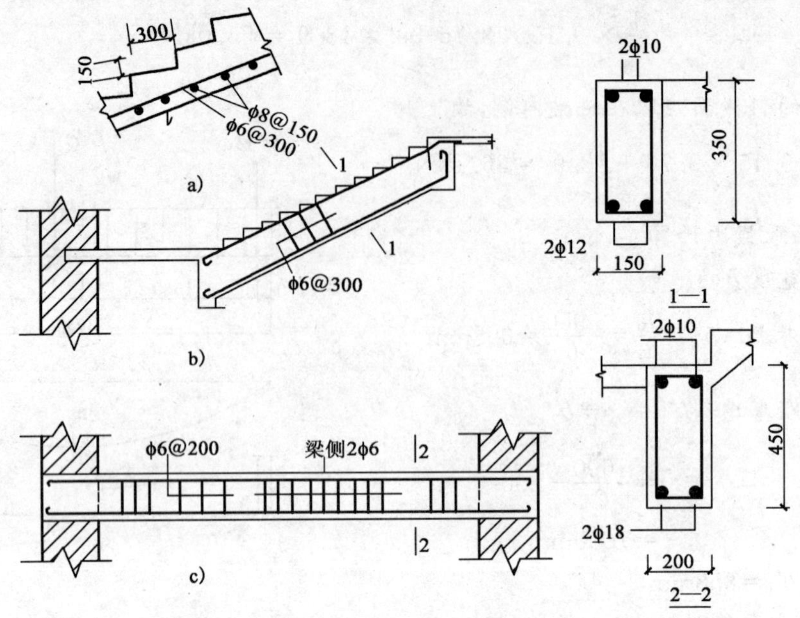

图 1-75 踏步板、斜梁和平台梁配筋图(尺寸单位:mm)

a) TB-1;b) TL-1;c) TL5-2

3. 现浇楼梯的一些构造处理

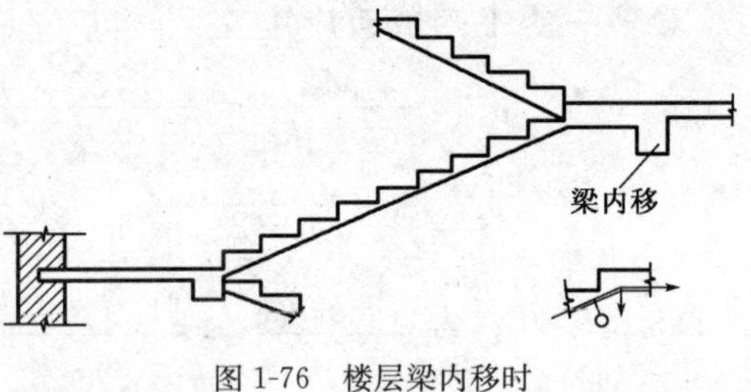

图 1-76 楼层梁内移时

(1)当楼梯下净高不够,可将楼层梁向内移动(图 1-76),这样板式楼梯的梯段就成为折线形。对此,设计中应注意两个问题:①梯段中的水平段,其板厚应与梯段相同,不能处理成和平台板同厚;②折角处的下部受拉纵筋不允许沿板底弯折,以免产生向外的合力将该处的混凝土崩脱,应将此处纵筋断开,各自延伸至上面再进行锚固。若板的弯折位置靠近楼层梁,板内可能出现负弯矩,则板上面还应配置承担弯矩的短钢筋(图 1-77)。

(2)若遇折线形斜梁,梁的内折角处的受拉纵向钢筋应分开配置,各自延伸以满足锚固要求,同时还应在该处增设箍筋。该箍筋应能承受未在受压区的纵向受拉钢筋的合力,且在任何情况下不应小于全部纵向受拉钢筋合力的 35%。由箍筋承受的纵向受拉钢筋的合力,可按下式计算(图 1-78)。

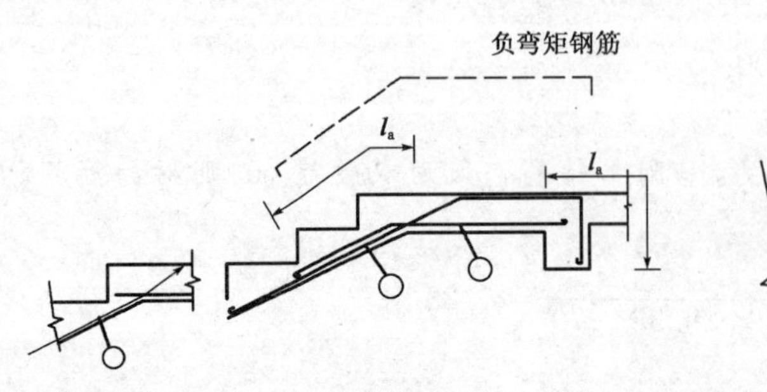

图 1-77 板内折角时的配筋

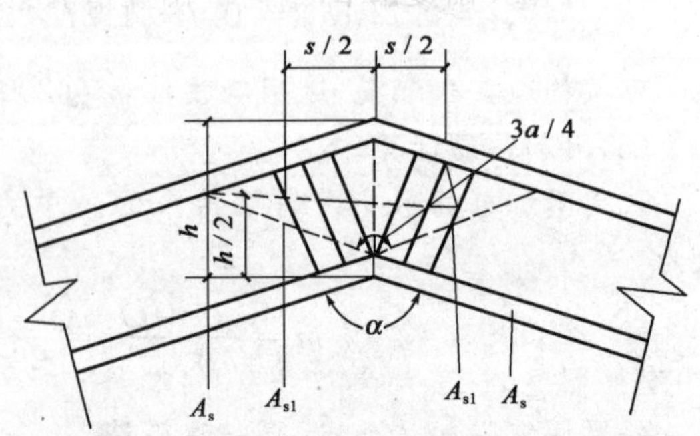

图 1-78 折线形斜梁内折角时的配筋

未在受压区锚固的纵向受拉钢筋的合力

$$N_{a2} = 2f_yA_{s1}\cos\frac{\alpha}{2}$$

全部纵向受拉钢筋合力的35%为

$$N_{a2} = 0.7f_yA_s\cos\frac{\alpha}{2}$$

式中：A_s——全部纵向受拉钢筋合力的35%。

A_{a1}——未在受压锚固的纵向受拉钢筋的截面面积；

α——构件的内折角，按上述条件求得的箍筋，应设置在长度为 $s=h\tan\left(\frac{3}{8}\alpha\right)$ 的范围内。

二、雨　　篷

雨篷、外阳台、挑檐是建筑工程中常见的悬挑构件，它们的设计除与一般梁板结构相似外，悬挑构件还存在倾覆翻到的危险，因此应进行抗倾覆验算。现以雨篷为例，讲述其计算特点。

1. 一般要求

板式雨篷一般由雨篷板和雨篷梁两部分组成(图1-79)。雨篷梁既是雨篷板的支承，又兼有过梁的作用。

一般雨篷板的挑出长度为0.6～1.2m或更大，视建筑要求而定。现浇雨篷板多数做成变厚度的，一般取根部板厚为1/10挑出长度，但不小于80mm，板端不小于60mm。雨篷板周围往往设置凸沿以便能有组织地排泄雨水。雨篷梁的宽度一般取与墙厚相同，梁的高度应按承载能力要求确定。梁两端伸进砌体结构的长度应考虑雨篷抗倾覆的因素来确定。雨篷计算包括3方面内容：①雨篷板的正截面承载力计算；②雨篷梁在弯矩、剪力、扭矩共同作用下的承载力计算；③雨篷抗倾覆验算。

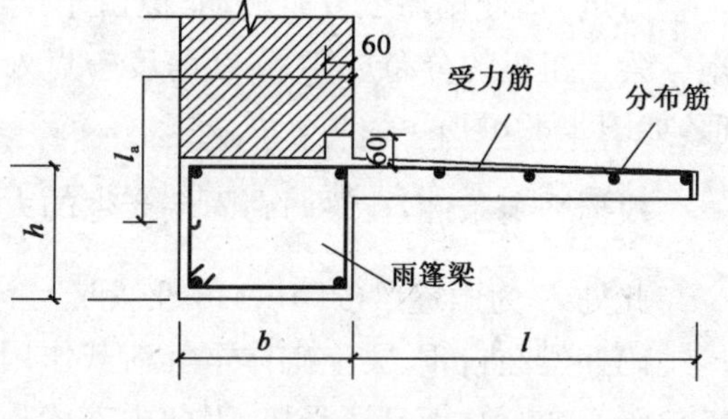

图1-79　板式雨篷(尺寸单位：mm)

2. 雨篷板和雨篷梁的承载能力计算

(1)作用在雨篷板上的荷载：雨篷板上的荷载有恒载(包括自重、粉刷等)、雪荷载；雨篷板上的均布活荷载(按《荷载规范》取活荷载标准值为0.7kN/m²)。以上荷载中，雨篷均布活荷载与雪荷载不同时考虑，取两者中的较大值进行设计。每一集中荷载值为1.0kN。进行承载能力计算时，沿板宽每隔1m考虑1个集中荷载：进行雨篷抗倾覆验算时，沿板宽每隔2.5～3.0m考虑1个。

施工集中荷载和雨篷的均布活荷载不同时考虑。

雨篷板的内力分析：当无边梁时，其受力特点和一般悬臂梁相同，应分别按上述荷载组合作用，取较大的弯矩值进行正截面受弯承载力计算，计算截面取在梁截面外边缘(即板的跨度为l)。构造上应保持板中纵向受拉钢筋在雨篷梁内有足够的锚固长度。施工时应经常检查钢筋，注意维持雨篷板截面的有效高度。特别是板根部的纵筋，应防止被踩下沉。

对于有边梁的雨篷，其受力特点和一般梁、板体系的构件相同。

(2)雨篷梁计算：雨篷梁所承受的荷载有自重、梁上砌体重、可能计入的楼盖传来的荷载、以及雨篷板传来的荷载。梁上砌体重量和楼盖传来的荷载应按过梁荷载的规定计算。

现以雨篷板上作用均布荷载为例，来讲述雨篷梁的扭矩问题。

对于雨篷梁横截面的对称轴板传给梁内力有沿板宽每 1m 的竖向力 $V=pl$(kN/m) 和力矩 m_p (kN·m/m)，如图 1-80a)所示，此处

$$m_p = pl\left(\frac{b+l}{2}\right) \tag{1-32}$$

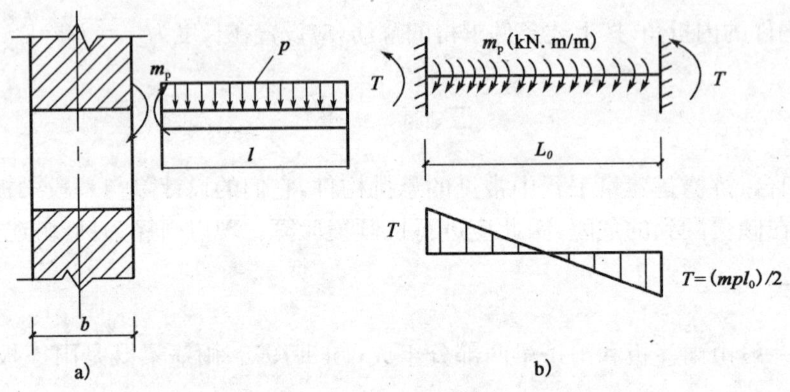

图 1-80　雨篷梁上的扭矩

a)雨篷板传来的 V 和 m_p；b)雨篷梁上的扭矩分布

力矩 m_p 使雨篷梁发生转动，但由于梁两端砌固于墙体内，可阻止梁转动，使梁承受了扭矩。梁上扭矩的分布规律是：在跨度中点处为零，按直线规律向两端增大直至梁支座处达最大值，如图 1-80b)所示。

根据平衡条件，在梁两砌固端产生的大小相等、方向相反的抵抗扭矩值为 $T=\frac{m_p l_0}{2}$。

此处 l_0 为雨篷梁的跨度，可近似取 $l_0 = 1.05l_n$(l_n 为梁的净跨)。

雨篷梁在自重、梁上砌体重等荷载作用下，承受弯、剪，在雨篷板传来的荷载作用下雨篷梁不仅承受弯、剪，而且还受扭，因此雨篷梁是受弯、剪、扭的构件。

雨篷梁应按弯、剪、扭构件确定所需纵向受力钢筋和箍筋的截面面积，并满足有关构造要求。

(3)雨篷抗倾覆验算。雨篷板上的荷载使整个雨篷绕雨篷梁底的倾覆点 O 转动而倾倒(图 1-81)，但是梁的自重，梁上砌体重量等却有阻止雨篷倾覆的稳定作用。《砌体结构设计规范》取雨篷梁的倾覆点位于墙的外边缘，进行抗倾覆验算要求满足 $M_{ov} \leqslant M_r$。

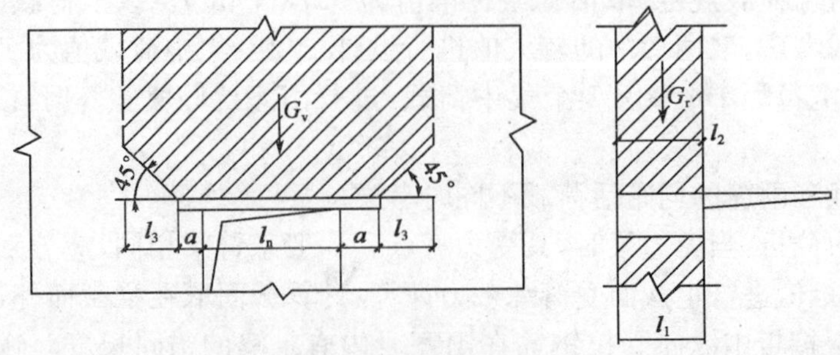

图 1-81　雨篷的抗倾覆荷载

式中：M_{ov}——雨篷板的荷载设计值对 O 点的倾覆力矩；

M_r——雨篷的抗倾覆力矩设计值，$M_r = 0.8G_r(l_2 - x_0)$；

G_r——雨篷的抗倾覆荷载。为雨篷梁尾端上部45°扩散角范围内(其水平长度为 l_3，要求 $l_3 = l_n/2$)的砌体与楼面恒荷载标准值之和。

l_2——G_r 作用点至墙外边缘的距离(mm)，$l_2 = l_1/2$。

l_1——雨篷梁埋入砌体中的长度(mm)；

x_0——计算倾覆点至墙外边缘的距离(mm)；

h_b——雨篷梁的截面高度(mm)；

当 $l_1 \geqslant 2.2h_b$ 时，$x_0 = 0.3h_b$，且不大于 $0.13l_1$；

当 $l_1 < 2.2h_b$ 时，$x_0 = 0.13l_1$。

雨篷梁两端埋入砌体加长，压在梁上的砌体重量增加，则抵抗倾覆的能力增强。所以当公式不满足时可以将雨篷梁两端延长，或者采用其他拉结措施。一般梁的净跨长 $l_n < 1.5$m 时，梁一端埋入砌体的长度 a 宜取 $a \geqslant 300$mm；当 $l_n \geqslant 1.5$m 时，宜取 $a \geqslant 500$mm。

第八节　双向板按弹性分析的计算系数表

符号说明

$$B_c = \frac{Eh^3}{12(1-v^2)} \quad (刚度)$$

式中：E——弹性模量；

h——板厚；

v——泊松比。

本节计算表中符号说明：

f、f_{max}——分别为板中心点的挠度和最大挠度；

m'_x、m'_y——分别为平行于 l_x 和 l_y 方向自由边的中点单位板宽内的弯矩；

m_x——固定边中点沿 l_x 方向单位板宽内的弯矩；

m_y——固定边中点沿 l_y 方向单位板宽内的弯矩。

正负号的规定：

弯矩——使板的受荷面受压者为正；

挠度——变位方向与荷载方向相同者为正。

—————— 代表自由边；　－－－－－－ 代表简支边；

⊥⊥⊥⊥⊥ 代表固定边；

①四边简支(表1-21)

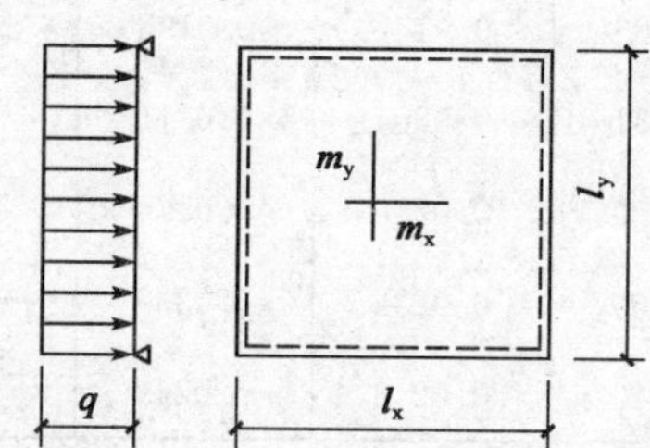

挠度＝表中系数×$\frac{ql^4}{B_c}$；

$\nu=0$，弯矩＝表中系数×ql^2；

式中，l 取 l_x 和 l_y 之中较小者。

四 边 简 支　　　　表 1-21

l_x/l_y	f	m_x	m_y
0.50	0.01013	0.0965	0.0174
0.55	0.00940	0.0892	0.0210
0.60	0.00867	0.0820	0.0242
0.65	0.00796	0.0750	0.0271
0.70	0.00727	0.0683	0.0296
0.75	0.00663	0.0620	0.0317
0.80	0.00603	0.0561	0.0334
0.85	0.00547	0.0506	0.0348
0.90	0.00496	0.0456	0.0358
0.95	0.00449	0.0410	0.0364
1.00	0.00406	0.0368	0.0368

②三边简支一边固定(表 1-22)

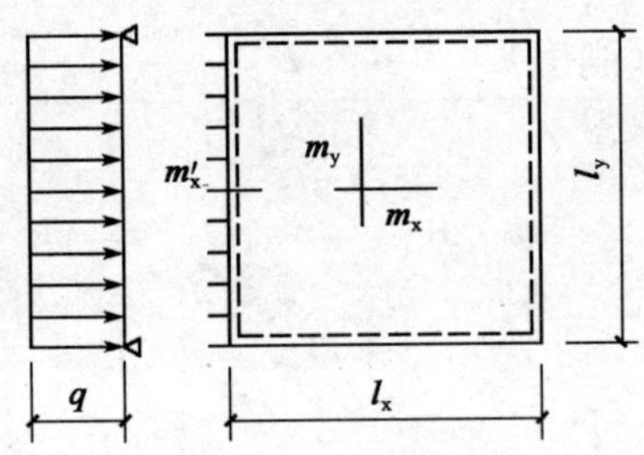

挠度＝表中系数×$\frac{ql^4}{B_c}$；

$\nu=0$，弯矩＝表中系数×ql^2；

式中，l 取 l_x 和 l_y 之中较小者。

三边简支一边固定　　　　表 1-22

l_x/l_y	l_y/l_x	f	f_{max}	m_x	m_{xmax}	m_y	m_{ymax}	m'_x
0.50		0.00488	0.00504	0.0583	0.0646	0.0060	0.0063	−0.1212
0.55		0.00471	0.00492	0.0563	0.0618	0.0081	0.0087	−0.1187
0.60		0.00453	0.00472	0.0539	0.0589	0.0104	0.0111	−0.1158
0.65		0.00432	0.00448	0.0513	0.0559	0.0126	0.0133	−0.1124
0.70		0.00410	0.00422	0.0485	0.0529	0.0148	0.0154	−0.1087
0.75		0.00388	0.00399	0.0457	0.0496	0.0168	0.0174	−0.1048
0.80		0.00365	0.00376	0.0428	0.0463	0.0187	0.0193	−0.1007
0.85		0.00343	0.00352	0.0400	0.0431	0.0204	0.0211	−0.0965
0.90		0.00321	0.00329	0.0372	0.0400	0.0219	0.0226	−0.0922
0.95		0.00299	0.00306	0.0345	0.0369	0.0232	0.0239	−0.0880
1.00	1.00	0.00279	0.00285	0.0319	0.0340	0.0243	0.0249	−0.0839

续上表

l_x/l_y	l_y/l_x	f	f_{max}	m_x	m_{xmax}	m_y	m_{ymax}	m'_x
	0.95	0.00316	0.00324	0.0324	0.0345	0.0280	0.0287	−0.0882
	0.90	0.00360	0.00368	0.0328	0.0347	0.0322	0.0330	−0.0926
	0.85	0.00409	0.00417	0.0329	0.0347	0.0370	0.0378	−0.0970
	0.80	0.00464	0.00473	0.0326	0.0343	0.0424	0.0433	−0.1014
	0.75	0.00526	0.00536	0.0319	0.0335	0.0485	0.0494	−0.1056
	0.70	0.00595	0.00605	0.0308	0.0323	0.0553	0.0562	−0.1096
	0.65	0.00670	0.00680	0.0291	0.0306	0.0627	0.0637	−0.1133
	0.60	0.00752	0.00762	0.0268	0.0289	0.0707	0.0717	−0.1166
	0.55	0.00838	0.00848	0.0239	0.0271	0.0792	0.0801	−0.1193
	0.50	0.00927	0.00935	0.0205	0.0249	0.0880	0.0888	−0.1215

③两对边简支两对边固定(表 1-23)

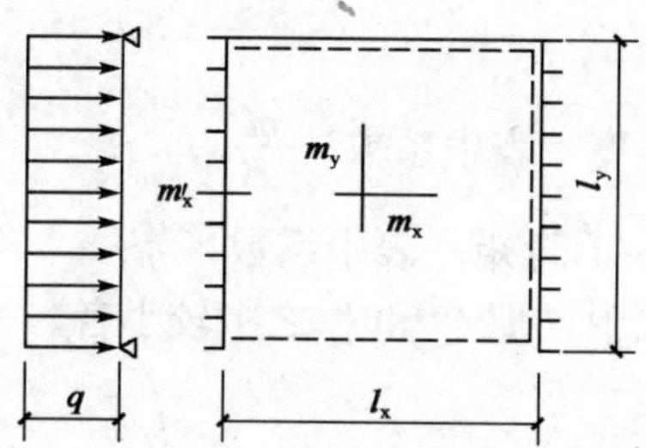

挠度＝表中系数×$\frac{ql^4}{B_c}$；

$\nu=0$,弯矩＝表中系数×ql^2；

式中,l 取 l_x 和 l_y 之中较小者。

两对边简支两对边固定 表 1-23

l_x/l_y	l_y/l_x	f	m_x	m_y	m'_x
0.50		0.00261	0.0416	0.0017	−0.0843
0.55		0.00259	0.0410	0.0028	−0.0840
0.60		0.00255	0.0402	0.0042	−0.0834
0.65		0.00250	0.0392	0.0057	−0.0826
0.70		0.00243	0.0379	0.0072	−0.0814
0.75		0.00236	0.0366	0.0088	−0.0799
0.80		0.00228	0.0351	0.0103	−0.0782
0.85		0.00220	0.0335	0.0118	−0.0763
0.90		0.00211	0.0319	0.0133	−0.0743
0.95		0.00201	0.0302	0.0146	−0.0721
1.00	1.00	0.00192	0.0285	0.0158	−0.0698
	0.95	0.00223	0.0296	0.0189	−0.0746

续上表

l_x/l_y	l_y/l_x	f	m_x	m_y	m'_x
	0.90	0.00260	0.0306	0.0224	−0.0797
	0.85	0.00303	0.0314	0.0266	−0.0850
	0.80	0.00354	0.0319	0.0316	−0.0904
	0.75	0.00413	0.0321	0.0374	−0.0959
	0.70	0.00482	0.0318	0.0441	−0.1013
	0.65	0.00560	0.0308	0.0518	−0.1066
	0.60	0.00647	0.0292	0.0604	−0.1114
	0.55	0.00743	0.0267	0.0698	−0.1156
	0.50	0.00844	0.0234	0.0798	−0.1191

④四边固定(表 1-24)

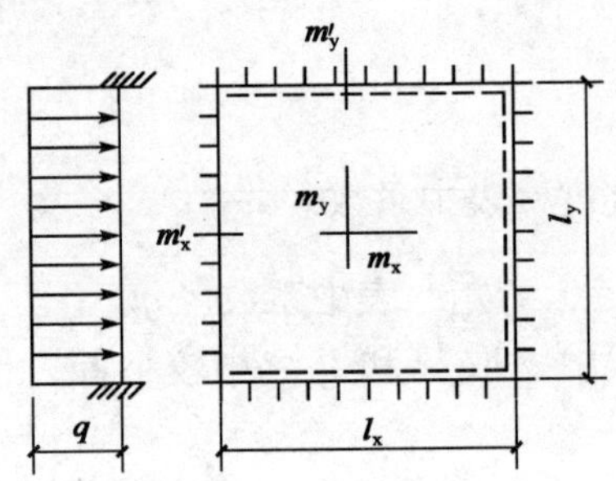

挠度=表中系数×$\frac{ql^4}{B_c}$;

$\nu=0$,弯矩=表中系数×ql^2;

式中,l 取 l_x 和 l_y 之中较小者。

四 边 固 定 表 1-24

l_x/l_y	f	m_x	m_y	m'_x	m'_y
0.50	0.00253	0.0400	0.0038	−0.0829	−0.0570
0.55	0.00246	0.0385	0.0056	−0.0814	−0.0571
0.60	0.00236	0.0367	0.0076	−0.0793	−0.0571
0.65	0.00224	0.0345	0.0095	−0.0766	−0.0571
0.70	0.00211	0.0321	0.0113	−0.0735	−0.0569
0.75	0.00197	0.0296	0.0130	−0.0701	−0.0565
0.80	0.00182	0.0271	0.0144	−0.0664	−0.0559
0.85	0.00168	0.0246	0.0156	−0.0626	−0.0551
0.90	0.00153	0.0221	0.0165	−0.0528	−0.0541
0.95	0.00140	0.0198	0.0172	−0.0550	−0.0528
1.00	0.00127	0.0176	0.0176	−0.0513	−0.0513

⑤两邻边简支两邻边固定(表 1-25)

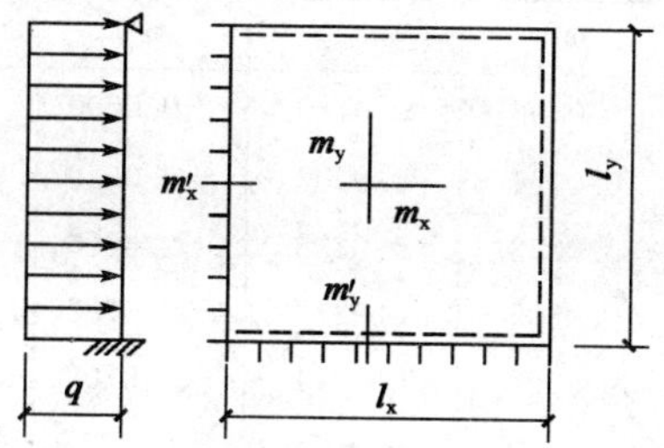

挠度=表中系数×$\frac{ql^4}{B_c}$；

$\nu=0$,弯矩=表中系数×ql^2；

式中,l 取 l_x 和 l_y 之中较小者。

两邻边简支两邻边固定

表 1-25

l_x/l_y	f	f_{max}	m_x	m_{xmax}	m_y	m_{ymax}	m'_x	m'_y
0.50	0.00468	0.00471	0.0559	0.0562	0.0079	0.0135	−0.1179	−0.0786
0.55	0.00445	0.00454	0.0529	0.0530	0.0104	0.0153	−0.1140	−0.0785
0.60	0.00419	0.00429	0.0496	0.0498	0.0129	0.0169	−0.1095	−0.0782
0.65	0.00391	0.00399	0.0461	0.0465	0.0151	0.0183	−0.1045	−0.0777
0.70	0.00363	0.00368	0.0426	0.0432	0.0172	0.0195	−0.0992	−0.0770
0.75	0.00335	0.00340	0.0390	0.0396	0.0189	0.0206	−0.0938	−0.0760
0.80	0.00308	0.00313	0.0356	0.0361	0.0204	0.0218	−0.0883	−0.0748
0.85	0.00281	0.00286	0.0322	0.0328	0.0215	0.0229	−0.0829	−0.0733
0.90	0.00256	0.00261	0.0291	0.0297	0.0224	0.0238	−0.0776	−0.0716
0.95	0.00232	0.00237	0.0261	0.0267	0.0230	0.0244	−0.0726	−0.0698
1.00	0.00210	0.00215	0.0234	0.0240	0.0234	0.0249	−0.0677	−0.0677

⑥三边固定、一边简支(表 1-26)

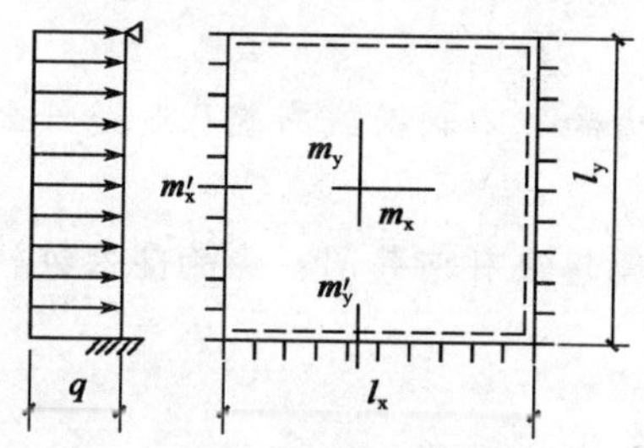

挠度=表中系数×$\frac{ql^4}{B_c}$；

$\nu=0$,弯矩=表中系数×ql^2；

式中,l 取 l_x 和 l_y 之中较小者。

三边固定、一边简支

表 1-26

l_x/l_y	l_y/l_x	f	f_{max}	m_x	m_{xmax}	m_y	m_{ymax}	m'_x	m'_y
0.50		0.00257	0.00258	0.0408	0.0409	0.0028	0.0089	−0.0836	−0.0569
0.55		0.00252	0.00255	0.0398	0.0399	0.0042	0.0093	−0.0827	−0.0570
0.60		0.00245	0.00249	0.0384	0.0386	0.0059	0.0105	−0.0814	−0.0571
0.65		0.00237	0.00240	0.0368	0.0371	0.0076	0.0116	−0.0796	−0.0572
0.70		0.00227	0.00229	0.0350	0.0354	0.0093	0.0127	−0.0774	−0.0572
0.75		0.00216	0.00219	0.0331	0.0335	0.0109	0.0137	−0.0750	−0.0572
0.80		0.00205	0.00208	0.0310	0.0314	0.0124	0.0147	−0.0722	−0.0570
0.85		0.00193	0.00196	0.0289	0.0293	0.0138	0.0155	−0.0693	−0.0567
0.90		0.00181	0.00184	0.0268	0.0273	0.0159	0.0163	−0.0663	−0.0563
0.95		0.00169	0.00172	0.0247	0.0252	0.0160	0.0172	−0.0636	−0.0558

续上表

l_x/l_y	l_y/l_x	f	f_{max}	m_x	m_{xmax}	m_y	m_{ymax}	m'_x	m'_y
1.00	1.00	0.00157	0.00160	0.0227	0.0231	0.0168	0.0180	−0.0600	−0.0550
	0.95	0.00178	0.00182	0.0229	0.0234	0.0194	0.0207	−0.0629	−00599
	0.90	0.00201	0.00206	0.0228	0.0234	0.0223	0.0238	−0.0656	−0.0653
	0.85	0.00227	0.00233	0.0225	0.0231	0.0255	0.0273	−0.0683	−0.0711
	0.80	0.00256	0.00262	0.0219	0.0224	0.0290	0.0311	−0.0707	−0.0772
	0.75	0.00286	0.00294	0.0208	0.0214	0.0329	0.0354	−0.0729	−0.0837
	0.70	0.00319	0.00327	0.0194	0.0200	0.0370	0.0400	−0.0748	−0.0903
	0.65	0.00352	0.00365	0.0175	0.0182	0.0412	0.0446	−0.0762	−0.0970
	0.60	0.00386	0.00403	0.0153	0.0160	0.0454	0.0493	−0.0773	−0.1033
	0.55	0.00419	0.00437	0.0127	0.0133	0.0496	0.0541	−0.0780	−0.1093
	0.50	0.00449	0.00463	0.0099	0.0103	0.0534	0.0588	−0.0784	−0.1146

思考题

1.钢筋混凝土楼盖结构有哪几种类型？分别说出它们各自的优缺点和适用范围。

2.写出钢筋混凝土梁板结构的设计步骤。

3.单向板和双向板的受力特点如何？

4.板、次梁和主梁的常用跨度各是多少？截面尺寸如何确定？

5.现浇单向板肋形楼盖中的板、次梁和主梁，当其内力按弹性理论计算时，如何确定其计算简图？当按塑性理论计算时，其计算简图又如何确定？如何绘制主梁的弯矩包络图？钢筋截断、弯起应满足的构造要求有哪些？

6.连续梁、板跨中、支座截面弯矩及支座截面剪力的最不利荷载布置原则是什么？

7.考虑折算荷载的物理意义是什么？

8.钢筋混凝土结构中的塑性铰与结构力学中的理想铰有何异同？影响塑性铰转动能力的主要因素有哪些？

9.塑性铰与塑性内力重分布有什么关系？

10.什么叫弯矩调幅法，计算步骤如何？有哪些计算原则？考虑塑性内力重分布方法有何优缺点？常应用在什么情况？

11.考虑塑性内力重分布计算用钢筋混凝土连续梁时，为什么要限制截面受压区高度？

12.现浇单向板肋形楼盖板、次梁和主梁的配筋计算和构造有哪些？

13.单向板有哪些构造钢筋？为什么要配这些钢筋？

14.在主梁高度范围内承受集中荷载时，为什么要布置附加横向钢筋？

15.按弹性理论计算方法，连续双向板是怎样利用单块板的计算系数表的？

16.画出双向板支承梁的计算简图，其上的荷载如何计算？当荷载简图确定后，怎样确定梁上的弯矩分布？

17.什么叫塑性铰线？钢筋混凝土双向板按塑性铰线法计算时，需作哪些基本假定？

塑性铰线理论的基本要点是什么？

18. 周边与梁整体连接的板，在什么情况下，可以对其算得的弯矩值予以折减？

19. 双向板中的受力钢筋是如何配置的？与单向板的配筋有何不同？

20. 双向板中的次梁、主梁中有哪些受力钢筋、构造钢筋？其配置与单身板中的次梁、主梁配筋有何异同？

习　题

1. 某五跨连续板如图 1-82 所示，板跨为 2.4m，恒荷载标准值 $g_k=3.8\text{kN/m}^2$，活荷载标准值 $q_k=3.5\text{kN/m}^2$；混凝土强度等级为 C25，钢筋纵筋用 HPB300 级。

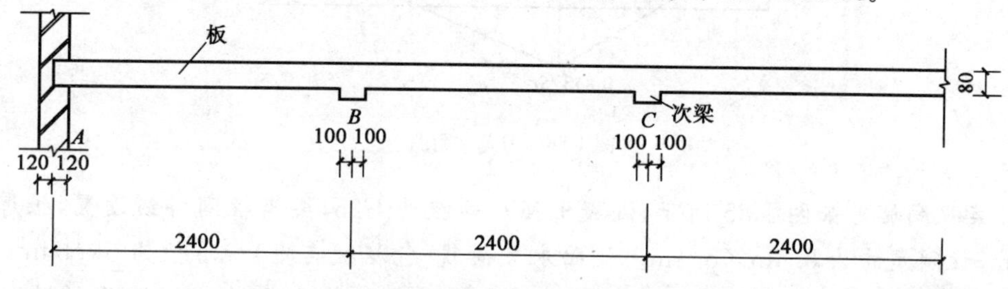

图 1-82　习题 1 附图(尺寸单位：mm)

(1)求按弹性理论计算时板的计算简图。

(2)求按弹性理论计算时，第一跨中截面和 B 支座弯矩最大设计值，并说明活荷载最不利布置的方式。

(3)求当考虑塑性内力重分布时板的计算简图。

(4)求当考虑塑性内力重分布时，第一跨中截面和 B 支座弯矩最大设计值。

2. 荷载和按弹性理论计算的弯矩图，如图 1-83 所示。当考虑塑性内力重分布时，若 A 和 B 支座弯矩调幅系数为 0.2，求：该梁的 AB 跨内最大弯矩值和支座的弯矩值。

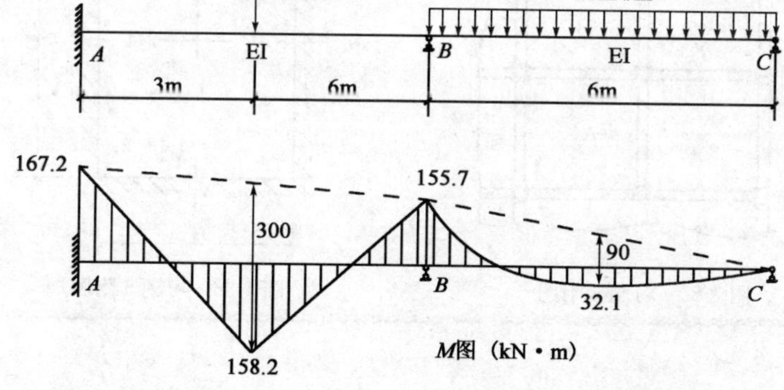

图 1-83　习题 2 附图

3. 一根左端嵌固，右端带悬臂的钢筋混凝土梁，环境类别为一类，其荷载和按弹性理论计算的弯矩图如图 1-84 所示。若 A、B 截面的负弯矩钢筋及 C 截面的正弯矩钢筋均为 3Φ25($A_s=1473\text{mm}^2$，HRB335 级)。混凝土强度等级为 C25。截面尺寸为 250mm×650mm，忽略梁的自重。试求：

(1)按弹性理论计算时 P 的最大值 $P_{e,max}$ 。

(2)按考虑塑性内力重分布计算时 P 的最大值 $P_{pu,max}$ 及相应弯矩调幅系数 β。

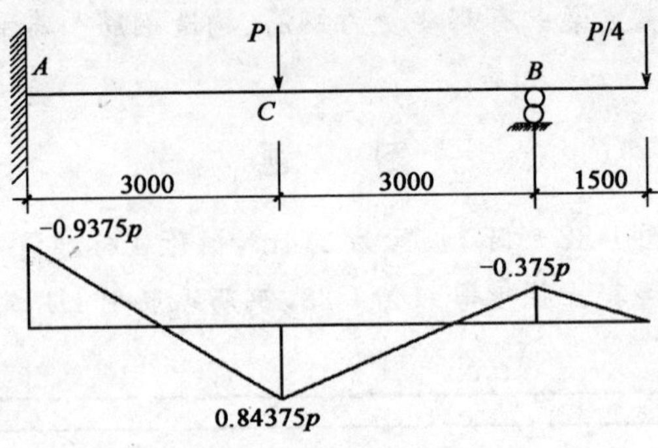

图 1-84　习题 3 附图

4. 某双向楼盖如图 1-85 所示，混凝土强度等级为 C25，梁沿柱网轴线设置，板厚 $h=110\text{mm}$，柱网尺寸为 5.4m×5.4m。楼面永久荷载(包括板自重)标准值为 3kN/m^2，可变荷载标准值为 4.0kN/m^2。梁与板整浇，截面尺寸为 300mm×600mm。试用弹性理论确定中区格 A、边区格 B、角区格 C 的内力并计算钢筋。

5. 某矩形双向板如图 1-86 所示，$l_x=4\text{m}$，$l_y=6\text{m}$，已知板上永久荷载和可变荷载的设计值为 $g+p=10\text{kN/m}^2$，设 $\frac{m_y}{m_x}=\left(\frac{l_x}{l_y}\right)^2$，$\frac{m_x'}{m_x}=\frac{m_x''}{m_x}=\frac{m_y'}{m_y}=\frac{m_y''}{m_y}=2$ 用塑性铰线法求板中的极限弯矩值。

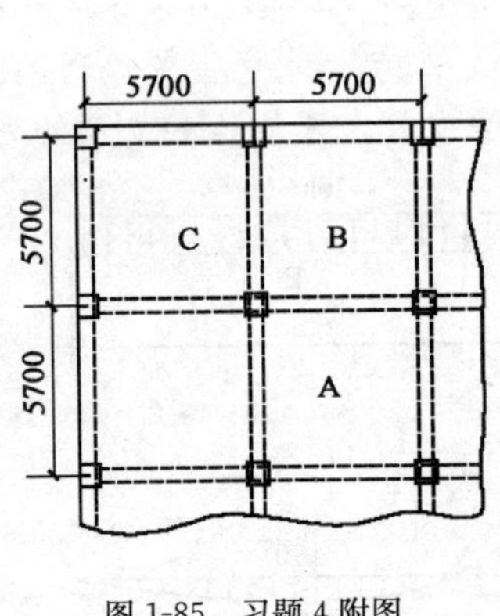

图 1-85　习题 4 附图

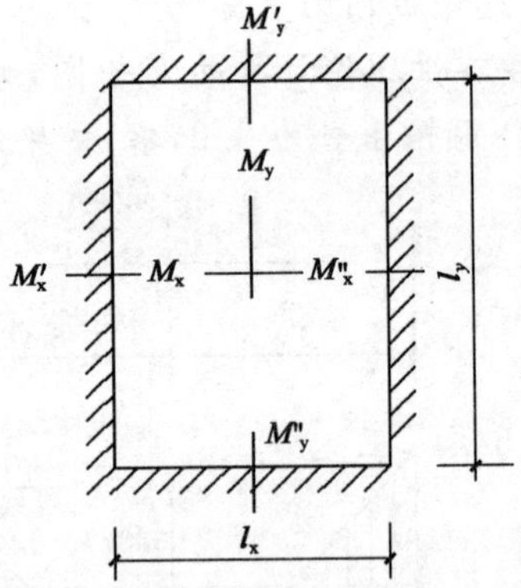

图 1-86　习题 5 附图

第二章 单层厂房结构
DIERZHANG

第一节 概 述

单层厂房适用于类别繁多的工业生产，诸如冶金、机械制造、电机制造、纺织以及某些化工的厂房等。在这些行业的工业生产中，往往不仅有较重的设备，而且设备的轮廓尺寸也较大。为方便产品的加工和运输，大型的设备直接安装在地面上，并以单层结构作为设备的外围护结构。因此，单层厂房具有定型设计、构配件标准化和通用化的特点，起到提高构配件生产工厂化及现场施工机械化的作用。另外，与民用建筑相比，单层厂房结构具有基建投资多、占地面积大的缺点。

单层厂房按建筑材料可分为混合结构、钢筋混凝土结构和钢结构。根据厂房的生产特点、吊车起重能力、房屋跨度和高度的不同，选用不同的结构形式。一般无吊车或吊车起重量不超过5t，且跨度在15m以内、柱顶高程在8m以下、工艺上无特殊要求的小型单层厂房，可采用砖柱（砖垛）或砖墙、钢筋混凝土屋架或木屋架或轻钢屋架组成的混合结构。当吊车起重量在250t以上，或跨度大于36m的大型厂房，或工艺上有其他特殊要求的厂房（例如高温车间、有较大振动设备的车间、有可能发生爆炸的车间等），通常采用钢屋架、钢筋混凝土柱或采用全钢结构。除上述情况以外，大部分单层厂房采用钢筋混凝土结构，并优先采用装配式混凝土结构和预应力混凝土结构。

目前，我国钢筋混凝土单层厂房的常用结构形式有两种：排架结构和刚架结构。

排架结构由屋架（或屋面梁）、柱和基础组成，柱上端与屋架铰结，柱下端嵌固于基础中，认为是固定端。根据厂房工艺和使用要求的不同，排架结构可以设计成等高排架、不等高排架、锯齿形排架等多种形式，如图2-1～图2-3所示。锯齿形厂房常用于单向采光的纺织厂。钢筋混凝土排架结构是目前单层厂房结构的基本形式，跨度可以超过36m，高度可达30m或更高，吊车吨位可达到150t以上。这种结构由于构件种类少，适宜于在工地进行预制吊装；同时，由于结构受力明确，设计和施工方便，所以应用较为广泛。

目前，常用的刚架结构是装配式钢筋混凝土门式刚架。它的特点是柱和横梁刚结成一个构件，柱与基础通常为铰接。当刚架顶节点做成铰结时，称为三铰刚架，如图2-4a)所示；做成

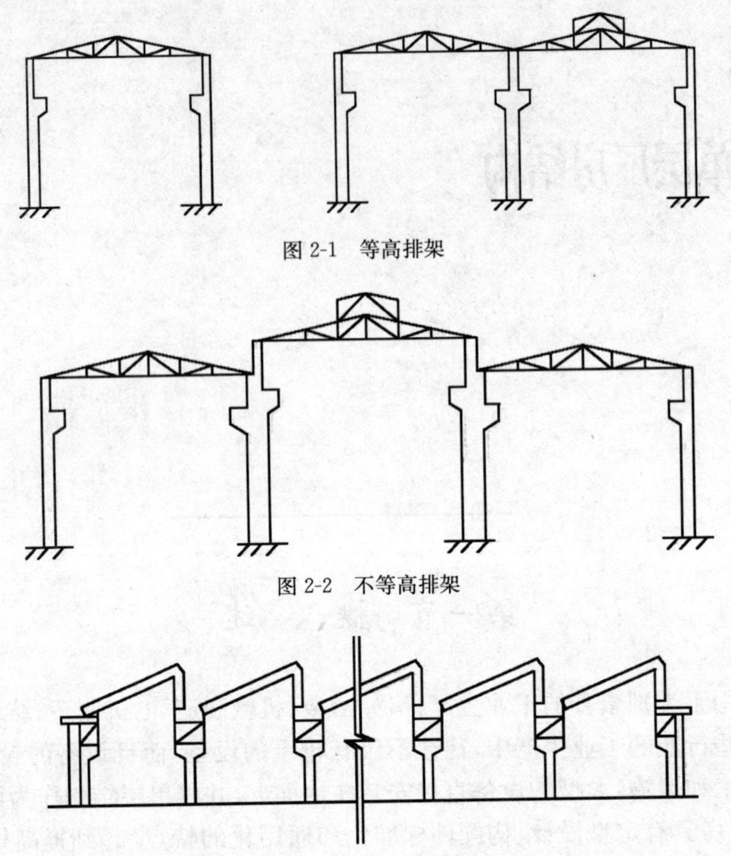

图 2-1　等高排架

图 2-2　不等高排架

图 2-3　锯齿形厂房

刚结时称为两铰刚架，如图 2-4b)所示。三铰刚架是静定结构，两铰刚架是超静定结构。为便于施工吊装，两铰刚架通常做成三段，在横梁中弯矩为零(或很小)的截面处设置接头，用焊接或螺栓连接成整体。刚架顶部一般为人字形，如图 2-4a)、b)所示，也有做成弧形的，如图 2-4c)、d)所示。刚架立柱和横梁的截面高度都是随内力(主要是弯矩)的增减沿轴线方向做成变高度的，以节约材料。构件截面一般为矩形，但当跨度和高度都较大时，为减轻自重，也有做成工字形或空腹的，如图 2-4d)所示。刚架的优点是梁柱合二为一，构件种类少，制作较为简单，且结构轻巧，当跨度和高度较小时，其经济指标稍优于排架结构。缺点是刚度较差，承载后会产生"跨变"效应，梁柱转角处易产生早期裂缝，所以对于吊车吨位较大的厂房，刚架的应用受到一定的限制。再者，刚架构件呈"Γ"形或"Y"形，使构件的翻身、起吊、对中、就位等比较困难。

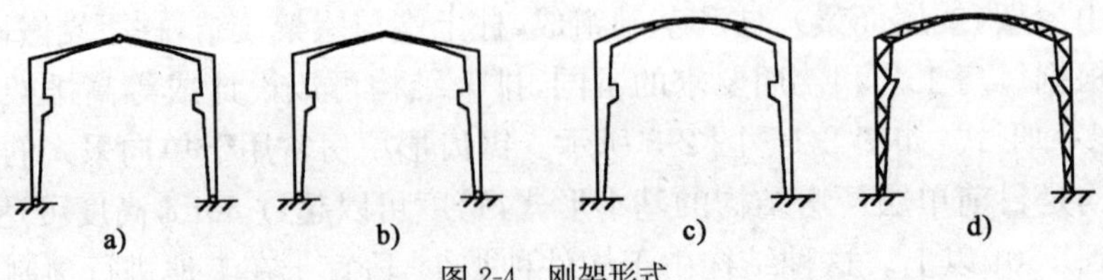

图 2-4　刚架形式

a)三铰刚架；b)两铰刚架；c)弧形刚架；d)工字形或空腹刚架

我国从 20 世纪 60 年代初期以来，刚架已较广泛地用于屋盖重量较轻、无吊车或吊车吨位不大(一般不超过 10t，个别用至 20t)、跨度一般不超过 16～24m(国内已建成的两铰刚架最大跨度达 38m)、立柱高度 6～10m(最高已达 14m)的金工、机修、装配等车间或仓库。目前已发展成为单层厂房中的一种结构体系。

本章主要讲述单层厂房装配式钢筋混凝土排架结构。

第二节　单层厂房结构组成及结构布置

一、结 构 组 成

单层厂房排架结构通常由屋盖结构、平面排架、吊车梁、支撑、基础和围护结构构件组成并相互连接成整体,如图 2-5 所示。

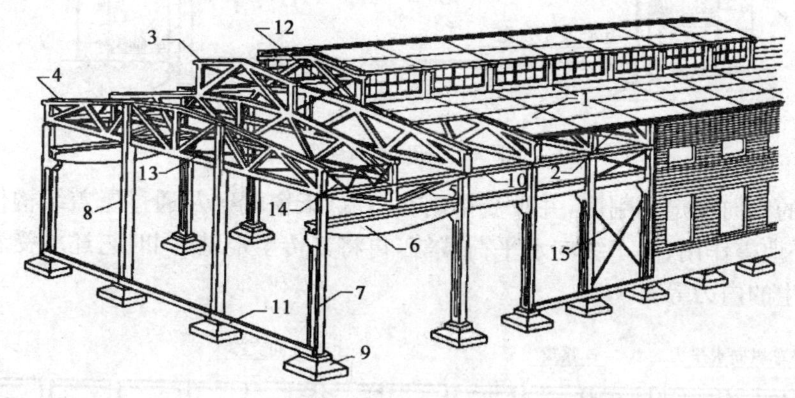

图 2-5　厂房结构组成

1-屋面板;2-天沟板;3-天窗架;4-屋架;5-托架;6-吊车梁;7-排架柱;8-抗风柱;9-基础;10-连系梁;11-基础梁;12-天窗架垂直支撑;13-屋架下弦横向水平支撑;14-屋架端部垂直支撑;15-柱间支撑

1. 屋盖结构

屋盖结构由屋面板(包括天沟板)、屋架或屋面梁(包括屋盖支撑)组成,有时还设有天窗架和托架等。屋盖结构可分无檩屋盖体系和有檩屋盖体系。将大型屋面板直接支承(焊牢)在屋架(或屋面梁)上的称为无檩屋盖体系,其刚度和整体性好;将小型屋面板或瓦材等支承在檩条上,再将檩条支承在屋架(或屋面梁)上的称为有檩屋盖体系。在屋盖结构中,屋面板起着围护作用并承受作用在其上的荷载,再把这些荷载传至屋架(或屋面梁)上;屋架(或屋面梁)是屋盖结构的承重构件,承受屋盖结构的自重和屋面板传来的可变荷载,并将这些荷载传至排架柱。天窗架支承在屋架(或屋面梁)上,也是一种屋盖结构的承重构件。

2. 横向平面排架

横向平面排架由横梁(即屋架或屋面梁)、横向柱列和基础组成,是厂房的基本承重结构,如图 2-6 所示。厂房结构承受的竖向荷载、横向水平荷载都是由横向平面排架承担并传至地基的。

3. 纵向平面排架

纵向平面排架由纵向柱列、连系梁、吊车梁、柱间支撑和基础等组成,如图 2-7 所示。其作

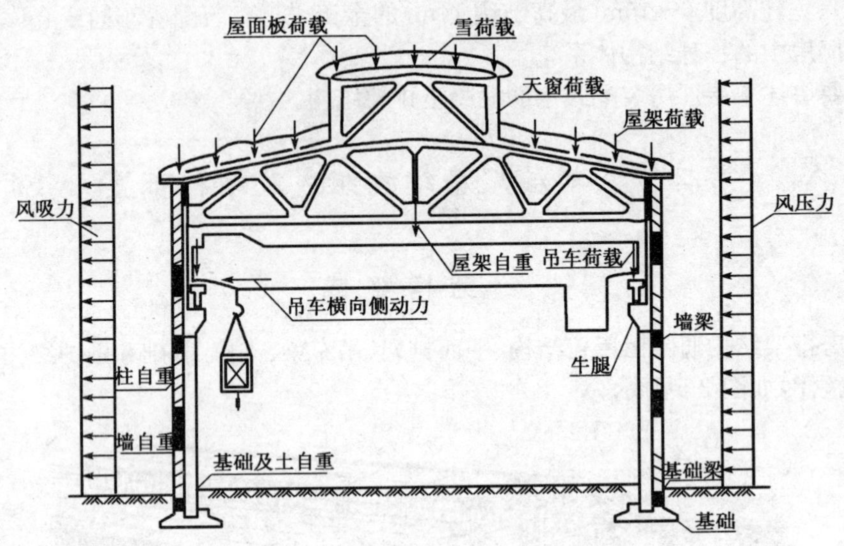

图 2-6　横向平面排架

用是保证厂房的纵向稳定和刚度，并承受作用在山墙、天窗端壁及通过屋盖结构传来的纵向风荷载，以及水平地震作用、吊车纵向水平荷载等，再将其传至地基，同时它还承受着温度变化和收缩变形而产生的内力等。

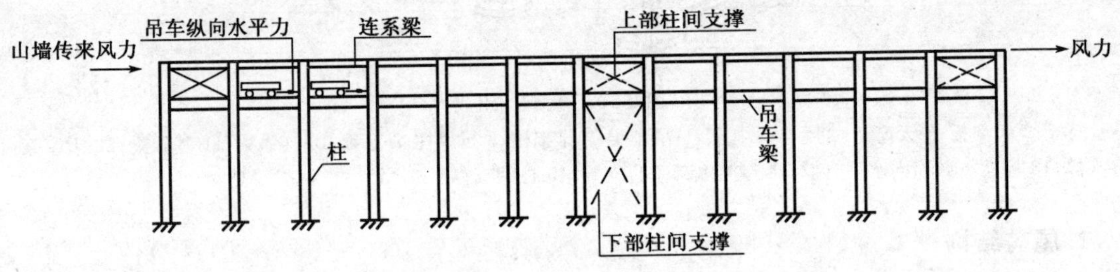

图 2-7　纵向平面排架

4. 吊车梁

吊车梁一般为装配式的，简支在柱的牛腿上，主要承受吊车竖向荷载、横向或纵向水平荷载等动力荷载，并将它们分别传至横向或纵向平面排架。它是单层厂房中主要承重构件之一，对吊车的正常运行和保证厂房的纵向刚度等都起着重要的作用。

5. 支撑

单层厂房的支撑包括屋盖支撑和柱间支撑两种。其作用是加强厂房结构的空间刚度，保证结构构件在安装和使用阶段的稳定和安全；同时起着把风荷载、吊车水平荷载或水平地震作用等传递到相应承重构件的作用。

6. 基础

基础承受柱和基础梁传来的荷载并将它们传至地基。

7. 围护结构

围护结构由纵墙、横墙(山墙)及连系梁、抗风柱(有时还有抗风梁或抗风桁架)和基础梁等组成。这些构件所承受的荷载,主要是墙体和构件的自重及作用在墙面上的风荷载等。

二、结 构 布 置

在单层厂房的结构设计中,结构布置是否合理直接关系到安全性和经济性,以及厂房面积的使用和施工速度等问题。为使单层厂房的构、配件逐步达到统一,提高设计标准化、生产工厂化和施工机械化的水平,促进工业建设的发展,在考虑厂房结构的布置时,必须使其主要尺寸和高程符合《厂房建筑模数协调标准》(GB/T 50006—2010)规定的统一模数制,即以100mm 为基本单位,用"M"表示。

1. 定位轴线

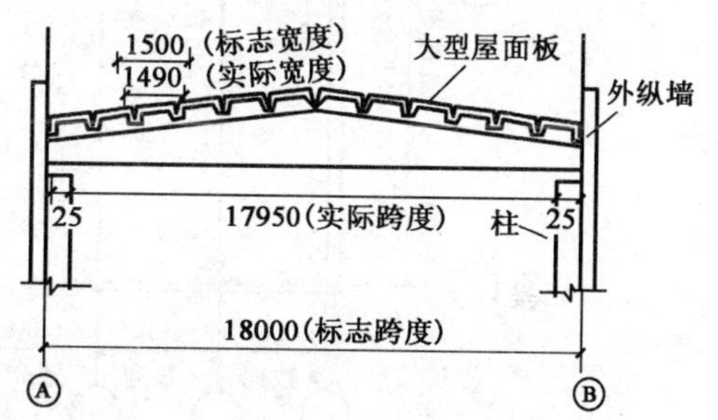

图 2-8 定位轴线与构件间的关系(尺寸单位:mm)

结构平面的主要尺寸都由定位轴线来表示。定位轴线一般有横向和纵向之分。与厂房横向平面排架相平行的轴线,称为横向定位轴线,以①、②、③……表示;与厂房纵向平面排架相平行的轴线,称为纵向定位轴线,以Ⓐ、Ⓑ、Ⓒ……表示。

定位轴线之间的距离和主要构件的标志尺寸相一致,且符合建筑模数。所谓标志尺寸就是构件的实际尺寸加上两端必要的构造尺寸,如图 2-8 所示。

与横向定位轴线有关的承重构件有屋面板、吊车梁、连系梁、基础梁、纵向支撑等构件。因此,横向定位轴线与柱距方向的屋面板、吊车梁等构件的标志尺寸应一致,也就是说,横向定位轴线通过柱截面的几何中心,且通过屋架中心线与屋面板等横向接缝。在厂房端部横向定位轴线与山墙内边缘重合,为使端屋架和山墙抗风柱的位置不发生冲突,使端部屋面板与中部屋面板的长度相同,并使屋面板端头与山墙内边缘重合,屋面不留缝隙,将山墙内侧第一排柱中心内移 500mm。同理,伸缩缝两边的柱中心线也需向两边移 500mm,而使伸缩缝中心线与横向定位轴线重合。

定位轴线布置的一般原则如下:

(1)布置定位轴线时,要有利于标准构件的选用、构造节点的简化和施工方便等。

(2)承重墙(或非承重墙)、柱都要设置定位轴线,定位轴线之间的尺寸要和主要构件的标志尺寸相一致,且符合建筑模数要求。

(3)定位轴线的具体位置总是沿屋面板的接缝处、屋架的端部外侧设置,或与屋架的侧面中心重合。对于通过墙、柱的轴线位置,需视结构、荷载、构件搭接关系等情况而定。一般在横向与墙、柱中心线重合,在纵向则应从墙内缘或柱外缘通过。

2. 柱网布置

纵横向定位轴线在平面上排列所形成的网格,称为柱网。柱网布置就是确定纵向定位轴线之间的尺寸(跨度)和横向定位轴线之间的尺寸(柱距)。柱网布置既是确定柱的位置,也是确定屋面板、屋架和吊车梁等构件尺寸(跨度)的依据,并涉及结构构件的布置。柱网布置得是否恰当，将直接影响厂房结构的经济合理性和先进性，直接影响着厂房结构的生产使用。

柱网布置的原则一般为：符合生产和使用要求；建筑平面和结构方案经济合理；在厂房结构形式和施工方法上具有先进性和合理性；符合《厂房建筑模数协调标准》(GB/T 50006—2010)的有关规定；适应生产发展和技术革新的要求。

厂房柱网尺寸应符合模数化的要求，厂房跨度在 18m 及以下时，应采用扩大模数 30M 数列；在 18m 以上时，应采用扩大模数 60M 数列，如图 2-9 所示。当跨度在 18m 以上、工艺布置有明显优越性时，也可采用扩大模数 30M 数列。

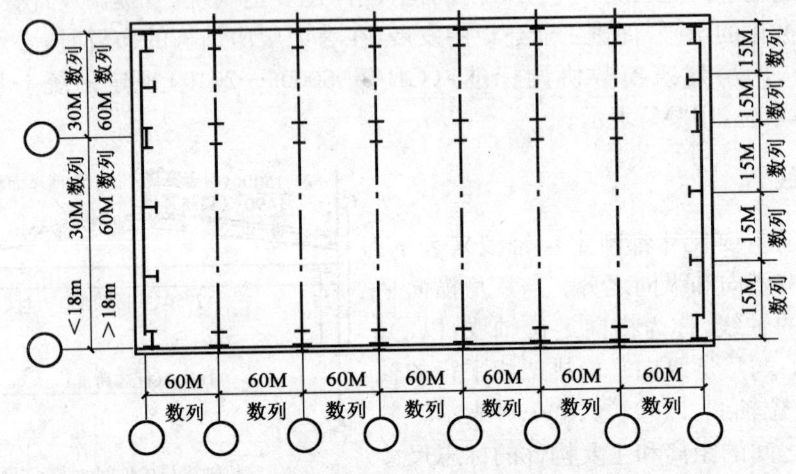

图 2-9　柱网布置示意图

目前，从经济指标、材料用量和施工条件等方面衡量，特别是高度较低的厂房，采用 6m 柱距比 12m 柱距优越。但从现代工业发展趋势来看，扩大柱距对增加厂房有效面积、提高设备布置和工艺布置的灵活性、减少机械化施工中结构构件的数量和加快施工进度等都是有利的。当然，由于构件尺寸增大，也给制作、运输和吊装带来不便。

3. 构件的平面布置

单层厂房构件的平面布置包括柱网布置，吊车梁、围护墙布置，屋面梁(屋架)、屋面板和天沟板布置，基础和基础梁布置等，如图 2-10 所示。在布置时应注意以下几点：

(1)边列柱、抗风柱、墙体(外纵墙和山墙)与定位轴线的关系。

(2)吊车梁搁置在柱的牛腿上，两端第一柱间的吊车梁和其他柱间的吊车梁有所不同。

(3)屋面大梁与边列柱的中心线重合，并应注意两端第一柱间的屋面板、天沟板与周围构件的关系，以及其他柱间的相应板与周围构件的关系有所不同。

(4)边列柱下柱的截面几何中心线和基础的平面中心线相重合，并应注意基础梁和基础、柱的关系，尤其是 4 个角部基础梁和角部基础、角柱的关系。

4. 剖面布置

1)厂房高度

厂房高度指室内地面至柱顶(或下撑式屋架下弦底面)的距离。

无吊车厂房的柱顶高程(或屋架下弦底面高程)应根据最大生产设备高度和安装、检修时所需的净空高度确定，一般不低于 4m，还应符合 3M 数列。

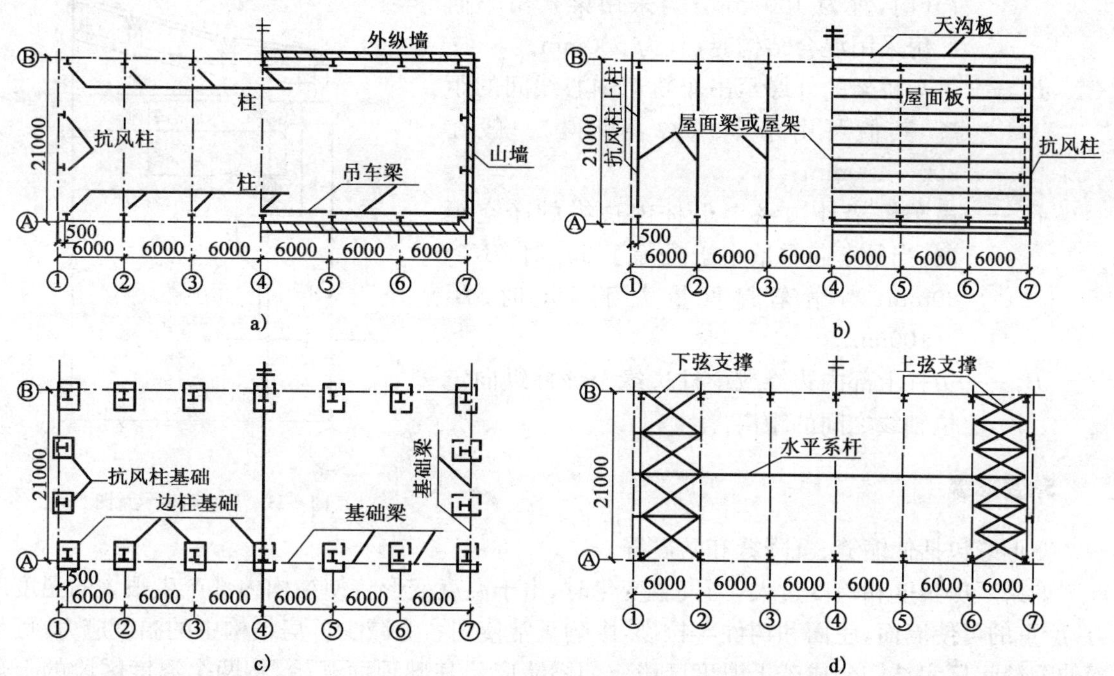

图 2-10 构件平面布置示意图(尺寸单位:mm)

a)柱网布置吊车梁、围护墙布置;b)屋面梁或屋架布置屋面板、天沟板布置;c)基础布置基础梁布置;d)下弦支撑布置上弦支撑布置

有吊车厂房的柱顶高程:$H=H_1+h_6+h_7$

其中轨顶高程:$H_1=h_1+h_2+h_3+h_4+h_5$

式中:h_1——生产设备、室内分隔或检修时所需要的高度;

h_2——吊车运行时的安全超越高度,一般为 400~500mm;

h_3——被吊物件的最大高度;

h_4——吊钩吊运工作的绳索最小高度,根据加工件大小而定;

h_5——吊钩至轨顶面的最小距离,由吊车规格表中查出;

h_6——吊车轨顶至小车顶面的净尺寸,由吊车规格表中查出;

h_7——屋架下弦与起重小车之间考虑受结构挠度及沉降影响的安全间隙,一般取 100~300mm。

轨顶高程 H_1 由工艺人员根据上述因素提出,并应符合 1M 数列。确定厂房高度还应遵循如下原则:在满足生产工艺的前提下,尽可能合理地降低厂房的高度,以便减小柱的内力、减少围护结构的面积、降低造价;同时又要考虑减少构件种类、简化连接构造、保证施工方便等因素。

2)厂房跨度

厂房跨度 L 根据生产工艺要求确定,同时满足《厂房建筑模数协调标准》的要求,以便采用标准预制构件。对于有吊车的厂房,跨度 L 可采用下列公式确定,如图 2-11 所示。

$$L=L_k+2e \qquad e=B_1+B_2+B_3$$

式中:L_k——吊车跨度,即吊车轨道中心线间的距离,根据生产工艺要求,由吊车规格表查出;

e——吊车轨道中心线至纵向定位轴线间的距离,一般取 750mm。当吊车起重量大于

75t 时，宜为 1000mm；当采用梁式吊车而厂房采用混合结构时，宜为 500mm；

B_1——吊车桥架的外缘至吊车轨道中心线间的距离，其值可由吊车规格表查得，一般在 200～400mm；

B_2——吊车桥架外边缘至上柱内边缘的净空距离，当吊车起重量小于或等于 50t 时，$B_2 \geqslant$ 80mm；当吊车起重量大于 75t 时，$B_2 \geqslant$ 100mm；

B_3——边柱上部内边缘或中柱边缘至该柱纵向定位轴线之间的距离。

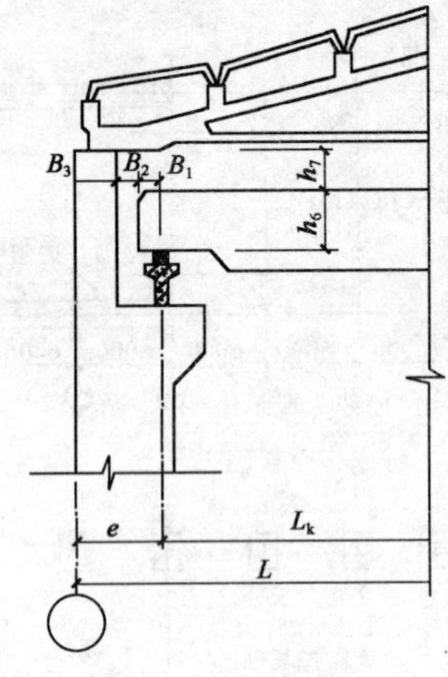

图 2-11　厂房跨度示意图

5. 变形缝

变形缝包括伸缩缝、沉降缝和防震缝。

如果厂房长度和跨度过大，当气温变化时，由于温度变形将使结构内部产生很大的温度应力，严重的可使墙面、屋面和构件等拉裂，影响正常使用。为减少厂房结构中的温度应力，可设置伸缩缝将厂房结构分成若干温度区段。伸缩缝应从基础顶面开始，将两个温度区段的上部结构构件完全分开，并留出一定宽度的缝隙，使上部结构在气温变化时，水平方向可以自由地发生变形，不致引起厂房开裂。温度区段的形状应力求简单，并应使伸缩缝的数量最少。温度区段的长度(伸缩缝之间的距离)，取决于结构类型和温度变化情况。《混凝土结构设计规范》(GB 50010—2010)(以下简称《混凝土规范》)规定：对于装配式钢筋混凝土排架结构，当处于室内或土中时，其伸缩缝的最大间距为 100m；当处在露天时，其伸缩缝的最大间距为 70m。当超过上述规定或对厂房有特殊要求时，应计算温度应力。此外，对于下列情况，伸缩缝的最大间距还应适当减小。

(1)屋面板上部无保温或隔热层。

(2)柱高(从基础顶面算起)低于 8m。

(3)位于气候干燥地区、夏季炎热且暴雨频繁地区的结构或经常处于高温作用下的结构。

(4)材料收缩较大、室内结构因施工外露时间较长等。

在有些情况下，为避免厂房因基础不均匀沉降而引起开裂和损坏，需在适当部位用沉降缝将厂房划分成若干刚度较一致的单元。在一般单层厂房中可不做沉降缝，只有在特殊情况下才考虑，如厂房相邻两部分高度相差 10m 以上，两跨间吊车吨位相差悬殊，地基承载力或下卧层土质有较大差别，或厂房各部分的施工时间先后相隔很长，地基土的压缩程度不同等情况。沉降缝应将建筑物从屋顶到基础全部断开，以使在缝两边发生不同沉降时不致损坏整个建筑物。另外，沉降缝可兼作伸缩缝。

防震缝是为了减轻厂房震害而采取的措施之一。当厂房平、立面布置复杂，结构高度或刚度相差很大，以及在厂房侧边贴建生活间、变电所、炉子间等时，应设置防震缝将相邻两部分分开。地震区的伸缩缝和沉降缝均应符合防震缝要求。

三、支撑的作用及布置原则

就整体而言，支撑的主要作用有：保证结构构件的稳定与正常工作；增强厂房的整体稳定性和空间刚度；把纵向风荷载、吊车纵向水平荷载及水平地震作用等传递到主要承重构件；保证在施工安装阶段结构构件的稳定。

在装配式混凝土单层厂房结构中，支撑虽然不是主要的承重构件，但却联系着各种主要结构构件，并形成整体。工程实践表明，如果支撑布置不当，不仅影响厂房的正常使用，甚至可能引起工程事故。因此，应给予足够的重视。

厂房支撑分屋盖支撑和柱间支撑两类。下面主要讲述屋盖支撑和柱间支撑的作用和布置原则。关于具体布置方法及构造细节可参阅有关标准图集或参考文献。

1. 屋盖支撑

屋盖支撑通常包括上、下弦横向水平支撑与纵向水平支撑、垂直支撑及纵向水平系杆、天窗架支承等。

屋盖上、下弦水平支撑是指布置在屋架(屋面梁)上、下弦平面内及天窗架上弦平面内的水平支撑。支撑节间的划分应与屋架节间相适应。水平支撑一般采用十字交叉的形式，交叉杆件的倾角一般为 30°～60°。

屋盖垂直支撑是指布置在屋架(屋面梁)间或天窗架(包括挡风板立柱)间的支撑。

系杆分刚性(压杆)和柔性(拉杆)两种。系杆设置在屋架上、下弦及天窗上弦平面内。

1)屋架(屋面梁)上弦横向水平支撑

上弦横向水平支撑是由交叉角钢和屋架上弦杆组成的水平桁架，布置在厂房端部及伸缩缝两侧的第一或第二柱间，如图 2-12 所示。其作用是增强屋盖的整体刚度；保证屋架上弦或屋面梁上冀缘的侧向稳定；将山墙抗风柱传来的纵向水平力传到两侧柱列上。

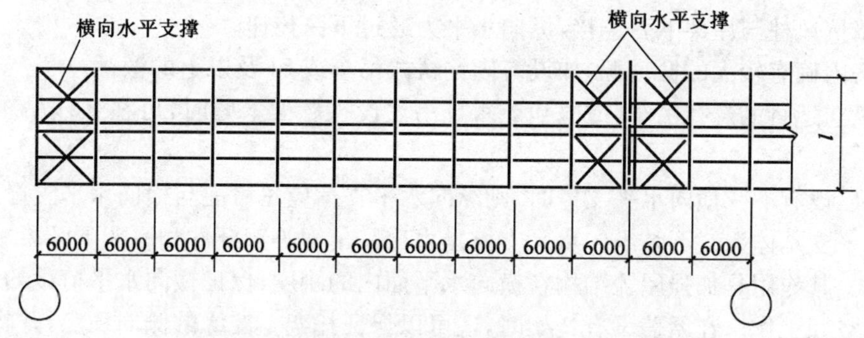

图 2-12　屋架(屋面梁)上弦横向水平支撑(尺寸单位：mm)

对跨度较大的无檩体系屋盖，当大型屋面板与屋架或屋面梁有三点焊接且屋面板纵肋间的空隙用 C15 或 C20 细石混凝土灌实，则可认为无檩体系屋盖刚度相当大，无需设置上弦横向水平支撑。但若屋面板与屋架上弦连接质量不能保证，而抗风柱又与屋架上弦连接时，应该设置上弦横向水平支撑。此外，具有以下情况之一时，应设置上弦横向水平支撑：

(1)屋面设置了天窗，且天窗通到厂房端部的第二柱间或通过伸缩缝时，除在第一或第二柱间的天窗范围内设置上弦横向水平支撑外，并应沿屋脊设置一道通长的受压水平系杆。

(2)当采用有檩体系屋盖或采用刚度较差的组合式或下撑式屋架时，不论有无天窗均应设置。

(3)厂房中设有重级工作制吊车、吨位 $Q \geqslant 30$t 吊车或设有振动设备时，均应设置。

2)屋架(屋面梁)下弦支撑

屋架(屋面梁)下弦支撑包括下弦横向水平支撑和纵向水平支撑两种,如图 2-13 所示。下弦横向水平支撑的作用是承受垂直支撑传来的荷载,并将山墙风荷载传递至两旁柱上。

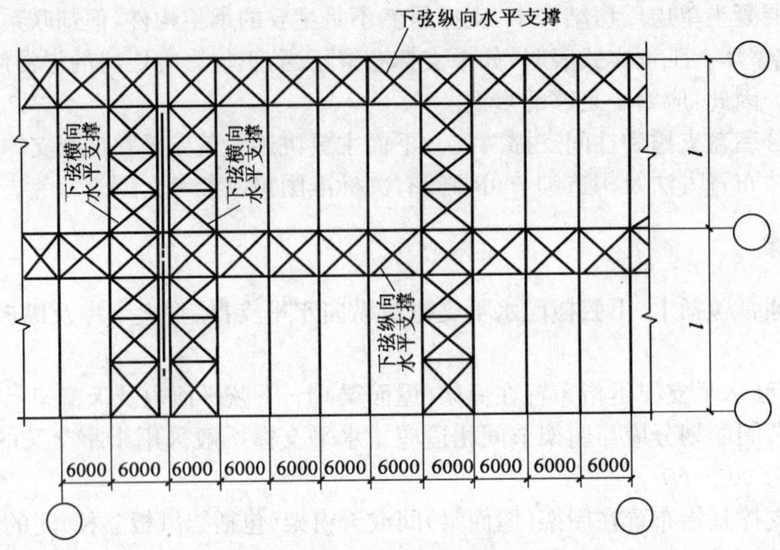

图 2-13　屋架(屋面梁)下弦支撑(尺寸单位:mm)

当厂房跨度 $L \geqslant 18$m 时,下弦横向水平支撑应布置在每一伸缩缝区段端部的第一个柱距内。当 $L < 18$m 且山墙上的风荷载由屋架上弦水平支撑传递时,可不设屋盖下弦横向水平支撑。当具有以下情况之一时,应设置下弦横向水平支撑(一般设置在厂房端部及伸缩缝处的第一柱间)。

(1)山墙抗风柱与屋架下弦连接,纵向水平力通过下弦传递。

(2)厂房内确有较大的振动源,如设有硬钩桥式吊车或 5t 及以上的锻锤。

(3)有纵向运行的悬挂吊车(或电葫芦),且吊点设在屋架上弦时,可在悬挂吊车轨道尽头的柱间设置。

当厂房已设有下弦横向水平支撑时,则纵向水平支撑应尽可能与横向水平支撑连接,以形成封闭的水平支承体系。下弦纵向水平支撑是由交叉角钢等钢杆件和屋架下弦第一节间组成的水平桁架。其作用是加强屋盖结构在横向水平面内的刚度,保证横向水平荷载的纵向分布,增强排架的空间工作。在屋盖设有托架时,还可以保证托架上翼缘的侧向稳定,并将托架区域内的横向水平风荷载有效地传到相邻柱上。当具有下列情况之一时,应设置下弦纵向水平支撑:

(1)当厂房内设有托架时,将下弦纵向水平支撑布置在托架所在的柱间,并向两端各延伸一个柱间。

(2)当厂房高度较大(如单跨厂房柱高在 15～18m 以上),软钩桥式吊车 $Q \geqslant 10$t(重级)或 $Q \geqslant 30$t(中级)。

(3)当厂房内设有硬钩桥式吊车或 5t 及以上的锻锤。

3)屋架间的垂直支撑及水平系杆

垂直支撑是由角钢与屋架的直腹杆组成的垂直桁架。垂直支撑和水平系杆的作用是保证屋架的整体稳定,防止在吊车工作时屋架下弦的侧向颤动,上弦水平系杆则可保证屋架上弦或屋面梁受压翼缘的侧向稳定(防止局部失稳)。当具有下列情况之一时,应设置垂直支撑或水平系杆：

(1)当厂房跨度 18m≤L≤30m 时，应在厂房伸缩缝区段两端第一或第二柱间(与上弦横向水平支撑在同一柱间)设一道中间垂直支撑，并在相应的下弦节点处设置通长水平系杆，如图 2-14 所示，以增加屋架下弦的侧向刚度；当厂房跨度 L＞30m 时，应设置两道对称的垂直支撑。

(2)当采用梯形屋架时，除按上述要求设置外，还必须在伸缩缝区段两端第一或第二柱间内，在屋架支承处设置端部垂直支撑及相应的纵向水平系杆，如图 2-15 所示。

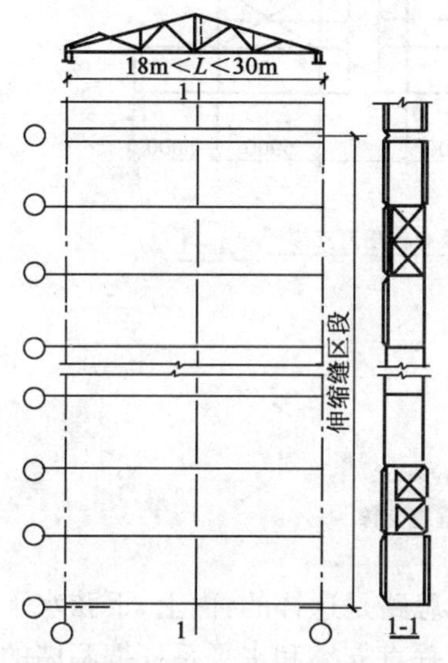

图 2-14 三角形屋架间的垂直支承和水平系杆布置

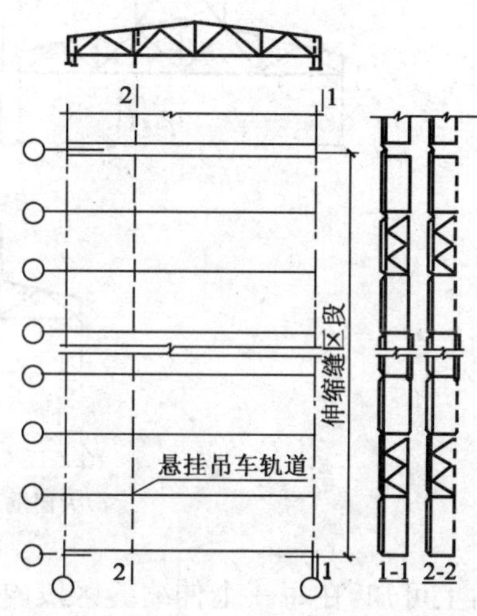

图 2-15 梯形屋架间的垂直支承和水平系杆布置

(3)当屋架下弦设有悬挂式吊车时，在悬挂吊车所在节点处应设置垂直支撑及相应水平系杆，如图 2-15 所示。

4)天窗架支撑

天窗架间的支撑有天窗上弦水平支撑和天窗架间的垂直支撑两种。

天窗上弦水平支撑用来保证天窗架上弦平面外的稳定。当屋盖为有檩体系或虽为无檩体系但当大型屋面板与屋架的连接不能起整体作用时，应将上弦水平支撑布置在天窗端部的第一柱距内，如图 2-16 所示。

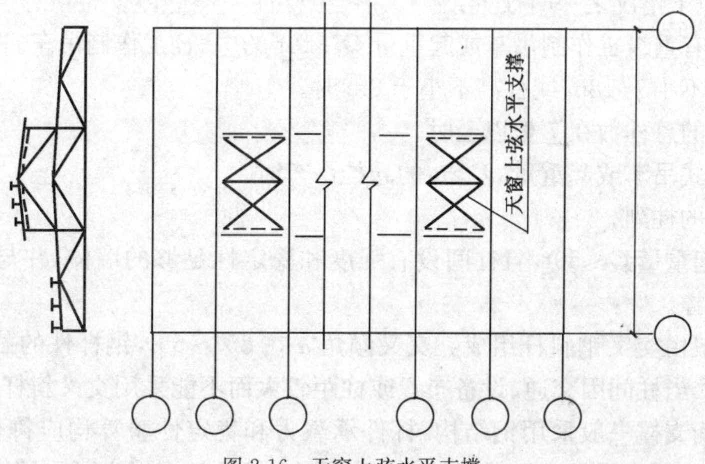

图 2-16 天窗上弦水平支撑

天窗垂直支撑除保证天窗架安装时的稳定外，还将天窗墙壁上的风荷载传至屋架上弦水平支撑。因此，天窗的垂直支撑应与屋架上弦水平支撑布置在同一柱距内（在天窗端部的第一柱距内），且沿天窗的两侧设置，如图 2-17a）所示。为了不妨碍天窗的开启，也可设置在天窗斜杆平面内，如图 2-17b）所示。通风天窗设有挡风板时，在天窗端部的第一柱距内设置挡风板的垂直支撑，如图 2-17b）所示。

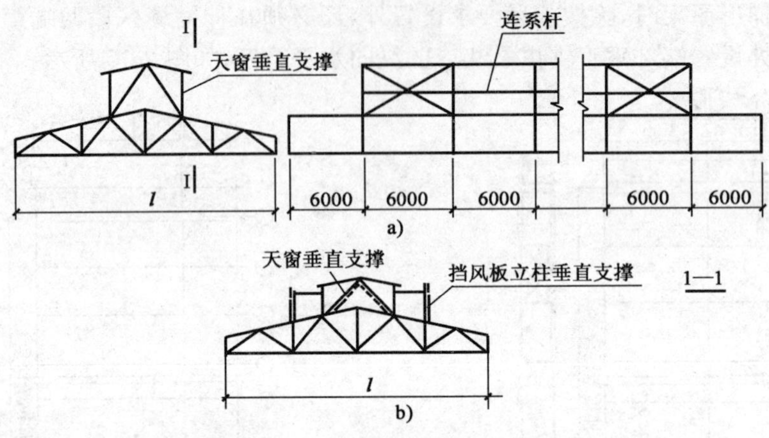

图 2-17　天窗垂直支撑（尺寸单位：mm）

a）天窗垂直支撑；b）挡风板上柱垂直支撑

由上可知，在每一个伸缩缝区段内. 屋盖支撑的构成思路是这样的：由上、下弦水平支撑分割在温度区段的两端构成横向的上、下水平刚性框，再用垂直支撑和水平系杆把两墙的水平刚性框连接起来。天窗架间的支撑构成思路也与此相同。

2. 柱间支撑

柱间支撑是由交叉的型钢和相邻两柱组成的立面桁架，对于有吊车的厂房，柱间支撑按其位置分为上部柱间支撑和下部柱间支撑。前者位于吊车梁上部，后者位于吊车梁下部，如图 2-7 所示。柱间支撑的作用主要是增强厂房的纵向刚度和稳定性，并传递山墙风荷载、吊车纵向水平荷载至基础。

柱间支撑在以下情况之一时设置：

（1）厂房内设有重级工作制吊车或起重量 $Q \geqslant 10$t 的中、轻工作制吊车。

（2）厂房跨度不小于 18m 或柱高不小于 8m 时。

（3）纵向柱列的总柱数在 7 根以上时。

（4）设有悬臂式吊车或起重量 $Q \geqslant 3$t 的悬挂吊车时。

（5）露天吊车的柱列。

当厂房吊车起重量 $Q \leqslant 50$t，且柱间设有强度和稳定性足够的墙体，并与柱能起整体作用时，可不设柱间支撑。

柱间支撑一般由交叉钢斜杆组成。交叉倾角 α 在 35°～55°，钢杆件的截面尺寸应经强度和稳定计算确定。当柱间因交通、设备布置或柱距较大而不能采用交叉斜杆式支撑时，可以做成门式支撑。柱间支撑一般采用钢结构，杆件承载力和稳定性验算均应符合《钢结构设计规范》的有关规定。当厂房设有中级或轻级工作制吊车时，柱间支撑也可采用钢筋混凝土结构。

四、抗风柱、圈梁、过梁、连系梁和基础梁的作用和布置原则

1. 抗风柱

单层厂房的山墙受风面积较大，一般需设置抗风柱将山墙分成几个区格，使墙面受到的风荷载，一部分(靠近纵向柱列的区格)直接传至纵向柱列，另一部分则经抗风柱下端直接传至基础，而上端则通过屋盖系统传至纵向柱列。

当厂房跨度和高度均不大(如跨度为 9～12m，柱顶高程 8m 以下)时，可在山墙上设置砌体壁柱作为抗风柱；当跨度和高度均较大时，一般都设置钢筋混凝土抗风柱，柱外侧再贴砌山墙，如图 2-18 所示。当厂房高度很大时，为减少抗风柱的截面尺寸，可加设水平抗风梁或钢抗风桁架作为抗风柱的中间铰支点。

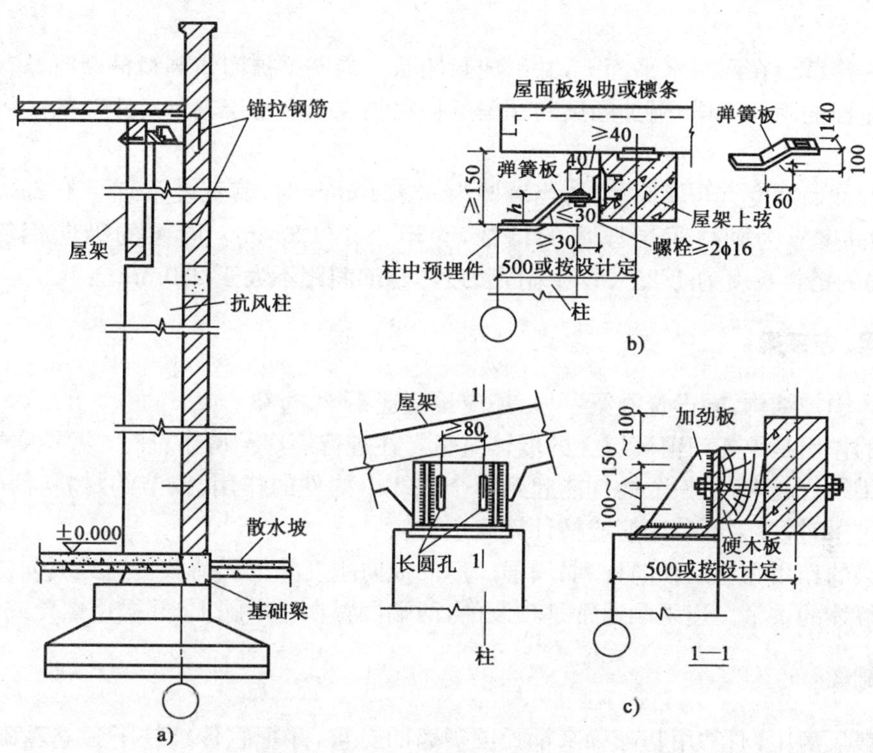

图 2-18　抗风柱(尺寸单位：mm)

a)抗风柱；b)屋架与抗风柱弹簧板连接；c)屋架与抗风柱螺栓连接

抗风柱的柱脚一般采用插入基础杯口的固结方式。抗风柱上端与屋架的连接必须满足两个方面的要求：一是在水平方向必须与屋架有可靠的连接，以保证有效地传递风荷载；二是在竖向应允许两者之间能有一定相对竖向相对位移的可能性，以防止厂房与抗风柱沉降不均匀时产生的不利影响。所以，抗风柱与屋架一般采用竖向可以移动、水平向又有较大刚度的弹簧板连接，如图 2-18b)所示。若沉降可能较大时，则宜采用螺栓连接方案，如图 2-18c)所示。

抗风柱的上柱宜采用矩形截面，其截面尺寸不宜小于 350mm×300mm，下柱宜采用工字形或矩形截面，当柱较高时也可采用双肢柱。

抗风柱主要承受山墙风荷载，一般情况下其竖向荷载只有柱自重，故设计时可近似地按照受弯构件计算，并应考虑正、反两个方向的弯矩。当抗风柱还承受由承重墙梁及雨篷等传来的

竖向荷载时，则应按偏心受压构件计算。

2. 圈梁

当用砌体作为厂房的围护结构时，一般要设置圈梁。圈梁将墙体与厂房柱箍在一起，以增强房屋的整体刚度，防止由于地基的不均匀沉降或较大振动荷载等对厂房的不利影响。圈梁置于墙体内，柱对它仅起拉结作用，不承受墙体的自重，所以柱上不需设置支承圈梁的牛腿，但当墙体较高时需设置支承圈梁的牛腿。

圈梁的布置与墙体高度、对厂房刚度的要求以及地基情况有关。一般单层厂房圈梁布置的原则是：对无桥式吊车的厂房，当墙厚≤240mm、檐口高程为5～8m时，应在檐口附近布置一道；当檐高大于8m时，宜增设一道；对有桥式吊车或较大振动设备的厂房，除在檐口或窗顶布置圈梁外，尚宜在吊车梁高程处或其他适当位置增设一道；外墙高度大于15m时还应适当增设。

圈梁宜连续设在同一水平面上，并形成封闭状。当圈梁被门窗洞口截断时，应在洞口上部增设相同截面的附加圈梁，附加圈梁与圈梁的搭接长度不应小于其垂直距离的2倍，且不得小于1m。

圈梁的截面宽度宜与墙厚相同，当墙厚为$h \geqslant 240$mm时，其宽度不宜小于$2h/3$（h为指墙厚）。圈梁高度应为砌体每层厚度的倍数，且不小于120mm。圈梁的纵向钢筋不宜小于4Φ10，钢筋的搭接长度为$1.2l$（l为锚固长度），箍筋间距不大于250mm。

3. 过梁、连系梁

对砌体围护结构，同设置圈梁一样，还应设置连系梁、过梁。

过梁的作用是承托门窗洞口上的墙体重量。在进行厂房结构布置时，应尽可能将圈梁、连系梁和过梁结合起来，使一个构件能起到2个或3个构件的作用，以节约材料，简化施工。当圈梁兼作过梁时，过梁部分配筋应按计算确定。

连系梁的作用除连系纵向柱列、增强厂房的纵向刚度并把风荷载传递到纵向柱列外，还承受其上部墙体的重量。连系梁通常是预制的，两端搁置在柱牛腿上，并采用螺栓或焊接连接。

4. 基础梁

在一般厂房中，通常用基础梁来承托围护墙的自重，并把它传给柱下独立基础，而不另做墙基础。基础梁应优先采用矩形截面，必要时才采用梯形截面。

基础梁底部距土壤表面预留100mm的空隙，使梁可随柱基础一起沉降。当基础梁下有冻胀土时，应在梁下铺设一层干砂、碎砖或矿渣等松散材料，并留100～150mm的空隙，可防止地基土冻结膨胀时将梁顶裂。基础梁与柱一般可不连接（一级抗震等级的基础梁顶面应增设预埋件与柱焊接），将基础梁直接搁置在柱基础杯口上，或当基础埋置较深时，放置在基础上面的混凝土垫块上，如图2-19所示。如连接，则应按非抗震设计进行连接。另外，施工时基础梁支承处应坐浆。

当厂房高度不大，且地基比较好，柱基础又埋得较浅时，也可不设基础梁而做砖石或混凝土的墙基础。

连系梁、过梁及基础梁均可选用全国通用图集，如连系梁图集04G321、过梁图集03G322，以及基础梁图集04G320。

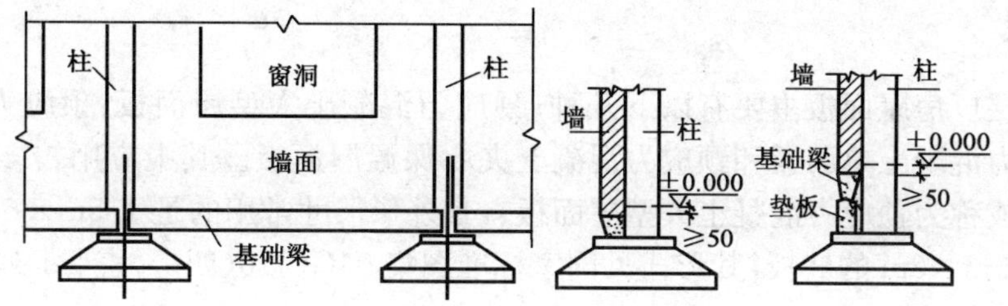

图 2-19　基础梁的布置(尺寸单位:mm)

五、传 力 途 径

单层厂房在使用过程中的竖向荷载主要包括:构件和设备的自重、吊车起吊重物时的荷载、雪荷载或积灰荷载;水平荷载主要包括风荷载、吊车的水平制动荷载及水平地震作用。其中,竖向荷载主要由横向平面排架承担,水平荷载则由横向平面排架和纵向平面排架共同承担。下面分别介绍横向排架和纵向排架的传力途径。

1. 横向平面排架的传力途径

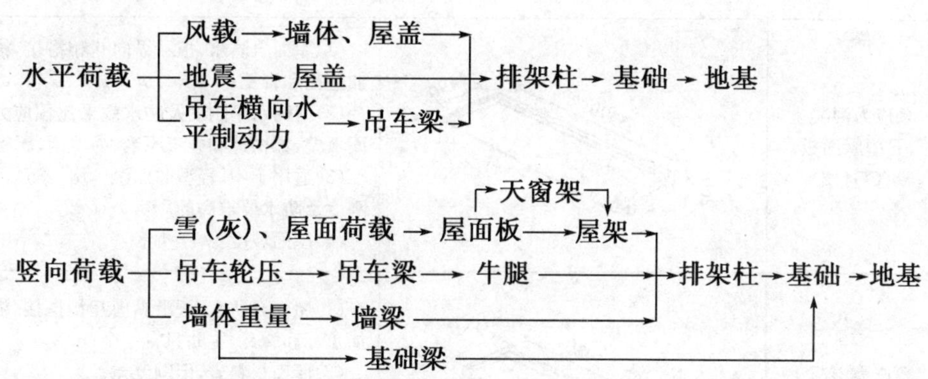

2. 纵向平面排架的传力途径

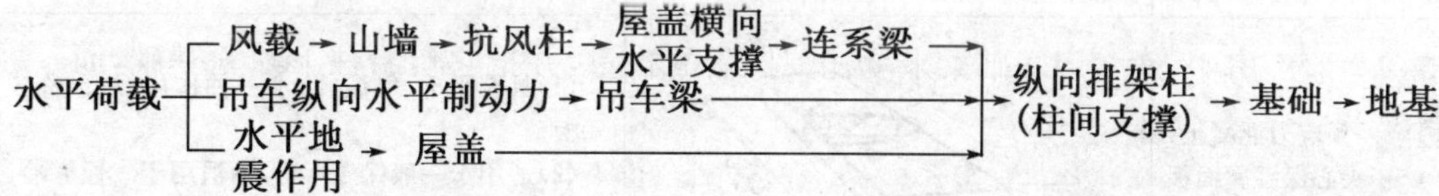

第三节　单层厂房主要构件及其选型

一、屋面主要构件及其选型

在一般单层厂房中,屋盖结构的材料用量和造价所占的比例都较大,且其自重也是厂房结构的一项主要荷载。所以在选用屋盖结构形式时,应尽可能选择自身的重量较轻的构件,这样不但可节省其本身的材料用量,而且也可节省柱和基础等构件的材料用量,对抗震也是有利的。

1. 屋面板

目前，单层厂房屋面板主要有以下几种；预应力混凝土大型屋面板、预应力混凝土“F”形屋面板、预应力混凝土单肋板和预应力混凝土夹心保温屋面板。其中应用较多的是预应力混凝土屋面板(或称为预应力混凝土大型屋面板)，其外形尺寸常用的是 1.5m×6m，为配合屋架尺寸，还有 0.9m×6m 的嵌板，其形式见国家标准图集 04G 410(四)。表 2-1 列出了常用屋面板的类型。

常用屋面板类型表　　表 2-1

序号	构件名称 (标准图集号)	形式(mm)	特点及适用条件
1	预应力混凝土屋面板 04G410	5970 1490 240	(1)有卷材防水及非卷材防水两种； (2)屋面水平刚度好； (3)适用于中、重型和振动较大、对屋面刚度要求较高的厂房； (4)屋面坡度：卷材防水最大 1/5，非卷材防水 1/4
2	预应力混凝土 F 型屋面板 (CG412)	5370 1490 200	(1)屋面自防水，板沿纵向互相搭接，横缝及脊缝加盖瓦和脊瓦； (2)屋面水平刚度及防水效果比预应力混凝土屋面板差，如构造和施工不当、易飘雨、飘雪； (3)适用于中、轻型非保温厂房，不适用于对屋面刚度及防水要求高的厂房； (4)屋面坡度 1/4～1/8
3	预应力混凝土单肋板	3980～5980 935～1200 180～250	(1)屋面自防水，板沿纵向互相搭接，横缝及脊缝加盖瓦和脊瓦，主肋只有一个； (2)屋面材料省，但刚度差； (3)适用于中、轻型非保温厂房，不适用于对屋面刚度及防水要求高的厂房； (4)屋面坡度 1/3～1/4
4	预应力混凝土夹心保温屋面板(三合一板)	5950 130 1490	(1)具有承重、保温、防水三种作用，故也称三合一板； (2)适用于一般保温厂房，不适用于气候寒冷、冻融频繁地区和有腐蚀性气体及湿度大的厂房； (3)屋面坡度 1/8～1/12
5	钢筋混凝土槽瓦	3300～3900 990 100	(1)在檩条上互相搭接，沿横缝及脊缝加盖瓦及脊瓦； (2)屋面材料省，构造简单，施工方便，但刚度较差，如构造和施工处理不当，易渗漏； (3)适用于中、轻型厂房，不适用于有腐蚀性介质，有较大振动，对屋面刚度及隔热要求高的厂房； (4)屋面坡度 1/3～1/5

续上表

序号	构件名称（标准图集号）	形式(mm)	特点及适用条件
6	钢丝网水泥波形瓦	1700～2000 990	(1)在纵、横向互相搭接，加脊瓦； (2)屋面材料省，施工方便，但刚度较差，运输、安装不当，易损坏； (3)适用于轻型厂房，不适用于有腐蚀介质，有较大振动，对屋面刚度及隔热要求高的厂房； (4)屋面坡度 1/3～1/5

预应力混凝土屋面板由面板、横肋和纵肋组成(图 2-20)。板的平面构造尺寸为 1490mm×5970mm(从纵肋和端肋底面外边缘到外边缘计算)，比标志尺寸(1.5m×6m)略小，所留空隙作为嵌缝用。横肋高度为 120mm，间距一般为 1.5mm；纵肋高度为 240mm。

面板厚度的确定不但要根据板的受力情况和刚度要求，而且要考虑制作条件。根据实践经验，卷材防水屋面板厚度不宜小于 25mm，非卷材防水屋面板(自防水)厚度不宜小于 30mm。板肋交接处做成圆弧或八字角，主要为方便脱模，有利于分散、传递预应力，以减少交接处开裂。

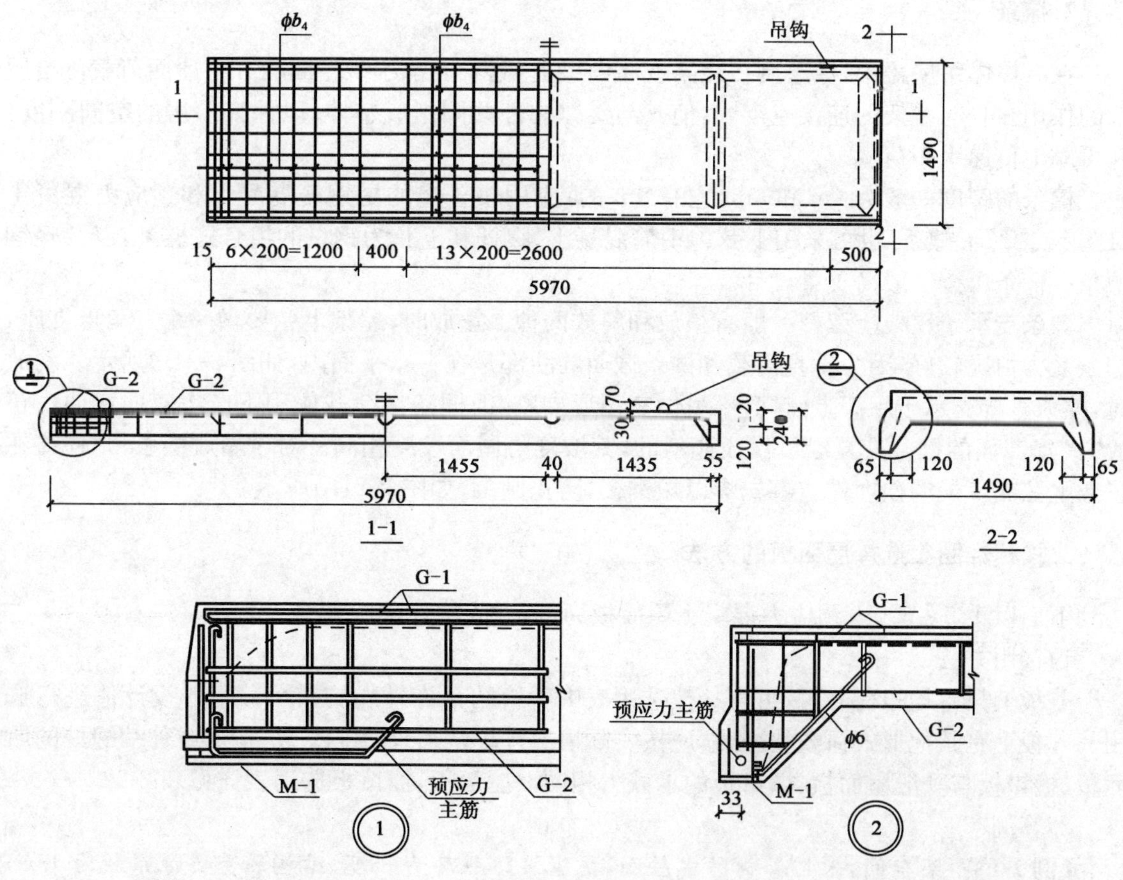

图 2-20 预应力混凝土屋面板(尺寸单位：mm)

作用于屋面板上的荷载主要有：

(1)恒荷载：包括屋面自重、嵌缝重、面层和保温层自重等。

(2)屋面活荷载：除考虑均布活荷载外，尚须按施工或检修则集中荷载(即人和小工具的自重)1.0kN在最不利位置处进行验算。

(3)雪荷载：根据地区和屋面形式按《建筑结构荷载规范》(GB 50009—2012)(以下简称《荷载规范》)确定。必须注意的是，在天沟、阴角、挡风板、高低跨等处可能局部形成雪堆，计算该处附近的屋面板上的荷载时，需考虑不均匀的屋面积雪荷载分布系数。

(4)积灰荷载：在设计生产中有大量排灰的厂房及其邻近建筑的屋面，应按《荷载规范》考虑屋面积灰荷载。在高低跨及天沟处易形成灰堆，需乘以增大系数。

荷载在组合时，屋面活荷载与雪荷载不同时考虑，可取两者中的较大值。积灰荷载应与雪荷载和屋面活荷载两者中的较大值同时考虑，但雪荷载最多取0.5kN/m^2。

预应力混凝土屋面板的混凝土强度常用C30，当荷载较大时可用C40。面板配筋采用6～8Φ^b@200×200方格网。纵肋预应力钢筋采用冷拉Ⅱ、Ⅲ、Ⅳ级变形钢筋。

屋面板的受力情况与现浇钢筋混凝土肋梁楼盖相似，面板相当于楼板，横肋相当于次梁，纵肋相当于主梁。面板根据肋间距的不同，可分为单向板和双向板两种。

面板与纵肋和横肋的连接按固定边考虑，而与端肋的连接按简支边考虑。横肋和纵肋均可按T形截面简支梁计算，计算跨度取净跨。

2. 檩条

在有檩体系屋盖中，檩条搁在屋架或屋面梁上，起着支承小型屋面板并将屋面荷载传给屋架的作用。它与屋架的连接应牢固，使其与支撑构件共同组成整体，以保证厂房的空间刚度，并可靠地传递水平荷载。

檩条的跨度一般为4m和6m，也有9m的，应用较普遍的是钢筋混凝土和预应力混凝土“Γ”形或“T”形檩条，也可采用上弦为钢筋混凝土、腹杆和下弦为钢材的组合式檩条，以及轻钢檩条。檩条可按一般简支梁设计。

檩条支承于屋架上弦杆一般有正放和斜放两种。正放时，屋架上弦要做一个三角形支座，檩条受力情况较好，因为垂直荷载和檩条截面的肋部是在一个平面内，如图2-21a)所示。斜放时，檩条直接支承于屋架上弦杆，不另做三角形支座，但檩条在荷载作用下产生双向弯曲。正放“Γ”形截面的檩条其翼缘可做成倾斜的，其坡度与屋面坡度相同。对于斜放檩条，则往往在屋架上弦支座处的预埋件上事先焊以短钢板，防止倾翻，如图2-21b)所示。

3. 按标准图集选择屋面板的方法

下面以1.5～6.0m预应力混凝土屋面板为例，说明构件选用方法。

1)选用方法

若板上只有均布荷载时，可直接按选用表中所给的允许外加均布荷载组合设计值进行选用。若板上有其他形式荷载作用时，应按实际情况计算。另外，用于厂房端部或伸缩缝处的屋面板、檐口板与一般屋面板、檐口板的承载力相同。屋面板、檐口板选用表详见表2-2。

2)算例

【例2-1】 某车间，采用卷材防水屋面，抗震设防烈度为8度，结构的重要性系数为1.0，屋面荷载为：

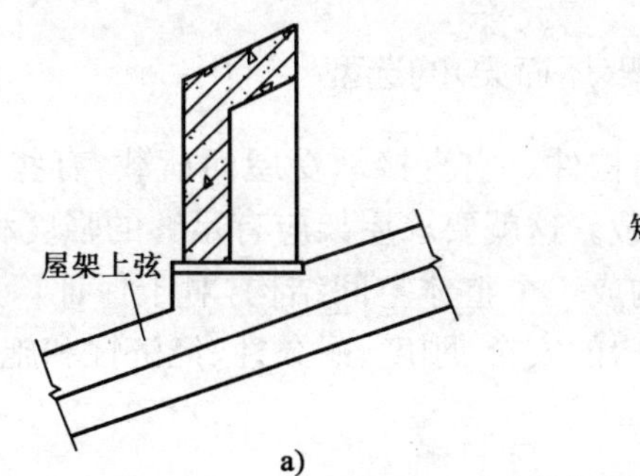

a)

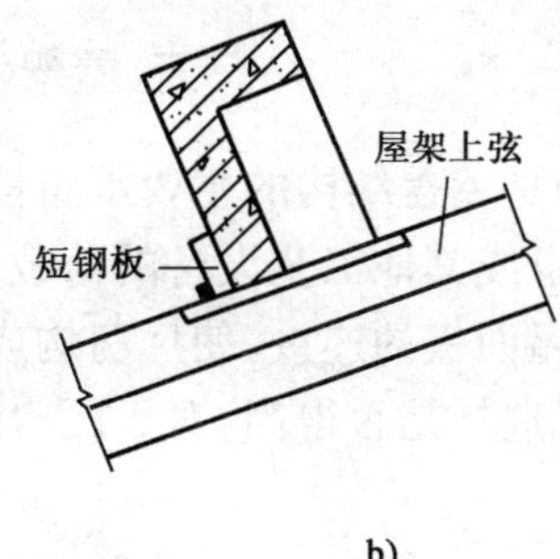

b)

图 2-21　正放檩条与斜放檩条

a)正放式檩条；b)斜放式檩条

三毡四油防水层上铺绿豆砂　　$G_{1k}=0.35\text{kN/m}^2$

80 厚泡沫混凝土保温层　　$G_{2k}=0.48\text{kN/m}^2$

20 厚水泥砂浆找平层　　$G_{3k}=0.40\text{kN/m}^2$

积灰荷载　　$Q_{1k}=0.5\times2\text{kN/m}^2$

活荷载　　$Q_{2k}=0.70\text{kN/m}^2$

根据以上荷载试选屋面板号。

解：荷载组合设计值为

$$q=1.2\times(0.35+0.48+0.40)+1.4\times(0.5\times2+0.7)=3.86\text{kN/m}^2$$

由此可知：选用 Y-WB-$3_{\mathrm{IV}8}$或 Y-WB-$3_{\mathrm{II}8}$。

屋面板、檐口板选用表　　表 2-2

板　　号		Y-WB-1_x	Y-WB-2_x	Y-WB-3_x	Y-WB-4_x	Y-WBT-1_x	Y-WBT-2_x
混凝土强度等级		C30				C40	
板自重(kN/m²)		1.4	1.4	1.4	1.4	1.4	1.4
灌缝重(kN/m²)		0.1	0.1	0.1	0.1	0.05	0.05
预应力钢筋种类与直径	冷拉Ⅱ级钢筋	Φ′14	Φ′16	Φ′18	Φ′20	Φ′20	Φ′22
	冷拉Ⅲ级钢筋	—	Φ′14	Φ′16	Φ′18	Φ′18	Φ′20
	冷拉Ⅳ级钢筋	—	Φ′12	Φ′14	Φ′16	Φ′16	Φ′18
允许外加均布荷载组合设计值[q](kN/m²)	冷拉Ⅱ级钢筋	1.99	3.10	4.37	5.77	3.17	4.17
	冷拉Ⅲ级钢筋	—	2.39	3.61	5.04	2.68	3.68
	冷拉Ⅳ级钢筋	—	2.46	3.95	5.67	*3.00	*3.95

注：①板编号：

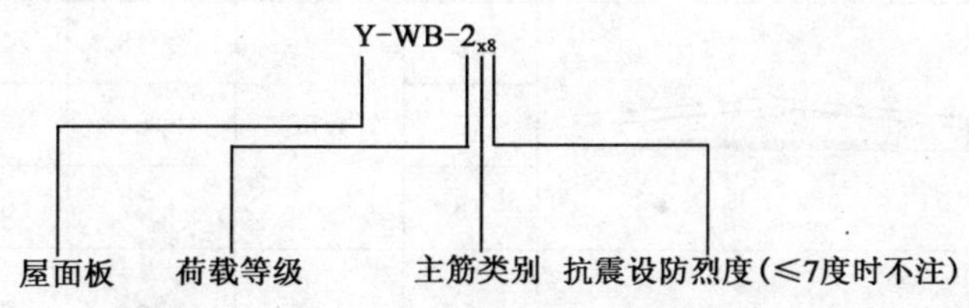

②选用时，应满足

$$q\leqslant[q]$$

$$q=\gamma_G G_k+\sum_{i=1}^{n}\gamma_{Qi}Q_{ik}$$

式中：q——外加均布荷载组合设计值；

G_k——永久荷载的标准值，不包括板自重及灌缝自重；

Q_{ik}——可变荷载的标准值。

③表中带 * 号者为纵肋裂缝宽度控制。

二、屋架(屋面梁)的选型

屋架(屋面梁)是屋盖结构的主要承重构件。它直接承受屋面荷载,有些厂房的屋架还要承受悬挂吊车、管道或其他工艺设备的荷载。这就要求屋架应有足够的强度和刚度。此外,屋架与柱的连接、与屋面板的连接,使厂房构成一个整体空间结构,对于保证厂房空间刚度起着重要的作用。屋架选择是否得当,对于厂房的安全、刚度、耐久性、经济性和施工速度有很大的影响。

1. 屋架形式

目前采用屋面梁和屋架的形式,经济指标、特点和适用条件列于表 2-3,仅供屋面梁和屋架选型时参考。屋面梁和屋架形式的选择,应根据厂房生产使用要求、跨度大小、吊车起重量及工作制、材料供应情况、施工条件以及当地使用经验等因素而定。根据国内工程实践经验,建议如下:

(1)厂房跨度不大于 15m 时:当吊车起重量不大于 10t,且无大的振动荷载时,可选用表 2-3 中序号 3～6;当吊车起重量大于 10t 时,宜选用序号 2 或 8。

(2)厂房跨度不小于 18m 时:一般宜选用表 2-3 中序号 9～11;对于冶金厂房的供热车间,宜选用序号 12;当跨度为 18m 时,也可选用序号 5 或 6(吊车起重量不大于 10t 时)或序号 2。对于采用井式天窗的厂房,一般宜选用序号 11 或 12。

(3)对于悬挂吊车多而复杂的车间,宜采用预应力混凝土屋面梁(序号 1 或 2)。

2. 屋架的选型方法

设计时,应首先确定屋架的形式,然后根据具体的设计条件从屋架标准图集中选用合适的屋架。

常用屋架和屋面梁(6m 柱距)　　表 2-3

序号	构件名称(通用图集号)	构件形式	跨度(m)	材料用量			特点及适用条件
				允许荷载 $\left(\frac{kN}{m^2}\right)$	混凝土 $\left(\frac{cm}{m^2}\right)$	钢材 $\left(\frac{kg}{m^2}\right)$	
1	预应力混凝土单坡屋面梁(G414)		9	4.50	2.13	2.83	高度小,重心低,侧向刚度好,施工方便,但自重大,经济指标较差;适用于有较大振动和腐蚀介质的厂房,屋面坡度 1/8～1/12
			12		2.32	4.96	
2	预应力混凝土双坡屋面梁(G414)		12	4.50	2.43	4.80	
			15		2.64	5.82	
			18		3.37	6.14	
3	钢筋混凝土两铰拱屋架(G310、CG313)		9	3.00	1.08	2.50	上弦为钢筋混凝土,下弦为角钢,自重较轻;适用于中、小型厂房,应防止下弦受压,屋面坡度;卷材防水 1/5,非卷材防水 1/4
			12		1.49	3.25	
			15		1.93	3.88	

续上表

序号	构件名称（通用图集号）	构件形式	跨度（m）	材料用量			特点及适用条件
				允许荷载 $\left(\frac{kN}{m^2}\right)$	混凝土 $\left(\frac{cm}{m^2}\right)$	钢材 $\left(\frac{kg}{m^2}\right)$	
4	钢筋混凝土三铰拱屋架（G312、CG313）		9	3.00	1.00	2.85	顶节点为铰接；上弦为钢筋混凝土，下弦为角钢，自重较轻；适用于中、小型厂房，应防止下弦受压，屋面坡度；卷材防水 1/5，非卷材防水 1/4
			12		1.29	3.51	
			15		1.60	3.80	
5	预应力混凝土三铰拱屋架（CG424）		9	3.00	0.68	2.04	上弦为先张法预应力，下弦为角钢，或上弦为钢筋混凝土，下弦为角钢；自重较轻；适用于中、小型厂房，应防止下弦受压，屋面坡度；卷材防水 1/5，非卷材防水 1/4
			12		1.01	2.60	
			15		1.21	3.38	
			18		1.49	4.09	
6	钢筋混凝土组合式屋架（CG315）		12	3.00	1.02	4.00	上弦及受压腹杆为钢筋混凝土，下弦及受拉腹杆为角钢，自重较轻；适用于中、轻型厂房，屋面坡度 1/4
			15		1.39	5.20	
			18		1.36	6.00	
7	钢筋混凝土三角形屋架（原 G145）		12	3.00	1.67	4.14	屋架上设檩条或挂瓦板，自重较大；适用于有檩体系中的中、小型厂房，屋面坡度 1/2～1/3
			15		1.89	4.00	
8	钢筋混凝土折线形屋架（G314）	1/5 1/15	15	3.50	2.03	4.92	外形较合理，屋面坡度合适；适用于卷材防水屋面的厂房
			18		2.00	5.76	
9	预应力混凝土折线形屋架（G415）（卷材防水）	1/5 1/15	18	4.00	2.24	4.43	外形较合理，屋面坡度合适；适用于卷材防水屋面的大、中型厂房
			21	3.50	2.70	5.10	
			24		2.86	5.47	
			27		3.00	6.00	
			30		4.14	6.15	
10	预应力混凝土折线形屋架（CG423）（非卷材防水）		18	3.50	1.71	3.80	外形较合理，自重较轻；适用于非卷材防水屋面的中型厂房，屋面坡度 1/4
			21		2.10	4.46	
			24		2.30	5.04	

续上表

序号	构件名称（通用图集号）	构件形式	跨度（m）	材料用量 允许荷载 $\left(\frac{kN}{m^2}\right)$	混凝土 $\left(\frac{cm}{m^2}\right)$	钢材 $\left(\frac{kg}{m^2}\right)$	特点及适用条件
11	预应力混凝土梯形屋架（CG417）		18～30	3.50	2.50	5.10	自重较大、刚度好；适用于卷材防水屋面的高温及采用井式或横向天窗的中、重型厂房，屋面坡度1/10～1/12
12	预应力混凝土直腹杆屋架		15～36	2.50	2.19	4.69	构造较简单，但端部坡度较陡；适用于采用井式或横向天窗的厂房

注：①图集号中加"原"字者系1966年编制的图集；

②预应力构件钢材用量均按冷拉Ⅳ级钢筋方案。

1）确定屋架形式

确定屋架形式主要从以下几个方面考虑：

（1）屋面荷载情况——屋面板和天窗架集中荷载位置、屋面构造层的做法等。

（2）工艺和建筑设计的要求——跨度、下弦高程、吊车吨位和振动情况、有无悬挂吊车或工艺设备、有无天窗及天窗的做法、屋面排水坡度、有无天沟及天沟的做法等。

（3）施工条件和材料供应情况——预应力设备、吊装能力、焊接技术、构件制作水平、运输能力等。

（4）各种屋架的适用范围和技术经济指标。

屋架是厂房结构的一个重要组成部分，屋架选型的合理与否直接关系到厂房屋盖结构的刚度和稳定性。因此，选择屋架不仅要从以上几方面考虑，而且还要把屋架与其他构件联系起来，作为一个结构整体，进行全面的、综合的技术经济比较，才能确定合理的屋架形式。

2）确定屋架型号

确定屋架形式后，便可查阅有关屋架标准图集。根据槽口形状、有无天窗、天窗类别、屋面荷载设计值、抗震设防烈度、端壁板等情况，按屋架标准图集的相关表格选用屋架型号。

三、柱的选型

1.柱的截面形式

单层厂房柱的形式很多，目前常用的有实腹矩形柱、工字形柱、双肢柱、管柱等，如图2-22所示。

（1）实腹矩形柱的外形简单，施工方便，但混凝土用量多，经济指标较差。

（2）工字形柱的材料利用比较合理，目前在单层厂房中应用广泛，但其混凝土用量比双肢柱多，特别是当截面尺寸较大（如截面高度 $h \geqslant 1600$mm）时更是如此，同时自重大，施工吊装也较困难，因此使用范围也受到一定限制。

（3）双肢柱有平腹杆和斜腹杆两种。前者构造较简单，制作也较方便，在一般情况下受力合理，而且腹部整齐的矩形孔洞便于布置工艺管道。当承受较大水平荷载时宜采用具有桁架受力特点的斜腹杆双肢柱。但其施工制作比较复杂，若采用预制腹杆则制作条件将得到改善。双肢柱与工字形柱相比较，混凝土用量少，自重较轻，柱高大时尤为显著，但其整体刚度差些，钢筋构造也较复杂，用钢量稍多。

(4)管柱可分为圆管和方管混凝土柱，以及钢管混凝土柱三种。前两种采用离心法生产，质量好，自重轻，但受高速离心制管机的限制，且节点构造复杂；后一种利用方钢管或圆钢管内浇膨胀混凝土后，可形成自应力(预应力)钢管混凝土柱，可承受较大的荷载作用，是 20 世纪 90 年代工业厂房中柱的一项改革。

单层厂房中柱的形式虽然很多，但在同一工程中，柱形及规格宜统一，以便为施工创造有利的条件。通常应根据有无吊车、吊车规格、柱高和柱距等因素，做到受力合理、模板简单、节约材料、维护方便；同时，要因地制宜，考虑制作、运输、吊装及材料供应等具体情况，根据工程经验，一般可按柱截面高度确定柱的截面形式：

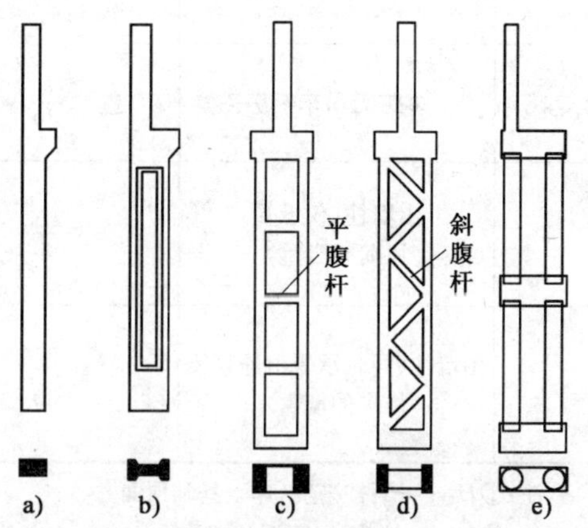

图 2-22 柱的形式

a)矩形截面柱；b)I 字形柱；c)平腹杆双肢柱；d)斜腹杆双肢柱；e)管柱

当 $h \leqslant 600$mm 时，宜采用矩形截面；

当 $h = 600 \sim 800$mm 时，采用工字形或矩形；

当 $h = 900 \sim 1400$mm 时，宜采用工字形；

当 $h > 1400$mm 时，宜采用双肢柱。

对设有悬臂吊车的柱宜采用矩形柱；对易受撞击及设有并行吊车的柱宜采用矩形柱或腹板厚度≥120mm、翼缘高度≥150mm 的工字形柱，当采用双肢柱时，则在安装并行吊车的局部区段宜做成实腹柱。

实践表明，矩形、工字形和斜腹杆双肢柱的侧移刚度和受剪承载力都较大，因此《建筑抗震设计规范》(GB 50011—2010)规定，当抗震设防烈度为 8 度和 9 度时，厂房宜采用矩形，工字形截面和斜腹杆双肢柱，不宜采用薄壁工字形柱、腹板开孔柱、预制腹板的工字形柱和管柱；柱底至室内地坪以上 500mm 范围内和阶形柱的上柱宜采用矩形截面。

2. 柱的截面尺寸

确定柱截面尺寸，除了满足结构承载力要求外，还必须保证有足够的刚度，以免造成厂房横向和纵向变形过大，发生吊车轮和轨道的过早磨损，影响吊车正常运行；或导致墙及屋盖发生裂缝，影响厂房的正常使用。根据刚度要求，对于 6m 柱距和露天吊车栈桥柱的截面尺寸，可参考表 2-4 确定。

6m 柱距单层厂房矩形、工字形截面柱的截面尺寸限制 表 2-4

项次	柱的类型	截面尺寸			
		b	h		
			$Q \leqslant 10$	$10 < Q < 30$	$30 \leqslant Q \leqslant 50$
1	有吊车厂房下柱	$\geqslant \frac{H_t}{25}$	$\geqslant \frac{H_t}{14}$	$\geqslant \frac{H_t}{12}$	$\geqslant \frac{H_t}{10}$

续上表

项次	柱的类型	截面尺寸			
		b	h		
			$Q \leqslant 10$	$10 < Q < 30$	$30 \leqslant Q \leqslant 50$
2	露天吊车柱	$\geqslant \frac{H_t}{25}$	$\geqslant \frac{H_t}{10}$	$\geqslant \frac{H_t}{8}$	$\geqslant \frac{H_t}{7}$
3	单跨无吊车厂房	$\geqslant \frac{H}{30}$	$\geqslant \frac{1.5H}{25}$		
4	多跨无吊车厂房	$\geqslant \frac{H}{30}$	$\geqslant \frac{1.25H}{25}$		
5	山墙柱(仅承受风荷载自重)	$\geqslant \frac{H_h}{40}$	$\geqslant \frac{H_t}{25}$		
6	山墙柱(同时承受由连系梁传来的墙重)	$\geqslant \frac{H_h}{30}$	$\geqslant \frac{H_t}{25}$		

注:①H_t——下柱高度(算至基础顶面);

②H——柱全高(算至基础顶面);

③H_h——山墙抗风柱从基础顶面至柱平面处(柱宽方向)支撑点的高度。

一般情况下,当矩形、工字形截面柱尺寸满足表 2-4 要求时,就可认为厂房的横向刚度已得到保证,不必验算它的横向水平位移值,但在某些情况下,例如吊车吨位较大时,为安全起见,尚需对横向水平位移进行验算。

根据设计经验,将单层厂房柱常用的截面形式及尺寸列于表 2-5 和表 2-6,可供设计时参考。

厂房柱截面形式和尺寸参考(中级工作制吊车) 表 2-5

吊车起重量(t)	轨顶高度(m)	6m 柱距(边柱)		6m 柱距(中柱)		6m 柱距(中柱)	
		上柱(mm)	下柱(mm)	上柱(mm)	下柱(mm)	上柱(mm)	下柱(mm)
≤5	6～8	□400×400	I 400×600×100	□400×400	I 400×600×100	□400×500	I 400×1 000×150
10	8	□400×400	I 400×700×100	□400×600	I 400×800×150	□500×600	I 500×1 000×200
	10	□400×400	I 400×800×150	□400×600	I 400×800×150	□500×600	I 500×1 000×200
15～20	8	□400×400	I 400×800×150	□400×600	I 400×800×150	□500×600	I 500×1 200×200
	10	□400×400	I 400×900×150	□400×600	I 400×1 000×150	□500×600	I 500×1 200×200
	12	□400×400	I 500×1 000×200	□500×600	I 500×1 200×200	□500×600	I 500×1 400×200

续上表

吊车起重量(t)	轨顶高度(m)	6m柱距(边柱)		6m柱距(中柱)		6m柱距(中柱)	
		上柱(mm)	下柱(mm)	上柱(mm)	下柱(mm)	上柱(mm)	下柱(mm)
30	8	□400×400	I 400×1 000×150	□400×600	I 400×1 000×150	□500×700	I 500×1 400×200
	10	□400×500	I 400×1 000×150	□500×600	I 500×1 200×200	□500×700	I 500×1 400×200
	12	□500×500	I 500×1 000×200	□500×600	I 500×1 200×200	□500×700	双 500×1 600×300
	14	□600×500	I 600×1 200×200	□600×600	I 600×1 200×200	□600×700	双 600×1 600×300
50	10	□500×500	I 500×1 200×200	□500×700	双 500×1 600×300	□600×700	双 600×1 800×300
	12	□500×500	I 500×1 400×200	□500×700	双 500×1 600×300	□600×700	双 600×1 800×300
	14	□600×600	I 600×1 400×200	□600×700	双 600×1 800×300	□600×700	双 600×2 000×300

从国家建筑标准图集中选用柱时，首先应根据使用条件确定选用表；其次应根据跨度、吊车起重量及牛腿高程、有无天窗查相应的排架选用表得到排架号；最后根据查得的排架号查相应的柱选用表求得柱模板号及配筋型号。

四、基础和基础梁的选型

基础承受厂房上部结构传来的全部荷载，并将它们扩散后传到地基中，起到承上启下的作用。单层厂房采用的预制柱基础，常为杯口基础。当柱下基础与设备基础或地坑发生冲突，或地质条件差等原因，需要深埋基础时，为不使预制柱过长，且能与其他柱长一致，可做成高杯口基础。

在上部结构荷载大、地质条件差，对地基不均匀沉降要求严格控制的厂房中，可采用桩基础，它由桩和承台两部分组成。

单层厂房承重结构为钢筋混凝土排架(或钢框架)，故将厂房的外墙设计成自承重墙。一般情况下，将自承重墙砌筑在基础梁上，基础梁两端搁在柱基础杯口上。如柱基础埋置深度较大时，基础梁可搁在基础杯口顶加设的混凝土垫块上。

选用标准基础梁的型号时，根据墙的部位(如柱外、柱间、纵墙或山墙中间跨、边跨等位置)、柱距(一般为 6m，山墙柱距也有 4.5m)，即梁长、墙高、墙面类型(整体的、有洞或有门的)以及墙厚(370mm 或 240mm)等条件直接选出，并应满足型号的允许承载力以及墙洞的限制条件。

五、吊车梁的选型

吊车梁直接承受吊车传来的竖向荷载和水平制动力，由于吊车往返运行，因此吊车梁除了要满足承载力、抗裂度和刚度要求外，还要满足疲劳强度的要求。同时，吊车梁沿厂房纵向布置，对于传递厂房纵向荷载(如山墙风荷载等)和加强厂房的纵向刚度，连接厂房的各个横向平面排架，保证厂房结构的空间工作，起着重要的作用。因此，应足够重视吊车梁的选型、设计和施工。

钢筋混凝土吊车梁的形式很多，表 2-7 列出了常用的吊车梁的形式及适用范围。进行厂房结构设计时，应根据工艺要求和吊车的特点，结合当地的施工技术条件和材料供应情况，对几种可能的吊车梁形式进行全面的技术经济比较，选定合理的吊车梁形式。

厂房柱截面形式和尺寸参考(重级工作制吊车) 表 2-6

吊车起重量(t)	轨顶高度(m)	6m 柱距(边柱)		6m 柱距(中柱)		6m 柱距(中柱)	
		上柱(mm)	下柱(mm)	上柱(mm)	下柱(mm)	上柱(mm)	下柱(mm)
≤5	6~8	□400×400	I 400×600×100	□400×500	I 400×800×150	□500×600	I 500×1 000×200
10	8	□400×400	I 400×800×150	□400×600	I 400×800×150	□500×600	I 500×1 000×200
	10	□400×400	I 400×800×150	□400×600	I 400×800×150	□500×600	I 500×1 000×200
15~20	8	□400×400	I 400×800×150	□400×600	I 400×1 000×150	□500×600	I 500×1 200×200
	10	□500×500	I 500×1 000×200	□500×600	I 500×1 000×200	□500×600	I 500×1 200×200
	12	□500×500	I 500×1 000×200	□500×600	I 500×1 000×200	□500×600	I 500×1 400×200
30	10	□500×500	I 500×1 200×200	□500×600	I 500×1 200×200	□500×700	I 500×1 400×200
	12	□500×500	I 500×1 200×200	□500×600	I 500×1 400×200	□500×700	双 500×1 600×300
	14	□600×600	I 600×1 400×200	□600×700	I 600×1 400×200	□600×700	双 600×1 600×300
50	10	□500×500	I 500×1 200×200	□500×700	双 500×1 600×300	双 600×1 000×250	双 600×2 000×400
	12	□500×600	I 500×1 400×200	□600×700	双 500×1 600×300	双 600×1 000×250	双 600×2 200×400
	14	□600×600	双 600×1 600×300	□600×700	双 600×1 800×300	双 600×1 000×250	双 700×2 400×400
75	12	双 600×1 600×250	双 600×1 800×300	双 600×1 000×300	双 600×2 200×350	双 600×1 000×300	双 600×2 200×400
	14	双 600×1 000×250	双 600×1 800×300	双 600×1 000×300	双 600×2 200×350	双 600×1 000×300	双 600×2 200×400
	16	双 700×1 000×250	双 700×2 000×350	双 700×1 000×300	双 700×2 200×350	双 700×1 000×300	双 700×2 400×400
100	12	双 600×1 000×250	双 600×1 800×300	双 600×1 000×300	双 600×2 400×250	双 600×1 000×300	双 600×2 400×400
	14	双 600×1 000×250	双 600×2 000×350	双 600×1 000×300	双 600×2 400×350	双 600×1 000×300	双 600×2 400×400
	16	双 700×1 000×300	双 700×2 200×400	双 700×1 000×300	双 700×2 400×400	双 700×1 000×300	双 700×2 400×400

选定吊车梁的形式后，就可以根据吊车工作制、吊车跨度、吊车起重量和吊车台数从相应的标准图集中，选定符合设计要求的吊车梁型号。

常用吊车梁表

表 2-7

序号	构件名称	跨度	适用起重量(t)	形状示意(mm)
1	钢筋混凝土吊车梁(厚腹)	6m	轻级：3～50 中级：3～30 重级：5～20	200～300　600～1000
2	钢筋混凝土吊车梁(薄腹)	6m	轻级：3～50 中级：3～30 重级：5～20	120～180　600～1200
3	组合式轻型吊车梁	4m、6m	轻、中级：≤5	A　A　A—A
4	组合式吊车梁	6m、12m	轻、中级：≤5	A　A　A—A　A　A
5	先张预应力混凝土等截面吊车梁	6m	轻级：5～125 中级：5～75 重级：5～50	
6	后张预应力混凝土等截面吊车梁	6m	轻级：15～100 中级：5～100 重级：5～50	
7	后张预应力混凝土鱼腹式吊车梁	6m	中级：15～125 重级：10～100	
8	后张预应力混凝土鱼腹式吊车梁	12m	中级：5～100 重级：5～50	
9	部分预应力(先张)混凝土吊车梁	6m	轻、中级：≤30	

第四节　排架内力分析与计算

单层厂房排架结构实际上是空间结构，为了方便，可简化为平面结构进行计算。在横向(跨度方向)按横向平面排架计算，在纵向(柱距方向)按纵向平面排架计算，并且近似地认为：各个横向平面排架之间以及各个纵向平面排架之间都是互不影响、各自独立工作的。纵向平面排架是由柱列、基础、连系梁、吊车梁和柱间支撑等组成。由于纵向平面排架的柱较多，抗侧刚度较大，每根柱承受的水平力不大，因此往往不必计算，仅当抗侧刚度较差、柱较少、需要考虑水平地震作用或温度应力时才进行计算。所以本节讲的排架计算是指横向平面排架而言。

排架计算是为柱和基础设计提供内力数据,主要内容为:确定计算简图、荷载计算、柱控制截面的内力分析和内力组合。必要时,还应验算排架的水平位移值。

一、计 算 单 元

通过相邻纵向柱距的中心线取出有代表性的一段作为整个结构的横向平面排架的计算单元,如图 2-23 中的阴影部分所示。除吊车等移动荷载以外,阴影部分就是排架的负荷范围(称为从属面积)。作用在计算单元上的荷载由该单元内的横向排架承担。对作用于厂房中的吊车荷载,由于它不可能在厂房中的所有排架上同时出现,所以不能按计算单元的阴影面积来考虑,吊车荷载是通过吊车梁与柱的连接传递到排架上的,因此,作用在排架上的吊车荷载,应根据与该排架相连的两边吊车梁传给柱子的荷载来计算。

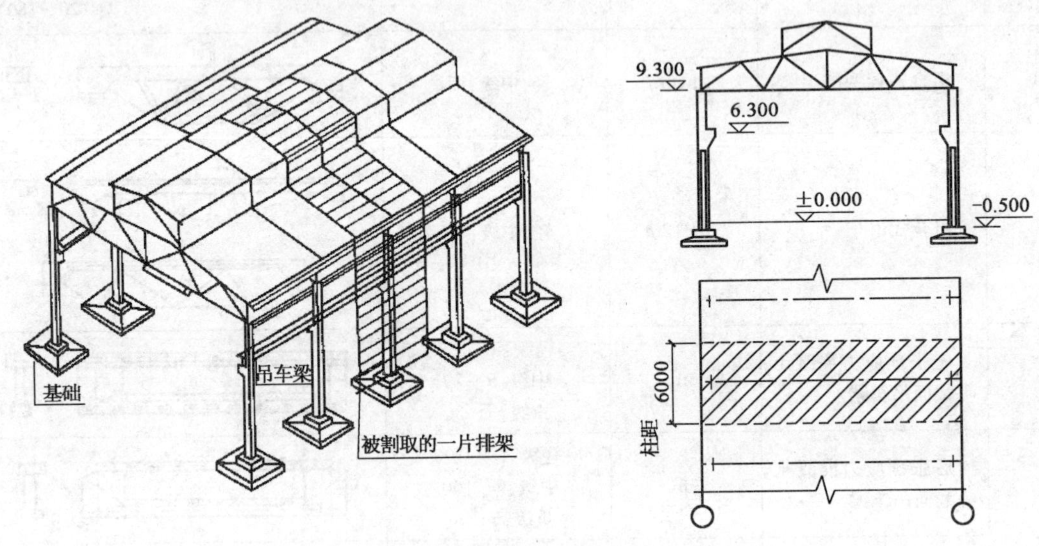

图 2-23 计算单元的选取(尺寸单位:mm)

二、计 算 假 定

计算假定如下:

(1)柱上端与屋架(或屋面梁)铰接。屋架或屋面大梁与柱顶连接处,仅用预埋钢板焊牢,它抵抗转动的能力很小,计算中只考虑传递垂直力和水平剪力,故可按铰结考虑。

(2)柱下端与基础固结。将预制柱插入基础杯口一定深度,并用高强度等级的细石混凝土浇筑密实,因此,排架柱与基础连接处可按固定端考虑。固定端位于基础顶面。

(3)排架横梁为无轴向变形的刚杆,横梁两端处柱的水平位移相等。对一般钢筋混凝土屋架或预应力混凝土屋架,下弦刚度较大,这个假定是适用的。如果横梁采用下弦刚度较小的钢筋混凝土组合式屋架或两铰、三铰拱屋架时,应考虑横梁轴向变形对排架内力的影响。

(4)排架柱的高度由固定端算至柱顶铰结点处。排架柱的轴线为柱的几何中心线。当柱为变截面柱时,排架柱的轴线为一折线,如图 2-24a)、b)所示。由图 2-24b)变为图 2-24c),只需在柱的变截面处增加一个弯矩,其值等于柱传下的竖向力乘以上、下柱几何中心线的间距 e。

根据以上几条假定,铰接排架的计算简图如图 2-24c)所示。

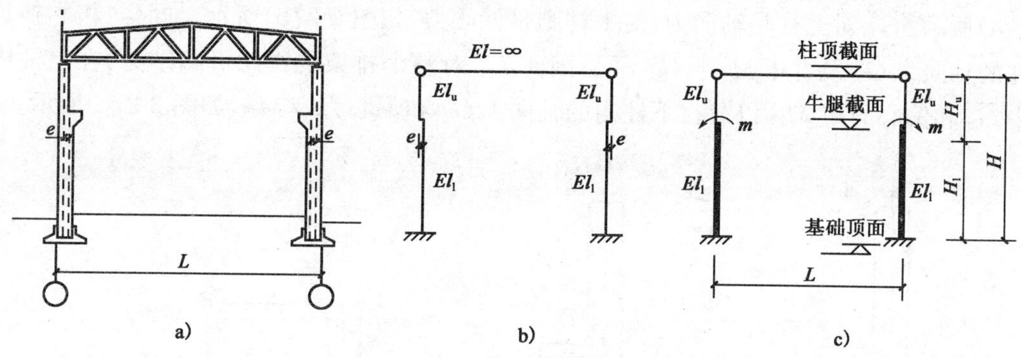

图 2-24　计算简图

a)排架结构；b)几何图；c)受力图

在计算简图中，以竖线代表柱的轴线，横线代表屋架（横梁）下缘，连接于柱顶。柱上端与屋架（梁）铰接，下端与基础顶面固定。

柱总高(H)＝柱顶高程＋室内外高差＋0.5(m)

上柱高(H_u)＝柱顶高程－轨顶高程＋轨道构造高度＋吊车梁支承处梁高

下柱高(H_l)＝柱总高(H)－上柱高(H_u)

上下柱断面的惯性矩分别为 I_u、I_l（在计算时可用相对值）。排架的跨度 L 应为下柱重心线间的距离，取排架柱的轴线间距（引起排架的内力计算误差极小）。

三、荷 载 计 算

作用在排架上的荷载分为永久荷载和可变荷载两类。永久荷载一般包括屋盖自重 G_1、上柱自重 G_2、下柱自重 G_3、吊车梁和轨道零件自重 G_4 以及有时支承在柱牛腿上的围护结构等自重 G_5。可变荷载一般包括屋面活荷载 Q_1，吊车竖向荷载 D_{max}、D_{min}，吊车横向水平荷载 T_{max}，均布风荷载 q 以及作用在屋盖支承处的集中风荷载 F_w 等，如图 2-25 所示。

1. 永久荷载

1)屋盖自重 G_1

屋盖自重包括屋面构造层、屋面板、天沟板、天窗架、屋架、屋盖支撑以及与屋架连接的设备管道（如室内落水管自重等）。这些荷载的总和 G_1 通过屋架的支承点作用于柱顶，作用点位于厂房定位轴线内侧 150mm 处，如图 2-26 所示。将 G_1 换算成轴向力 $\overline{G_1}$ 和力矩 $M_1=G_1e_1$，如

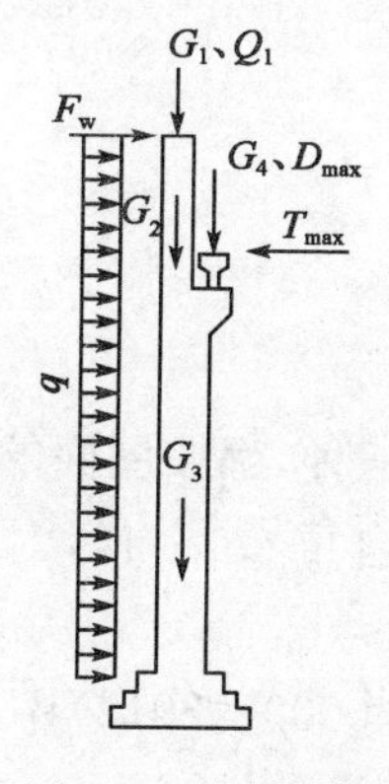

图 2-25　柱上荷载

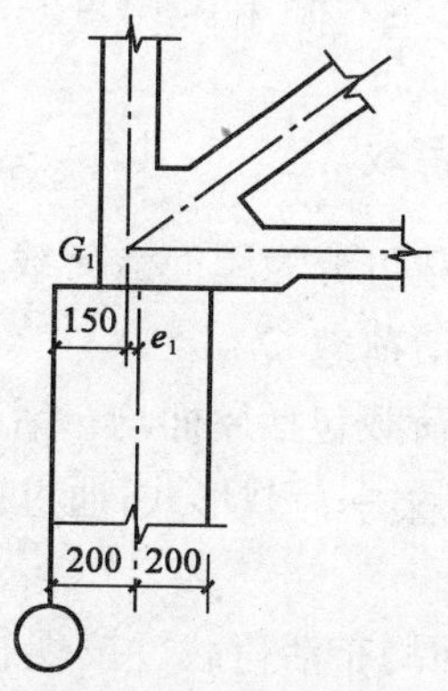

图 2-26　屋架自重作用点（尺寸单位：mm）

图 2-27a)所示。$\overline{G_1'}$ 对上柱是轴向力，对下柱则是偏心力，如图 2-27b)所示。同样，将它换算成对下柱的轴向力 $\overline{G_1'}$ 及力矩 $M'_1=\overline{G_1'}e_2$。因此，G_1 对整个排架的作用可归纳为：在上柱内的轴向力 $\overline{G_1}$ 和偏心力矩 M_1，以及在下柱内的轴向力 $\overline{G_1'}$ 和偏心力矩 M_1'，如图 2-27c)所示。

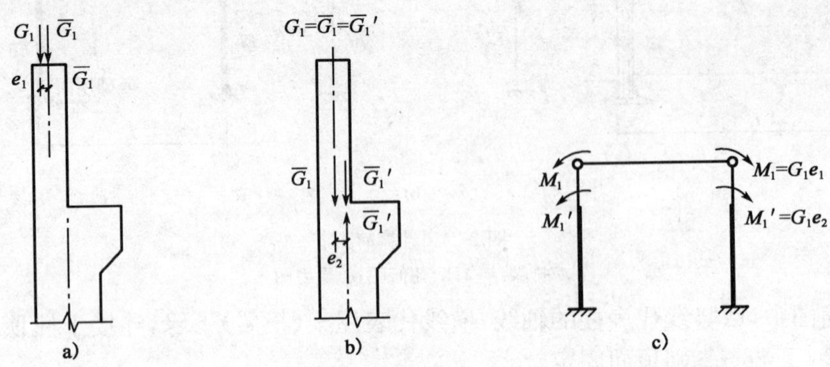

图 2-27　竖向偏心力的换算

a)上柱力作用图；b)下柱等效力作用图；c)等效力矩作用图

2)上柱自重 G_2

上柱自重 G_2 对下柱的偏心距为 e_2，如图 2-28 所示，则 G_2 对下柱的偏心力矩 $M_2'=G_2e_2$。

3)下柱自重 G_3

下柱自重 G_3(包括牛腿自重)作用于下柱底，与下部柱中心线相重合。

4)吊车梁及轨道等处自重 G_4

吊车梁及轨道自重 G_4 的作用线与吊车梁轨道中心线相重合，G_4 对下柱截面中心线的偏心距为 e_4，偏心力矩为 $M_4'=G_4e_4$。

当 G_1、G_2、G_3、G_4 联合作用时，需进行排架内力分析的计算简图，如图 2-29 所示，图中 $M_2=M'_1+M'_2-M'_3$。

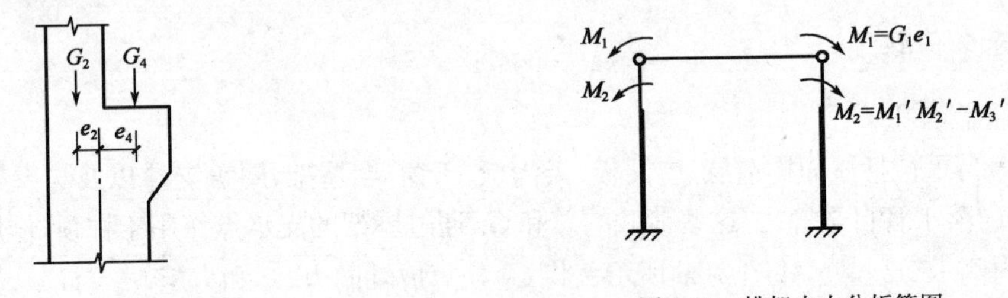

图 2-28　柱自重作用点

图 2-29　排架内力分析简图

2. 可变荷载

可变荷载可分为屋面活荷载、吊车荷载和风荷载三部分。

1)屋面活荷载 Q_1

屋面活荷载包括屋面均布活荷载、雪荷载和屋面积灰荷载三种，都按屋面的水平投影面积计算。Q_1 以集中荷载形式，通过屋架支点作用于柱顶，与屋面自重 G_1 一样，对柱顶截面中心存在偏心距。

(1)屋面均布活荷载。按现行《建筑结构荷载规范》(GB 50009—2012)中的表 4.3.1 采用。对不上人屋面，当施加荷载较大时，应按实际情况采用。

(2)雪荷载。作用在建筑物或构筑物顶面上计算用的雪压，称为雪荷载。按照《建筑结构荷载规范》(GB 50009—2012)屋面水平投影面积的雪荷载标准值按下式计算：

$$s_k = \mu_r s_0 \tag{2-1}$$

式中：s_k——雪荷载标准值，kN/m²；

μ_r——屋面积雪分布系数，应根据不同类型的屋顶形式，按《建筑结构荷载规范》(GB 50009—2012)中表 6.2.1 采用；排架计算时，可近似按积雪全跨均匀分布考虑，取 $\mu_r=1$；

s_0——基本雪压，kN/m²，它是以当地一般空旷平坦地面上统计所得 50 年一遇最大积雪的自重确定的。各地的基本雪压应按《荷载规范》中的全国基本雪压分布图确定。

山区的基本雪压应通过实际调查后确定。如无实际资料时，可按当地邻近空旷平坦地面的基本雪压值乘以系数 1.2 采用。

(3)屋面积灰荷载。设计生产中有大量排灰的厂房及其邻近建筑物时，应考虑积灰荷载。对于具有一定除尘设施和保证清灰制度的机械、冶金、水泥厂的厂房屋面，其水平投影面积上的屋面积灰荷载应分别按《建筑结构荷载规范》(GB 50009—2012)中表 4.4.1-1 和表 4.4.1-2 采用；对于屋面上易形成灰堆处，在设计屋面板、檩条时，积灰荷载标准值可乘以下列增大系数：在高低跨处两倍于屋面高差但不大于 6m 的分布宽度内取 2.0，在天沟处不大于 3m 的分布宽度内取 1.4。

排架计算时，屋面均布活荷载不与雪荷载同时考虑，仅取两者中的较大值。屋面积灰荷载应与雪荷载和屋面均布活荷载两者中的大值同时考虑。

屋面均布活荷载、雪荷载、屋面积灰荷载的荷载分项系数 $\gamma_Q=1.4$。

2)吊车荷载

在计算吊车荷载时，根据吊车达到其额定值的频繁程度，将吊车工作的荷载状态分为 $A_1 \sim A_8$ 级。一般满载机会少，运行速度低以及不需要紧张而繁重工作的场所，如水电站、机械检修站等的吊车属于轻级荷载状态；机械加工车间和装配车间的吊车属于中级荷载状态；冶炼车间和直接参加连续生产的吊车属于重级或超重级荷载状态。桥式吊车对排架的作用有竖向荷载 D_{max}(或 D_{min})和横向水平荷载 T_{max} 及纵向水平荷载 T_0。

(1)吊车竖向荷载设计值 D_{max}(或 D_{min})。桥式吊车由大车(桥架)和小车组成，大车在吊车梁的轨道上沿厂房纵向行驶，小车在大车桥架的轨道上沿横向左右运行；带有吊钩的起重卷扬机安装在小车上。当小车吊有额定起重量 Q 开到大车某一极限位置时，如图 2-30 所示。在这一侧的每个大车的轮压称为吊车的最大轮压标准值 $P_{max,k}$(标准值)，在另一侧的轮压称为最小轮压标准值 $P_{min,k}$、$P_{max,k}$ 与 $P_{min,k}$ 同时发生。计算吊车轮压施加于排架柱的荷载时应考虑数台吊车的不利组合：对于单跨厂房的一榀排架，最多考虑 2 台吊车；对于多跨厂房的一榀排架，最多考虑 4 台吊车。

$P_{max,k}$ 可根据吊车型号、规格等查阅产品目录或《起重机基本参数和尺寸系列》(ZQ1—62～8～62)。对于四轮吊车：

$$P_{max,k} = \frac{G_{1,k}+G_{2,k}+G_{3,k}}{2} - P_{min,k} \tag{2-2}$$

式中：$G_{1,k}$、$G_{2,k}$——分别为大车、小车的自重标准值，以 kN 计，等于各自的质量与重力加速度的乘积；

$G_{3,k}$——吊车额定起重量 Q 对应的重力标准值，以 kN 计；

吊车最大轮压设计值 P_{max} 和最小轮压设计值 P_{min} 可按下列公式计算：

$$P_{max} = 1.4P_{max,k}$$

$$P_{min} = 1.4P_{min,k} \tag{2-3}$$

吊车是移动的，故作用于每榀排架上的吊车竖向荷载组合值需应用影响线原理求出。作用在厂房排架上的吊车竖向荷载的组合值不仅与吊车台数有关，而且与各吊车沿厂房纵向运行所处位置有关。当两台吊车满载并行，其中一台的一个轮子正好位于计算排架柱上，另一台吊车与它紧靠在一起的时候，传给该排架柱上的压力为最大，用 D_{max} 表示，如图 2-30 所示。当一边柱子承受由 P_{max} 产生的最大竖向荷载 D_{max} 时，另一边相应柱子承受由 P_{min} 产生的最小竖向荷载 D_{min}，D_{max} 和 D_{min} 即为作用在排架柱上的吊车竖向荷载，两者同时出现。利用如图 2-31 所示的简支吊车梁支座反力影响线，D_{max} 和 D_{min} 按下式计算

$$\left.\begin{aligned} D_{max} &= \beta P_{max}\sum y_i \\ D_{min} &= \beta P_{min}\sum y_i = D_{max}\frac{P_{min}}{P_{max}} \end{aligned}\right\} \tag{2-4}$$

式中：$\sum y_i$——各大车轮下影响线竖标的总和；

β——多台吊车的荷载折减系数，按表 2-8 查得；对于单台吊车，取 $\beta=1.0$。

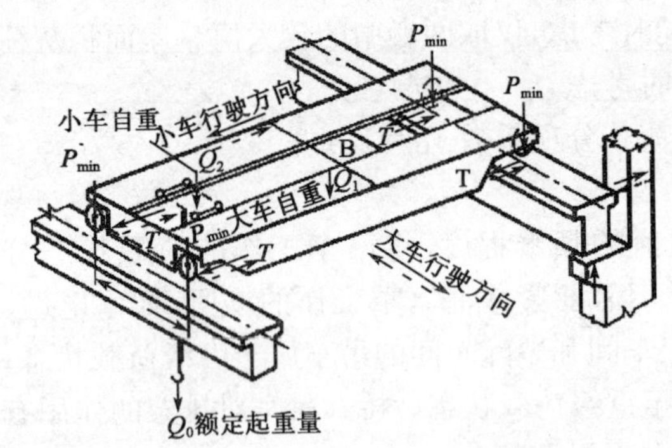

图 2-30 产生 P_{max}、P_{min} 时的小车位置

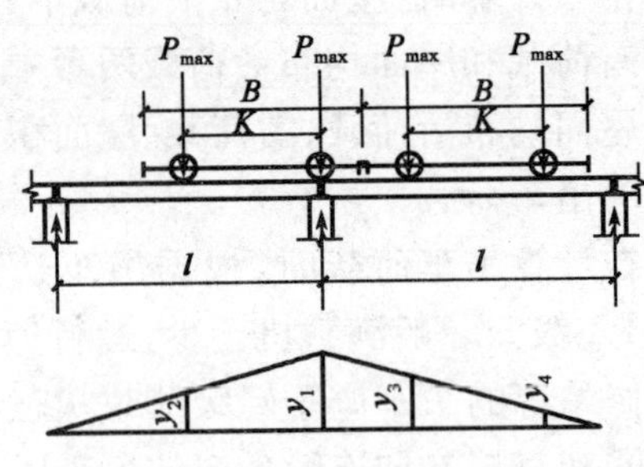

图 2-31 简支梁的支座反力影响线

多台吊车的荷载折减系数 表 2-8

参与组合的吊车台数	吊车载荷状态等级	
	轻级和中级	重级和特重级
2	0.9	0.95
3	0.85	0.90
4	0.8	0.85

注：对于多层吊车的单跨或多跨厂房，计算排架时，参与组合的吊车台数及荷载的折减系数，应按实际情况考虑。

由于 D_{max} 可以发生在左柱，也可以发生在右柱，因此，在 D_{max}、D_{min} 作用下单跨排架的计算应考虑如图 2-32 所示的两种情况。

D_{max}、D_{min} 对下柱都是偏心压力，如前所述，应把它们换算成作用在下柱顶面的轴心压力和弯矩，两者对下柱的偏心力矩分别为

$$M_{max} = D_{max}e_4 \qquad M_{min} = D_{min}e_4 \tag{2-5}$$

式中：e_4——吊车梁支座钢垫板的中心线至下柱轴线的距离。

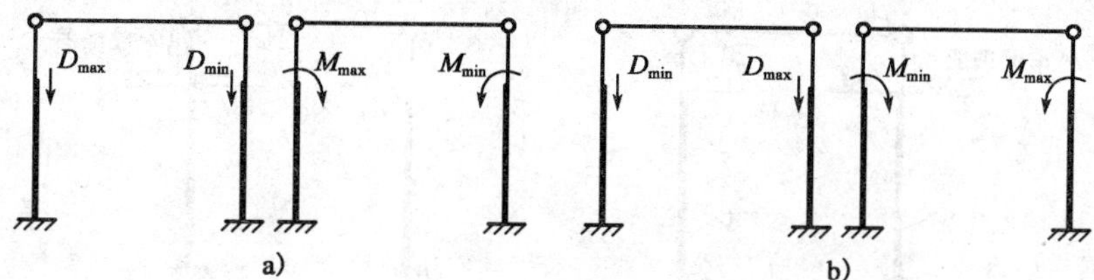

图 2-32 D_{max}、D_{min}作用下单跨排架的两种荷载情况

a)D_{max}作用于左柱；b)D_{max}作用于右柱

(2)吊车横向水平荷载设计值 T_{max}。桥式吊车的小车起吊重物后，在启动或刹车时将产生惯性力，即横向水平制动力。横向水平制动力先通过小车两侧的轮子与桥架上轨道之间的摩擦力传给大车，再通过大车两侧车轮与吊车梁顶钢轨间的摩擦传给排架柱。实测结果表明：小车制动力可近似考虑由支承吊车的两侧排架柱各负担一半。

吊车横向水平制动力作用在吊车的竖向轮压处。《建筑结构荷载规范》(GB 50009—2012)规定：在计算考虑多台吊车横向水平荷载作用时，对单跨或多跨厂房的每个排架，参与组合的吊车台数不应多于 2 台。

通常起重量 $Q\leqslant 50\text{t}$ 的桥式吊车，其大车总轮数为 4，即每一侧的轮数为 2。因此，通过一个大车轮传递的吊车横向水平荷载标准值 T_k，按下式计算

$$T_k = \frac{1}{4}\alpha(G_{2,k} + G_{3,k}) \tag{2-6}$$

吊车在排架柱上产生最大横向水平荷载标准值 $T_{max,k}$时的吊车位置与产生 D_{max}、D_{min} 相同。因此，排架柱所受的最大横向水平荷载标准值 $T_{max,k}$可由下式求得

$$T_{max,k} = \beta T_k \sum y_i$$

或

$$T_{max,k} = T_k \frac{D_{max}}{p_{max}} = \frac{1}{4}\alpha\beta(G_{2,k} + G_{3,k})\sum y_i \tag{2-7}$$

式中：α ——横向水平荷载系数(或小车制动力系数)，对软钩吊车：当 $Q\leqslant 10\text{t}$ 时，$\alpha=0.12$；当 $Q=16\sim 50\text{t}$ 时，$\alpha=0.10$，当 $Q\geqslant 75\text{t}$ 时，$\alpha=0.080$；中间取插值。对硬钩吊车：$\alpha=0.20$。

软钩吊车是指吊重通过钢丝绳传给小车的常见吊车，硬钩吊车是指吊重通过刚性结构，如夹钳、料耙等传给小车的特种吊车。硬钩吊车工作频繁，运行速度高，小车附设的刚性悬臂结构使吊重不能自由摆动，以致刹车时产生的横向水平惯性力较大，并且硬钩吊车的卡轨现象也较严重，因此硬钩吊车的横向水平荷载系数取得较高。

必须注意，由于小车是沿横向左、右运行，有左、右两种制动情况。因此，对于吊车横向水平荷载作用方向，必须考虑向左和向右两种。因此，对于单跨厂房，吊车横向水平荷载作用下的计算简图有 2 种情况，如图 2-33a)所示；对于两跨厂房，相应的计算简图有 4 种情况，如图 2-33b)所示。还应注意，吊车横向水平制动力应同时作用于支承该吊车的两侧柱上。

(3)吊车纵向水平荷载 T_0。吊车纵向水平荷载与横向水平荷载相比，有如下两点重要差别：

①吊车纵向水平荷载是桥式吊车在厂房纵向启动或制动时产生的惯性力。因此，它与桥式吊车每侧的制动轮数有关，也与吊车的最大轮压 P_{max}有关。

②吊车纵向水平荷载由吊车每侧制动轮传至两侧轨道，并通过吊车梁传给纵向柱列或柱间支撑，而与横向排架结构无关。在横向排架结构内力分析中不涉及吊车纵向水平荷载。

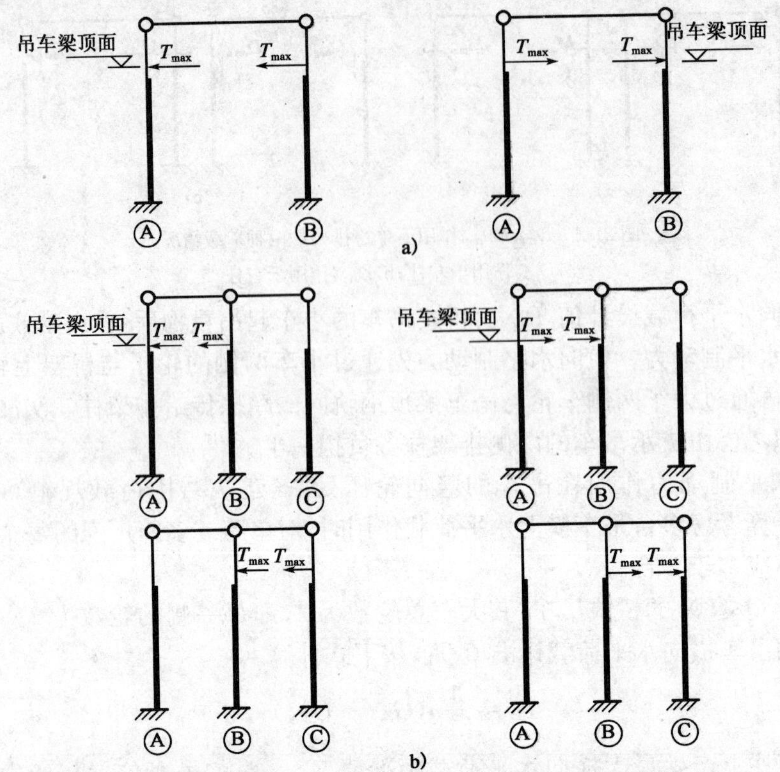

图 2-33 T_{max}作用下单跨、两跨排架的荷载情况

a) T_{max}作用下的单跨排架；b) T_{max}作用下的两跨排架

吊车纵向水平荷载标准值可按下式确定

$$T_{0,k}=\frac{nP_{max,k}}{10} \tag{2-8}$$

式中：n——吊车每侧的制动轮数，对于一般四轮吊车，取 $n=1$。

在计算吊车纵向水平荷载时，不论对于单跨或多跨厂房都只考虑两台吊车同时刹车。当厂房无柱间支撑时，吊车纵向水平荷载将由伸缩缝区段内所有柱共同承担，并按各柱沿厂房纵向的抗侧刚度的比例进行分配。当设有柱间支撑时，则全部纵向水平荷载由柱间支撑承担。

3）风荷载

《建筑结构荷载规范》(GB 50009—2012)，规定，垂直于厂房各部分表面的风荷载标准值 w_k(kN/m^2)按下式计算

$$w_k=\beta_z\mu_s\mu_z w_0 \tag{2-9}$$

式中：w_0——基本风压值，按《荷载规范》中"全国基本风压分布图"查取，但不得小于0.25kN/m^2；

β_z——z 高度处的风振系数，对单层厂房，$\beta_z=1$；

μ_s——风荷载体型系数，根据建筑物的体型由《建筑结构荷载规范》(GB 50009—2012)的风压体型系数表 7.3.1 查取；

μ_z——风压高度变化系数，应按地面粗糙度由表 2-9 查取，地面粗糙度分 A、B、C、D 四类：A 类指近海海面、海岛、海岸及沙漠地区；B 类指田野、乡村、丛林、丘陵以及房屋比较稀疏的乡镇和城市郊区；C 类指有密集建筑群的城市市区，D 类指有密集建筑群且房屋较高的城市市区。

风压高度变化系数 μ_z 表 2-9

离地面或海面高度(m)	地面粗糙度类别			
	A	*B*	*C*	*D*
5	1.17	1.00	0.74	0.62
10	1.38	1.00	0.74	0.62
15	1.52	1.14	0.74	0.62
20	1.63	1.25	0.84	0.62
30	1.80	1.42	1.00	0.62
40	1.92	1.56	1.13	0.73
50	2.03	1.67	1.25	0.84
60	2.12	1.77	1.35	0.93
70	2.02	1.86	1.45	1.02
80	2.27	1.95	1.54	1.11
90	2.34	2.02	1.62	1.19
100	2.40	2.09	1.70	1.27
150	2.64	2.38	2.03	1.61
200	2.83	2.61	2.30	1.92
250	2.99	2.80	2.54	2.19
300	3.12	2.97	2.75	2.45
350	3.12	3.12	2.94	2.68
400	3.12	3.12	3.12	2.91
≥450	3.12	3.12	3.12	3.12

根据式(2-9)算得的风荷载标准值是沿厂房高度 z 处的风压力(或风吸力)值,故沿厂房高度的风荷载是变值。为简化计算,可假定柱顶以下的风荷载近似为沿厂房高度不变的均布风荷载 q_k(q_k 为排架计算单元宽度范围内风荷载标准值,迎风面为 q_{1k},背风面为 q_{2k}),并按柱顶高程处的风压高度变化系数 μ_z 值进行计算。柱顶以上的风荷载可按作用于柱顶的水平集中力 F_{wk} 计算,如图 2-34 所示。水平集中力 F_{wk} 包括柱顶以上的屋架(或屋面梁)高度内墙体迎风面、背风面的风荷载和屋面风荷载的水平分力(有天窗时,还包括天窗的迎风面、背风面的风荷载)。这时,风压高度变化系数按下述规定采取:无天窗时,按厂房檐口高程处取值;有天窗时,按天窗檐口高程处取值。

柱顶以下水平均布荷载设计值 q(q_1 或 q_2)为

$$q = \gamma_w q_k \tag{2-10}$$

柱顶以上水平集中风荷载设计值为

$$F_w = \gamma_w F_{wk} \tag{2-11}$$

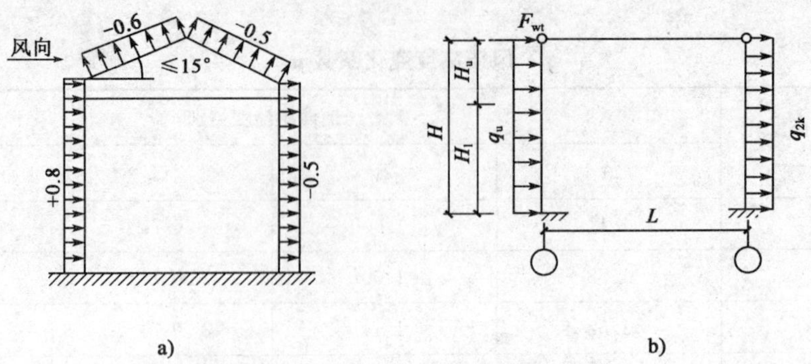

图 2-34　风荷载作用下的排架计算简图

a)实际受力图；b)等效受力图

式中：γ_w ——风荷载分项系数，取 $\gamma_w = 1.4$。

风荷载是有方向的，因此在设计时，既要考虑左风，又要考虑右风。

四、等高排架计算

所谓等高排架计算，就是根据排架横梁刚度无穷大和横梁长度不变的假定，柱顶高程相同的排架在任何荷载作用下，所有柱顶的水平位移均相等的排架。为简单起见，对于等高多跨排架，可以运用剪力分配法计算其内力。若柱顶高程虽略有不同，但有斜梁相连，如能保证排架各柱顶位移相同，也可以采用此法计算。

1. 阶梯形柱的位移计算

单层厂房排架是超静定结构，故计算其内力时，除了利用静力条件外，还需利用变形条件。由于排架柱通常是阶形的(最常见的是单阶柱)。因此，要先知道变阶柱，尤其是单阶柱位移的计算方法，才能计算排架的内力。

图 2-35 是一单阶柱柱顶受单位水平集中力作用时的位移计算简图。

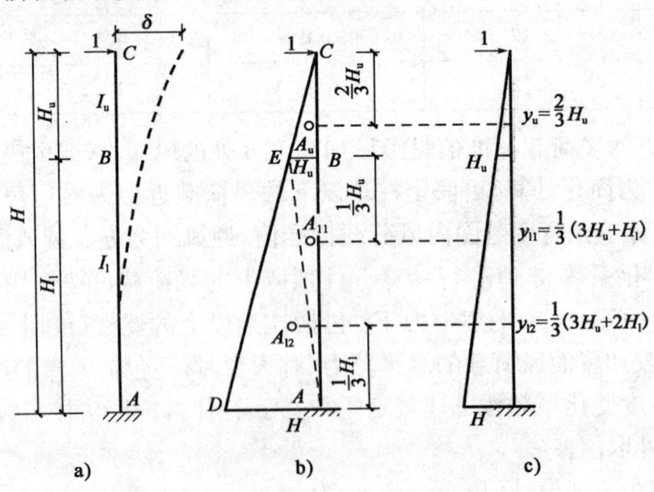

图 2-35　柱顶受水平集中荷载作用时位移计算简图

a)单位受力图；b)M_p 图；c)$\overline{M}_1$ 图

图中，$A_u = \frac{H_u^2}{2}$；$A_{11} = \frac{1}{2}H_uH_1$；$A_{12} = \frac{1}{2}HH_1$

由结构力学知，当单位水平力作用在单阶悬臂柱顶时，柱顶水平位移为

$$\delta=\frac{H^3}{3E_cI_l}\left[1+\lambda^3\left(\frac{1}{n}-1\right)\right]=\frac{H^3}{C_0E_cI_l} \tag{2-12}$$

式中：$\lambda=\frac{H_u}{H}$，$n=\frac{I_u}{I_l}$，$C_0=\frac{3}{1+\lambda^3\left(\frac{1}{n}-1\right)}$，$C_0$ 可由附录二的附图 1-1 查得。

由式(2-12)可见，单阶悬臂柱顶作用单位水平力时的柱顶位移值 δ 仅与柱的材料弹性模量、尺寸和形状有关，故称为形常数。

常用的 λ、n 都有一定的变化范围，将其中不同的 λ 及 n 代入上式，就可以绘制成计算图表。其他荷载情况的计算图表也可用类似的方法给出。

由上述可见，若要使柱顶产生单位位移，则需要在柱顶施加 $1/\delta$ 的水平力，如图 2-36 所示。显然，当材料相同时，柱截面尺寸越大，需施加的力将越大。可见 $1/\delta$ 反映了抵抗侧移的能力，一般称为侧移刚度。

2. 柱顶水平集力的作用

设有 n 根柱，如图 2-37 所示，任一柱的抗侧移刚度为 $1/\delta_i$；假定横梁为刚性连杆，则每根柱顶端位移为 u，则 $u_1=u_2=\cdots u_i=u$，每根柱分担的剪力为

$$V_i=\frac{1}{\delta_i}u \tag{2-13}$$

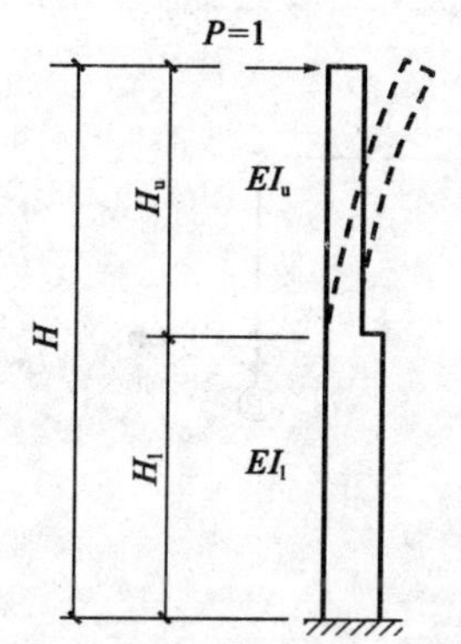

图 2-36　单阶悬臂柱的侧移刚度

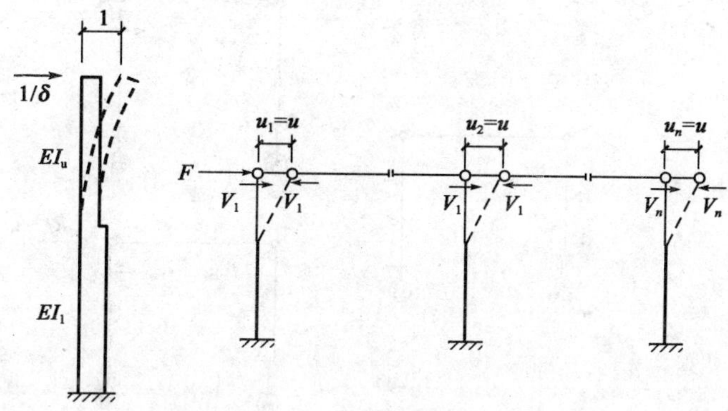

图 2-37　柱顶水平集中力作用下的剪力分配

由平衡条件可得

$$P=V_1+V_2+\cdots+V_n=\sum_{i=1}^{n}V_i \tag{2-14}$$

$$=\sum_{i=1}^{n}\frac{1}{\delta_i}u=u\sum_{i=1}^{n}\frac{1}{\delta_i}$$

则 $u=\frac{P}{\sum_{i=1}^{n}\frac{1}{\delta_i}}$ 代入式(2-13)得

$$V_i=\frac{\frac{1}{\delta_i}}{\sum_{i=1}^{n}\frac{1}{\delta_i}}P=\eta_iP \tag{2-15}$$

式中：$\eta_i = \left(\frac{\frac{1}{\delta_i}}{\sum_{i=1}^{n}\frac{1}{\delta_i}}\right)$——第 i 根柱的剪力分配系数。

在求出 V_i 后，就可得到相应的内力图。式(2-15)的物理意义如下：

(1)δ_i 为第 i 柱的柔度系数，$1/\delta_i$ 为第 i 柱的侧移刚度，η_i 为第 i 柱的剪力分配系数，$\sum\eta_i = 1$。

(2)当排架结构柱顶作用有水平集中力 P 时，各柱的柱顶剪力按其侧移刚度与各柱侧移刚度总和的比例进行分配，故称为剪力分配法。

3. 任意荷载的作用

在任意荷载作用下，等高排架的内力可按下述步骤进行计算，如图 2-38 所示：

(1)在排架柱顶附加不动铰支座以阻止水平位移，并求出其支座反力 R，如图 2-38 所示。

(2)撤除附加的不动铰支座，在此排架柱顶加上反向作用的支座反力 R，以恢复到原来的实际情况，如图 2-38 所示。

(3)叠加上述两个步骤中求出的内力，即为排架的实际内力。

各种荷载作用下的附加不动铰支座反力 R 可以从附录二中附图 1-2～附图 1-8 求得。图中的系数 C_5 即为吊车横向水平荷载 T_{max} 作用下的不动铰支座反力系数。

这里规定：柱顶水平集中力和柱顶不动铰支座的反力以自左向右为正，反之为负。

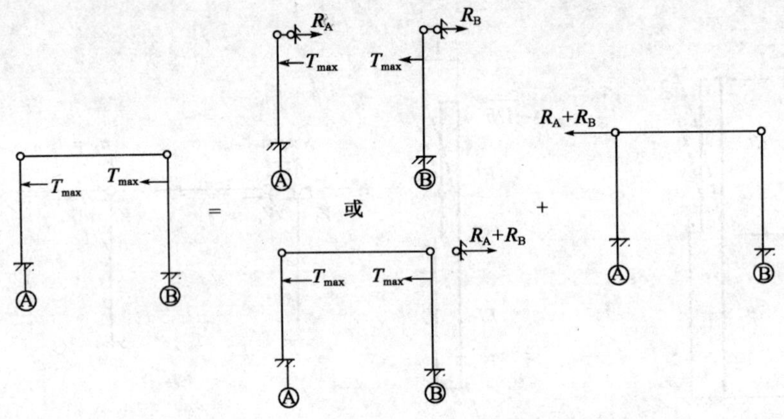

图 2-38　任意荷载作用下的剪力分配

【例 2-2】 如图 2-39 所示的排架，几何信息：$I_{uA} = I_{uC} = 3.125\times10^9\text{mm}^4$，$I_{lA} = I_{lB} = I_{lC} = 9.154\times10^9\text{mm}^4$，$I_{uB} = 5.546\times10^9\text{mm}^4$，上柱高均为 $H_u = 3.10\text{m}$，柱高均为 $H = 12.20\text{m}$，作用在此排架的荷载有：$F_w = 2.6\text{kN}$，$q_1 = 2.16\text{kN/m}$，$q_2 = 1.35\text{kN/m}$。试用剪力分配法计算该排架内力。

解：1)计算剪力分配系数

$$\lambda = \frac{H_u}{H} = \frac{3.10}{12.20} = 0.254$$

A、C 柱：$n = \frac{3.125}{9.154} = 0.341$　　　B 柱：$n = \frac{5.546}{9.154} = 0.606$

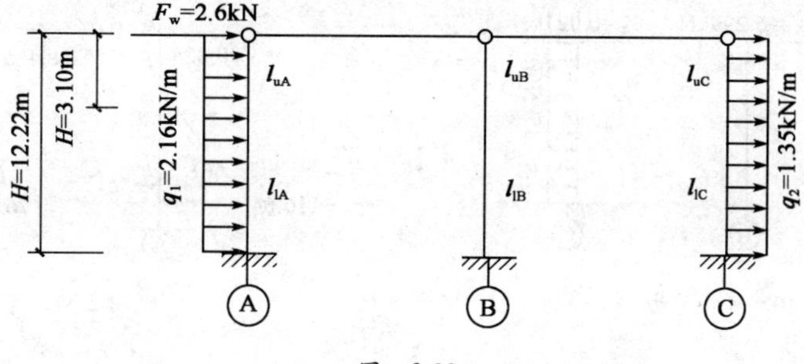

图 2-39

由附录二的附图 1-1 查得 $C_0=2.91$（A、C 柱）；$C_0=2.97$（B 柱）

$$\delta_A=\delta_C=\frac{H^3}{EI_1C_0}=\frac{H^3}{E\times 9.154\times 10^9\times 2.91}=\frac{10^{-9}}{9.154\times 2.91}\times\frac{H^3}{E}=0.038\times 10^{-9}\frac{H^3}{E}$$

$$\delta_B=\frac{H^3}{EI_1C_0}=\frac{H^3\times 10^{-9}}{E\times 9.154\times 2.97}=0.037\times 10^{-9}\frac{H^3}{E}$$

剪力分配系数为

$$\eta_A=\eta_C=\frac{\frac{1}{\delta_i}}{\sum\frac{1}{\delta_i}}=\frac{\frac{10^9}{0.038}\times\frac{E}{H^3}}{\left(\frac{10^9}{0.038}\times\frac{10^9}{0.037}\right)\frac{E}{H^3}}=0.33$$

$$\eta_B=1-2\times 0.33=0.34$$

2)计算各柱顶剪力

先分别计算 F_w、q_1 和 q_2 作用下的内力，然后进行叠加。

(1)在 q_1 作用下，由附录二的附图 1-8 求 A 支座反力：

$$C_{11}=\frac{3\left[1+\lambda^4\left(\frac{1}{n}-1\right)\right]}{8\left[1+\lambda^3\left(\frac{1}{n}-1\right)\right]}=\frac{3\left[1+0.254^4\left(\frac{1}{0.341}-1\right)\right]}{8\left[1+0.254^3\left(\frac{1}{0.341}-1\right)\right]}=0.366$$

A 支座反力 $R_A=q_1HC_{11}=2.16\times 12.20\times 0.366=9.645\text{kN}$

(2)在 q_2 作用下，由附录二的附图 1-8 求 C 支座反力：

$$C_{11}=0.366$$

C 支座反力 $R_C=q_2HC_{11}=1.35\times 12.20\times 0.366=6.028\text{kN}$

(3)求各柱总的柱顶剪力，如图 2-40 所示。

$$V_A=\eta_A(R_A+F_w+R_C)-R_A=0.33(9.645+2.6+6.028)-9.645=-3.615$$

$$V_B=\eta_B(R_A+F_w+R_C)=0.34(9.645+2.6+6.028)=6.213$$

$$V_C=\eta_C(R_A+F_w+R_C)-RC_A=0.33(9.645+2.6+6.028)-6.028=0.002$$

3)绘制弯矩图，如图 2-41 所示。

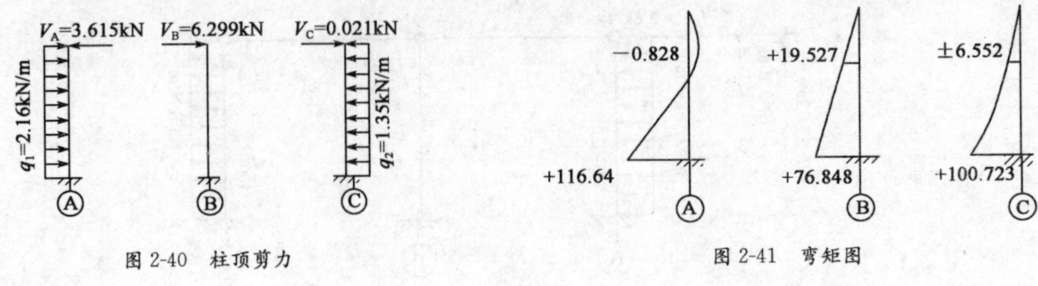

图 2-40　柱顶剪力

图 2-41　弯矩图

五、内力组合

1. 控制截面

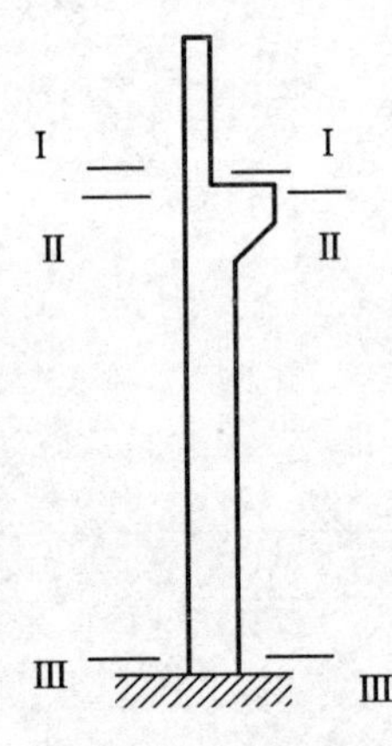

图 2-42　控制截面

控制截面是指构件某一区段中承载力可靠指标相对最低的那些截面，它们对构件在该区段的配筋设计有控制作用。因此，排架计算应致力于求出控制截面的内力而不一定是所有截面的内力。

在图 2-42 所示的一般单阶排架柱中，通常上柱各截面配筋是相同的，而在上柱中，牛腿顶面（即上柱底截面）I-I 的内力最大，因此截面 I-I 为上柱的控制截面。在下柱中，通常各截面配筋也是相同的，而牛腿顶截面Ⅱ-Ⅱ和柱底截面 III-III 的内力较大，因此取截面Ⅱ-Ⅱ和 III-III 为下柱的控制截面。另外，截面 III-III 的内力值也是设计柱下基础的依据。截面 I-I 与Ⅱ-Ⅱ虽在一处，但内力值却不同，分别代表上、下柱截面，在设计截面Ⅱ-Ⅱ时，不计牛腿对其截面承载力的影响。

如果截面Ⅱ-Ⅱ的内力较小，需要的配筋较少，或者当下柱高度较大，下柱的配筋也可以是沿高度变化的. 这时应在下部柱的中部再取一个控制截面，以便控制下部柱中纵向钢筋的变化。

2. 荷载组合

在前述的排架内力分析中，只是求出了各种荷载单独作用下控制截面上的内力。为了求得各控制截面的最不利内力，就必须按这些荷载同时出现的可能性进行组合。

对于一般排架结构，荷载效应组合（即内力组合）的设计值 S 按下式确定：

1）由可变荷载效应控制的组合

$$S=\gamma_G S_G+\gamma_{Q1}S_{Q1k}$$

$$S=\gamma_G S_{Gk}+0.9\sum_{i=1}^{n}\gamma_{Qi}S_{Qik} \tag{2-16}$$

2）由永久荷载效应控制的组合

$$S=\gamma_G S_{Gk}+\sum_{i=1}^{n}\gamma_{Qi}\Psi_{ci}S_{Qik} \tag{2-17}$$

式中：γ_G——永久荷载的分项系数，对由可变荷载效应控制的组合，取 1.2；对由永久荷载效应控制的组合，取 1.35；

γ_{Qi}——第 i 个可变荷载的分项系数，其中 γ_{Q1} 为可变荷载 Q_1 的分项系数，一般情况下取

1.4,对标准值大于 $4kN/m^2$ 的工业房屋楼面结构的活荷载取 1.3;

S_{Gk}——按永久荷载标准值 G_k 计算的荷载效应值;

S_{Qik}——按可变荷载标准值 Q_{ik} 计算的荷载效应值,其中 S_{Q1k} 为诸可变荷载效应中起其控制作用者;

Ψ_{ci}——可变荷载 Q_i 的组合值系数,对屋面均布活荷载、雪荷载,取 0.7;对屋面积灰荷载,取 0.9;对吊车荷载,取 0.7(软钩吊车)或 0.95(硬钩吊车);对风荷载,取 0.6。

根据以上原则,对不考虑抗震设防的单层厂房结构,按承载能力极限状态进行内力分析时,需进行以下几种荷载组合:

(1)由可变荷载效应控制的组合:

①恒荷载+0.9(风荷载+吊车荷载+屋面活荷载);

②恒荷载+0.9(风荷载+屋面活荷载);

③恒荷载+0.9(风荷载+吊车荷载);

④恒荷载+0.9(屋面活荷载+吊车荷载);

⑤恒荷载+吊车荷载;

⑥恒荷载+风荷载;

⑦恒荷载+屋面活荷载。

(2)由永久荷载效应控制的组合:

①恒荷载+0.7 屋面均布活荷载(雪荷载)+0.9 屋面积灰荷载+0.7(0.95)吊车荷载;

②恒荷载+0.7 屋面均布活荷载(雪荷载)+0.9 屋面积灰荷载;

③恒荷载+0.7(0.95)吊车竖向荷载。

实践表明,内力不利组合由(1)可变荷载效应控制的组合多,其中由情况①、②、③控制的较多(上柱有时由情况②控制);由情况④、⑤、⑥控制的较少。当风荷载较小而吊车吨位较大时,可能由情况④、⑤控制;当风荷载较大而吊车吨位较小,以及有高天窗时,可能由情况⑥控制。

3. 内力组合

排架柱控制截面的内力包括弯矩 M、剪力 V 和轴向力 N,其中剪力对排架柱的配筋影响较小,这是因为排架柱是偏心受压构件。

由偏心受压正截面的 M-N 相关曲线(承载力曲线)可知:对于大偏心受压截面,当 M 不变,N 越小,或当 N 不变,M 越大,则配筋量越多;对于小偏心受压截面,当 M 不变,N 越大,或当 N 不变,M 越大,则配筋量越多。因此,对于矩形、工字形截面排架柱,为了求得其能承受最不利内力的最大配筋量,一般应考虑以下 4 种内力组合:

(1)$+M_{max}$ 及相应的 N、V;

(2)$-M_{max}$ 及相应的 N、V;

(3)N_{max} 及相应的 $\pm M$、V;

(4)N_{min} 及相应的 $\pm M$、V。

计算表明,除上述 4 种内力外,还可能存在更不利的内力组合。但工程实践经验表明,按上述 4 种内力组合确定柱的最不利内力,结构的安全性一般是可以得到保证的。

上述 4 种内力往往是由可变荷载效应控制的组合多。其中,对于有吊车厂房,内力组合①和②往往由荷载组合情况①和③确定;内力组合③由荷载组合情况④求得;而内力组合④由荷载组合情况⑥得到；对于无吊车厂房，内力组合①和②往往由荷载组合情况②和⑥或⑦确定；内力组合③由荷载组合情况⑦求得，而内力组合④由荷载组合情况⑥得到。

在进行单层厂房结构的内力组合时，还应注意以下几点：

(1)恒荷载在任何一种内力组合下都存在。

(2)吊车竖向荷载 D_{max} 可分别作用在一跨的左柱或右柱，对于这两种情况，每次只能选择其中一种情况参与内力组合。对于单跨厂房，参与组合的吊车不宜多于 2 台；对于多跨厂房，参与组合的吊车不宜多于 4 台。

(3)在考虑吊车横向水平荷载时，对单跨或多跨厂房，参与组合的吊车不应多于 2 台；对于多跨厂房，可能有两种情况：即任意一跨内有 2 台吊车或任意两跨内各有 1 台吊车。对这两种情况均应考虑不同方向制动的两种情况，但只能选其中一种情况参与组合。

(4)在考虑吊车横向水平荷载时，该跨必然相应作用有该吊车的竖向荷载，即"有 T 必有 D"；但在考虑吊车竖向荷载时，该跨不一定相应作用有该吊车的横向水平荷载，即"有 D 未必有 T"。

(5)风荷载的作用方向有向左和向右两种，只能考虑其中一种参与组合。

内力组合通常列表进行，表 2-10 列出某金工车间单跨厂房 A 柱的内力组合，作为示例。显然，每次组合都必须考虑永久荷载产生的内力；对于可变荷载，必须明确目标，即每次组合只能以一种内力为目标来决定取舍。

六、考虑空间整体作用的计算

1. 厂房整体空间工作的基本概念

实际上，任何一个厂房结构都是一个空间结构，当其某一局部受到荷载作用时，整个厂房结构中的所有构件，都将或大或小地受到影响，产生一些内力和位移。将厂房结构由实际上的空间结构抽象成平面排架结构进行计算，这是一种简化，与实际情况有所不符。

图 2-43 为单层厂房结构的一个温度区段在柱顶水平荷载作用下，由于结构或荷载情况不同所产生的 4 种柱顶水平位移。

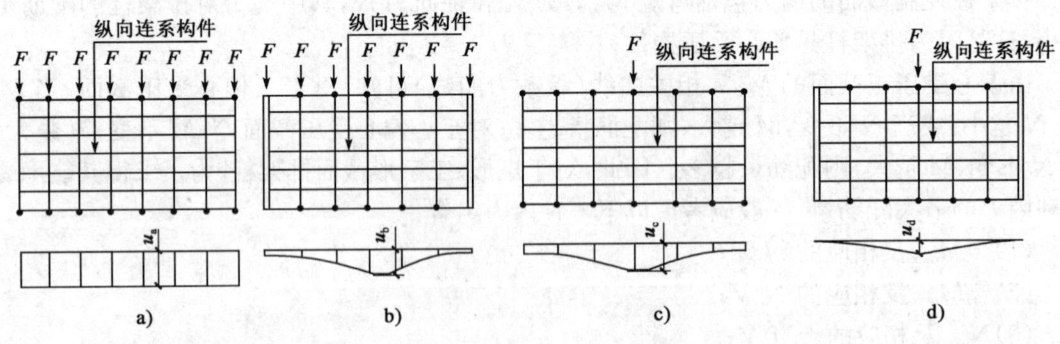

图 2-43　排架顶点水平位移比较

a)情况①；b)情况②；c)情况③；d)情况④

情况①：各排架柱顶均受有水平集中力 F，水平位移相同，互不牵制。因此，实际上与没有纵向构件连系的单个排架相同，都属于平面排架，如图 2-43a)所示。

情况②：承受荷载情况如情况①，但厂房两端有山墙，且其侧向刚度很大，故该处水平位移很小；山墙对其他排架有不同程度的约束作用，故柱顶水平位移呈曲线。如图 2-43b)所示，$u_b < u_s$。

情况③：厂房某一排架直接承受水平集中力 F 时，其他所有排架都因受其牵动而将产生位移，如图 2-43c)所示。

情况④：承受荷载情况与情况③相同，但厂房两端有山墙，故各排架的位移都比情况③的小，即 $u_d < u_c$，如图 2-43d)所示。

从上述后三种情况可知，各个排架或山墙的变形都不是单独的，而是互相制约成一整体的。这种排架与排架、排架与山墙之间相互制约、相互影响的整体作用，称为厂房的整体空间作用。

产生整体空间作用的条件有两个：一是在各横向排架（山墙可理解为广义的横向排架）之间必须有纵向构件将它们连系起来；二是各横向排架彼此情况不同，或结构不同或承受荷载不同。由此可理解到，无檩体系屋盖厂房的整体空间作用比有檩体系屋盖厂房的大；局部荷载作用下厂房的整体空间作用比均布荷载作用下厂房大。

2. 吊车荷载作用下厂房整体空间作用的计算

1)单个荷载作用下单跨厂房的空间作用分配系数 μ_k

图 2-44 所示的厂房，当其中某排架的柱顶上作用一水平集中力 F_k 时，由于屋盖及纵向连系构件等将相邻各排架连成一个空间整体，因此荷载 F_k 不仅由直接受力排架承受，而且将通过屋盖沿纵向传给相邻的其他排架，使整个厂房共同承担。若把这一直接受力排架隔离出来与平面排架作比较，如图 2-45 所示：在变形方面，$\mu_k' < \mu_k$；在受力方面，平面排架柱应提供全部反力与外荷载 F_k 平衡，而考虑空间作用的排架柱只提供其中的一部分反力 F_k'，其余部分（F_k-F_k'）是通过纵向连系构件的传递作用由其他排架和山墙提供的。由此可见，当考虑空间作用时，直接受力排架柱受到的剪力由 F_k 减小到 F_k'。很显然，$F_k' < F_k$，我们把 F_k' 与 F_k 之比值称为单个荷载作用下厂房的空间作用分配系数，以 μ_k 表示，即：

$$\mu_k = \frac{F_k'}{F_k} \tag{2-18}$$

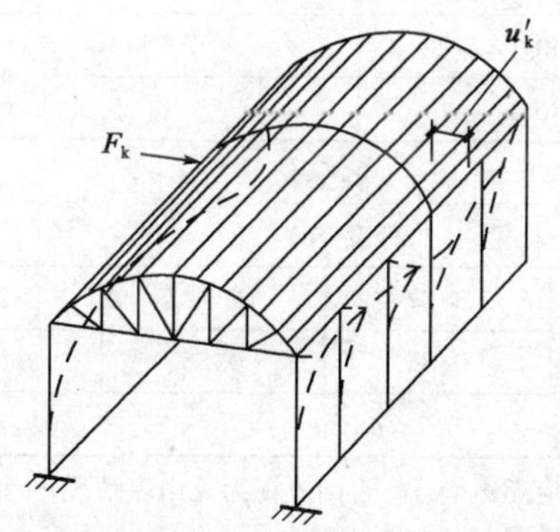

图 2-44　单个水平荷载作用下厂房的整体空间作用

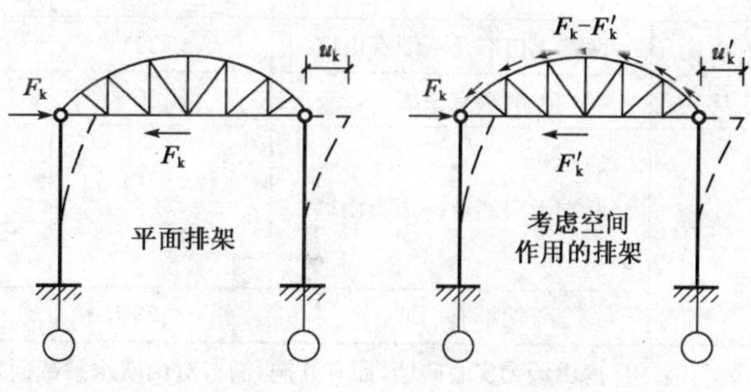

图 2-45　平面排架与考虑空间作用的排架的受力比较

从上式可以看出，空间作用分配系数 μ_k 的物理意义是：当 F_k = 1kN 时，直接受力的排架所分担到的荷载。μ_k 愈小，单个荷载作用下厂房的空间作用愈大。

目前确定空间作用分配系数 μ_k，大多以实测和模型试验为主，而以理论分析为辅。但在实测中，要测定上式中的 F_k' 值是比较困难的，因而常常采用测定位移的方法来确定 μ_k 值。由

于考虑到弹性结构排架的柱顶位移与该排架所受荷载成正比，所以空间作用分配系数又可表示为

$$\mu_k = \frac{F'_k}{F_k} = \frac{u'_k}{u_k} \tag{2-19}$$

实测资料和理论分析的结果均表明，影响 μ_k 值大小的主要因素如下：

(1)屋盖刚度：屋盖刚度愈大，空间作用愈显著，则 μ_k 愈小。无檩屋盖体系与轻型有檩屋盖体系相比，其刚度相差较大，空间作用也就不同；另外，厂房跨度愈大，屋盖体系的水平刚度越大，空间作用也越大，则 μ_k 值愈小。

(2)厂房长度：对于两端有山墙的厂房，厂房愈长，山墙的作用相对减弱，μ_k 值愈大；对于两端无山墙或仅一端有山墙的厂房则相反，厂房愈长，整体性愈好，μ_k 值愈小。

(3)厂房两端山墙：根据实测资料可知，两端无山墙厂房的 μ_k 值比两端有山墙厂房的 μ_k 值要大几倍甚至十几倍。

(4)直接受力排架的刚度：直接受力排架的刚度愈大，其承担的荷载就愈多，传递给其他排架的荷载就越小，空间作用减小，μ_k 值就愈大。此外，还与屋架变形等因素有关。

根据实测资料可知，对于大型屋面板屋盖体系的单层厂房，两端有山墙时 μ_k ＝0.3～0.5。

2)吊车荷载作用下单跨厂房的空间作用分配系数 μ

上述所讨论的空间作用分配系数 μ_k，只是考虑承受一个集中荷载的情况。实际上，吊车荷载并不是单个荷载，而是多个荷载。吊车有多个轮子的力作用于各排架上，这些力不仅由所计算的排架直接承受，而且也由相邻的其他排架直接承受。以吊车横向水平荷载为例，作用在计算排架上的吊车最大水平荷载为 T_{max}，相邻两排架也受到大小不同的水平力。当为空间排架时，计算排架上的力要传到其他排架上，而其他排架上所受到的力也要传到计算排架上。所以，在确定多个荷载作用下的 μ 值时，需要考虑排架的相互作用。根据大量的实测资料与统计分析给出了一组可靠的空间分配系数 μ 的设计控制值，见表 2-10。

单跨厂房空间作用分配系数 μ 表 2-10

<table>
<tr><th colspan="2" rowspan="2">厂 房 情 况</th><th rowspan="2">吊车起重量(t)</th><th colspan="4">厂房长度(m)</th></tr>
<tr><th colspan="2">≤60</th><th colspan="2">>60</th></tr>
<tr><td rowspan="2">有檩屋盖</td><td>两端无山墙及一端有山墙</td><td>≤30</td><td colspan="2">0.90</td><td colspan="2">0.85</td></tr>
<tr><td>两端有山墙</td><td>≤30</td><td colspan="4">0.85</td></tr>
<tr><td rowspan="4">无檩屋盖</td><td rowspan="3">两端无山墙及一端有山墙</td><td rowspan="3">≤75</td><td colspan="4">跨度(m)</td></tr>
<tr><td>12～27</td><td>>27</td><td>12～27</td><td>>27</td></tr>
<tr><td>0.90</td><td>0.85</td><td>0.85</td><td>0.80</td></tr>
<tr><td>两端有山墙</td><td>≤75</td><td colspan="4">0.80</td></tr>
</table>

注：①厂房山墙为实心砖墙，如有开洞，洞口对山墙水平截面积的削弱不应超过50%，否则应视为无山墙情况；

②当厂房设有伸缩缝时，厂房长度应按一个伸缩区段的长度计，且伸缩缝处可视为山墙。

下列情况下，排架计算不考虑空间作用(即取 μ ＝1)：

①当屋架下弦为柔性拉杆时。

②厂房柱距大于 12m 时(包括一般柱距小于 12m，但有个别柱距不等且最大柱距超过 12m 的情况)。

③天窗跨度大于厂房跨度的 1/2，或者天窗布置使厂房屋盖沿纵向不连续时。

④当厂房一端有山墙或两端均无山墙，且厂房长度小于36m时。

3)吊车荷载作用下厂房整体空间作用的实用计算方法

单跨厂房在吊车荷载作用下考虑空间作用的内力计算法，除引入空间作用分配系数μ外，与剪力分配法相同。假定作用在计算排架Ⓐ-Ⓑ及其相邻排架的吊车水平荷载分别为T_{max}、T_1、T_2，如图2-46所示。计算分如下两步：首先，在这三个排架柱顶附加水平不动铰支座，其反力分别为C_5T_{max}、C_5T_1和C_5T_2，其次，撤除所有水平不动铰支座的约束，将反力C_5T_{max}、C_5T_1和C_5T_2分别反向加于各个排架的柱顶处，则厂房将在他们的作用下产生整体变形。

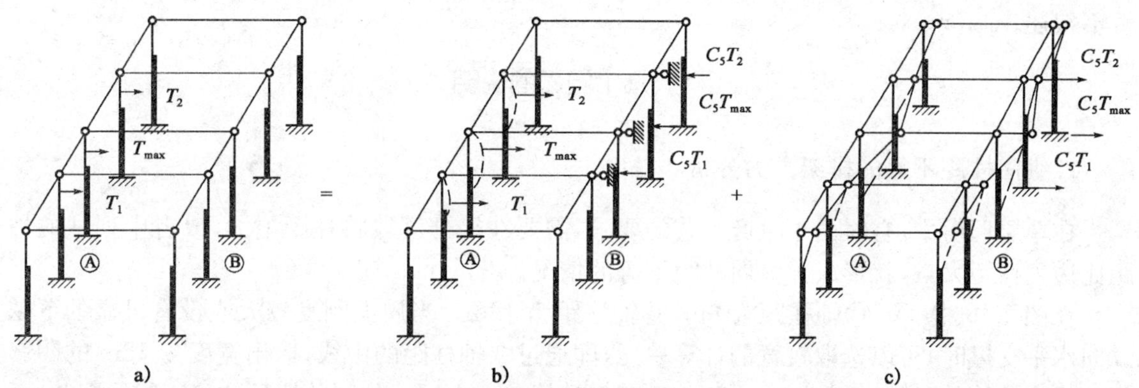

图2-46　吊车横向水平荷载作用下厂房整体空间作用的计算方法

假定这时计算排架Ⓐ-Ⓑ所提供的水平抵抗力为R，则$R=\mu C_5T_{max}$，也就是说考虑整体空间作用之后，计算排架柱顶上实际所受到的反向水平剪力不是C_5T_{max}，而是μC_5T_{max}，这是不同于平面排架的。

计算排架Ⓐ-Ⓑ的内力是由上述两个步骤叠加起来的。为方便起见，把计算排架隔离出来，如图2-47所示。同理，对于吊车竖向荷载，则如图2-48所示。图中C_3、C_5为不动铰支座反力系数，其求法同平面排架。至于排架内力组合，则与平面排架中所述的相同。

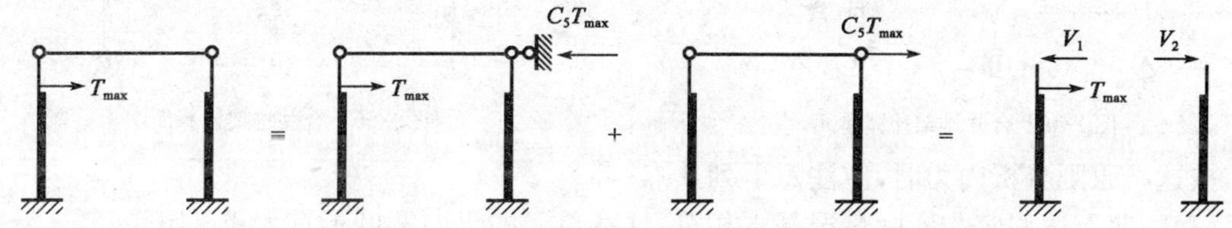

图2-47　吊车横向水平荷载作用下厂房整体空间工作的计算简图

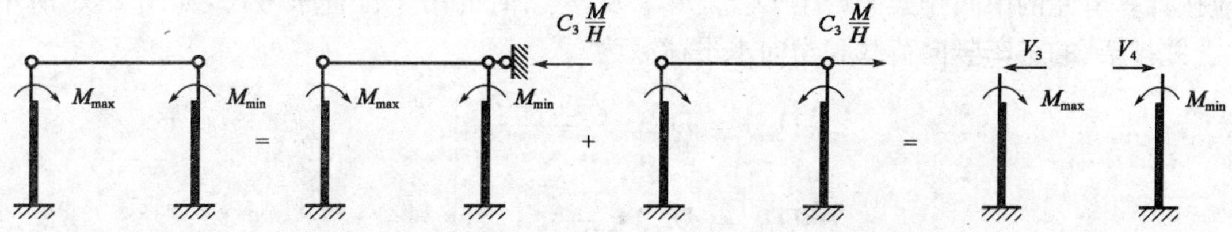

图2-48　吊车竖向水平荷载作用下厂房整体空间工作的计算简图

$$M=M_{max}-M_{min} \tag{2-20}$$

$$V_1=(1-\mu)C_5T_{max}, V_2=\frac{1}{2}(\mu-1)C_5T_{max} \tag{2-21}$$

$$V_3 = -\left[\left(1-\frac{1}{2}\mu\right)\frac{C_3}{H}M_{\max} + \frac{1}{2}\mu\frac{C_3}{H}M_{\min}\right] \tag{2-22}$$

$$V_4 = -\frac{1}{2}\mu\frac{C_3}{H}M_{\max} + \left(1-\frac{1}{2}\mu\right)\frac{C_3}{H}M_{\min} \tag{2-23}$$

考虑厂房的整体空间作用后，排架柱上部弯矩将增大，因而相应的配筋增多，但下部弯矩减少，总的钢筋用量有所降低。一般在无檩屋盖体系中，钢筋用量可节约 5%～20%，在有檩屋盖体系中可节约 5%～10%。

对于多跨厂房，其空间刚度一般比单跨的大，但目前还缺少充分的资料和理论分析。这里暂不叙述。

七、几个问题的说明

1.纵向柱距不等的排架内力分析

在单层厂房中，有时由于生产工艺的要求，需要在局部区段将柱距增大，或者中列柱的柱距比边列柱距大，这就形成了纵向柱距不等的情况。

在图 2-49 中，Ⓐ、Ⓒ轴柱距为 6m，Ⓑ轴柱距为 12m。当屋面刚度较大或设有可靠的下弦纵向水平支撑时，可以选取较宽的计算单元，即通过②轴柱距的中线，取出宽度为 12m 的阴影部分作为计算单元来进行内力分析，并且假定计算单元中同一柱列的柱顶位移相同。因此，可将计算单元中的几榀排架（其中①轴和③轴的排架，各以一半参加相邻单元工作）合并为一榀平面排架来计算它的内力。合并后的平面排架柱的惯性矩应按合并考虑。例如计算单元Ⓐ、Ⓑ轴线的柱为两根（即一根和两个半根）合并而成。当同一纵向轴线的柱截面尺寸相同时，计算简图如图 2-50 所示。

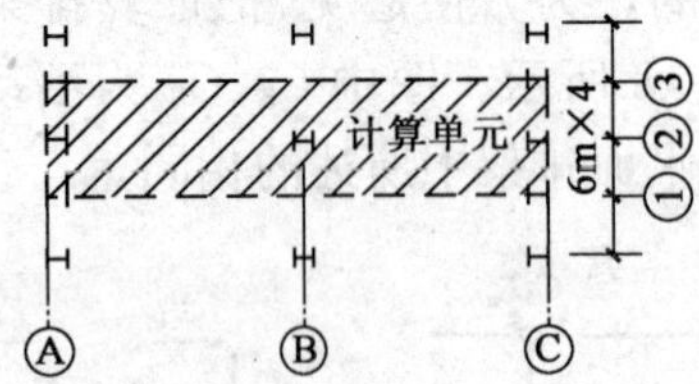

图 2-49　合并排架计算单元

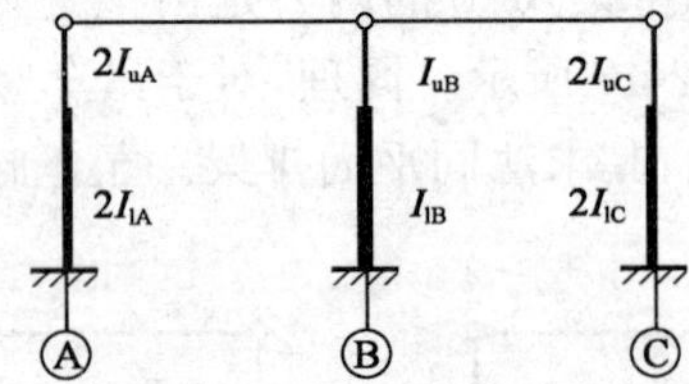

图 2-50　合并排架计算简图

按这一原则分析内力时，应注意下列 3 点；

(1)为使上述假定与实际情况基本相符，计算单元的纵向宽度不宜大于 24m。

(2)“合并排架”的恒荷载、风荷载及其他荷载的计算方法与一般排架的相同，但吊车荷载则应按计算单元的中间排架②产生 $D_{2\max}$、$D_{2\min}$ 及 $T_{2\max}$ 时的吊车位置来考虑，如图 2-51 所示，即“合并排架”的吊车竖向荷载和横向水平荷载为

$$\left.\begin{aligned} D_{\max} &= D_{2\max} + \frac{D_1 + D_2}{2} \\ D_{\min} &= D_{\max} \cdot \frac{P_{\min}}{P_{\max}} \\ T_{\max} &= D_{\max} \cdot \frac{T}{P_{\max}} \end{aligned}\right\} \tag{2-24}$$

(3)按计算简图和荷载求得合并排架（图 2-50）各柱的内力后，必须进行还原，以求得柱的

实际内力。例如，计算简图中Ⓐ、Ⓑ轴线的柱系由两根组成，因此需将它们的弯矩、剪力除以2才等于原结构中Ⓐ、Ⓒ轴线各柱的弯矩、剪力。但对于由吊车竖向荷载引起的轴力 N，则不能按"合并排架"求得的轴力除以2计算，而应按原来这根柱实际所承受的最大、最小的吊车竖向荷载来计算。例如，对于排架柱②，由 P_{max} 或 P_{min} 产生的轴向力应等于 D_{2max} 或 D_{2min}。

$$D_{2\min} = D_{2\max} \cdot \frac{P_{\min}}{P_{\max}} \tag{2-25}$$

2. 吊车梁反力差引起的纵向力矩 M_y

当厂房排架柱的两侧吊车梁传来的竖向荷载不等(图2-52，$R_1 \neq R_2$)时，则在柱牛腿顶面处产生纵向力矩，其最大值为

$$M_{y,\max} = \Delta R_{\max} e \tag{2-26}$$

式中：ΔR_{max}——吊车梁的最大反力差，即 $\Delta R_{max} = R_1 - R_2$；

e——近似地按图2-52所示的尺寸采用(当 e 值不易确定时)。

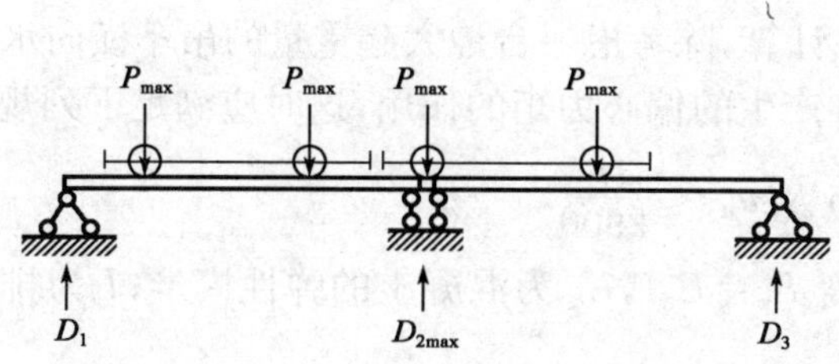

图2-51 合并排架的吊车荷载计算简图

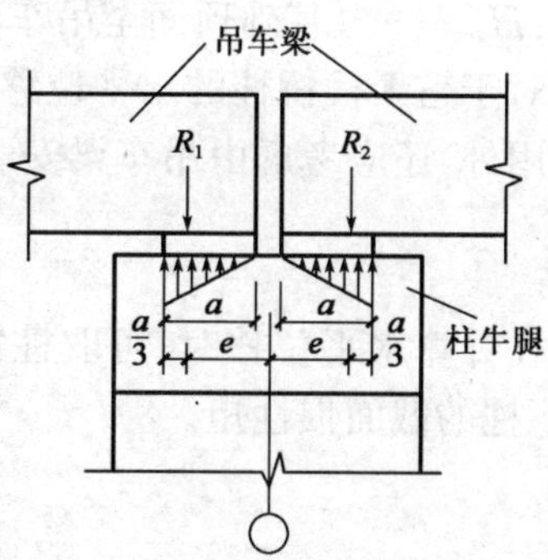

图2-52 吊车梁反力偏心距的近似确定

当工字形截面柱、双肢柱的柱距等于或小于9m、吊车起重量 $Q \leqslant 50$t 或柱距12m、$Q \geqslant 30$t 时，以及当采用管柱或其他平面外刚度较差的柱时，均应考虑上述 $M_{y,max}$ 的作用。

最大纵向力矩 M_y 由它所直接作用的柱承受。由 $M_{y,max}$ 产生的弯矩如图2-53所示。其中，平腹杆双肢柱的下柱[图2-52b)]，在牛腿顶面和柱脚处的纵向弯矩还都应按75%和25%的比例分配给吊车肢和非吊车肢。截面纵向弯矩应与排架计算求得的内力一并考虑，按双向偏心受压截面进行验算。

3. 排架横向水平位移验算

如前所述，在一般情况下，当矩形、工字形柱的截面尺寸满足表2-5的要求时，就可认为排架的横向刚度已得到保证，不必验算它的水平位移。但在某种情况下，例如吊车吨位较大时，为安全起见，还需对水平位移进行验算。显然，最有实际意义的是验算吊车梁顶与柱接点 K 的水平位移值，如图2-53所示。通常按一台起重量最大的吊车，将其横向水平制动力标准值 T_{max} 作用于 K 点进行验算。

K 点的水平位移值 u_k，如图2-54所示，可按附录二附图1-4、附图1-5、附图1-6的相应图表进行计算。u_k 满足下列要求：

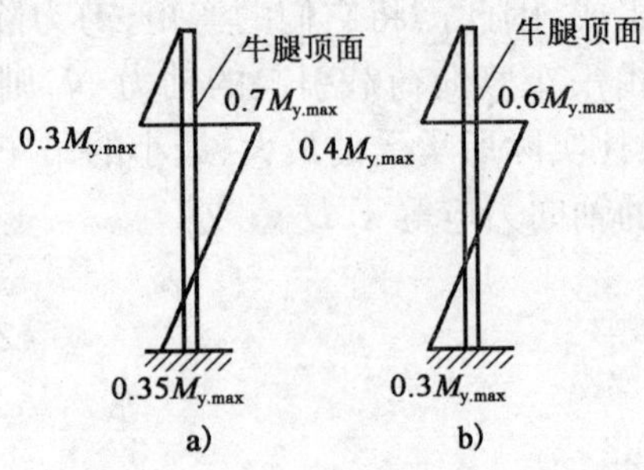

图 2-53　由 $M_{y,max}$ 产生的柱弯矩图

a)单肢柱；b)平腹杆双肢柱

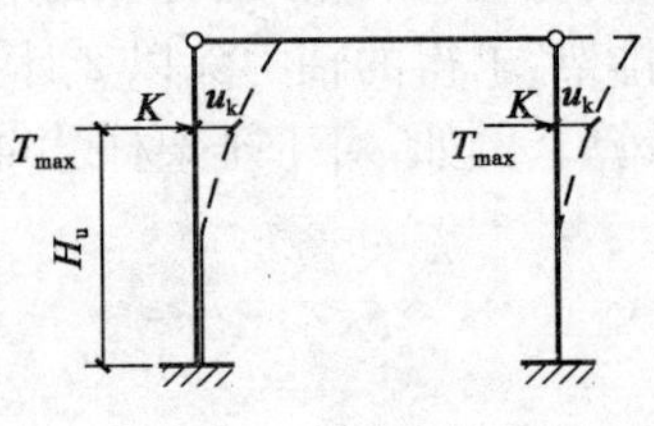

图 2-54　排架水平位移的验算

(1)当 $u_k \leqslant 5\text{mm}$ 时，可不验算水平位移值。

(2)当 $5\text{mm} < u_k < 10\text{mm}$ 时，其水平位移限值如下：

①轻、中级工作制吊车的厂房柱：$\frac{H_k}{2100}$。

②重级工作制吊车的厂房柱：$\frac{H_k}{2500}$。

式中：H_k——自基础顶面至吊车梁顶面的距离。

对于露天栈桥柱的水平位移，则按悬臂柱计算，除考虑一台最大起重量的吊车横向水平荷载作用外，还应考虑由吊车梁安装偏差 20mm 产生的偏心力矩的作用，这时应满足下列规定：

$$u_k \leqslant 10\text{mm} \text{ 及 } u_k \leqslant \frac{H_k}{2900}$$

在计算水平位移时，可取柱截面抗弯刚度 $B_c = E_c I$，E_c 为混凝土的弹性模量；I 为排架柱上、下柱的截面惯性矩。

第五节　钢筋混凝土柱设计

单层厂房结构中钢筋混凝土柱的设计内容包括以下 5 个方面的内容：

1)选择柱的形式：在结构设计的方案阶段，根据厂房的规模和荷载的大小，考虑到地区材料、施工等方面的具体条件，通过技术经济分析比较，选择柱的形式。

2)确定柱的外形尺寸：根据厂房的结构形式、工艺设计人员提出的轨顶高程、吊车吨位，以及建筑统一模数要求确定的柱各部分高度和总高，并根据排架刚度、屋架以及吊车梁、连系梁等构件在柱上的支承要求确定柱的各部分截面尺寸，以及截面与轴线的关系。

3)确定柱的配筋：根据组合后的内力设计值，计算和布置保证承载力和构造所需要的钢筋，并验算在吊装阶段的承载力和抗裂度或裂缝宽度。

4)进行支承吊车梁和连系梁的牛腿设计。

5)进行连接构造设计：指柱与屋架、吊车梁、柱间支撑等构件进行连接时，需要预留在柱中的预埋件的设计。

至于柱的截面形式已在第三节作了介绍，下面着重介绍矩形和工字形柱的设计等。

一、矩形和工字形截面柱设计

根据排架内力分析得到单层厂房柱各控制截面的内力(M、N、V)。因为柱截面上剪力 V 比轴力 N 小得多，很少由于剪力作用而使柱产生斜截面破坏，因此，在矩形和工字形截面这类实腹柱的配筋计算中，一般不进行抗剪承载力计算，而按偏心受压构件进行配筋计算。

1. 柱的计算长度

在材料力学中，柱的计算长度根据柱两端支承的情况（不动铰或固定端）而异。实际厂房中柱的支承条件比这个情况要复杂得多。如柱上端为可动铰，它的位移与屋盖刚度、厂房跨数等因素有关；柱身为变截面，并且和吊车梁、圈梁、连系梁等纵向构件相连；柱下端的支承情况又与地基的压缩性有关。因此，确定柱的计算长度是比较复杂的问题。表 2-11 是《混凝土结构设计规范》规定的计算长度 l_0，设计时可参考采用。

采用刚性屋盖单层工业厂房排架柱、露天吊车柱和栈桥柱的计算长度 l_0 表 2-11

项　次	柱的类型		排架方向	垂直排架方向	
				有柱间支撑	无柱间支撑
1	无吊车厂房柱	单跨	$1.5H$	$1.0H$	$1.2H$
		两跨及多跨	$1.25H$	$1.0H$	$1.2H$
2	有吊车厂房柱	上柱	$2.0H_u$	$1.25H_u$	$1.5H_u$
		下柱	$1.0H_t$	$0.8H_t$	$1.0H_t$
3	露天吊车柱和栈桥柱		$2.0H_t$	$1.0H_t$	—

注：①表中：H——从基础顶面算起的柱全高；

H_t——从基础顶面至装配式吊车梁底面或现浇式吊车梁顶面的柱下部高度；

H_u——从装配式吊车梁底面或从现浇式吊车梁顶面算起的柱上部高度。

②表中有吊车厂房排架柱的计算长度，当计算中不考虑吊车荷载时，可按无吊车厂房柱的计算长度采用，但上柱的计算长度仍按有吊车厂房采用。

③表中有吊车厂房排架柱的上柱在排架方向的计算长度，仅适用于 $H_u/H_l \geqslant 0.3$ 的情况，当 $H_u/H_l < 0.3$ 时，计算长度宜采用 $2.5H_u$。

2. 吊装、运输阶段的承载力和裂缝宽度的验算

柱在脱模、翻身和吊装时的受力情况与使用阶段不同，而且这时混凝土强度可能达不到设计强度值，可能在脱模、翻身或吊装时出现裂缝。因此，应按图 2-55 中的 A-A、B-B 和 C-C 三个截面进行施工阶段柱的承载力和裂缝宽度验算（牛腿的下边缘作为柱的吊点）。

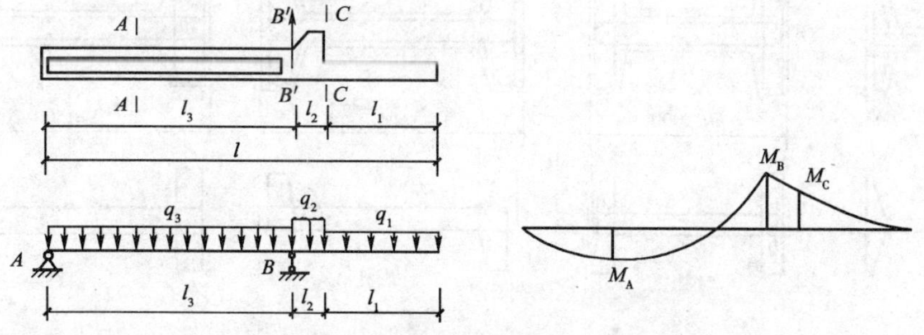

图 2-55　柱吊装验算时的计算简图及弯矩图

在进行施工阶段验算时，荷载是柱的自重。考虑到施工时的振动影响，应将柱自重乘以动力系数 1.5。承载力验算方法和受弯构件类似。但因吊装验算是临时性的，故构件的安全等级比使用阶段的安全等级低一级；柱的混凝土强度等级一般按设计规定值的 70% 考虑（当吊装验算要求高于设计强度的 70%，应在施工图上注明）。当采用翻身吊时，截面的受力方向与使用阶段一致，因而承载力和裂缝宽度均能满足要求，一般不必进行验算。当平吊时，截面的受力方向是柱的平面外方向，截面有效高度大大减小，腹板作用甚微，可以忽略。故可将工字

形截面简化为宽 $2h_f$、高 b_f 的矩形截面梁进行验算。此时,受力钢筋 A_s 和 A'_s 只考虑两翼缘最外边的一根钢筋。

3. 有关构造要求

1)材料要求

由于柱是偏心受压构件,混凝土强度是影响承载力的重要因素,因此柱的混凝土强度等级不宜过低。对于矩形截面柱,常采用 C20 混凝土;对于工字形截面柱,常采用 C25 或 C30 混凝土。受力钢筋宜采用 HRB335 级钢筋,构造钢筋可采用 HPB235 钢筋。

2)配筋构造

计算柱的配筋时,只是根据荷载作用下的轴力和弯矩来确定纵向受力钢筋的数量和位置。设计整个柱子时,还需要进一步确定箍筋、附加钢筋等设置问题。这些配筋问题,主要考虑计算中忽略的一些次要因素,如剪力和扭转的影响、混凝土的温度应力、截面突变处的应力集中现象等。对于这些因素,一般都是根据工程实践经验,用设置构造钢筋的办法解决。一般说来,矩形和工字形截面排架柱的配筋构造要求如图 2-56 和图 2-57 所示。

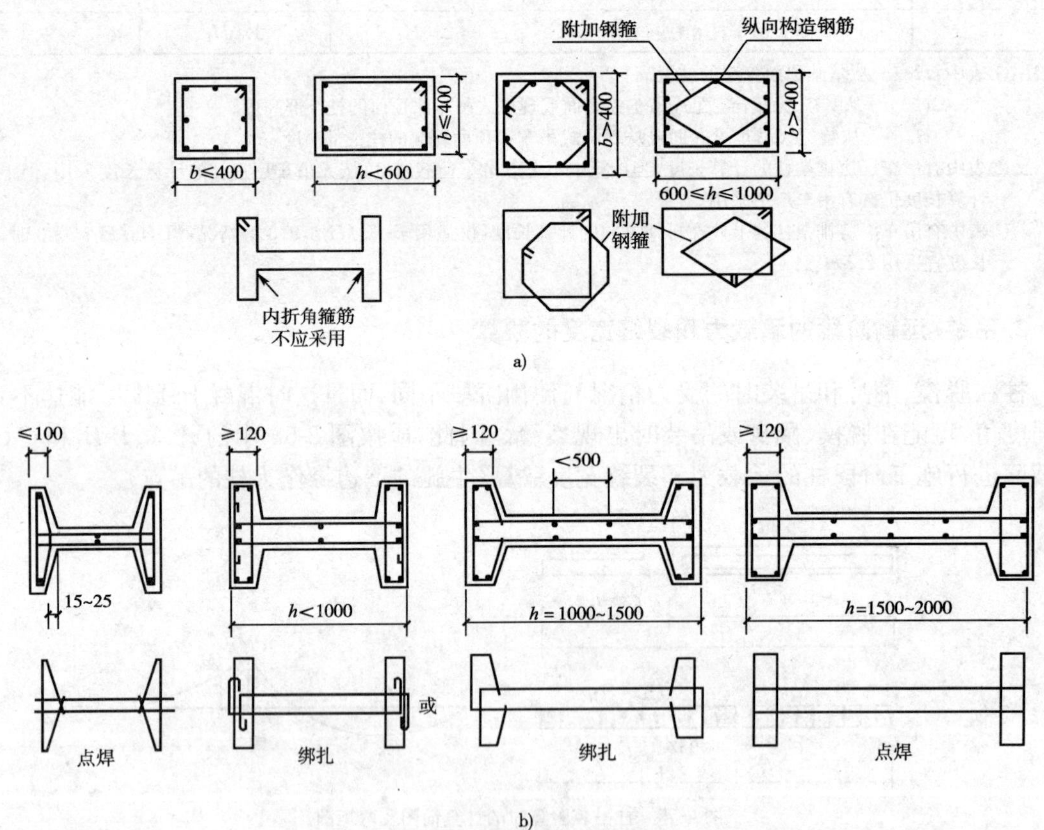

图 2-56　柱截面配筋构造(尺寸单位:mm)

a)矩形断面图;b)工字形断面图

(1)纵向受力钢筋的直径不宜小于 12mm,通常为 12～32mm。纵向受力钢筋要求放置在弯矩作用方向的两边。考虑到柱在排架平面外的弯曲,以及脱模、翻身、吊装时的横向受弯,截面的四角宜选配直径较大的钢筋。钢筋的净间距不应小于 50mm,当水平浇注混凝土上时应不小于 30mm。上、下柱的纵向受力筋应在牛腿顶面以下搭接。

(2)柱内箍筋应符合下列规定:柱内箍筋应为封闭式。箍筋间距不应大于 400mm 及柱截面的短边尺寸;且不应大于 15d,d 为纵向受力钢筋的最小直径;箍筋直径不应小于 d/4,且不应小于 6mm,d 为纵向受力钢筋的最大直径;当柱中纵向受力钢筋的配筋率超过 3%时,箍筋直径不应小于 8 mm,间距不应大于纵向受力钢筋最小直径的 10 倍,且应不大于 200mm,箍筋末端应做成 135°弯钩且弯钩末端平直段长度不应小于箍筋直径的 10 倍;箍筋也可焊成封闭环式。

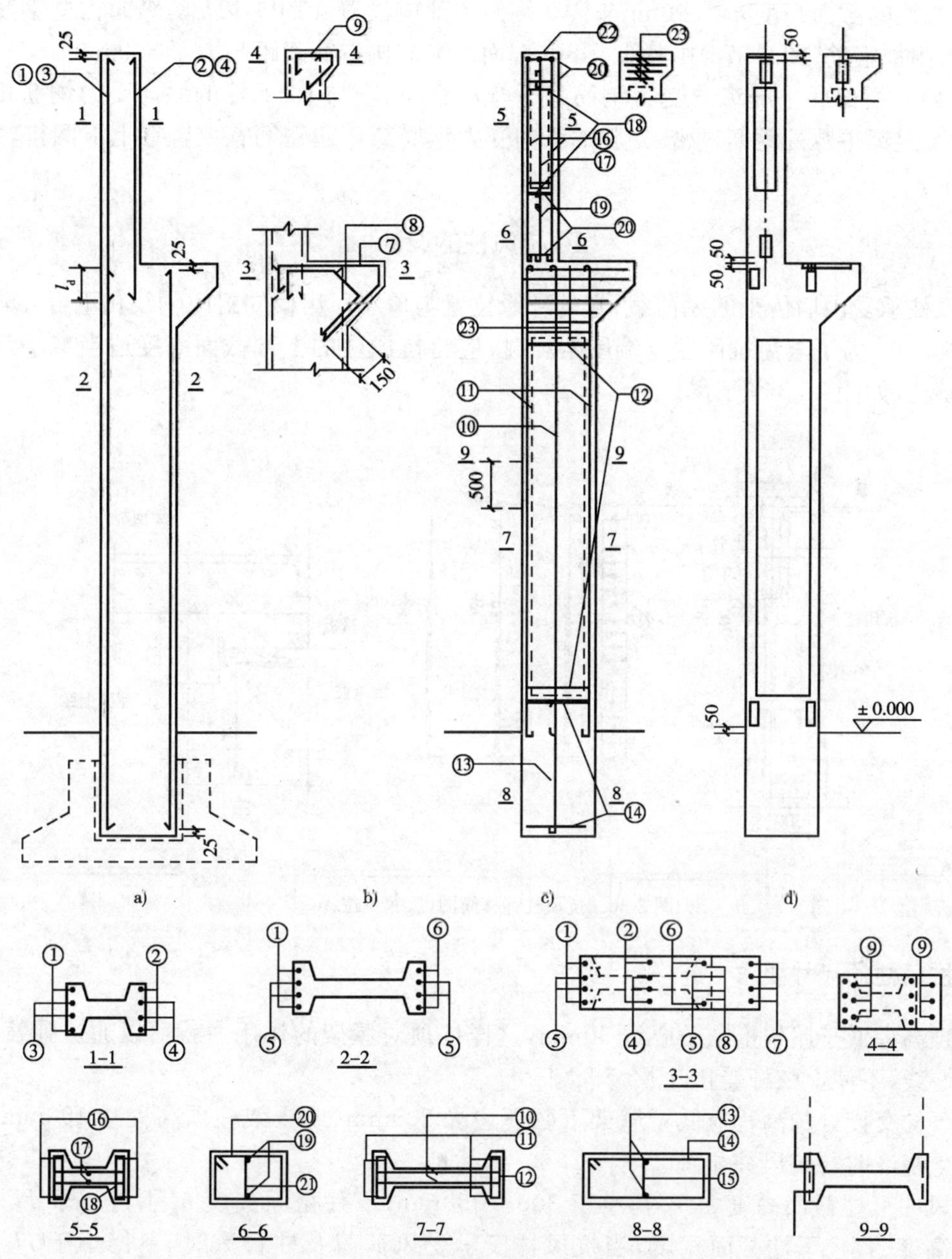

图 2-57 柱截面配筋构造(尺寸单位:mm)

柱内纵向受力钢筋搭接长度范围内箍筋的间距应加密,当搭接钢筋受拉时,其间距不应大于 5d,且不应大于 100mm;当搭接钢筋受压时,其间距不应大于 10d,且不应大于 200mm,d 为搭接钢筋的较小直径。

矩形截面箍筋形式如图 2-56a)所示。当柱每边纵向受力钢筋不多于 3 根(或当柱短边尺寸≤400mm,纵向受力筋不多于 4 根)时,可采用单个箍筋;否则应设置附加箍筋。

工字形截面箍筋形式如图 2-56b)所示,共 4 种。翼缘箍筋与腹板箍筋的关系以点焊成封闭环式为好。对于任何截面形状复杂的柱,都不可采用具有内折角的箍筋,避免这种箍筋受拉后产生外向的拉力,使弯折处的混凝土崩裂。

(3)当柱的截面高度 $h \geqslant 600$mm 时,在侧面中部应设置 Φ10～Φ16 的纵向构造钢筋,并相应地设置附加箍筋[图 2-57c)中 6-6 及 8-8 剖面],纵向构造筋间距不大于 500mm。

(4)伸入根部的牛腿纵向受力钢筋的下弯位置,不应与上、下柱的纵向受力钢筋相重合。同时,为了避免牛腿处钢筋过密,牛腿的纵向受力钢筋与弯起钢筋宜放置在上下两排,如图 2-57b)所示。

二、抗风柱的设计

抗风柱承受山墙传来的风荷载,它的外缘位置与单层厂房横向封闭轴线相重合,离屋架中心线 500mm。为了避免抗风柱与端屋架相碰,应将抗风柱的上部截面高度适当减小,形成变截面单阶柱,如图 2-58a)所示。

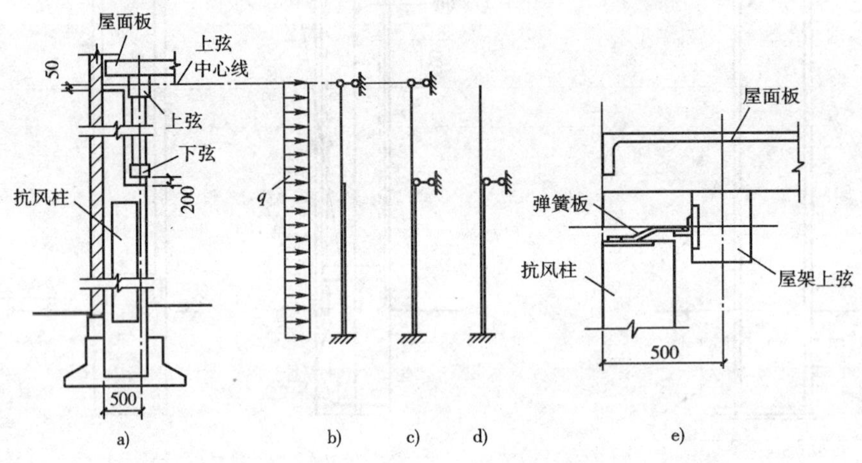

图 2-58　抗风柱计算简图(尺寸单位:mm)

1. 抗风柱的尺寸要求

柱顶高程低于屋架上弦中心线 50mm,这样柱顶对屋架的作用力就可以通过弹簧板传至上弦中心线,不使上弦杆受扭[图 2-58e)]。

上下柱交接处的高程应低于屋架下弦下边缘 200mm(或排架柱顶高程减 100mm),避免屋架产生挠度时与抗风柱相碰。

抗风柱上柱截面高度 h_0 不得小于 300～350mm;下柱截面高度 h_1 不得小于 $H_1/25$,H_1 为下柱高度。上、下柱截面宽度,当抗风柱仅承受风荷载及柱自重时,不得小于 $H_b/40$;当同时承受由连系梁传来的墙重时,不得小于 $H_b/30$(H_b 为抗风柱从基础顶面至柱平面外支承点的距离)。当满足以上要求时,可以认为已满足水平刚度的要求,不必再进行水平侧移的验算。

2. 抗风柱的内力计算

1)计算简图

抗风柱顶部一般支承在端屋架的上弦节点处。由于屋盖的纵向水平刚度很大,支承点可视作不动铰支座。柱子底部支承于基础顶面,视为固定支座,如图 2-58b)所示。当屋架下弦设置了横向水平支撑时,也可将抗风柱与屋架下弦连接,作为抗风柱的另一不动铰支座,如图 2-58c)或 d)所示。

当山墙重量由基础梁承受时,抗风柱主要承受风荷载(柱自重忽略),这时,抗风柱可作为变截面受弯构件计算。当山墙重量由连系梁承受时,抗风柱除承受风荷载外,还承受由连系梁传来的墙体重量,这时,抗风柱应作为变截面压弯构件计算。有时按生产工艺要求,在山墙半高处增设水平抗风梁或水平抗风桁架,这时抗风梁(或桁架)也是抗风柱的另一支座。

2)作用于抗风柱上的风荷载

一般考虑为沿抗风柱竖向均匀分布,用下式表示

$$q = \mu_s \mu_z w_0 s \tag{2-27}$$

式中:μ_s——风载体型系数,取 0.8;

μ_z——风压高度变化系数,取与抗风柱顶高程相应的值;

w_0——基本风压,由《建筑结构荷载规范》(GB 50009—2012)查得;

s——抗风柱承受风载面的宽度,一般为 6.0m。

三、牛腿设计

在单层厂房中,常采用柱侧伸出的牛腿来支承屋架(屋面梁)、吊车梁等构件。牛腿本身很小,却承受着很大的集中荷载,还承受吊车荷载的动力作用。所以在设计柱时,必须重视牛腿的设计,保证对它的承载力和抗裂性要求。牛腿设计的主要内容包括确定牛腿的截面尺寸、配筋计算和构造设计。

牛腿按照集中力作用线至下柱边缘的距离 a(图 2-59)分为两种:当 $a > h_0$ 时,为长牛腿,按悬臂梁进行设计;当 $a \leq h_0$ 时,为短牛腿,按本节讨论的方法进行设计。这里 h_0 是牛腿截面的有效高度。

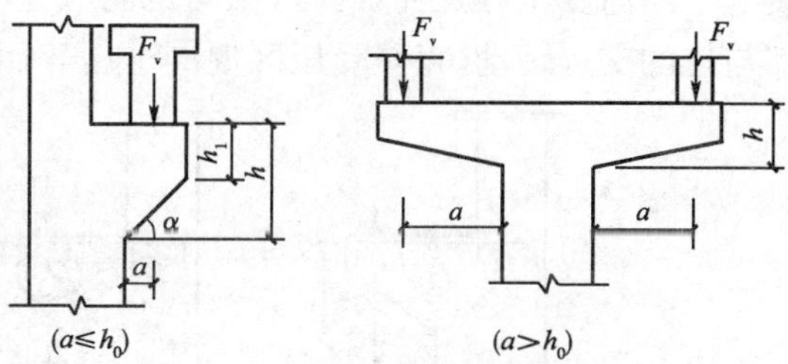

图 2-59 牛腿分类简图

1. 牛腿的受力特点和破坏形态

牛腿计算理论是在大量工程实践和科学试验的基础上建立的。牛腿在荷载作用下大体经历弹性阶段、裂缝出现与开展阶段以及破坏阶段。

1)弹性阶段的应力分布

根据光弹性试验得到牛腿及柱中的主应力轨迹分布,如图 2-60 所示。由图可见,牛腿顶部上边缘附近的主拉应力轨迹线大体上与上边缘平行,轨迹线间距变化不大,表明牛腿上表面的拉应力沿长度方向的分布比较均匀。牛腿斜边附近的主压应力轨迹线大体与 ab 连线平行,轨迹线间距变化也不大,表明沿 ab 连线的压应力分布亦比较均匀。另外,上柱根部与牛腿交界处存在应力集中现象。

2)裂缝的出现与开展

试验表明(图 2-61),在极限荷载的 20%~40%时首先出现自上而下的竖向裂缝①,一般开展很细,对牛腿的受力性能影响不大;大约在极限荷载的 40%~60%时,在加载垫板内侧附近产生第一条斜裂缝②,其方向大体与主压应力轨迹线平行(图 2-60)。在此后的几级荷载作用下,除这条斜裂缝不断发展外,几乎不再出现第二条斜裂缝,直到接近破坏时(约为极限荷载的 80%),突然出现第二条斜裂缝③,这预示牛腿即将破坏。在牛腿使用过程中,所谓不允许出现斜裂缝均指裂缝②而言,它是控制牛腿截面尺寸的主要依据。

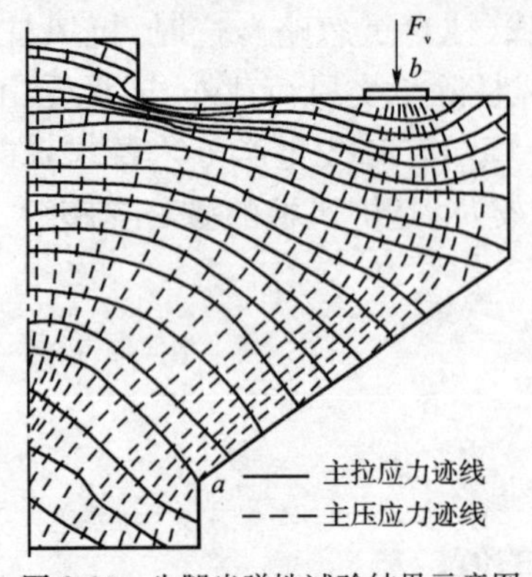

图 2-60 牛腿光弹性试验结果示意图

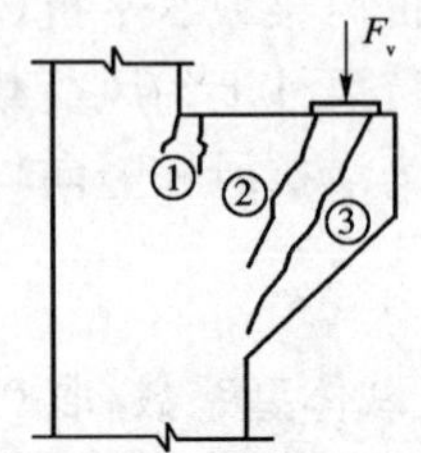

图 2-61 牛腿裂缝示意图

试验证明,a/h_0 值是影响斜裂缝出现迟早的主要参数。随 a/h_0 值的增加,出现斜裂缝的荷载不断减小。这是因为 a/h_0 值增加,水平方向的应力 σ_x 也增加,而垂直方向的应力 σ_y 减小,因此主拉应力增大,斜裂缝提早出现。

3)破坏形态

(1)弯曲破坏。当 $1\geqslant\frac{a}{h_0}>0.75$ 和纵向配筋率较低时,在斜裂缝②出现后,随着荷载增加,裂缝不断向受压区延伸,同时,纵向钢筋应力不断增加以至屈服。斜裂缝②外侧部分绕牛腿下部与柱的交点转动,直至受压区混凝土压碎而引起破坏,如图 2-62a)所示。

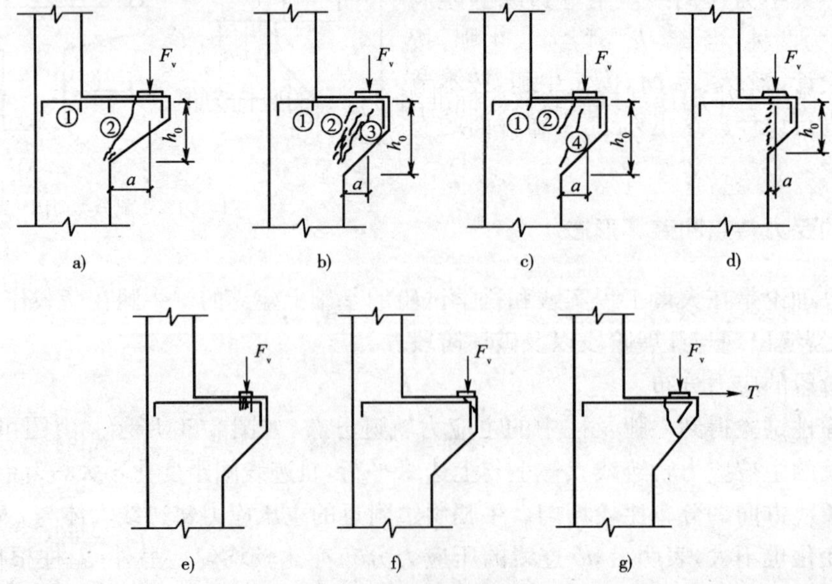

图 2-62 牛腿的破坏形态

(2)斜压破坏。当$\frac{a}{h_0}=0.1\sim0.75$时，在斜裂缝②出现后，随着荷载增加，继续加载至临近破坏前，斜裂缝②外侧出现大量短而细的斜裂缝。当这些斜裂缝贯通时，斜裂缝②和③间斜向主应力超过混凝土的抗压强度，混凝土表面脱落，牛腿发生破坏，如图 2-62b)所示。有时牛腿中不出现短而细的斜裂缝，而是在加载板下部突然出现一条通长的斜裂缝④，牛腿即沿此截面破坏，如图 2-62c)所示。

(3)剪切破坏。当$\frac{a}{h_0}\leqslant0.1$时，在牛腿与下柱交接面上出现一系列短的斜裂缝，最后沿此裂缝把牛腿从柱上切下而破坏，如图 2-62d)所示。

以上是牛腿的 3 种主要破坏形态。此外，还有由于加载板过小、过柔或牛腿的宽度过窄，致使加载板下发生混凝土局部压碎的破坏，如图 2-62e)所示；由于荷载太靠近牛腿外边缘，受拉纵筋锚固不良而被拔出的撕裂破坏，或混凝土保护层脱落，如图 2-62f)所示；由于存在垂直荷载和较大水平荷载的共同作用，而牛腿外侧高度过小在加载板内侧发生牛腿根部受拉破坏等，如图 2-62g)所示。

为了防止上述各种破坏，牛腿应有足够大的截面，配置足够的钢筋，并要满足一系列的构造要求。但是从弯压和斜压破坏形态看，破坏裂缝的出现是在斜裂缝②形成以后。所以，控制斜裂缝②的出现和开展，是确定牛腿截面尺寸和进行承载力计算的主要依据。

2. 牛腿设计

牛腿设计的主要内容包括确定牛腿截面尺寸、承载力计算和配筋构造。

1)牛腿截面尺寸的确定

试验表明，影响牛腿裂缝出现的因素，除了截面尺寸和混凝土抗拉强度外，还有 a/h_0 值。因此，牛腿截面尺寸的确定，一般以斜截面的抗裂度为控制条件，即以控制其在使用阶段不出现或仅出现细微斜裂缝为准。这是因为牛腿出现裂缝后易给人以不安全感，同时加固也比较困难。牛腿的截面尺寸应符合下列公式的要求

$$F_{vk}\leqslant\beta\left(1-0.5\frac{F_{hk}}{F_{vk}}\right)\frac{f_{tk}bh_0}{0.5+\dfrac{a}{h_0}} \tag{2-28}$$

式中：F_{vk}——作用于牛腿顶部按荷载效应标准组合计算的竖向力值；

F_{hk}——作用于牛腿顶部按荷载效应标准组合计算的水平拉力值；

β——裂缝控制系数，对支承吊车梁的牛腿，取 $\beta=0.65$；对其他牛腿，取 $\beta=0.80$；

a——竖向力的作用点至下柱边缘的水平距离，此时，应考虑安装偏差 20mm；竖向力作用点仍位于下柱截面以内时，取 $a=0$；

b——牛腿宽度，通常与柱的宽度相等；

h_0——牛腿与下柱交接处的垂直截面有效高度，取 $h_0=h_1-a_s+c\times\tan\alpha$，当 $\alpha>45°$时，取 $\alpha=45°$。

除上式要求外，牛腿的外边缘高度 h_1，不应小于 $h/3$，且不应小于 200mm；牛腿的受压面在竖向力值 F_{vs}作用下，其局部受压应力不应超过 $0.75f_c$，否则应采取加大受压面积、提高混凝土强度等级或设置钢筋网等有效措施。

2)牛腿的承载力计算

试验表明，牛腿在斜裂缝②出现后，加载板内侧钢筋应力骤增。破坏时沿牛腿上边缘全长

应力分布趋于均匀，在配筋率不大时，钢筋可以屈服。而混凝土的斜向压应力则较集中地均匀分布在斜裂缝②外侧的一个压力带内。因此，牛腿可近似看作是以纵筋为水平拉杆，以混凝土压力带为斜压杆的三角形桁架，如图 2-63 所示。破坏时，纵筋应力达到或接近屈服强度，斜压杆内的应力达到混凝土轴心抗压强度。

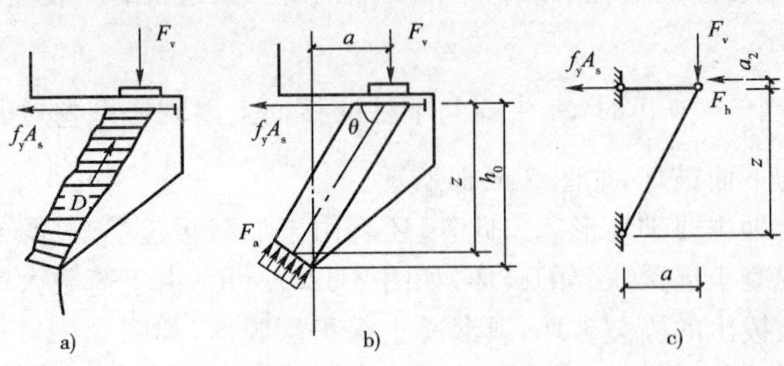

图 2-63 牛腿承载力计算简图

由图 2-63 根据力矩平衡条件可得

$$f_y A_s z = F_v a + F_h (z + a_s) \tag{2-29}$$

若近似取 $z = 0.85h_0$，则有

$$A_s \geqslant \frac{F_v a}{0.85 f_y h_0} + \left(1 + \frac{a_s}{0.85h_0}\right)\frac{F_h}{f_y} \tag{2-30}$$

式(2-30)中的 $a_s/(0.85h_0)$ 可近似取为 0.2，于是有

$$A_s \geqslant \frac{F_v a}{0.85 f_y h_0} + 1.2\frac{F_h}{f_y} \tag{2-31}$$

当 $a < 0.3h_0$ 时，取 $a = 0.3h_0$。

式中：F_v——作用在牛腿顶部的竖向力设计值；

F_h——作用在牛腿顶部的水平拉力设计值。

纵向受力钢筋宜采用 HRB400 级或 HRB500 级钢筋，其锚固长度应符合《混凝土结构设计规范》(GB 50010—2010)对梁的上部钢筋的有关规定。承受竖向力所需的纵向受拉钢筋的配筋率，按牛腿有效截面计算不应小于 0.2%及 $0.45f_t/f_y$，也不宜大于 0.6%，且根数不宜少于 4 根，直径不宜小于 12mm。纵向受拉钢筋不得兼作弯起钢筋。承受水平拉力的锚筋应焊在预埋件上，且不应少于 2 根，直径不应小于 12mm。

3)配筋构造

牛腿中除应按计算配置纵向受拉钢筋外，还应配置水平箍筋。《混凝土结构设计规范》(GB 50010—2010)规定：水平箍筋的直径应取 6～12mm，间距为 100～150mm，且在上部 $2h_0/3$ 范围内的水平箍筋总截面面积不应小于承受竖向力的受拉钢筋截面面积的 1/2。

当牛腿的剪跨比 $a/h_0 \geqslant 0.3$ 时，应设置弯起钢筋，弯起钢筋宜采用 HRB400 级或 HRB500 级钢筋，并宜设置在牛腿上部 $l/6 \sim l/2$ 之间的范围内，如图 2-64 所示。其截面面积不应小于承受竖向力的受拉钢筋截面面积的 1/2，根数不宜少于 2 根，直径不应小于 12mm。

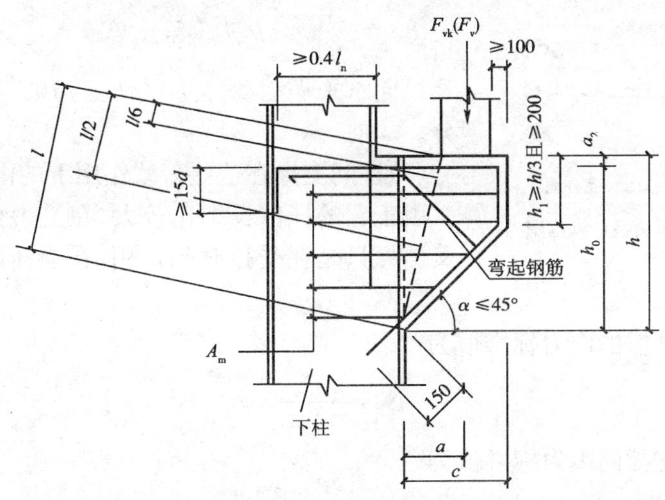

图 2-64　牛腿的尺寸和钢筋配置(尺寸单位:mm)

四、柱间支撑的设计

柱间支撑一般由钢杆件(型钢或钢管)组成。上柱柱间支撑的上下节点分别在上柱的柱顶和下柱的柱顶根部附近;下柱柱间支撑的上下节点分别在牛腿顶面和室内地面高程(或基础顶面)附近,如图 2-65a)所示。当下柱柱间支撑的下节点离基础顶面较远时,应考虑柱间支撑受载后对柱子产生的附加弯矩。

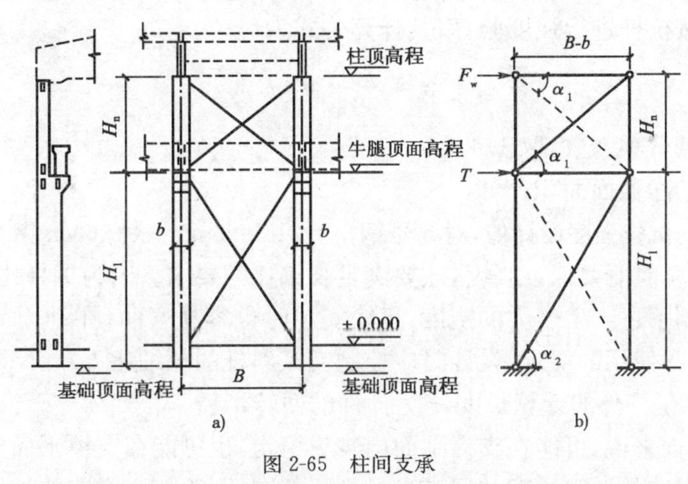

图 2-65　柱间支承

a)实际受力图;b)计算简图

1. 柱间支撑的计算

(1)计算柱间支撑时取一个伸缩缝区段为计算单元,其受风面积分两部分:屋架下弦以上面积,包括下弦以上的山墙面积 A_1 和天窗外形面积 A_2;屋架下弦以下面积 A_3 的 3/8,如图 2-66 所示。风压体型系数的取法:当该伸缩缝区段有两面封闭山墙时,$\mu_s=0.8+0.5=1.3$;当只有一面封闭山墙,另一端为伸缩缝时,$\mu_s=0.8$。风压高度变化系数的取法:对 A_1、A_2,取天窗檐口高程算得的 μ_{z1};对 A_3,取柱顶标高算得的 μ_{z2}。因此,图 2-66 所示厂房每列柱所受风荷载为

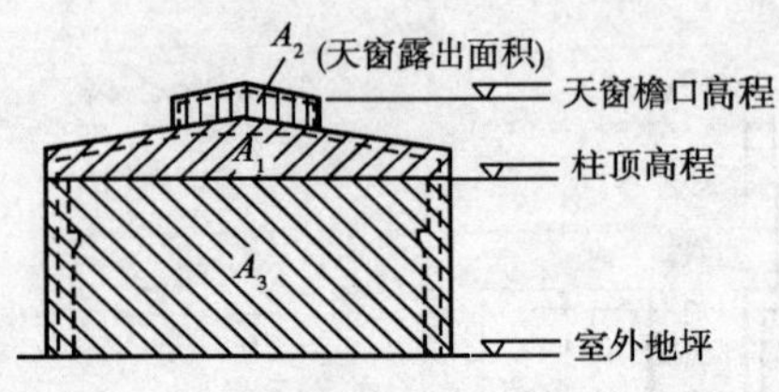

图 2-66 柱间支承的风荷载计算范围

$$F_w = \frac{1}{2} \times \left[\mu_s \mu_{z1}(A_1 + A_2) + \frac{3}{8} \mu_s \mu_{z2} A_3 \right] \tag{2-32}$$

纵向水平平制动力 $T = nP_{max}/10$。具体参见吊车荷载部分。

(2)柱间支撑在这些荷载作用下的内力，按铰接桁架计算。由于它的杆件长细比较大，在受力分析时认为支撑的交叉斜杆只是在受拉时起作用，在受压时不起作用。所以计算简图如图 2-65b)所示。

①上柱的柱间支撑的内力标准值为

$$N = \frac{F_w}{\cos\alpha_1} \tag{2-33}$$

②下柱的柱间支撑的内力标准值为

当为单片支撑时

$$N = \frac{0.85(F_w + T)}{\cos\alpha_2} \tag{2-34}$$

当为双片支撑时

$$N = \frac{0.85(0.5F_w + T)}{\cos\alpha_2} \tag{2-35}$$

式中：0.85——组合系数；

α_1、α_2——交叉斜杆与水平线的夹角，一般取 25°～60°。

(3)交叉斜杆按拉杆进行强度验算，其计算公式为

$$\sigma = \frac{\gamma_Q N}{A_n} \leqslant f \tag{2-36}$$

式中：γ_Q——活荷载分项系数，取 1.4；

A_n——杆件的净截面面积；

f——钢材的抗拉强度设计值，对 3 号钢，$f = 215\text{kN/mm}^2$；对 16Mn 钢 $f = 315\text{kN/mm}^2$。

在设计交叉斜杆时既要保证强度，还要满足长细比的要求。因为钢杆比较细长，除了容易压弯外，在自重作用下还产生过大的挠度；运输安装时也容易弯曲；在动力荷载下还容易引起振动。为了满足正常使用的要求，设计时应控制交叉斜杆的长细比 l_0/r 不得超过表 2-13 的容许长细比。这里 l_0 是杆件的计算长度，r 为杆件的回转半径。

对于每一个杆件来说，可能在支撑平面内丧失稳定，也可能在支撑平面外丧失稳定。一般情况下，杆件两个方向的计算长度和回转半径都不相同，因此两个方向的长细比都要验算。

交叉斜杆在平面内的计算长度取节点中心到交叉点的距离。在支撑平面外计算长度按下列规定采用：

①压杆：

当相交的另一杆受拉，且两杆均不中断　　0.5l

当相交的另一杆受拉，两杆中有一杆中断并以节点板搭接　　0.7l

其他情况　　l

②拉杆：　　l

其中，l 为节点的中心距离(交叉点不作为节点考虑)。

杆件回转半径的算法：当采用单角钢时，用角钢的最小回转半径；当验算角钢在支撑平面外的长细比时，用对角钢肢边平行轴的回转半径；当采用组合截面时，要根据组合截面来求回转半径。柱间支撑杆件的容许长细比见表 2-12。

柱间支撑杆件的容许长细比 表 2-12

支撑种类	受压	受拉
吊车梁以下的柱间支撑杆件	150	300(200)
上柱柱间支撑及其他支撑杆件	200	400(350)

注：括号内的数值用于有重级工作制吊车的厂房。

2. 柱间支撑的构造做法

上柱柱间支撑的杆件一般可用单角钢做成。下柱柱间支撑的杆件较长，宜采用组合角钢截面，即采用两片单角钢做成的斜交叉杆，其间用钢板或角钢做成缀条，缀条的间距不大于 $80r_x$。r_x 为角钢对平行于缀条平面主轴的回转半径，如图 2-67c)所示。

柱间支撑通过预埋件 M 与柱连接。预埋件 M 由钢板和锚筋组成，如图 2-67d)所示，在施工时埋设于混凝土中，埋件根据计算需要确定。柱间支撑预埋件的钢板一般取 12mm 厚，100～120mm 宽，采用 3 号钢；锚筋取 6～8 根，一般采用 HRB335 级钢筋。预埋件与支撑杆件间采用现场安装法连接。

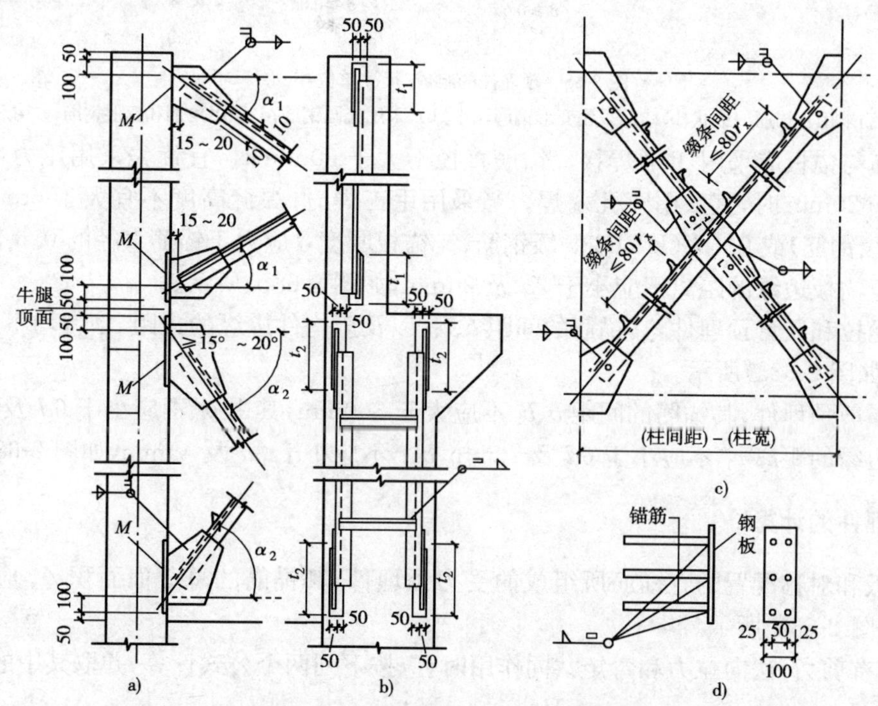

图 2-67 柱间支撑构造(尺寸单位：mm)

a)支撑与柱的连接；b)1-1；c)柱间支撑；d)埋件图

由于在计算支撑内力时，假定各轴线汇交于一点，因此在构造上宜使各杆件的形心线都在节点处汇交，以免引起附加弯矩。但是，因支撑杆件受力较小，通常可将交叉斜杆的轴线汇交在柱边，以减小节点板的尺寸。一般交叉斜杆与柱边的交点设置在上柱顶面以下，牛腿顶面上下，以及室内地面高程以上约 150mm 处，如图 2-67a)所示。在节点处，角钢端部通常垂直于杆件的轴线，并与预埋件间有15～20mm距离，以便进行现场焊接。节点板的尺寸，应根据焊缝需要而定，但外形力求简单整齐，水平线与杆件边线夹角不应小于15°～20°。此外，为了安装时的临时固定，需加设安装螺栓，直径一般采用12mm以上，位置如图2-67a)所示。

五、预埋件设计

1. 预埋件的组成与构造要求

预埋件由锚板、锚筋焊接而成。锚板宜采用可焊性及塑性良好的HPB235级钢制成；锚筋应尽量采用HRB335级钢筋。若锚筋采用光圆钢筋时，受力预埋件的端头须加弯钩。不允许用冷加工钢筋做锚筋。在多数情况下，锚筋采用直锚筋的形状，如图2-68a)、b)、c)所示，有时也可采用弯折锚筋的形状，如图2-68d)、e)所示。

预埋件的受力直锚筋不宜少于4根，且不宜多于4层；其直径不宜小于8mm，也不大于25mm。受剪预埋件的直钢筋允许采用2根。

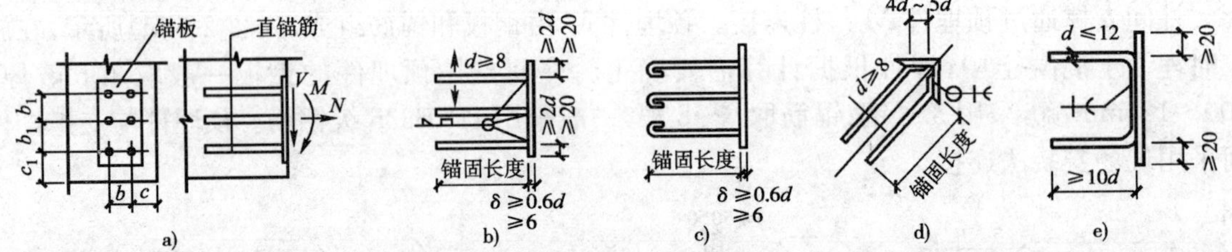

图2-68 预埋件的组成(尺寸单位:mm)

a)锚板及锚筋采用直锚筋的形状;b)锚筋采用变形钢筋;c)同b),采用光圆钢筋;d)采用角钢和变形钢筋;e)构造用预埋件

直锚筋与锚板应采用T形焊接。锚筋直径不大于20mm时，宜优先采用压力埋弧焊；锚筋直径大于20mm时，宜采用穿孔塞焊。当采用手工焊时，焊缝高度不宜大于6mm及0.5d(HPB235级钢筋)或0.6d(HRB335级钢筋)。锚板厚度δ应大于锚筋直径的0.6倍，预埋件锚筋中心至锚板边缘的距离不应小于2d及20mm，如图2-68b)所示。

对于受拉和受弯预埋件，其锚筋的间距b、b_1，以及至构件边缘的边距c、c_1，均不应小于3d及45mm，如图2-68a)所示。

对于受剪预埋件，其锚筋的间距b、b_1不应大于300mm，其中b_1不应小于6d及70mm，锚筋至构件边缘的距离c_1不应小于6d及70mm，b、c不应小于3d及45mm，如图2-68a)所示。

2. 顶埋件的计算

由锚板和对称配置的直锚筋所组成的受力预埋件，其锚筋的总截面面积A_s应按下列公式计算，如图2-68a)所示。

(1)当有剪力、法向拉力和弯矩共同作用时，应按下列两个公式计算，并取其中的较大值。

$$A_s \geqslant \frac{V}{\alpha_r\alpha_v f_y}+\frac{N}{0.8\alpha_b f_y}+\frac{M}{1.3\alpha_r\alpha_b f_y z} \tag{2-37}$$

$$A_s \geqslant \frac{N}{0.8\alpha_b f_y}+\frac{M}{0.4\alpha_r\alpha_b f_y z} \tag{2-38}$$

(2)当有剪力、法向压力和弯矩共同作用时，应按下列两个公式计算，并取其中的较大值。

$$A_s \geqslant \frac{V-0.3N}{\alpha_r\alpha_v f_y}+\frac{M-0.4Nz}{1.3\alpha_r\alpha_b f_y z} \tag{2-39}$$

$$A_s \geqslant \frac{M-0.4Nz}{0.4\alpha_r\alpha_b f_y z} \tag{2-40}$$

当 $M<0.4Nz$ 时，取 $M-0.4Nz=0$ 时。

式中：V——剪力设计值；

M——弯矩设计值；

N——法向拉力或法向压力设计值，法向压力设计值应符合 $N\leqslant 0.5f_cA$，此处，A 为锚板的面积；

α_r——锚筋层数的影响系数，当等间距配置时，二层取 1.0，三层取 0.9，四层取 0.85；

α_b——锚筋的受剪承载力系数，$\alpha_v=(4.0-0.08d)\sqrt{\frac{f_c}{f_y}}$，$\alpha_b>0.7$ 时，取 $=0.7$；

d——锚筋的直径；

α_b——锚板弯曲变形的折减系数，$\alpha_b=0.6+0.25\frac{t}{d}$；

t——锚板厚度；

z——外层锚筋中心线之间的距离。

(3)由锚板和对称配置的弯折钢筋与直锚筋共同承受剪力的预埋件，如图 2-69 所示。其弯折锚筋与钢筋间的夹角，不宜小于 15°，也不宜大于 45°；其弯折锚筋的截面面积 A_{sb} 可按下列公式计算中心。

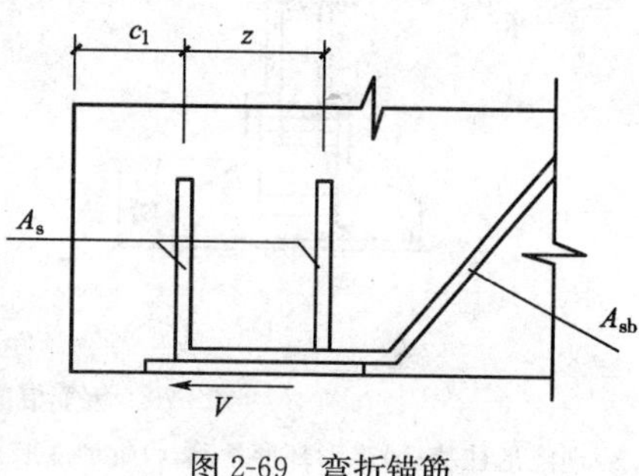

图 2-69 弯折锚筋

$$A_{sb} \geqslant 1.4\frac{V}{f_y}-1.25\alpha_v A_s \tag{2-41}$$

当直锚筋按构造要求设置时，取 $A_s=0$。

第六节 柱下单独基础的设计

一、概 述

柱下基础是单层厂房中重要的受力构件，因为上部结构的荷载是通过基础传给地基的。柱下基础的类型有多种，如独立基础、条形基础、十字交叉基础、筏板基础、桩基础等。本节只讨论单层厂房柱下钢筋混凝土独立基础。

钢筋混凝土独立基础有很多形式，一般常用的有锥形、杯形、阶梯形、柱式、长颈杯形和双柱杯形基础等五种，如图 2-70 所示；按施工方法，可分为预制柱下独立基础和现浇柱下独立基础。

二、柱下独立基础设计

柱下独立基础设计采用常规设计方法，将排架柱底当作基础的固定支座，地基土净反力当作荷载。其主要内容为：按地基承载力确定基础底面尺寸；根据受冲切承载力、受剪切承载力的计算确定基础高度和变阶处的高度；按基础受弯承载力计算底板配筋；构造处理及绘制施工图。

当上部结构荷载大，地基土质差，对不均匀沉降要求严的厂房，一般采用桩基础。

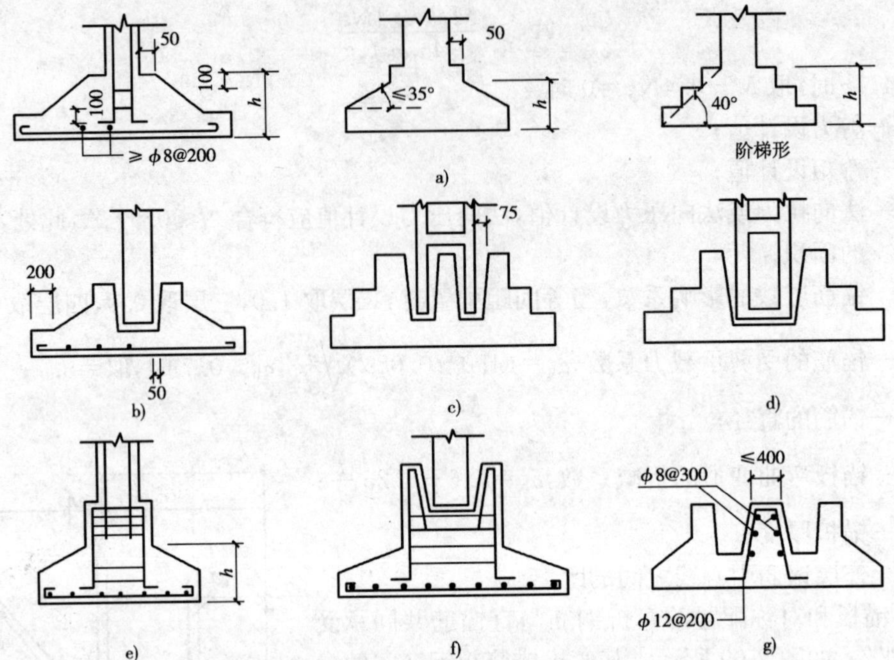

图 2-70　钢筋混凝土柱下独立基础分类和构造图(尺寸单位:mm)

a)现浇形柱基;b)锥形杯形基础;c)阶形双肢柱杯形基础;d)阶形双肢柱单杯基础;e)柱式基础;f)长颈杯形基础;g)双柱杯形基础

1. 底面尺寸的确定

基础底面尺寸是根据地基承载力条件、地基变形条件和上部结构荷载条件确定的。由于柱下独立基础的底面积不太大,故假定基础是绝对刚性且地基土反力为线性分布。

1)轴心受压柱下基础

轴心受压时,假定基础底面的压力为均匀分布,如图 2-71 所示,设计时应满足下式:

$$p_k = \frac{F_k + G_k}{A} \leqslant f_a \tag{2-42}$$

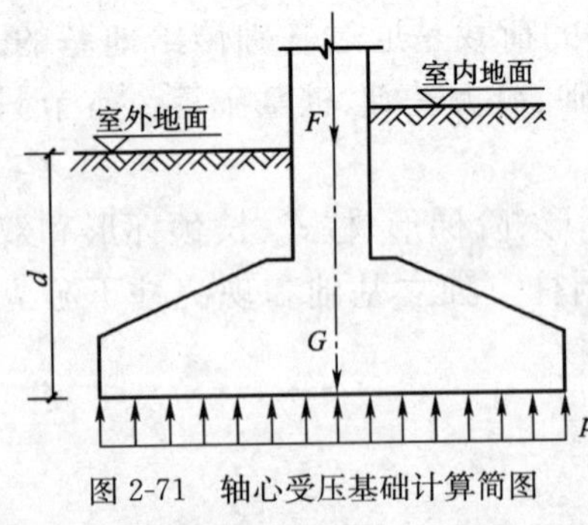

图 2-71　轴心受压基础计算简图

式中:F_k——上部结构传至基础顶面的竖向力设计值;

G_k——基础自重设计值和基础上的土自重;

A——基础底面面积;

f_a——修正后的地基承载力特征值,按《建筑地基基础设计规范》(GB 50007—2011)(以下简称《地基规范》)第 5.2.4 条规定采用。

设 d 为基础埋置深度,并设基础自重和其上土重的平均重度为 γ_G(可近似取 $\gamma_G = 20\text{kN/m}^3$),则 $G_k = \gamma_G d A$,代入上式可得

$$A = \frac{F_k}{f_a - \gamma_G d} \tag{2-43}$$

设计时先按式(2-43)算得 A,再选定基础底面积的一个边长 b,即可求得另一边长 $l = A/b$,当采用正方形时,$b = l = \sqrt{A}$。

对于安全等级为一级的建筑物及《建筑地基基础设计规范》(GB 50007—2011)第 3.0.2 条规定的丙级建筑物，除应根据上述地基承载力确定基础底面尺寸外，还须经地基变形验算后确定。

2)偏心受压柱基础

在偏心荷载作用下，假定基础底面的压力按线性非均匀分布，如图 2-72 所示，这时基础底面边缘的最大和最小压应力可按下式计算

$$p_{\mathrm{kmax}}=\frac{F_{\mathrm{k}}+G_{\mathrm{k}}}{A}+\frac{M_{\mathrm{k}}}{W} \tag{2-44}$$

$$p_{\mathrm{kmin}}=\frac{F_{\mathrm{k}}+G_{\mathrm{k}}}{A}-\frac{M_{\mathrm{k}}}{W} \tag{2-45}$$

式中：M_{k}——相应于荷载效应标准组合时，作用于基础底面的力矩值；

W——基础底面的抵抗矩，$W=bl^2/6$。

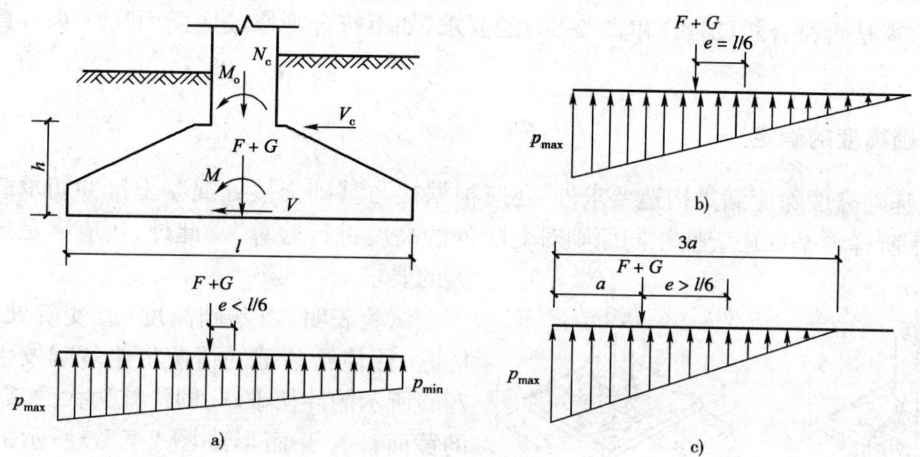

图 2-72 偏心受压基础计算简图

令 $e=M_{\mathrm{k}}/(F_{\mathrm{k}}+G_{\mathrm{k}})$，并将 $W=bl^2/6$ 代入式(2-44)得

$$p_{\mathrm{kmax}}=\frac{F_{\mathrm{k}}+G_{\mathrm{k}}}{lb}\left(1+\frac{6e}{l}\right) \tag{2-46}$$

$$p_{\mathrm{kmin}}=\frac{F_{\mathrm{k}}+G_{\mathrm{k}}}{lb}\left(1-\frac{6e}{l}\right) \tag{2-47}$$

由式(2-46)、式(2-47)可知，当 $e<l/6$ 时，$p_{\min}>0$，这时地基反力分布图形为梯形，如图 2-72a)所示。当 $e=l/6$，$p_{\min}=0$，地基反力分布图形为三角形，如图 2-72b)所示。当 $e>l/6$ 时，$p_{\min}<0$，如图 2-72c)所示。这说明基础底面的一部分将产生拉应力。但由于基础与地基的接触面是不可能受拉的，所以这部分基础底面与地基之间是脱离的，而使基底压力重新分布，也即这时承受地基反力的基础底面积不是 bl 而是 $3al$。因此，p_{kmax} 不能按式(2-46)计算，而应按下式计算

$$p_{\mathrm{kmax}}=\frac{2(F_{\mathrm{k}}+G_{\mathrm{k}})}{3al} \tag{2-48}$$

式中：a——合力作用点至基础底面最大压力边缘的距离，$a=\frac{l}{2}-e$；

l——力矩作用方向的基础底面边长，矩形基础的长边；

b——垂直于力矩作用方向的基础底面边长，矩形基础的短边。

在确定偏心受压柱下基础底面尺寸时，应同时符合下列两个要求

$$p_{k}=\frac{p_{kmax}+p_{kmin}}{2}\leqslant f_{a} \tag{2-49}$$

$$p_{kmax}\leqslant 1.2f_{a} \tag{2-50}$$

式(2-50)中将地基承载力设计值提高20%的原因，是因为 p_{kmax} 只在基础边缘的局部范围内出现，而且 p_{kmax} 中的大部分是由活荷载而不是恒荷载产生的。

确定偏心受压基础底面尺寸一般采用试算法，其步骤如下：

(1)按轴心受压基础的公式(2-43)计算基础底面面积 A_1。

(2)考虑偏心影响，将基础底面面积 A_1 增大10%～40%，即 $A=(1.1\sim1.4)A_1$。

(3)按式(2-44)和式(2-45)计算基底边缘最大和最小压应力；

(4)验算是否符合式(2-49)和式(2-50)的要求，如不符合则修改底面而尺寸 b、l，直到符合为止。

2. 基础高度的确定

独立基础高度除应满足构造要求外，还应根据柱与基础交接处混凝土抗冲切承载力要求确定(对于阶梯形基础还应按相同原则对变阶处的高度进行验算)。此外，还应满足抗剪承载力的要求。

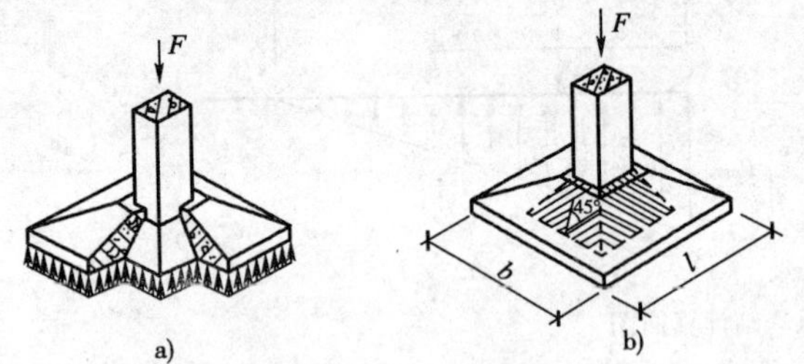

图 2-73　独立基础冲切破

a)冲切破坏模式 I；b)冲切破坏模式 II

试验表明，当基础高度(或变阶处高度)不够时，柱传给基础的荷载将使基础发生如图2-73a)所示的冲切破坏，即沿柱边大致成45°方向的截面被拉开而形成图2-73b)所示的角锥体(阴影部分)破坏。为了防止冲切破坏，必须使冲切面外的地基反力所产生的冲切力 F_l 小于或等于冲切面处混凝土的抗冲切承载力。

对矩形截面柱的矩形基础，在柱与基础交接处以及基础变阶处的受冲切承载力可按下列公式计算，如图2-74所示。

$$F_{l}\leqslant 0.7\beta_{h}f_{t}b_{m}h_{0} \tag{2-51}$$

$$F_{l}=p_{s}A \tag{2-52}$$

$$b_{m}=\frac{b_{t}+b_{b}}{2} \tag{2-53}$$

式中：F_l——柱与基础交接处以及基础变阶处的冲切承载力设计值；

b_t——冲切破坏锥体最不利一侧斜截面的上边长：当计算柱与基础交接处的受冲切承载力时，取柱宽；当计算基础变阶处的受冲切承载力时，取上阶宽；

b_b——柱与基础交接处或基础变阶处的冲切破坏锥体最不利一侧斜截面的下边长，$b_b=b_t+2h_0$；

h_0——柱与基础交接处或基础变阶处的截面有效高度，取两个配筋方向的截面有效高度的平均值；

f_t——混凝土轴心抗拉强度设计值。按《混凝土结构设计规范》(GB 50010—2010)表4.1.4采用；

A——考虑冲切荷载时取用的多边形面积(图2-74中的阴影面积$ABCDEF$)；

p_s——按荷载效应基本组合计算并考虑结构重要性系数的基础底面地基反力设计值(扣除基础自重及其上的土自重)，当为偏心受力时，可取用最大的地基反力设计值。

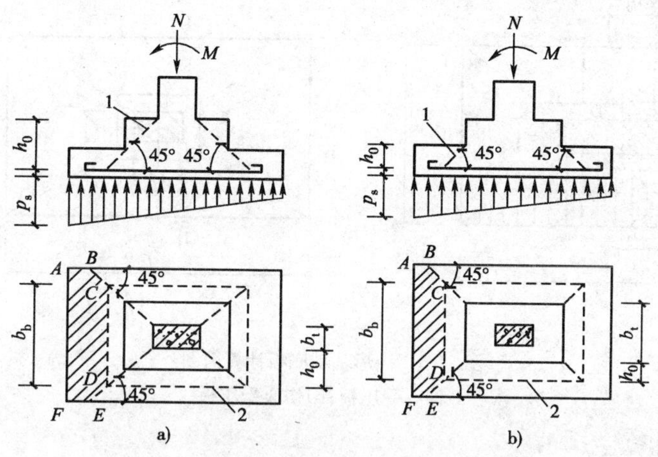

图2-74　计算阶形基础的受冲切承载力截面位置

a)柱与基础交接处；b)基础变阶处

1-冲切破坏锥体最不利一侧的斜截面；2-冲切破坏锥体的底面线

对于受剪切承载力，可按下式计算

$$V \leqslant 0.7\beta_h f_t b h_0 \tag{2-54}$$

$$\beta_h = \left(\frac{800}{h_0}\right)^{1/4} \tag{2-55}$$

式中：V——验算截面处的最大剪力设计值；

β_h——截面高度影响系数。当$h_0<800$mm时，取h_0-800mm；当$h>2000$mm时，取$h_0=2000$mm。

设计时，先根据构造要求假定基础高度，然后按式(2-51)和式(2-52)验算。如不满足，则应将高度增大重新验算，直至满足。当基础底面落在45°线(即冲切破坏锥体)以内时，可不进行受冲切验算。

3. 底板受力钢筋的计算

试验表明，基础底板在地基净反力作用下，在两个方向都将产生向上的弯曲。因此，需在底板两个方向都配置受力钢筋。需进行配筋计算的控制截面，一般取在柱与基础交接处及变阶处(对阶形柱)。计算两个方向的弯矩时，把基础作固定在柱周边的四面挑出的悬臂板，如图2-75所示。

对于矩形基础，当台阶的宽高比小于或等于2.5和偏心距小于或等于1/6基础长边时，对轴心受压基础，Ⅰ-Ⅰ截面和Ⅱ-Ⅱ截面的计算如下：

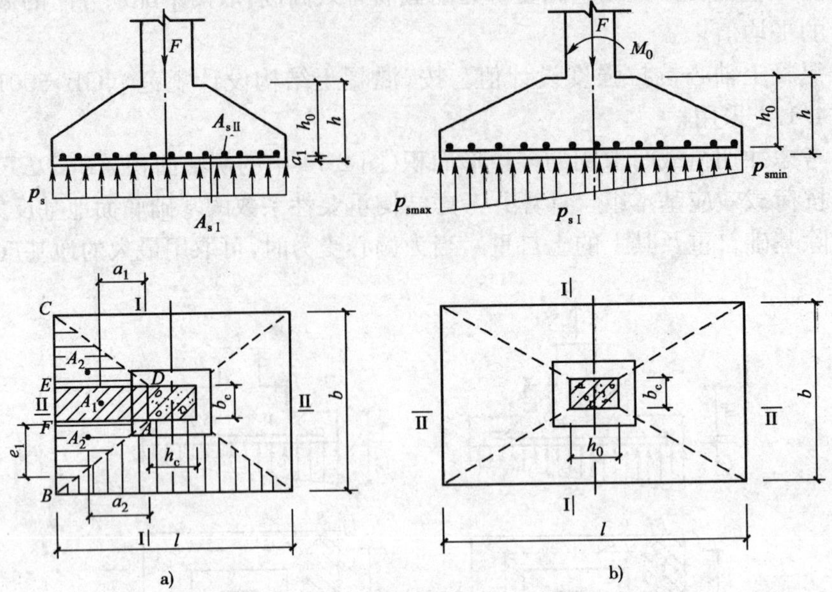

图 2-75　矩形基础底板计算简图

a)轴心受压板；b)伤心受压板

(1)I-I 截面的计算

由图 2-75 可知，截面 I-I 的弯矩为

$$M_{\mathrm{I}} = p_s A_1 a_1 + 2p_s A_2 a_2 \quad (2\text{-}56)$$

式中：A_1——底板矩形 $ADEF$ 的面积，$A_1=\frac{1}{2}(l-h_c)b_c$；

a_1——面积 A_1 的形心到截面 I-I 的距离，$a_1=\frac{l-h_c}{4}$；

A_2——底板三角形 ABF 和 DCE 的面积，$A_2=\frac{1}{8}(l-h_c)(b-b_c)$；

a_2——面积 A_2 的形心到截面 I-I 的距离，$a_2=\frac{1}{3}(l-h_c)$。

将以上数值代入式(2-56)，经整理得

$$M_{\mathrm{I}} = \frac{1}{24}p_s(l-h_c)^2(2b+b_c) \quad (2\text{-}57)$$

截面 I-I 的受力钢筋(沿长边方向)

$$A_{s\mathrm{I}} = \frac{M_{\mathrm{I}}}{0.9f_y h_{0\mathrm{I}}} \quad (2\text{-}58)$$

式中：$h_{0\mathrm{I}}$——截面 I-I 的有效高度，$h_{0\mathrm{I}}=h-a_s$。

(2)Ⅱ-Ⅱ截面的计算

同理可得：

$$M_{\mathrm{II}} = \frac{1}{24}p_s(b-b_c)^2(2l+h_c) \quad (2\text{-}59)$$

沿短边方向的钢筋一般置于沿长边钢筋的上面，如果两个方向的钢筋直径均为 d，则截面Ⅱ-Ⅱ的有效高度 $h_{0\text{Ⅱ}}=h_{0\text{Ⅰ}}-d$，于是，沿短边方向的钢筋截面面积 $A_{s\text{Ⅱ}}$ 为

$$A_{s\text{Ⅱ}}=\frac{M_{\text{Ⅱ}}}{0.9f_y(h_{0\text{Ⅰ}}-d)} \tag{2-60}$$

(3)对于偏心受压基础，配筋计算仍可应用上列公式，但在计算 $M_{\text{Ⅰ}}$ 和 $M_{\text{Ⅱ}}$ 时需分别用 $(p_{s,\max}+p_{s\text{Ⅰ}})/2$ 和 $(p_{s,\max}+p_{s\min})/2$ 替代 p_s，如图 2-75b)所示。

对于变阶处，截面的配筋计算方法与柱边截面的配筋计算方法相同，只需将上述公式中的柱截面边长 b_c、h_c 用变阶处的截面边长代替即可。

4. 构造要求

轴心受压基础的底面一般采用正方形；偏心受压基础底面应采用矩形，其长边与弯矩作用方向平行；长、矩边长的比值在 1.5～2.0，不应超过 3.0。

锥形基础的边缘高度不宜小于 300mm；阶形基础的每阶高度宜为 300～500mm。

混凝土强度等级不宜低于 C20。基础下通常要做低强度混凝土(宜采用 C15)垫层，其厚度宜为 50～100mm。

底板受力钢筋一般采用 HPB235 级或 HRB335 级钢筋，其最小直径不宜小于 8mm，间距不宜大于 200mm。当有垫层时，受力钢筋的保护层厚度不宜小于 35mm，无垫层时不宜小于 70mm。基础底板的边长大于 3m 时，沿此方向的钢筋长度可减短 10%，并交错布置。

当柱为轴心或小偏心受压且 $t/h_2\geqslant0.65$ 时，或大偏心受压且 $t/h_2\geqslant0.765$ 时，杯壁可不配筋；当柱为轴心或小偏心受压且 $0.5\leqslant t/h_2\leqslant0.65$ 时，杯壁可按表 2-13 的要求构造配筋，如图 2-76a)所示；其他情况下应按计算配筋。

当双杯口基础的中间隔板宽度小于 400mm 时，应在隔板内配置 ϕ12@200 的纵向钢筋和 ϕ8@300 的横向钢筋，如图 2-76b)所示。

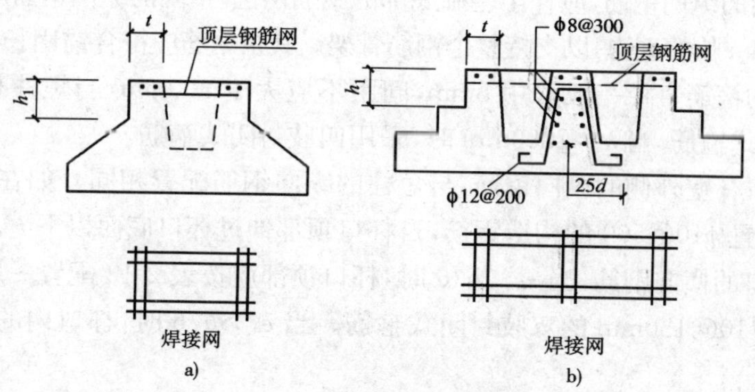

图 2-76　基础的杯口配筋构造

a)情况 I；b)情况 II

杯壁构造钢筋

表 2-13

柱截面边长(mm)	$h<1000$	$1000\leqslant h<1500$	$1500\leqslant h$
钢筋直径(mm)	8～10	10～12	12～16

注：表中钢筋置于杯口顶部，每边两根

5. 高杯口基础(带短柱扩展基础)的设计要点

高杯口基础,即带短柱的独立基础,其底面尺寸、底板冲切承载力验算和配筋计算,以及柱与杯口的连接构造等均与普通独立基础相同。对短柱和杯口部分的计算构造,简述如下:

1)短柱计算

一般根据偏心距的大小,按矩形截面偏心受压构件验算短柱底部截面。当 $e_0<0.225h$ 时,按矩形应力图形验算抗压强度;当 $0.225h\leqslant e_0\leqslant 0.45h$ 时,考虑塑性系数 $\gamma=1.75$ 验算其抗拉强度;当 $e_0>0.45h$ 或虽 $e_0<0.45h$,但抗拉强度验算不足时,则按对称配筋偏心受压构件验算其强度。

2)杯口计算

杯口为空心矩形截面即当量的工字形截面。根据上述划分的 e_0 条件对杯底截面的混凝土抗压或抗拉承载力分别进行验算,或按钢筋混凝土构件以确定纵向钢筋,计算时应考虑工字形截面的特点。

3)构造要求

杯口的杯壁厚度 t 应满足:当柱截面高度为 $600\text{mm}<h\leqslant 800\text{mm}$,$t\geqslant 250\text{mm}$;$800\text{mm}<h\leqslant 1000\text{mm}$,$t\geqslant 300\text{mm}$:$1000\text{mm}<h\leqslant 1400\text{mm}$,$t\geqslant 350\text{mm}$;$1400\text{mm}<h\leqslant 1600\text{mm}$,$t\geqslant 400\text{mm}$。

基础短柱符合下列情况时,其周边的纵向钢筋应按构造配置,其直径采用 12～16mm,间距 300～500mm。

(1)偏心距 $e_0<0.225h$,且满足混凝土抗压强度 f_c。

(2)$e_0\geqslant 0.225h$,且满足混凝土抗拉强度 f_t。

(3)$0.225h<e_0\leqslant 0.45h$,虽满足 f_c 但不满足 f_t,其受力方向每边的配筋率不应小于短柱全截面面积的 0.05%,非受力方向每边则按构造配筋。

基础短柱四角的纵向钢筋,应伸至基础底部的钢筋网上,中间的纵向钢筋应每隔 1m 左右伸下一根,并做 100mm 长的直钩,以支持整个钢筋骨架。其余钢筋应符合锚固长度 l_a 的要求。

基础短柱内的箍筋直径一般采用 8mm,间距不应大于 300mm,当短柱长边 $h\leqslant 2000\text{mm}$ 时,采用双肢封闭式箍筋;当 $h>2000\text{mm}$ 时,采用四肢封闭式箍筋。

基础短柱杯口杯壁外侧的纵向钢筋,与短柱的纵向钢筋配置相同。如在杯壁内侧配置纵向钢筋时,则应配置 ϕ10@500 的构造钢筋,自杯口顶部伸过杯口底面以下 l_a。

基础短柱杯口的横向钢筋,当 $e_0\leqslant h/6$ 时,杯口顶部应按表 2-13 配置一层钢筋网,并在杯壁外侧配置 ϕ8～ϕ10@150mm 的双肢封闭式箍筋。当 $e_0>h/6$ 时,杯口内的横向钢筋应按计算配置。

《地基规范》规定,当满足下列要求时,其杯壁配筋,可按图 2-77 的构造要求配置。

(1)吊车吨位在 75t 以下,轨顶高程 14m 以下,基本风压小于 0.5kN/m^2。

(2)基础短柱的高度不大于 5m。

(3)杯壁厚度符合前述要求。

当基础短柱为双杯口时,杯口内的横向钢筋不需计算,可按构造配置 ϕ8～ϕ10@150mm 的四肢箍筋。

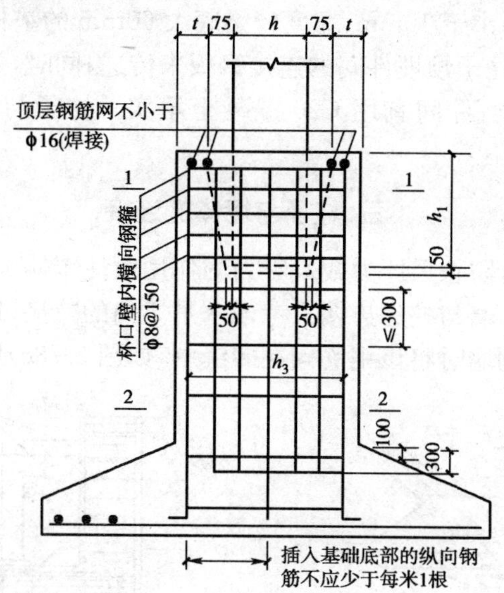

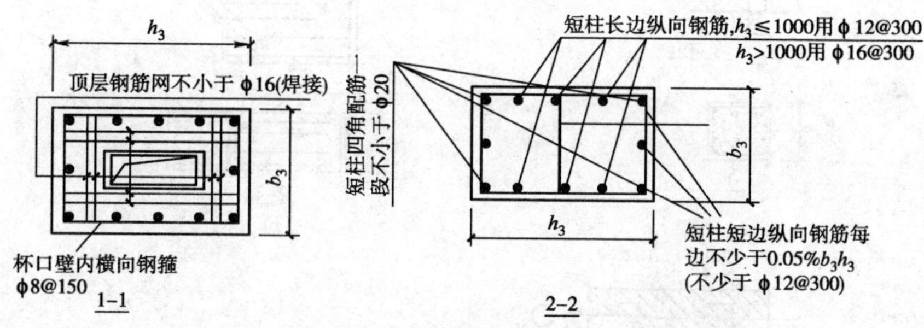

图 2-77　高杯口基础构造配筋示意图(尺寸单位:mm)

第七节　单层厂房结构构件之间的连接

柱子是单层厂房结构的主要承重构件,厂房中的屋架、连系梁、吊车梁、柱间支撑、基础等构件,均通过柱子中的预埋件与柱子相连。连接的做法很多,这里主要介绍目前最常用的最基本的连接方法和设计要点。在具体设计时,应从工程实际出发,以安全、经济、方便施工为原则,参考有关文献进行设计。

一、柱子与屋架的连接

柱与屋架的连接一般是分别在柱顶和屋架端部埋设预埋件,待安装就位后焊接成整体。焊缝的长度和高度由排架柱顶所承担的剪力来确定,如图 2-78a)所示。如安装就位后不能及时焊接,则应在柱顶设预埋螺栓,以便在屋架安装就位后作临时固定。

二、柱子与吊车梁的连接

单层厂房的柱子承受由吊车梁传来的水平荷载和竖向荷载,因此,柱子与吊车梁的连接处不论在水平方向还是在垂直方向都应相当可靠。吊车梁的竖向力是通过吊车梁底的支承板和牛腿顶面的预埋钢板来传递。当吊车吨位大于 30t 时,为了安装调整方便,以及使竖向力传力明确，应在梁底设置厚度不小于 10mm、宽度较梁底大 60mm 的垫板。吊车梁的水平力主要通过吊车梁顶面的预埋件与柱子预埋件间的连接钢板来传递，同时，为了改善吊车梁支点在水平荷载作用下的受力条件，梁、柱间宜用 C20 混凝土填实。柱子与吊车梁的连接如图 2-78b）所示。

三、柱子与墙体的连接

为了保证墙体的稳定，防止风压力或风吸力的作用而使墙体破坏，柱子应与墙体很好地连接。根据墙体的传力特点，墙与柱的连接只考虑水平方向的拉接，通常在混凝土柱内按高度方向伸出 φ6@500 的钢筋，砌墙时将该钢筋砌在砖缝中，如图 2-78c）所示。

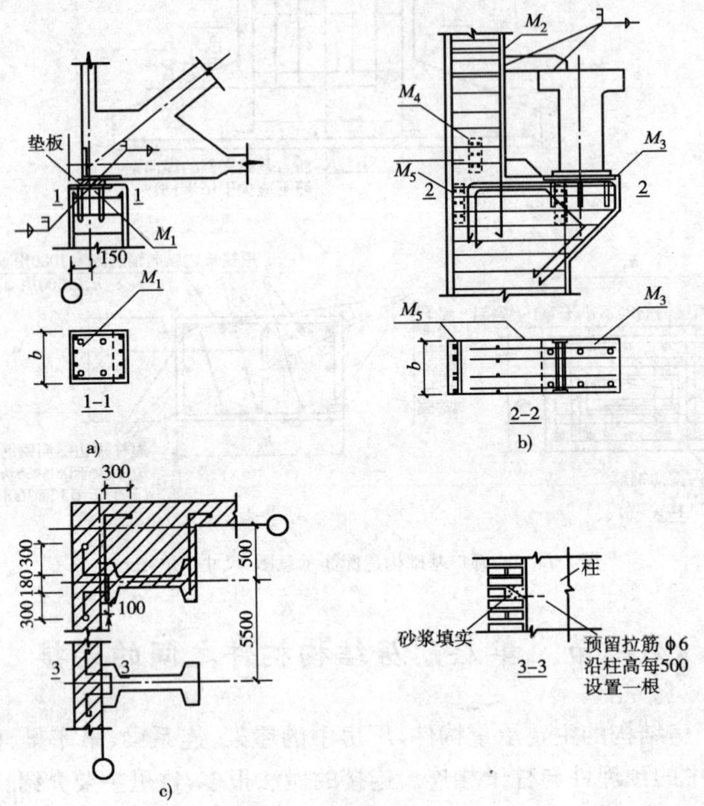

图 2-78　柱与构件的连接（尺寸单位：mm）

a）柱与屋架的连接；b）柱与吊车梁的连接；c）柱与墙体的连接

单层厂房的墙体均较高，面积较大，所以所承受的风力也较大，因而在山墙处设抗风柱，抗风柱与墙体的连接详见第二节。

四、柱子与基础的连接

当预制柱的截面为矩形及工字形时，柱基础采用单杯口形式；当为双肢柱时，可采取双杯口，也可采用单杯口形式，如图 2-79 所示。

预制柱插入基础杯口应有足够的深度，使柱可靠地嵌固在基础中；插入深度 h_1 可按表 2-14 选用。此外，h_1 还应满足柱纵向受力钢筋锚固长度 l_a 的要求［详见《结构设计》(GB 50010—2010)的有关条文］和柱吊装时稳定性的要求，即应使 $h_1 \geqslant 0.05$ 倍柱长（指吊装时的柱长）。基础的杯底厚度 a_1 和杯壁厚度 t 可按表 2-15 选用。

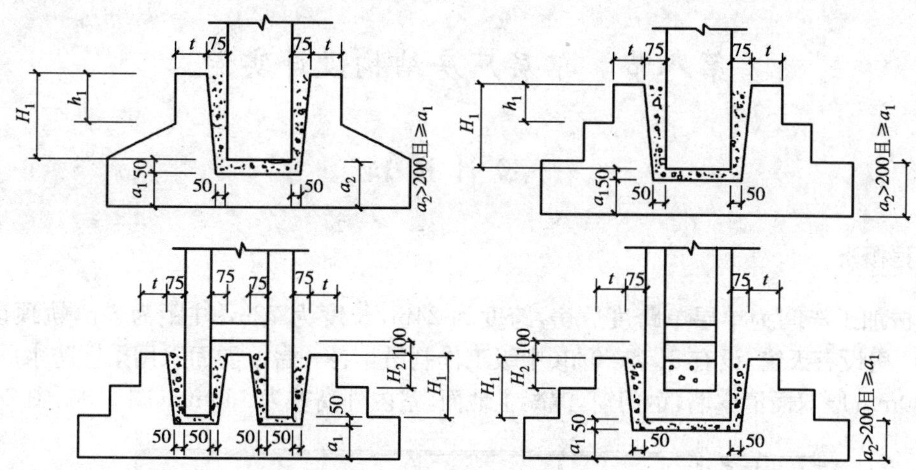

图 2-79 预制柱基础的柱与基础的连接及构造要求(尺寸单位:mm)

柱插入深度 h_1(mm) 表 2-14

矩形或I形柱				单肢管柱	双肢柱
$h<500$	$500\leqslant h<800$	$800\leqslant h\leqslant1000$	$h>1000$		
$h\sim1.2h$	h	$0.9h$ $\geqslant800$	$0.8h$ $\geqslant1000$	$1.5d$ $\geqslant500$	$(1/3\sim2/3)h_a$ $(1.5\sim1.8)h_b$

注:①h 为柱截面长边尺寸;d 为管柱的外直径;h_a 为双肢柱整个截面长边尺寸;h_b 为双肢柱整个截面短边尺寸;

②柱轴心受压或小偏心受压时,h_1 可适当减小;偏心距大于 $2h$(或 $2d$)时,h_1 应适当加大。

基础杯底厚度和杯壁厚度 表 2-15

柱截面长边尺寸 h(mm)	杯底厚度 a_1(mm)	杯壁厚度 t(mm)
$h<500$	$\geqslant150$	150~200
$500\leqslant h<800$	$\geqslant200$	$\geqslant200$
$800\leqslant h<1000$	$\geqslant200$	$\geqslant300$
$1000\leqslant h<1500$	$\geqslant250$	$\geqslant350$
$1500\leqslant h<2000$	$\geqslant300$	$\geqslant400$

注:①双肢柱的杯底厚度值,可适当加大;

②当有基础梁时,基础梁下的杯壁厚度,应满足其支承宽度的要求,

③柱子插入杯口部分的表面应凿毛,柱子与杯口之间的空隙,应用比基础混凝土强度等级高一级的细石混凝土充填密实,当达到材料设计强度的 70%以上时,方能进行上部吊装。

五、柱子与连系梁的连接

单层厂房中有些连系梁承受着其上部墙体的重量,并将该部分墙体的重量通过连系梁传给柱子,进而传给基础。因此,这些连系梁需要与柱子有可靠的连接。如采用钢筋混凝土牛腿来支承连系梁,牛腿应根据混凝土规范满足抗弯、抗剪、抗冲切的要求。如因制作困难采用钢牛腿,则牛腿与柱子的连接应满足钢结构规范的有关要求。另外,连系梁梁顶与柱子应通过预埋件有可靠的连接。

以上介绍了柱与屋架、吊车梁、承重连系梁、基础、墙体等最基本的连接,对于柱与柱间支撑的连接详见第五节,抗风柱与其他构件间的连接见第二节。对于构件之间详细的连接方法详见《建筑结构构造资料集》。

第八节　单层厂房结构设计实例

一、设 计 资 料

1. 工程概况

某机械加工车间为单层单跨度厂房，跨度为 24m，长度为 72m，柱距为 6m，轨顶设计高程 11.0m。厂房设有天窗，设有 5t 和 20/3t 中级工作制吊车各一台。屋面采用柔性防水屋面，围护墙采用 240mm 厚双面清水墙，钢门窗，混凝土地面，室内外高差为 150mm(图 2-80、图 2-81)。

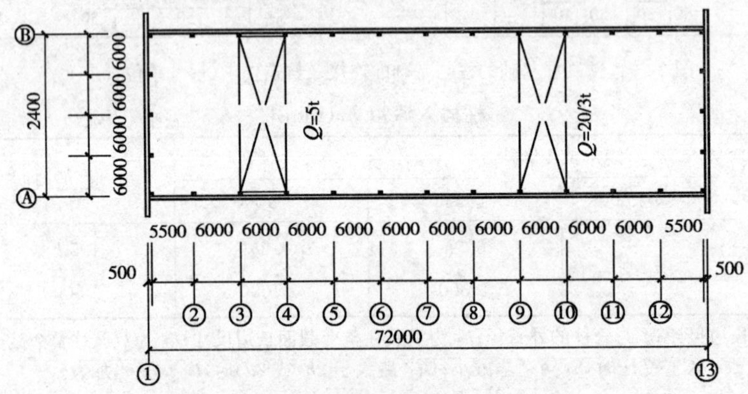

图 2-80　加工车间剖面图(尺寸单位：mm)

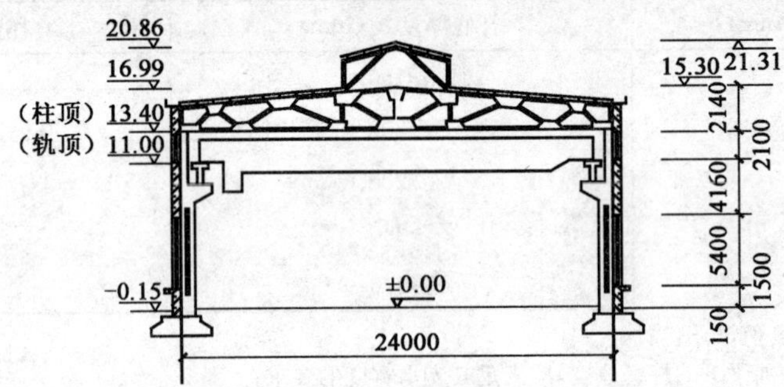

图 2-81　加工车间剖面图(尺寸单位：mm)

2. 结构设计的原始资料

(1)地理位置：该机械厂设在郑州市郊区。

(2)自然条件：基本风压为 0.45kN/m²；基本雪压值 为 0.40kN/m²(不上人屋面)，屋面均布活荷载为 0.5kN/m²(n=50)，积灰荷载为 0.50kN/m²。

(3)地质条件：由勘察报告提供的资料，天然地面下 1.2m 处为老土层，修正后的地基承载力为 120kN/m²，地下水位在地面下 1.3kN/m²(高程−1.45m)。

3. 设计要求

(1)结构选型。

(2)确定计算简图。

(3)荷载计算。

(4)内力分析。

(5)内力组合。

(6)排架柱设计。

(7)基础设计。

二、结 构 选 型

(1)屋面板采用 G410(一)标准图集中的预应力混凝土大型屋面板,板重(包括灌缝在内)标准值为 1.4kN/m²。

(2)天沟板采用 G410(三)标准图集中的 JGB77-1 天沟板,板重标准值为 2.02kN/m²。

(3)天窗架为门型钢筋混凝土天窗架(G316),每根天窗架支柱传到屋架的重力荷载为 26.2kN/m²。

(4)屋架采用 G415(三)标准图集中的预应力混凝土折线形屋架,屋架自重标准值为 106kN/榀。

(5)吊车梁的自重 44.2kN/根,轨道及零件重 1kN/m;吊车梁的截面高度为 1200mm,轨道构造高度为 200mm。

(6)连系梁、过梁均为矩形截面。

(7)排架柱及基础材料选用情况。

①柱:

混凝土:采用 C30(f_c=14.3N/mm²,f_{tk}=2.01N/mm²);

钢筋:纵向受力钢筋采用 HRB400 级钢筋(f_y=360N/mm²,$E_s=2\times10^5$N/mm²),箍筋采用 HPB300 级钢筋(f_y=270N/mm²)。

②基础:

混凝土:采用 C25(f_c=11.9N/mm²,f_t=1.27N/mm²);

钢筋:采用 HRB400 级钢筋。

三、确定计算简图

1. 计算上柱高及柱全高

上柱高 H_u=柱顶高程−轨顶高程+轨道构造高度+吊车梁支承处梁高

=13.4−11.0+0.2+1.2

=3.8m

柱总高 H=柱顶高程+室内外高差+0.5

=13.4+0.15+0.5

=14.05m

2. 初步确定柱截面尺寸

根据表 2-5 的参考数据,上柱采用矩形截面,$b\times h$=500mm×500mm。下柱采用I字形截面,$b\times h\times h_f$=500mm×1000mm×200mm(其余尺寸见图 2-82、图 2-83)。

3. 上下柱截面惯性矩及其比值(图 2-84)

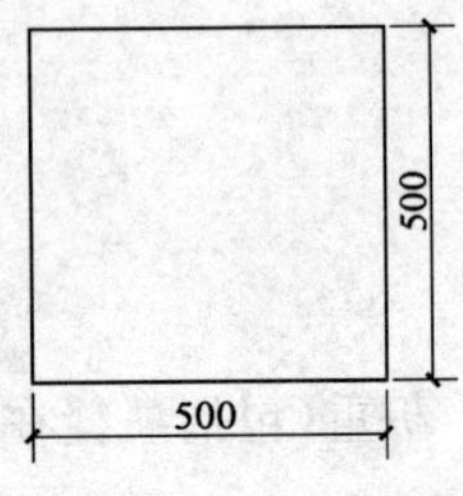

图 2-82　排架柱上柱截面
(尺寸单位:mm)

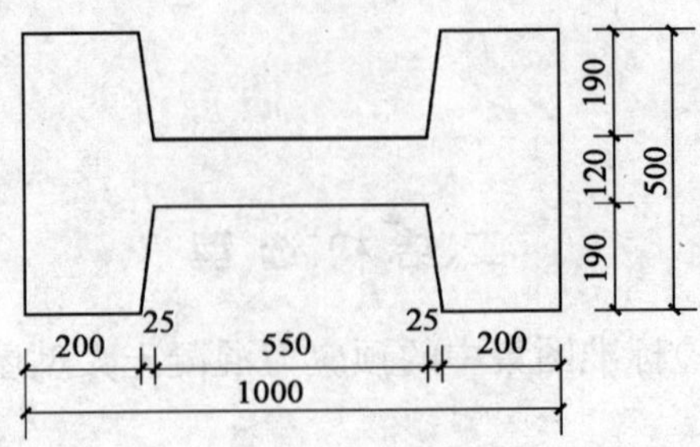

图 2-83　排架柱下柱截面
(尺寸单位:mm)

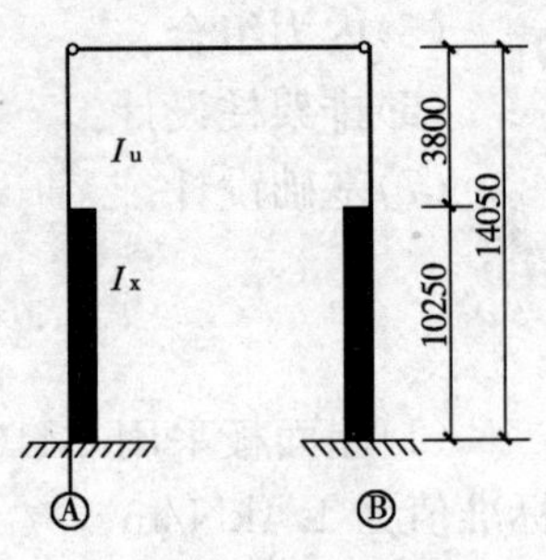

图 2-84　排架计算简图
(尺寸单位:mm)

上柱:$I_u=5.2\times10^9\text{mm}^4$;下柱:$I_x=3.58\times10^{10}\text{mm}^4$。

四、荷 载 计 算

1. 荷载的基本数据

钢筋混凝土	25kN/m^3
一毡二油隔气层	0.05kN/m^2
水泥浆	20kN/m^3
水泥珍珠岩制品保温层	4.0kN/m^3
砖墙	18kN/m^3
钢门窗自重	0.4kN/m^2
钢轨及垫层等重	0.6kN/m
二毡三油防水层自重	0.35kN/m^2(沿斜面方向)
屋面活荷载	0.5kN/m^2(沿水平面方向)
屋面积灰荷载	0.5kN/m^2(沿水平面方向)

2. 恒荷载

1)屋盖结构自重

预应力混凝土大型屋面板	$1.2\times1.4=1.68\text{kN/m}^2$
20mm 水泥砂浆找平层	$1.2\times20\times0.02=0.48\text{kN/m}^2$
一毡二油隔气层	$1.2\times0.05=0.06\text{kN/m}^2$
100mm 水泥珍珠岩制品保温层	$1.2\times4\times0.1=0.48\text{kN/m}^2$
20mm 水泥砂浆找平层	$1.2\times20\times0.02=0.48\text{kN/m}^2$
二毡三油防水层	$1.2\times0.35=0.42\text{kN/m}^2$
	$\sum g=3.60\text{kN/m}^2$
天沟板	$1.2\times2.02\times6=14.54\text{kN}$
天窗端壁	$1.2\times57=68.40\text{kN}$
层架自重	$1.2\times106=127.20\text{kN}$

则作用于横向平面排架一端的柱顶的屋盖结构自重为

$$G_1 = 3.6 \times 6 \times 12 + 14.54 + 68.4 + 127.2/2 = 405.74\text{kN}$$

$$e_1 = h_u/2 - 150 = 500/2 - 150 = 100\text{mm}$$

2)柱自重

上柱 $G_2 = 1.2 \times 25 \times 0.5 \times 0.5 \times 3.8 = 28.50\text{kN}$

$e_2 = h_x/2 - h_u/2 = 1000/2 - 500/2 = 250\text{mm}$

下柱 $G_3 = 1.2 \times 25 \times 10.25 \times [0.2 \times 0.5 \times 2 + 0.55 \times 0.12 + 2 \times (0.12 + 0.5)/2 \times 0.025] \times 1.1 = 95.22\text{kN}$

$e_3 = 0$

3)吊车梁及轨道自重

$$G_4 = 1.2 \times (44.2 + 0.6 \times 1 \times 6) = 57.36\text{kN}$$

$$e_4 = 750 - h_x/2 = 750 - 500 = 250\text{mm}$$

3. 活荷载

1)屋面活荷载

由《建筑结构荷载规范》(GB 50009—2012)可知,对不上人的水泥屋面,其均匀活荷载的标准值为 0.70kN/m^2,大于该厂房所在地区的基本雪压 0.50kN/m^2。排架计算时,采用屋面积灰荷载与雪荷载和屋面均匀活荷中的较大值,故屋面活荷载在每侧柱顶产生的压力为

$$Q_1 = 1.4 \times (0.5 + 0.7) \times 6 \times 24/2 = 120.96\text{kN}$$

$$e_1 = 100\text{mm}$$

2)吊车荷载

采用两台中级工作制吊车,起重量分别为 Q=5t,20/3t,吊车具体参数见表 2-16。

吊 车 规 格

表 2-16

吊车跨度 L_k=16.5m						
吊车起重量 Q (t)	吊车宽度 B (m)	轮距 K (m)	吊车总重 G (kN)	小车重 g (kN)	最大轮压 P_{max} (kN)	最小轮压 P_{min} (kN)
5	4.3	3.4	134	22.8	74	18
20/3	5.16	4.1	225	70.1	183	29.5

注:$P_{min} = (G+Q)/2 - P_{max}$。

(1)竖向吊车荷载。

①情况 a[图 2-85a)]

根据式(2-4)及表 2-8 多台吊车的荷载折减系数可求得:

$$D_{max} = \beta P_{max} \sum y_i$$

$$= 0.9 \times 1.4 \times [74 \times (1.6 + 5)/6 + 183 \times (1 + 1.9/6)] = 406.16\text{kN}$$

$$D_{min} = \beta P_{min} \sum y_i$$

$$= 0.9 \times 1.4 \times [18 \times (1.6 + 5)/6 + 29.5 \times (1 + 1.9/6)] = 73.92\text{kN}$$

②情况 b[图 2-85b)]

$$D_{max} = 0.9 \times 1.4 \times [183 \times (0.9 + 5)/6 + 74 \times (1 + 2.6/6)] = 360.36\text{kN}$$

$$D_{min} = 0.9 \times 1.4 \times [29.5 \times (0.9 + 5)/6 + 18 \times (1 + 2.6/6)] = 69.02\text{kN}$$

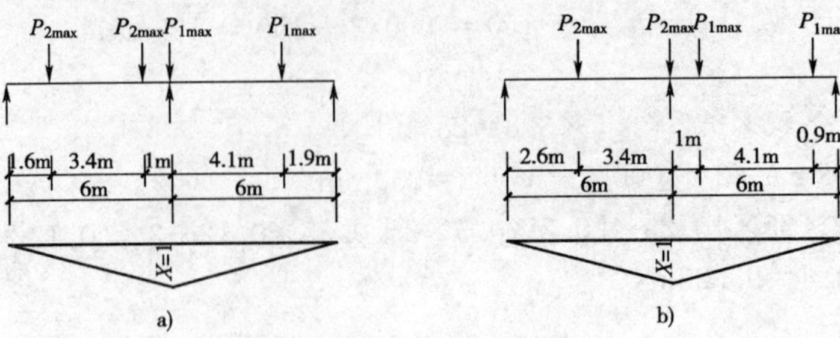

图 2-85 求 D_{max} 时的吊车布置图

经过比较，设计时采用情况 a 中的荷载，e_4＝250mm。

(2)水平吊车荷载。

①每个轮子的水平刹车力为

5t 吊车：

$$T_1 = (\alpha/4)(1.4Q + 1.2g) = (0.12/4) \times (1.4 \times 49 + 1.2 \times 22.8) = 2.88\text{kN}$$

20/3t 吊车：

$$T_2 = (\alpha/4)(1.4Q + 1.2g) = (0.1/4) \times (1.4 \times 196 + 1.2 \times 70.1) = 8.96\text{kN}$$

$$T_{max} = 0.9 \times [2.88 \times (1.6 + 5)/6 + 8.96 \times (1 + 1.9/6)] = 13.47\text{kN}$$

②其作用点到柱顶的垂直距离为

$$y = H_u - h_e = 3.8 - 1.2 = 2.6\text{m}$$（h_e 为吊车梁支承处梁高）

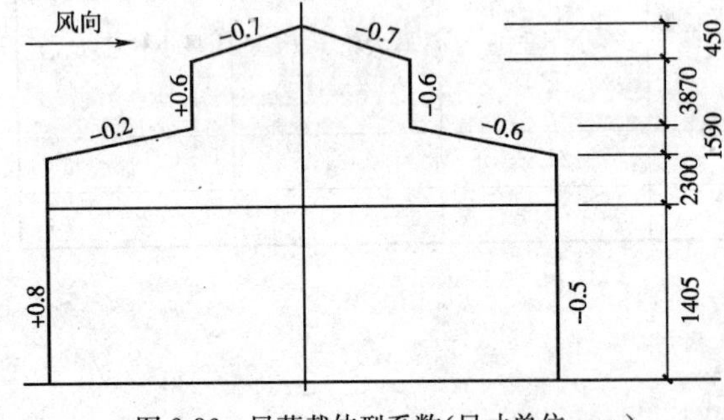

图 2-86 风荷载体型系数(尺寸单位：mm)

3)风荷载

该地区的基本风压值 $W_0 = 0.45\text{kN/m}^2$。对于大城市市郊，风压高度变化系数 μ_z 按 C 类地区考虑，高度的取值，对 q_1、q_2 按柱顶高程 13.4m 考虑，查表 2-9 得 $\mu_z = 0.74$；柱顶以上的风荷载可按作用于柱顶的水平集中力 F_w 计算，对 F_w 按天窗檐口高程 20.86m 考虑，查表 2-9 用内插得 $\mu_z = 0.85$。风载体型系数 μ_s 的分布如图 2-86 所示。故集中风荷载 F_w 为：

$$F_w = \gamma_Q(1.3h_1 + 0.4h_2 + 1.2h_3)\mu_z W_0 B$$

$$= 1.4 \times (1.3 \times 2.3 + 0.4 \times 1.59 + 1.2 \times 3.87) \times 0.85 \times 0.45 \times 6 = 26.57\text{kN}$$

$$q_1 = \gamma_Q \mu_{s1} \mu_z W_0 B = 1.4 \times 0.8 \times 0.74 \times 0.45 \times 6 = 2.24\text{kN/m}$$

$$q_2 = \gamma_Q \mu_{s2} \mu_z W_0 B = 1.4 \times 0.5 \times 0.74 \times 0.45 \times 6 = 1.40\text{kN/m}$$

排架受荷总图如图 2-87 所示。

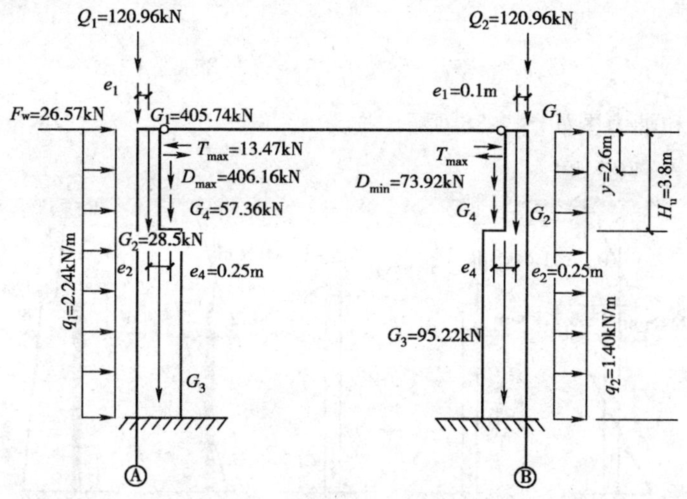

图 2-87 作用于排架上的荷载

五、内 力 计 算

1. 恒荷载作用下

1)在 G_1 作用下

$$M_{11}=G_1e_1=405.74\times0.1=40.57\text{kN}\cdot\text{m}$$

$$M_{12}=G_1e_2=405.74\times0.25=101.44\text{kN}\cdot\text{m}$$

$$n=I_u/I_x=(5.2\times10^9)/(3.58\times10^{10})=0.145$$

$$\lambda=H_u/H=3.8/14.05=0.27$$

同附录中的力学方法计算柱顶反力:

$$C_1=1.5\times[1-\lambda^2(1-1/n)]/[1+\lambda^3(1/n-1)]$$

$$=1.5\times[1-0.27^2\times(1-1/0.145)]/[1+0.27^3\times(1/0.145-1)]=1.922$$

$$R_{11}=-C_1\times M_{11}/H$$

$$=-1.922\times40.57/14.05=-5.55\text{kN}(\rightarrow)$$

$$C_2=1.5\times(1-\lambda^2)/[1+\lambda^3(1/n-1)]$$

$$=1.5\times(1-0.27^2)/[1+0.27^3\times(1/0.145-1)]=1.246$$

$$R_{12}=-C_2\times M_{12}/H$$

$$=-1.246\times101.44/14.05=-9.00\text{kN}(\rightarrow)$$

因此,在 M_{11} 和 M_{12} 共同作用下(即在 G_1 作用下)不动铰支座支承的柱顶反力为

$$R_1=R_{11}+R_{12}=-(5.55+9.00)=-14.55\text{kN}(\rightarrow)$$

2)在 G_2 作用下

$$M_{22}=-G_2e_2=-28.5\times0.25=-7.125\text{kN}\cdot\text{m}(\leftarrow)$$

3)在 G_4 作用下

$$M_{44}=G_4e_4=57.36\times0.25=14.34\text{kN}\cdot\text{m}(\rightarrow)$$

相应的弯矩图和轴力图如图 2-88 所示。

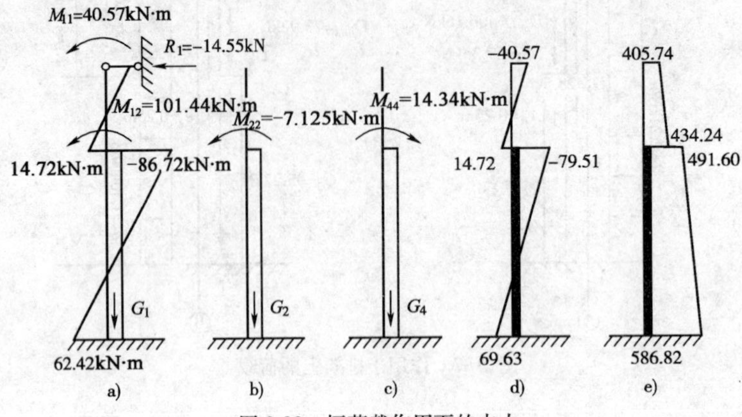

图 2-88　恒荷载作用下的内力

a)G_1 的作用；b)G_2 的作用；c)G_4 的作用；d)M 图(kN·m)；e)N 图(kN)

2. 屋面活荷载作用下

对于单跨排架，Q_1 与 G_1 一样为对称荷载，且作用位置相同，仅数值大小不同。故由 G_1 的内力图按比例可求得 Q_1 的内力图。如柱顶不动铰支座反力为

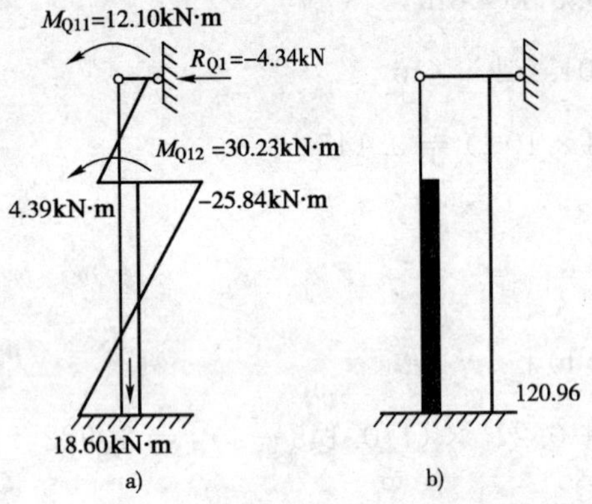

$$R_{Q1}=(Q_1/G_1)\times R_1$$

$$=-(120.96/405.74)\times14.55$$

$$=-4.346\text{kN}(\rightarrow)$$

相应的弯矩图和轴力图如图 2-89 所示。

图 2-89　屋面活荷载作用下的内力

a)Q_1 的作用；b)N 图(kN)

3. 吊车荷载

1)吊车竖向荷载作用下的排架内力

(1)最大轮压作用于 A 柱时：

A 柱：$M_A=D_{max}e_4=406.16\times0.25=101.54\text{kN}\cdot\text{m}(\rightarrow)$

B 柱：$M_B=D_{min}e_4=73.92\times0.25=18.48\text{kN}\cdot\text{m}(\leftarrow)$

计算简图如图 2-90 所示：

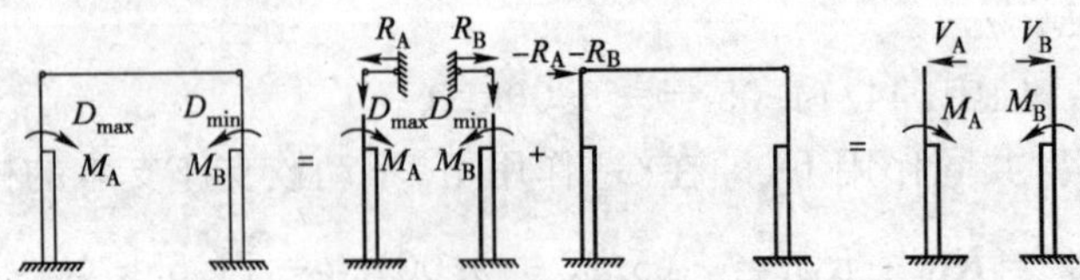

图 2-90　吊车竖向荷载作用下的(D_{max}在 A 柱)计算简图

$$C_3=1.5\times(1-\lambda^2)/[1+\lambda^3(1/n-1)]$$

$$=1.5\times(1-0.27^2)/[1+0.27^3\times(1/0.145-1)]=1.246$$

A 柱：$R_A=C_3\times M_A/H=1.246\times101.54/14.05=-9.00\text{kN}(\leftarrow)$

B 柱：$R_B=C_3\times M_B/H=1.246\times18.48/14.05=1.64\text{kN}(\rightarrow)$

A 柱与 B 柱相同，剪力分配系数 $\eta_A=\eta_B=0.5$，则 A 柱与 B 柱柱顶的剪力为：

A 柱：$V_A=R_A-\eta_A(R_A+R_B)=-9.00-0.5\times(-9.00+1.64)=-5.32\text{kN}(\leftarrow)$

B 柱：$V_B=R_B-\eta_B(R_A+R_B)=1.64-0.5\times(-9.00+1.64)=5.32\text{kN}(\rightarrow)$

内力图如图 2-91 所示。

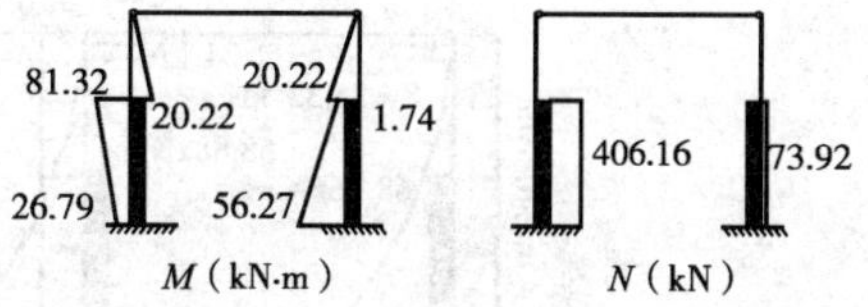

(2)最大轮压作用于 B 柱时：

由于结构的对称性，A 柱同①中的 B 柱情况，B 柱同①中的 A 柱情况。

M、N 图可以参照图 2-91。

图 2-91　吊车竖向荷载作用下的(D_{max}在 A 柱)M、N 图

2)吊车水平制动力作用下的排架内力

(1)T_{max}向左作用：柱中轴力为零。

由前述所得 $n=0.145$，$\lambda=0.27$，则

A 柱：$T_A=T_{max}=13.47\text{kN}$

B 柱：$T_B=T_{max}=13.47\text{kN}$

$$y/H_u=(13.4-11.0)/3.8=0.632$$

$$C_5=\{2-1.8\lambda+\lambda^3(0.416/n-0.2)\}/\{2[1+\lambda^3(1/n-1)]\}$$

$$=\{2-1.8\times0.27+0.27^3\times(0.416/0.415-0.2)\}/$$

$$\{2\times[1+0.27^3\times(1/0.415-1)]\}=0.702$$

$$R_A=R_B=C_5T_{max}=0.702\times13.47=9.46\text{kN}(\rightarrow)$$

考虑空间作用分配系数 m，查表得 $m=0.80$，但 A 柱与 B 柱相同，剪力分配系数 $\eta_A=\eta_B=0.5$，计算简图如图 2-92 所示，则 A 柱和 B 柱柱顶剪力为：

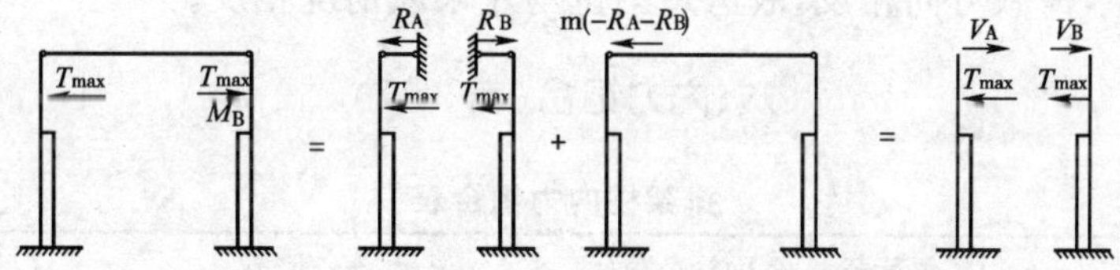

图 2-92　吊车水平力作用下的排架计算简图

A 柱：$V_A=R_A-\eta_A m(R_A+R_B)=9.46-0.5\times0.80\times(9.46+9.46)=1.89\text{kN}(\rightarrow)$

B 柱：$V_B=R_B-\eta_B m(R_A+R_B)=-1.89\text{kN}(\leftarrow)$

根据柱顶剪力，T_{max}向左作用下的排架弯矩图如图 2-93a)所示。

(2)T_{max}向右作用：由于结构对称，M 图如图 2-93b)所示。

4. 风荷载作用下的排架内力

1)左来风情况[如图 2-94b)所示]

先求柱顶反力系数 C_{11}，当风荷载沿柱高均匀分布时

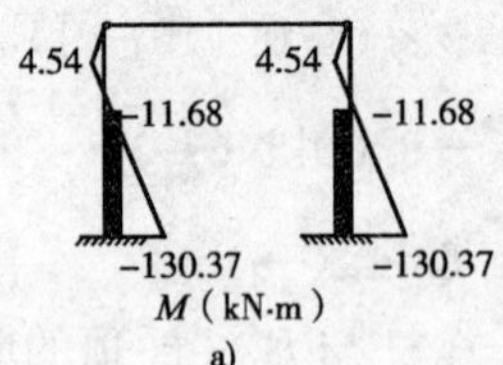

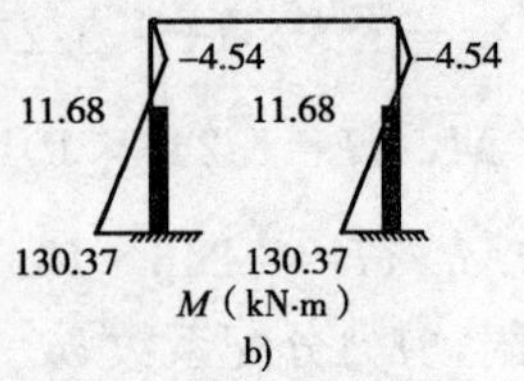

图 2-93 吊车水平力作用下的 M 图

a) T_{max}向左作用下的排架弯矩图；b) T_{max}向右作用下的排架弯矩图

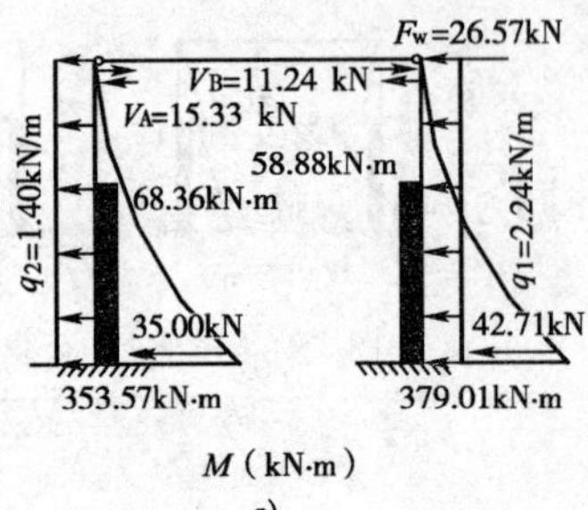

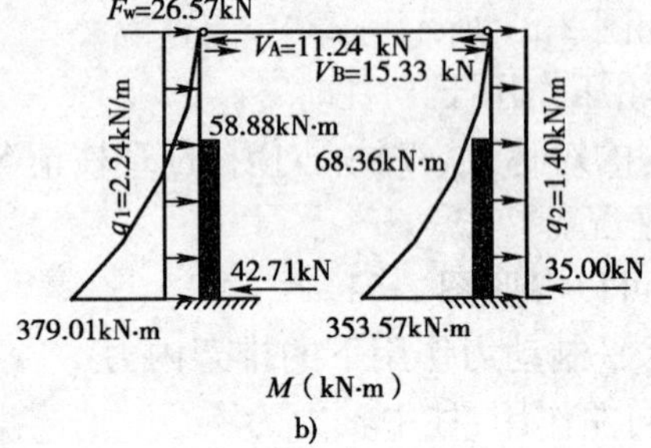

图 2-94

$$C_{11}=3[1+\lambda^4(1/n-1)]/\{8[1+\lambda^3(1/n-1)]\}$$
$$=3\times[1+0.27^4(1/0.145-1)]/\{8\times[1+0.27^3(1/0.145-1)]\}$$
$$=0.347$$

对于单跨排架，A、B 柱顶剪力为：

$$V_A=0.5[F_w-C_{11}H(q_1-q_2)]=0.5\times[26.57-0.347\times14.05\times(2.24-1.40)]=11.24\text{kN}(\rightarrow)$$

$$V_B=0.5[F_w+C_{11}H(q_1-q_2)]=0.5\times[26.57+0.347\times14.05\times(2.24-1.40)]=15.33\text{kN}(\leftarrow)$$

2)右来风情况

在这种情况下，荷载方向相反，故弯矩图也与左来风情况相反。

六、内力组合（表 2-17）

排架柱内力组合表 表 2-17

柱号	截面	荷载项目 / 内力	恒荷载	屋面活荷载	吊车荷载			风荷载	
			$G_1G_2G_3G_4$	Q_1	D_{max}在 A 柱	D_{min}在 A 柱	T_{max}	左风	右风
			①	②	③	④	⑤	⑥	⑦
A 柱	1-1	M(kN·m)	14.72	4.39	−20.22	−20.22	±11.68	58.88	−68.36
		N(kN)	434.24	120.96	0.00	0.00	0.00	0.00	0.00
	2-2	M	−79.51	−25.84	81.32	−1.74	±11.68	58.88	−68.36
		N	491.6	120.96	406.16	73.92	0.00	0.00	0.00
	3-3	M	69.63	18.60	26.76	−56.27	±130.37	379.01	−353.57
		N	586.82	120.96	406.16	73.92	0.00	0.00	0.00
		V	14.55	4.34	−5.32	−5.32	±11.58	42.71	−35

续上表

柱号	截面	荷载项目 \ 内力	内力组合							
			N_{max}及M、V		N_{min}及M、V		M_{max}及N、V		M_{min}及N、V	
			项目	组合值	项目	组合值	项目	组合值	项目	组合值
A柱	1-1	M(kN·m)	①+0.9×(②+③+⑤)	−10.04	①+0.9×(③+⑤+⑦)	−75.51	①+0.9×(②+⑥)	71.66	①+0.9×(③+⑤+⑦)	−75.51
		N(kN)		543.10		434.24		543.10		434.24
	2-2	M(kN·m)	①+0.9×(②+③+⑤)	40.09	①+⑦	−147.87	①+0.9×(③+⑤+⑥)	57.18	①+0.9×(②+④+⑤+⑦)	−176.37
		N(kN)		966.01		491.6		857.14		666.99
	3-3	M(kN·m)	①+0.9×(②+③+⑤)	227.79	①+⑥	448.64	①+0.9×(②+③+⑤+⑥)	568.90	①+0.9×(④+⑤+⑦)	−416.56
		N(kN)		1061.23		586.82		1061.23		653.35
		V(kN)		24.09		57.26		62.53		−32.16

七、排架柱设计

1. 设计资料

截面尺寸:上柱正方形截面 500mm×500mm

下柱 I 字形截面$b=120$mm;$h=1000$mm

$b'_f=b_f=500$mm;$h'_f=h_f=200$mm

材料等级:混凝土 C30,$f_c=14.3$N/mm²

钢筋:纵向受力钢筋为 HRB400 级钢筋 $f'_y=f_y=400$N/mm²

箍筋、预埋件和吊钩为 HPB300 级钢筋 $f_y=300$N/mm²

2. 柱截面配筋计算

(1)由于截面 3-3(图 2-96)的弯矩和轴向力设计值均比截面 2-2 的大,故下柱配筋由截面 3-3 的最不利内力组合确定,而上柱配筋由截面 1-1 的最不利内力组合确定。经比较,用于上下柱截面配筋计算的最不利内力组列入表 2-17 内。

(2)确定柱在排架方向的初始偏心距 e_i、计算长 l_0 及偏心距增大系数 η,见表 2-18。

柱在排架方向的 e_i、l_0 及 η 表 2-18

截面	内力组		e_0(mm)	h_0(mm)	e_i(mm)	ζ_1	l_0(mm)	h(mm)	ζ_2	η
1-1	M(kN·m)	−10.04	18	465	38	0.42	7600	500	0.998	1.719
	N(kN)	543.10								
	M	−75.51	174	465	194	1.0	7600	500	0.998	1.336
	N	434.24								
	M	71.66	132	465	152	1.0	7600	500	0.998	1.428
	N	543.10								
3-3	M	227.79	215	965	248	0.89	10250	1000	1.0	1.221
	N	1061.23								
	M	448.64	765	965	798	1.0	21075	1000	0.939	1.306
	N	586.82								

续上表

截面	内力组		e_0(mm)	h_0(mm)	e_i(mm)	ζ_1	l_0(mm)	h(mm)	ζ_2	η
3-3	M	568.90	536	965	569	1.0	10250	1000	1.0	1.108
	N	1061.23								
	M	−416.56	638	965	671	1.0	10250	1000	1.0	1.092
	N	653.35								

注：①$e_0=M/N$；

②$e_i=e_0+e_a$；

③e_a 取 20mm 和 $h/30$ 的较大值；

④$\zeta_1=0.2+2.7\dfrac{e_i}{h_0}$，$\zeta_1>1.0$ 时，$\zeta_1=1.0$；

⑤$\zeta_2=1.15-0.01\dfrac{l_0}{h}$，$\dfrac{l_0}{h}\leqslant 15$ 时，取 $\zeta_2=1.0$，考虑吊车荷载 $l_0=2.0H_u$（下柱），不考虑吊车荷载 $l_0=1.5H_u$；

⑥$\eta=c_m\left[1+\dfrac{K}{1400e_i/h_0}\left(\dfrac{l_0}{h}\right)^2\zeta_1\zeta_2\right]$，排架结构属于有侧移结构，$c_m=1.0$，$K=0.85$。

(3)柱在排架平面内的配筋计算见表 2-19。

柱在排架内的截面配筋计算 表 2-19

截面	内力组		e_1(mm)	η	e(mm)	x(mm)	$\zeta_b h_0$(mm)	偏心情况	$A_s=A'_s$(mm^2)	
									计算值	实配值
1-1	M(kN·m)	−10.04	38	1.719	280	76	256	大	619.9	3Φ18 763mm²
	N(kN)	543.10								
	M	−75.51	194	1.336	474	61	256	大	126.5	
	N	434.24								
	M	71.66	152	1.428	432	76	256	大	20.1	
	N	543.10								
3-3	M	227.79	248	1.221	768	148	531	大	458.2	4Φ20 1256mm²
	N	1061.23								
	M	448.64	798	1.306	1507	82	531	大	1227.9	
	N	586.82								
	M	568.90	569	1.108	1095	148	531	大	785.6	
	N	1061.23								
	M	−416.56	671	1.092	1198	91	531	大	661.1	
	N	653.35								

注：①e_i、η 见表 2-19；

②$e=\eta e_i+h/2-a_s$；

③x：上柱 $x=\dfrac{N}{ba_1f_c}=\dfrac{N}{500\times1\times14.3}=\dfrac{N}{7150}$；下柱，当 $N\leqslant b'_fh'_fa_1f_c$ 时，$x=\dfrac{N}{ba_1f_c}=\dfrac{N}{500\times1\times14.3}=\dfrac{N}{7150}$，当 $N>b'_fh'_fa_1f_c$ 时，$x=\dfrac{[N-(b'_f-b)h'_fa_1f_c]}{ba_1f_c}$；

④A_s，A'_s：上柱 $x<\zeta_bh_0$，$A_s=A'_s\dfrac{Ne-bx\left(h_0-\dfrac{x}{2}\right)a_1f_c}{f_y(h_0-a'_s)}$；下柱，当 $2a'_s\leqslant x\leqslant h'_f$ 时，$A_s=A'_s=\dfrac{Ne-b'_fx\left(h_0-\dfrac{x}{2}\right)a_1f_c}{f_y(h_0-a'_a)}$；当 $\zeta_bh_0>x>h'_f$ 时，$A_s=A'_s=\dfrac{Ne-\left[(b'_f-b)h'_f\left(h_0-\dfrac{h'_f}{2}\right)+bx\left(h_0-\dfrac{x}{2}\right)a_1f_c\right]}{f_y(h_0-a'_s)}$；上柱或下柱，当 $x<2a'_s$ 时，$A_s=A'_s=\dfrac{Ne'}{f_y(h_0-a'_s)}$。

(4)柱在排架平面外承载力计算

上柱 $N_{max}=543.10\text{kN}$，当不考虑吊车荷载时，有

$$l_0 = 1.2H = 1.2\times 14050 = 16860\text{mm}$$

$l_0/b=16860/500=33.7$，查表知 $\phi=0.44$（ϕ 为长细比的系数）

$$A_s=A'_s=163\text{mm}^2$$

$N_u=\phi(f_cA_c+2f_yA'_s)=0.44\times(14.3\times500\times500+2\times300\times763)=1774.4\text{kN}>N_{max}=543.10\text{kN}$ 满足要求。

下柱 $N_{max}=1061.23\text{kN}$，当考虑吊车荷载时，有

$$l_0 = 1.0H_1 = 10250\text{mm}$$

$$I = I_1 = 4.56\times10^9\text{mm}^4$$

$$A = 500\times1000-2\times(550+600)\times190/2 = 281500\text{mm}^2$$

$$i=\sqrt{\frac{I_1}{A}} = 127\text{mm}$$

$l_0/i=10250/127=80.7$，查表 $\phi=0.666$（ϕ 为长细比的系数）

$$A_s=A'_s=1256\text{mm}^2$$

故

$N_u=\phi(f_cA_c+2f_yA'_s)=0.666\times(14.3\times281500+2\times300\times1256)=3182.8\text{kN}>N_{max}=1061.23\text{kN}$ 满足要求。

3. 裂缝宽度验算

截面 3-3，当 $M=448.64\text{kN}\cdot\text{m}$，$N=586.82\text{kN}$，相应的 $e_0=765\text{mm}$，$e_0/h_0=765/965=0.79>0.55$，故应作裂缝宽度验算。

截面 1-1，$e_0/h_0=0.42<0.55$，故不作此项验算。

由内力组合表可知，验算裂缝宽度的荷载标准组合值：

$$M_k = 69.63/1.2+379.01/1.4 = 328.75\text{kN}\cdot\text{m}$$

$$N_k = 586.8/1.2 = 489.02\text{kN}$$

$$e_0 = M_k/N_k = 328.75/489.02 = 0.672\text{m}$$

$$\begin{aligned}\rho_{te} &= A_s/A_{et}\\ &= 1256/[0.5\times120\times1000+(500-120)\times200]\\ &= 0.0092\end{aligned}$$

$$\begin{aligned}\eta_s &= 1+\frac{1}{4000\dfrac{e_0}{h_0}}\left(\frac{l_0}{h}\right)^2\\ &= 1+[1/(4000\times372/965)]\times(16860/1000)^2\\ &= 1.10\end{aligned}$$

$$\begin{aligned}e &= \eta_s\cdot e_0+h/2-a_s\\ &= 1.10\times672+500-35\end{aligned}$$

$=1204.2\text{mm}$

则纵向受拉钢筋 A_s 合力点至受压区合力作用点间的距离为

$$z=\left[0.87-0.12(1-\gamma'_f)\left(\frac{h_0}{e}\right)^2\right]h_0$$

$$=\{0.87-0.12\times[1-(500-120)\times 200/(120\times 965)]\times (965/1175.4)^2\}\times 965$$

$$=812.7\text{mm}$$

纵向受拉钢筋 A_s 的应力为

$$\sigma_{sq}=\frac{N_q(e-z)}{A_s z}=489.02\times 1000\times(1204.2-812.7)/(1256\times 812.7)$$

$$=187.6\text{N/mm}^2$$

裂缝间纵向受拉钢筋应力不均匀系数为

$$\psi=1.1-\frac{0.65f_{tk}}{\rho_{te}\sigma_s}=1.1-0.65\times 2.01/(0.0092\times 187.6)=0.343$$

故最大裂缝开展宽度为

$$\omega_{max}=\alpha_{cr}\psi\frac{\sigma_s}{E_s}\left(1.9c_s+0.08\frac{d_{eq}}{\rho_{te}}\right)$$

$$=(2.1\times 0.343\times 187.6/200000)\times(1.9\times 25+0.08\times 20/0.0092)$$

$$=0.149\text{mm}<0.3\text{mm}$$ 满足要求。

4. 柱牛腿设计

1)牛腿几何尺寸的确定

牛腿的几何尺寸如图 2-95 所示，牛腿上没有水平力即 $f_{hk}=0$。

牛腿高度的验算：

$$f_{vk}=2.01\text{N/mm}^2, a=0, b=500\text{mm}, \beta=0.7$$

$$h_0=400+200-35=565\text{mm}$$

$$F_{vk}=406.16/1.4+57.36/1.2=337.9\text{kN}$$

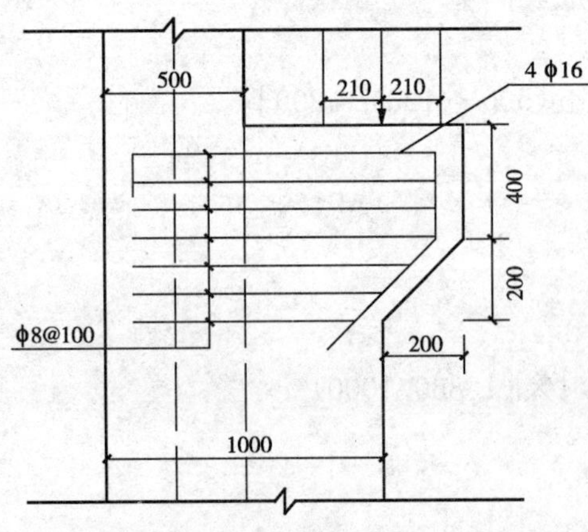

图 2-95　牛腿的几何尺寸及配筋示意图
(尺寸单位：mm)

所以：$\beta(1-0.5\times f_{hk}/F_{vk})(f_{tk}bh_0)/(0.5+a/h_0)=791\text{kN}<F_{vk}=337.9\text{kN}$ 满足要求。

2)牛腿配筋

纵向受拉钢筋的配置，因为竖向力作用点在下柱截面边缘内，则可以按构造配筋，$A_s=\rho_{min}bh_0=0.002\times 500\times 600=600\text{mm}^2$，且 $A_s\geqslant(0.45f_t/f_y)\times bh_0=500\times 600\times 0.45\times 1.5/300=675\text{mm}^2$，纵筋不应少于 4 根，直径不应小于 12mm，所以选用 4 Φ 16 ($A_s=804\text{mm}^2$)；由于 $a/h_0<0.3$，则可以不设置弯起钢筋，箍筋按构造配置，牛腿上部 $2h_0/3$ 范围内水平箍筋的总截面面积不应小于承受 F_v 的受拉纵筋总面积的 1/2，箍筋选用 ϕ8@100，如图 2-95 所示。

3)牛腿局部挤压验算

局部承压面积近似按柱宽乘以吊车梁端承压板宽度取用：

$$A = 500 \times 420 = 2.1 \times 10^5 \text{mm}^2$$

$F_{vk}/A = 337.9/(2.1 \times 10^5) = 1.61\text{N/mm}^2 < 0.75 f_c = 10.73\text{N/mm}^2$(满足条件)

5. 柱的吊装验算

1)吊装方案

一点翻身起吊，吊点设在牛腿与下柱交接处，如图 2-96a)所示。

2)荷载计算

上柱自重：$g_1 = 1.2 \times 1.5 \times 25 \times 0.5^2 = 11.25\text{kN/m}$

牛腿自重：$g_2 = 1.2 \times 1.5 \times 25 \times 0.5 \times (1.2 \times 0.6 - 0.5 \times 0.2^2)/0.6 = 26.25\text{kN/m}$

下柱自重：$g_3 = 1.2 \times 1.5 \times 25 \times [0.2 \times 0.5 \times 2 + 0.55 \times 0.12 + 2 \times (0.12 + 0.5)/2 \times 0.025] = 12.7\text{kN/m}$

计算简图如图 2-96b)所示。

3)内力计算

$$M_1 = 0.5 \times 11.25 \times 3.8^2 = 81.2\text{kN} \cdot \text{m}$$

$$M_2 = 0.5 \times 11.25 \times 4.42^2 + 0.5 \times (26.25 - 11.25) \times 0.6^2 = 111.6\text{kN} \cdot \text{m}$$

$$M_3 = (1/8) \times 12.7 \times 9.65^2 - 111.6/2 = 92.0\text{kN} \cdot \text{m}$$

弯矩图如图 2-96c)所示。

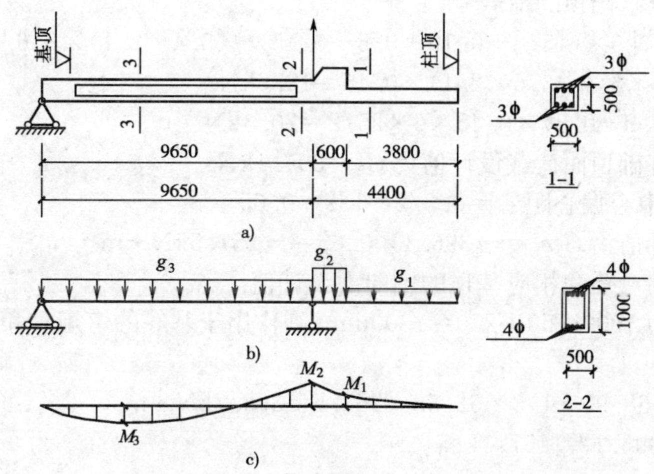

图 2-96　柱吊装验算简图(尺寸单位：mm)

4)截面承载力计算

截面 1-1：$b \times h = 500\text{mm} \times 500\text{mm}$，$h_0 = 465\text{mm}$，$A_s = A'_s = 763\text{mm}^2$，$f_y = 300\text{N/mm}^2$

故截面承载力为：$M_u = A_s f_y (h_0 - a'_s) = 763 \times 300 \times (465 - 35) = 98.4\text{kN} \cdot \text{m} > 81.2\text{kN} \cdot \text{m}$(可以)

截面 2-2：$b \times h = 500\text{mm} \times 1000\text{mm}$，$h_0 = 965\text{mm}$，$A_s = A'_s = 1256\text{mm}^2$，$f_y = 300\text{N/mm}^2$

故截面承载力为：$M_u = A_s f_y (h_0 - a'_s) = 1256 \times 300 \times (965 - 35) = 305.4\text{kN} \cdot \text{m} > 111.6\text{kN} \cdot \text{m}$(可以)

5)裂缝宽度验算

验算 1-1 截面即可。

$\sigma_{sq} = M_q/(0.87A_s h_0) = (81200000/1.2)/(0.87 \times 763 \times 465) = 219.22\text{N/mm}^2$

$\rho_{te} = A_s/(0.5bh) = 963/(0.5 \times 500 \times 500) = 0.0061 < 0.01$，取 $\rho_{te} = 0.01$

$$\psi = 1.1 - 0.65 \times f_{tk}/(\rho_{te}\sigma_s)$$
$$= 1.1 - (0.65 \times 2.01)/(0.01 \times 219.22)$$
$$= 0.504$$

$$\omega_{max} = \alpha_{cr}\psi\frac{\sigma_s}{E_s}\left(1.9c_s + 0.08\frac{d_{eq}}{\rho_{te}}\right)$$
$$= 2.1 \times 0.504 \times 219.22/(2.0 \times 10^5) \times (1.9 \times 25 + 0.08 \times 20/0.01)$$
$$= 0.163\text{mm} < 0.3\text{mm}(\text{可以})$$

八、基 础 设 计

1. 荷载计算

1)由柱传至基顶的荷载

由内力组合表可得荷载设计值如下：

第一组：$M_{max} = 568.90\text{kN}\cdot\text{m}$　　$N = 1061.23\text{kN}$　　$V = 62.53\text{kN}$

第二组：$M_{min} = -416.56\text{kN}\cdot\text{m}$　　$N = 653.35\text{kN}$　　$V = -32.16\text{kN}$

第三组：$N_{max} = 1061.23\text{kN}$　　$M = 227.79\text{kN}\cdot\text{m}$　　$V = 24.09\text{kN}$

第四组：$N_{min} = 586.82\text{kN}$　　$M = 448.64\text{kN}\cdot\text{m}$　　$V = 57.26\text{kN}$

2)由基础梁传至基础顶的荷载

墙重 $19 \times 0.24 \times [6 \times (15.3 + 0.15 + 0.5 - 0.45) - (5.4 + 2.1) \times 3.6] \times 1.2 = 361.2\text{kN}$

窗重 $1.2 \times (3.6 \times 5.4 + 3.6 \times 2.1) \times 0.45 = 14.6\text{kN}$

基础梁 $1.2 \times (0.2 + 0.3) \times 0.45 \times 6 \times 25/2 = 20.3\text{kN}$

由基础梁传至基础顶面荷载设计值为 $G_5 = 396.1\text{kN}$

G_5 对基础底面中心偏心距 $e_5 = 0.3/2 + 1/2 = 0.65$

相应的弯矩设计值为 $G_5 e_5 = -396.1 \times 0.65 = -257.5\text{kN}\cdot\text{m}$

3)作用于基底的弯矩和相应基顶的轴向力设计值

假定基础高度为 1000＋50＋250＝1300mm，则作用于基底的弯矩和相应基顶的轴向力设计值为

第一组：$M_{bot} = 568.90 + 1.3 \times 62.53 - 257.5 = 392.7\text{kN}\cdot\text{m}$

$N = 1061.23 + 396.1 = 1457.3\text{kN}$

第二组：$M_{bot} = -416.56 - 1.3 \times 32.16 - 257.5 = -715.9\text{kN}\cdot\text{m}$

$N = 653.35 + 396.1 = 1049.5\text{kN}$

第三组：$M_{bot} = 227.79 + 1.3 \times 24.09 - 257.5 = 1.6\text{kN}\cdot\text{m}$

$N = 1061.23 + 396.1 = 1457.5\text{kN}$

第四组：$M_{bot} = 448.64 + 1.3 \times 57.26 - 257.5 = 265.6\text{kN}\cdot\text{m}$

$N = 586.82 + 396.1 = 982.9\text{kN}$

2. 基底尺寸的确定

由第二组荷载确定 l 和 b，即

$$A=(1.1\sim1.4)\frac{F_K}{f_a-\gamma_G d}=(1.1\sim1.4)\times1049.5/(120-22\times1.8)=(14.4\sim18.3)\text{m}^2$$

取 $l/b=1.5$，由 $l/b=1.5$ 和 $A=lb=17.5\text{m}^2$

解得 $b=3.3\text{m}$，取 $b=3.5\text{m}$；$l=1.5\times3.5=5.3\text{m}$，取 $l=5.6\text{m}$

验算 $e_0\leqslant l/6$ 的条件：

$$e_0=M_{bot}/N_{bot}=715.9/(1049.5+22\times3.5\times5.6\times1.8)=0.392<l/6=0.933(\text{可以})$$

验算其他三组荷载设计值作用下的基底应力

第一组：

$$P_{max}=N_{bot}/A+M_{bot}/W=N/A+\gamma_G d+M_{bot}/W$$
$$=135.4\text{kN/m}^2<1.2f_a=144\text{kN/m}^2(\text{可以})$$
$$P_{min}=74.4+39.6-21.4=92.6\text{kN/m}^2>0$$
$$P_m=74.4+39.6=114\text{kN/m}^2<f_a=120\text{kN/m}^2(\text{可以})$$

第三组：

$$P_{max}=N_{bot}/A+M_{bot}/W=N/A+\gamma_G d+M_{bot}/W$$
$$=114.1\text{kN/m}^2<1.2f_a=144\text{kN/m}^2(\text{可以})$$
$$P_{min}=74.4+39.6-0.09=113.9\text{kN/m}^2>0$$
$$P_m=74.4+39.6=114\text{kN/m}^2<f_a=120\text{kN/m}^2(\text{可以})$$

第四组：

$$P_{max}=N_{bot}/A+M_{bot}/W=N/A+\gamma_G d+M_{bot}/W$$
$$=104.2\text{kN/m}^2<1.2f_a=144\text{kN/m}^2(\text{可以})$$
$$P_{min}=50.1+39.6-14.5=75.2\text{kN/m}^2>0$$
$$P_m=50.1+39.6=89.7\text{kN/m}^2<f_a=120\text{kN/m}^2(\text{可以})$$

3. 确定基底的高度

前面已初步假定基础的高度为 1.3m，如采用杯形基础，按构造要求，其剖面图如图 2-97 所示。

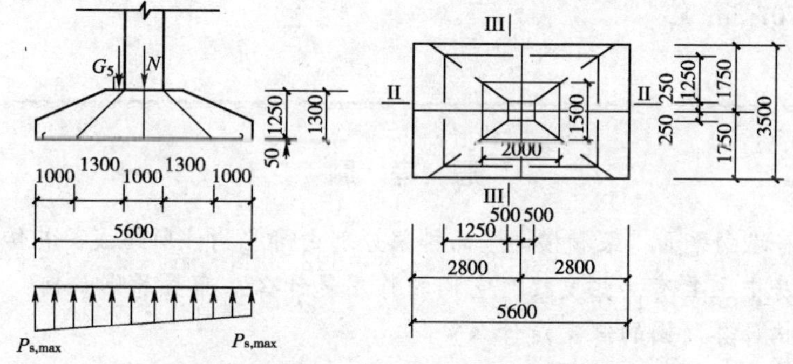

图 2-97　基础抗冲切验算简图(尺寸单位：mm)

1)在各组荷载设计值作用下的地基最大净反力

第一组：$P_{s,max}=1457.3/19.6+392.7/18.3=95.8\text{kN/m}^2$

第二组：$P_{s,max}=1409.5/19.6+715.9/18.3=92.7\text{kN/m}^2$

第三组：$P_{s,max}=1457.3/19.6+1.6/18.3=74.4\text{kN/m}^2$

第四组：$P_{s,max}=982.9/19.6+265.6/18.3=64.7\text{kN/m}^2$

抗冲切计算按第一组荷载设计值作用下的地基净反力进行计算

2)验算基础高度

$$L_2 > b + 2H_0$$

$$F_1 > P_{s,max} \times A = P_{s,max} \times [(L_1/2 - h/2 - H_0) \times L_2 - (L_2/2 - b/2 - H_0)^2]$$
$$= 95.8 \times [(2.8 - 0.5 - 1.25) \times 3.5 - (1.75 - 0.25 - 1.25)^2] = 346.07\text{kN}$$
$$V_u > 0.7 f_t [b + (b + 2H_0)]/2 \times [H_0/\cos45°] \times \cos45° = 0.7 f_t (b + H_0) \times H_0$$
$$= 0.7 \times 0.91 \times (500 + 1250) \times 1250 = 1393.4\text{kN} > F_1 \quad \text{满足要求}$$

4. 基底配筋计算

包括沿长边和短边两个方向的配筋计算。沿长边方向的配筋计算，由前述四组荷载设计值作用下最大地基净反力的分析可知，应按第一组荷载设计值作用下的地基净反力进行计算。而沿短边，由于为轴心受压，其钢筋用量应按第四组荷载设计值作用下的平均地基净反力进行计算。

1)沿长边方向(I-I)的配筋计算

$P_{sI}=1457.3/19.6+(392.7/18.3)\times(0.5/2.8)=78.2\text{kN/m}^2$

$P_{s,max}=95.8\text{kN/m}^2$

$M_I=(1/48)[(P_{s,max}+P_{sI})(L_1-h)^2(2L_2+b)]-G_5e_5=(1/48)[(95.8+78.2)\times(5.6-1.0)^2\times(2\times3.5+0.5)]-254.2=249.3\text{kN}\cdot\text{m}$

$A_{SI}=M_I/0.9f_yh_0=249.3\times10^6/(0.9\times1250\times300)=738.7\text{mm}^2$

选用 9Φ12(1017mm²)。

2)沿短边方向(II-II)的配筋计算

在第三组荷载设计值作用下，均匀分布的地基土净反力：

$P_{s,max}=N/A=982.9/19.6=50.1\text{kN/m}^2$

$M_{II}=(1/24)\times P_{sm}\times(L_2-b)^2\times(2L_1+h)=(1/24)\times50.1\times(3.5-0.5)^2\times(2\times5.6+1.0)=229.2\text{kN}\cdot\text{m}$

$A_{SII}=M_{II}/(0.9f_yh'_0)=(229.2\times10^6)/(0.9\times300\times1240)=684.6\text{mm}^2$

选用 9Φ10(707mm²)。

思 考 题

1. 单层厂房纵向平面排架和横向平面排架分别由哪些构件所组成？其传力路径如何？
2. 单层厂房中主要有哪些支撑？它们的作用是什么？布置原则如何？
3. 排架结构计算简图的假定是什么？
4. 什么是厂房的整体空间作用？
5. 什么是荷载组合？什么是内力组合？内力组合时应注意哪些事项？
6. 如何确定柱、吊车梁、屋架等构件的型式？
7. 排架内力分析的步骤是什么？
8. 简述牛腿的受力特点、破坏形态和计算内容。
9. 抗风柱的设计要点是什么？
10. 简述柱间支撑和预埋件的设计要点。

11. 单层厂房柱下单独基础设计的主要内容是什么？如何进行设计？

12. D_{max}、D_{min}和 T_{max}是如何求得的？

习　题

1. 某单层单跨厂房，跨度 18m、柱距 6m，内有两台 10t 中级工作制吊车。试求该柱承受的吊车竖向荷载 D_{max}、D_{min}和横向水平荷载 T_{max}。起重机资料如下：

吊车跨度 $L_k=16.5$m，吊车宽 $B=5.44$m，轮距 $K=4.4$m，吊车总质量 18.8t，小车质量 3.8t，额定起重量 10t，最大轮压标准值 $P=104.7$kN。

2. 已知如图 2-98 所示的两跨等高排架，基本风压 $w_0=0.6\text{kN/m}^2$，15m 高度处 $\mu_z=1.14$，体型系数 μ_s 如图所示；柱截面惯性矩：$I_1=2.2\times10^9\text{mm}^4$，$I^2=14.5\times10^9\text{mm}^4$，$I_3=7.2\times10^9\text{mm}^4$，$I_4=19.5\times10^9\text{mm}^4$。试用剪力分配法求此两跨排架在风荷载作用下各柱的内力。

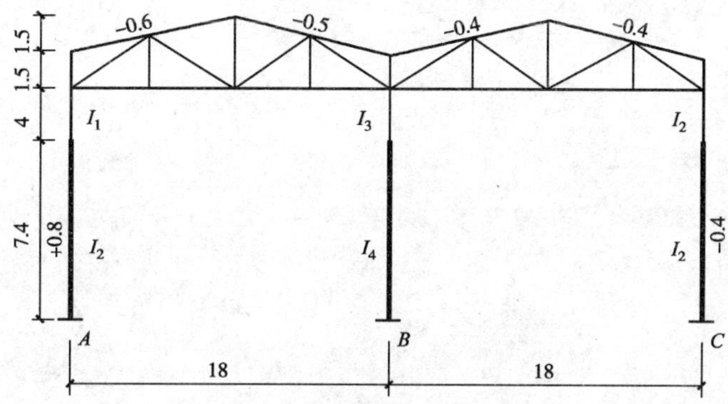

图 2-98　习题 2 附图（尺寸单位：m）

3. 已知如图 2-99 所示的两跨等高排架，在 A 柱牛腿顶面处作用有力矩设计值 $M_{max}=211\text{kN}\cdot\text{m}$，在 B 柱牛腿顶面处作用有力矩设计值 $M_{min}=135\text{kN}\cdot\text{m}$，柱截面惯性矩：$I_1=2.15\times10^9\text{mm}^4$，$I_2=14.5\times10^9\text{mm}^4$，$I_3=5.2\times10^9\text{mm}^4$，$I_4=18.2\times10^9\text{mm}^4$，上柱高 $H_u=3.8$m，全柱高 $H=12.9$m。试求排架的内力。

4. 如图 2-100 所示的牛腿。已知竖向力设计值 $F_v=350$kN，水平拉力设计值 $F_b=800$kN，采用 C25 混凝土和 HRB335 级受力钢筋。试计算牛腿的纵向受力钢筋，并绘制配筋图。

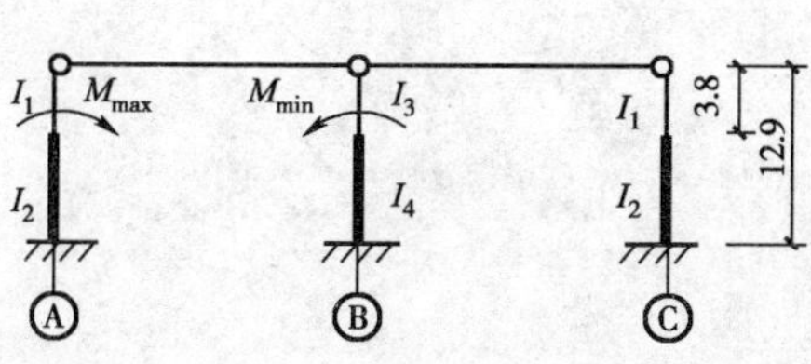

图 2-99　习题 3 附图（尺寸单位：m）

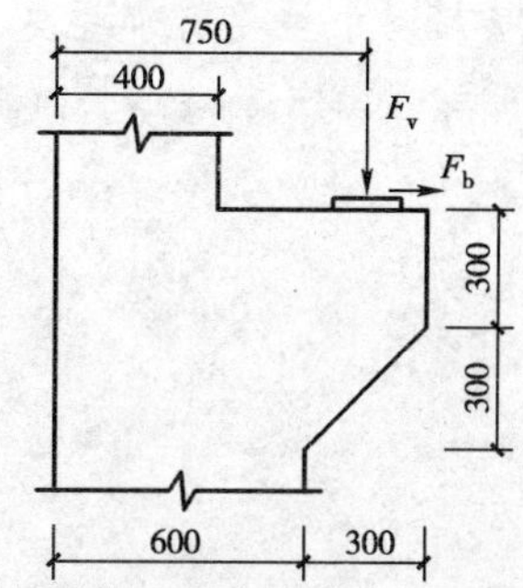

图 2-100　习题 4 附图（尺寸单位：mm）

5. 在截面尺寸为 400mm×400mm 单层厂房排架柱下设置钢筋混凝土独立杯形基础。设计地面高程±0.000，传至−1.40m 高程处的柱竖向荷载设计值 $F=800\text{kN}$，力矩设计值 $M=300\text{kN}\cdot\text{m}$，水平力设计值 $F_H=50\text{kN}$（其对基底的力矩与 M 同方向）。如地基承载力特征值 $f_a=0.6\text{kN/m}^2$，基础埋深 $d=2.2\text{m}$，基础底面长宽比为 1.5∶1。试设计此基础，并绘制施工图。

第三章 多层框架结构

DISANZHANG

第一节 概　　述

随着市场经济的发展和城市化进程的进一步加速，近30年来我国的多层及高层建筑有了迅速的发展。但目前钢筋混凝土框架结构仍然是我国多、高层建筑的一种主要结构形式。

钢筋混凝土框架结构广泛应用于轻工、食品等多层厂房和办公、住宅、旅馆、商场等民用及商业建筑中。这种结构体系的优点是建筑平面布置灵活，能够获得较大的使用空间，建筑立面容易处理，可以适应不同房屋造型。我国《高层建筑混凝土结构技术规程》(JGJ 3—2010)把10层及10层以上或房屋高度大于28m的建筑物定义为高层建筑，一般认为10层以下建筑物属于多层建筑物。钢筋混凝土框架结构多用于多层建筑，较少用于高层建筑。因为当房屋高度超过一定的范围时，框架结构水平抗侧向刚度较小，水平荷载作用下侧移较大。从控制造价和受力合理的角度，现浇钢筋混凝土框架高度一般不超过60m；地震区现浇钢筋混凝土框架，当设防烈度为7度、8度和9度时，其高度一般不超过55m、45m和25m。国内采用钢筋混凝土框架结构建成的最高房屋是北京长城饭店，共22层、高80m。

钢筋混凝土结构造价低，主要材料砂石等便于就地取材，可以做成各种形状，具有结构刚度大、耐火性好、维护费用低等优点。但和钢结构相比钢筋混凝土结构自重较大，抗震性能也不及钢结构。但是从总体来看，由于钢筋混凝土结构的优点，比较符合我国国情，今后一个时期仍将是我国多层建筑采用的一种主要形式。从受力角度多层与高层建筑并无明确的界限(通常认为10层以下为多层建筑)，设计方法基本上是相通的，只不过随高度的增大，水平荷载将成为主要荷载及结构设计中的主要控制因素。本章主要论述多层建筑中采用较多的钢筋混凝土框架结构体系。

第二节 房屋的结构体系

多、高层建筑常用的结构体系有框架结构体系、剪力墙结构体系、框架—剪力墙结构体系和筒体结构体系等。随着层数和高度的增加，包括地震作用和风荷载等水平作用对高层建筑结构安全的控制作用更加显著。多、高层建筑的承载能力、抗侧刚度、抗震性能、材料用量和造价方面，与其所采用的结构体系密切相关。不同的结构体系，适用于不同的层数、高度及满足不同的功能要求。框架、框架—剪力墙、剪力墙结构体系是多层及高层建筑中应用最为广泛的几种结构体系（图 3-1）。它们有各自的特点及其适用范围。多、高层建筑的进一步发展，出现了以筒体结构形式为主的框架—筒体结构、筒中筒及多筒结构，这些是有较强抗侧力刚度的结构体系（图 3-2）。下面简要介绍上述各种结构体系的特点及适用范围。

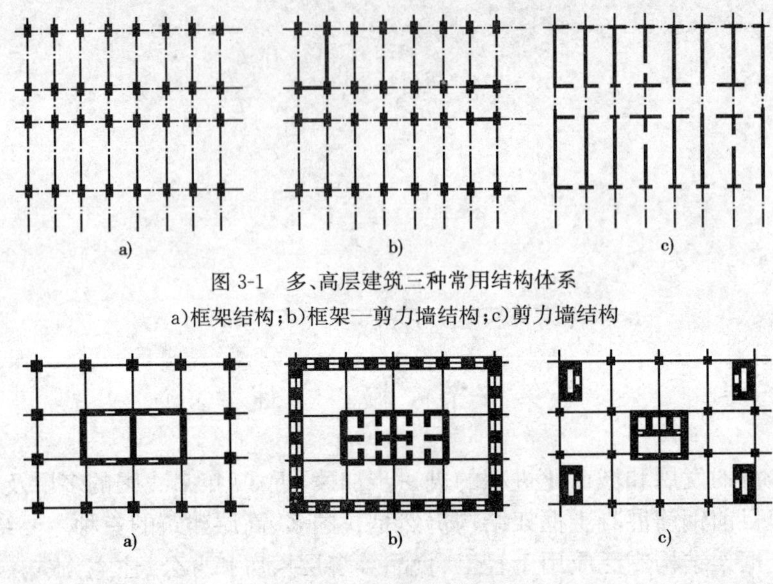

图 3-1　多、高层建筑三种常用结构体系

a）框架结构；b）框架—剪力墙结构；c）剪力墙结构

图 3-2　筒体结构

a）框架—筒体结构；b）筒中筒结构；c）多筒体结构

一、框架结构体系

框架结构体系一般用于钢结构和钢筋混凝土结构中，由梁和柱通过节点构成承载结构，如图 3-3 所示。框架结构形成可灵活布置的建筑空间，使用较方便。钢筋混凝土框架按施工方法的不同，可分为：①梁、板、柱全部现场浇筑的现浇框架；②楼板预制，梁、柱现场浇筑的现浇框架；③梁、板预制，柱现场浇筑的半装配式框架；④梁、板、柱全部预制的全装配式框架等。

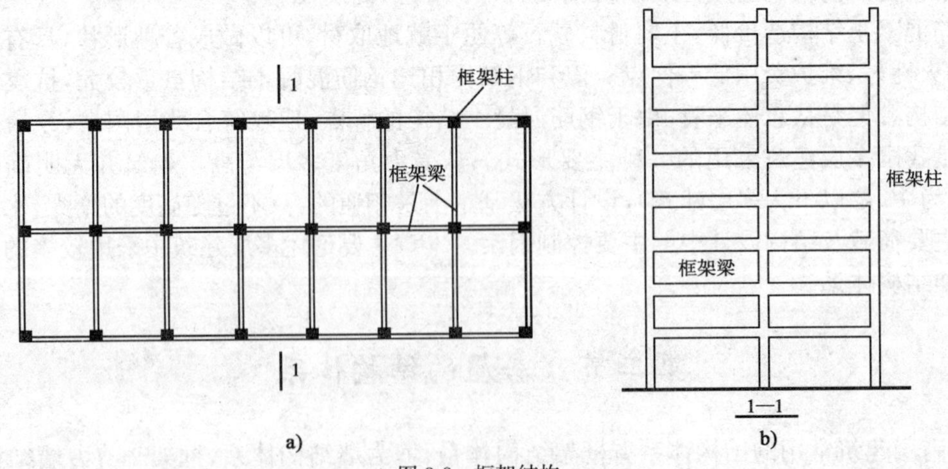

图 3-3　框架结构

a）框架结构平面图；b）框架结构剖面图

随着结构高度增加，水平作用使得框架底部梁柱构件的弯矩和剪力显著增加，从而导致梁柱截面尺寸和配筋量增加，到一定程度，将给建筑平面布置和空间处理带来困难，影响建筑空间的正常使用，在材料用量和造价方面也趋于不合理。因此在使用上层数受到限制。

1. 框架结构的组成

框架结构是由梁、柱、节点及基础组成的结构形式，横梁和立柱通过节点连为一体，形成承重结构，将荷载传至基础。整个房屋全部采用这种结构形式的称为框架结构或纯框架结构(图3-4)。框架可以是等跨或不等跨的，也可以是层高相同或不完全相同的，有时因工艺和使用要求，也可能在某层抽柱或某跨抽梁，形成缺柱、梁的框架，如图 3-4 所示。

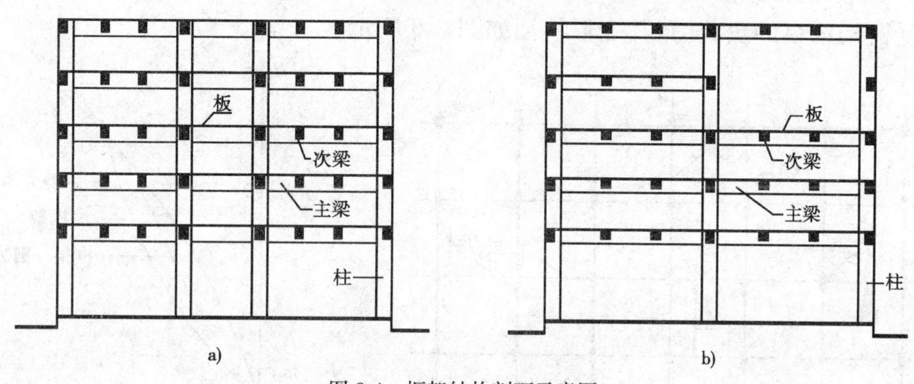

图 3-4　框架结构剖面示意图

a)多层多跨框架的组成；b)缺梁的框架

2. 框架结构的种类

框架结构根据施工方法的不同可分为整体式、装配式和装配整体式三种。整体式框架又称全现浇框架，它由现场支模浇筑而成，整体性好，抗震能力强。泵送混凝土和组合式钢模板的应用，改变了现场搅拌费工、费时的缺点，使整体式框架得到了广泛应用。装配式框架的梁、柱等构件均为预制，施工时把预制的构件吊装就位，并通过节点进行连接。这种框架的优点是机械化程度高，施工速度快，但整体性较差，抗震性能也弱，工程应用较少。装配整体式框架兼有整体式和装配式框架的优点，预制构件在现场吊装就位后，通过在预制梁上浇筑叠合层等措施，使框架连成整体。工程中应用较多的是现浇混凝土柱和装配整体式梁板组成的装配整体式框架结构体系。

二、框架—剪力墙结构体系

所谓框架—剪力墙结构体系，即指由若干框架和剪力墙共同作为竖向承重结构的结构体系。在框架—剪力墙结构体系中，竖向荷载分别由框架和剪力墙共同承受，而水平荷载(如风荷载)则主要由抗侧刚度较大的剪力墙承受。这种结构既具有框架结构布置灵活、使用方便的特点，又有较大的刚度和较强的抗震能力，因而广泛应用于多高层办公建筑和旅馆建筑中。这种结构体系的平面布置如图 3-5 所示。

在框架—剪力墙结构体系中，剪力墙布置的部位非常重要，它将影响整个结构的造价。剪力墙宜布置在恒载较大处，并尽量均匀对称，以便使房屋在水平力作用下不产生扭转。为了增大房屋的抗扭刚度，剪力墙宜布置在房屋各区段的两端。在建筑平面或抗侧刚度变化处设置剪力墙,可起到加强该薄弱环节的作用。

在水平荷载作用下,楼面如同一根水平放置的深梁支承在剪力墙上。这时,剪力墙的间距就是该水平方向深梁的跨度,而房屋宽度就是它的截面高度。若剪力墙的间距过大,若忽视楼面平面内的挠度,将使得剪力墙与框架之间不能有效地协同工作,并使框架所承担的水平荷载增多。因此,剪力墙的最大间距不宜大于房屋宽度的 4 倍(采用现浇钢筋混凝土楼盖时)及2.5倍(采用装配式的钢筋混凝土楼盖时)。若楼板上还开有较大的孔洞时,剪力墙的间距还应予以减小。由于剪力墙承担了大部分的剪力,框架的受力状况和内力分布得到改善,主要表现为:框架所承受的水平剪力减少且沿高度分布比较均匀。剪力墙所承受的剪力愈接近结构底部愈大,有利于控制框架的变形;而在结构上部,框架的水平位移有比剪力墙的位移小的趋势,剪力墙承受框架约束的负剪力,其变形特征如图 3-6 所示。

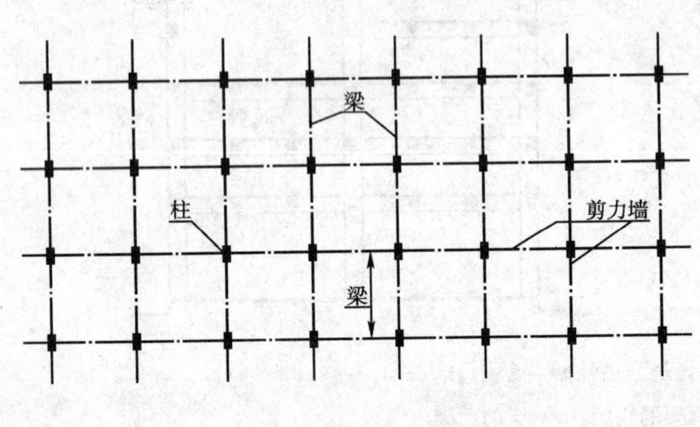

图 3-5 框架—剪力墙结构

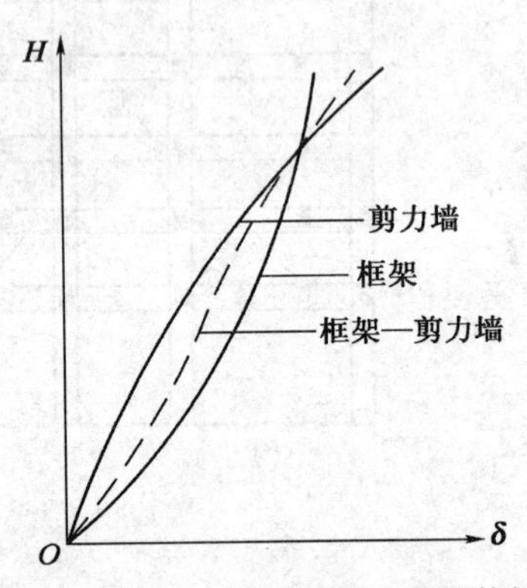

图 3-6 框架—剪力墙结构的变形特征

三、剪力墙结构体系

利用建筑物墙体同时作为承受竖向荷载且抵抗水平荷载的结构,称为剪力墙结构体系。墙体同时也具有维护和分隔房间作用。

竖向荷载由楼盖直接传到墙体上,因此剪力墙的间距受楼板构件的限制,一般情况下为3～8m,适用于要求小开间的旅馆、住宅等建筑。这样可节省大量砌筑填充墙的材料及工序。若采用大模板、滑升模板等先进的施工方法时,施工速度更快。因此剪力墙结构在旅馆及住宅建筑中得到了广泛的应用。

现浇钢筋混凝土剪力墙结构的整体性好、刚度大,在水平荷载作用下侧向变形小。由于墙体截面积大,承载力要求也容易满足。剪力墙的抗震性能也较好。因此,它适合于建造高层建筑,在 10～50 层范围内都适用。由于它适合于建造住宅,我国许多 6～9 层住宅也都采用剪力墙结构体系。

剪力墙结构的缺点和局限性也很明显,主要是剪力墙间距不能太大,平面布置不够灵活,不能满足建造公共建筑的要求,此外结构自重往往也较大。当剪力墙的高宽比较大时,是一个受弯为主的悬臂墙,侧向变形是弯曲型,如图 3-7 所示。经过合理设计,剪力墙结构可以成为抗震性能良好的延性结构。因此,剪力墙结构在非地震区或地震区的高层建筑中都得到了广泛的应用。10～30 层的住宅及旅馆,也可以做成平面比较复杂、体型优美的建筑物。

当把墙的底层做成框架柱时,称为框支剪力墙,如图 3-8a)所示。底层柱的刚度小,形成上下刚度突变,在地震作用下底层柱会产生很大内力及塑性变形,如图 3-8b)所示,致使结构破坏。因此,在地震区不允许单独采用这种框支剪力墙结构。

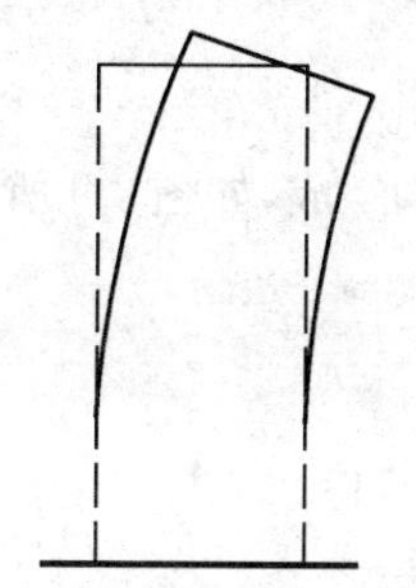
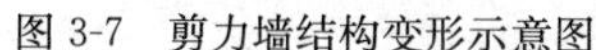
图 3-7　剪力墙结构变形示意图

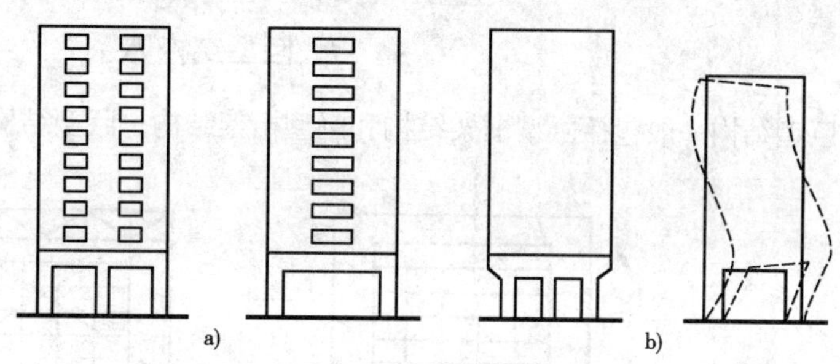

图 3-8　框支剪力墙
a)框支剪力墙的常见形式;b)框支剪力墙地震作用下的变形

为了满足地震区住宅建筑需要和底层商店或旅馆中底层需设置大的公用房间的要求,可做成部分框支剪力墙、部分落地剪力墙的底层大空间剪力墙结构。在底层大空间剪力墙结构中,一般应把落地剪力墙布置在两端或中部,并使纵向、横向墙围成筒体,在底层还要采取加大墙厚、提高混凝土强度等级等措施加大底层墙的刚度,使整个结构上下刚度差别减小,上部则应采用开间较大的剪力墙布置方案。因为框支剪力墙承受的剪力大部分要通过楼板传到落地剪力墙上,落地剪力墙之间的距离要加以限制,同时还要加强过渡层楼板的整体性和刚性(底层大空间与上部剪力墙之间的楼板称过渡层楼板),这层楼板应采用厚度较大的现浇钢筋混凝土板。

四、筒体结构体系

随着建筑高度增加、建筑物层数增多,建筑结构所承受的水平荷载(风荷载、地震作用等)作用大大增加,框架、框架—剪力墙以及剪力墙等结构体系不能满足要求,需要探索抗侧刚度更大、抗侧移能力更强的新的结构体系。可以在平面内将剪力墙围合成箱形,形成一个竖向布置的空间刚度更大的筒体;也可以加密框架结构的柱距,并加强梁、柱的刚度,形成空间整体受力的框筒等,从而形成具有更好的抗侧移能力的筒体结构体系。该类体系根据筒的布置、组成和数量等又可分为框架—筒体结构体系、筒中筒结构体系、成束筒结构体系。

1)框架—筒体结构体系

一般剪力墙薄壁筒在中央布置,它承受绝大部分水平荷载;大柱距的普通框架在周边布置,它的受力特点类似于框架—剪力墙结构。也有把多个筒体布置在结构的端部,中部为框架筒体结构形式,但要注意,在同一轴线上又分设在端部的筒体,会限制其间构件的收缩与膨胀,由此可能产生较大的温度应力而可能造成不良影响。

2)筒中筒结构体系

由内外几层筒体组合而成,通常内筒为由剪力墙围成的实腹筒,外筒是框筒(即在实腹筒上开出许多规则排列的窗洞所形成的开孔筒体,也可以看作是由窗排柱和刚度很大的窗裙梁形成的密柱深梁框架围成的筒体)或桁架筒(即筒体的四壁是由竖杆和斜杆形成的桁架组成)。

3)成束筒结构体系

两个以上框筒(或其他筒体)排列在一起成束状,称为成束筒。在平面内设置多个筒体组合在一起,形成整体刚度更大的结构形式。成束筒结构的刚度和承载能力比筒中筒结构又有提高,沿高度方向,还可以逐渐减少筒的个数。这样可以分段减小建筑平面尺寸,结构刚度逐渐变化,而又不打乱每个框筒中梁、柱和楼板的布置。成束筒的平面布置亦可以根据需要和建筑平面而变化。建筑结构内部空间也较大,平面可以灵活划分,适用于多功能、多用途的超高层建筑。例如,美国的西尔斯大楼就是由 9 个框筒排列成的正方形。

五、巨型结构体系

巨型结构一般包括巨型框架结构和巨型桁架结构。巨型结构由两级结构组成,如图 3-9 所示。

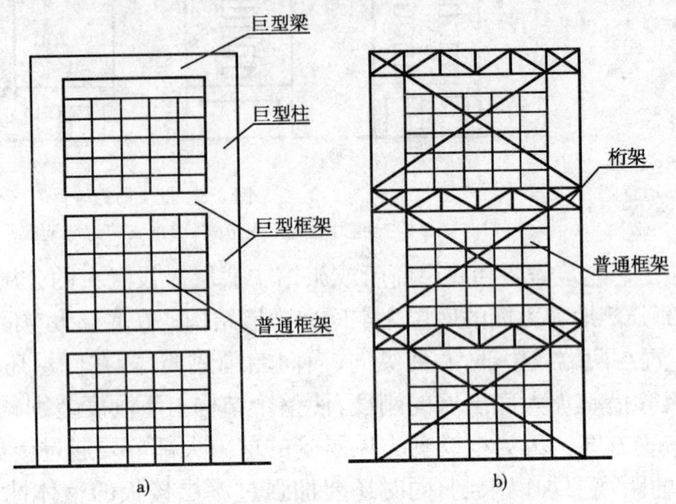

图 3-9 巨型结构

a)巨型框架;b)巨型桁架

巨型框架结构不是由普通框架组成,而是利用筒体作为柱子,在各筒体之间每隔若干层设置巨型梁相连,这样筒体和巨型梁即形成巨型框架结构。巨型柱可以由楼、电梯井组成的大尺寸箱形截面柱,也可以是大尺寸的实心截面柱。巨型梁一般是 1～2 层楼高的水平构件。巨型框架是一级受力结构 ,承受主要的水平荷载和竖向荷载。由于巨型框架的梁、柱截面很大,其抗侧刚度及承载能力也很大,因此,巨型框架比一般普通框架的抗侧刚度大得多。巨型框架的抗侧刚度由筒体及水平构件的刚度确定。普通框架是二级受力结构,承受巨型框架梁之间的竖向荷载,并将其楼层竖向荷载传到巨型梁上。由于其自身构件截面小,普通框架不抵抗侧向力。这样增加了建筑布置的灵活性,紧靠上层巨型梁的楼层,可以不设柱或少设柱,形成较人空间。例如深圳的亚洲大酒店,就是采用由楼、电梯间组成的筒体做柱、每隔 6 层设置一些大梁(设备层)形成巨型框架结构。

为了布置上的灵活性及需要较大的使用空间,可以用一个结构作为巨型框架的柱。巨型框架的梁可以是几层楼高的结构。在巨型框架上、下两层梁之间可以布置普通框架形成多层房屋,也可以形成较大的空间,以满足建筑使用需求。

巨型桁架结构由截面较大的竖杆和斜杆组成桁架柱,主要承受水平荷载和竖向荷载。楼层竖向荷载则通过楼盖、梁和柱传递到桁架的其他主要构件上。

图 3-10 归纳了各种结构体系的适用层数,表 3-1 及表 3-2 参照我国《高层建筑混凝土结构技术规程》(JGJ 3—2010)给出了各种结构体系中的建筑物最大适用高度。

A 级高度钢筋混凝土高层建筑的最大适用高度(m)　　表 3-1

结构体系		非抗震设计	抗震设防烈度			
			6 度	7 度	8 度	9 度
框架		70	60	55	45	25
框架—剪力墙		140	130	120	100	50
剪力墙	全部落地剪力墙	150	140	120	100	60
	部分框支剪力墙	130	120	100	80	不应采用

续上表

结构体系		非抗震设计	抗震设防烈度			
			6度	7度	8度	9度
筒体	框架—核心筒	160	150	130	100	70
	筒中筒	200	180	150	120	80
板柱—剪力墙		70	40	35	30	不应采用

注:①房屋高度指室外地面至主要屋面高度,不包括局部突出屋面的电梯机房、水箱、构架等高度;
②表中框架不含异形柱框架结构;
③部分框支剪力墙结构指地面以上有部分框支剪力墙的剪力墙结构;
④平面和竖向均不规则的结构或IV类场地上的结构,最大适用高度应适当降低;
⑤甲类建筑,6度、7度、8度时宜按本地区抗震设防烈度提高一度后符合本表的要求,9度时应专门研究;
⑥9度抗震设防、房屋高度超过本表数值时,结构设计应有可靠依据,并采取有效措施。

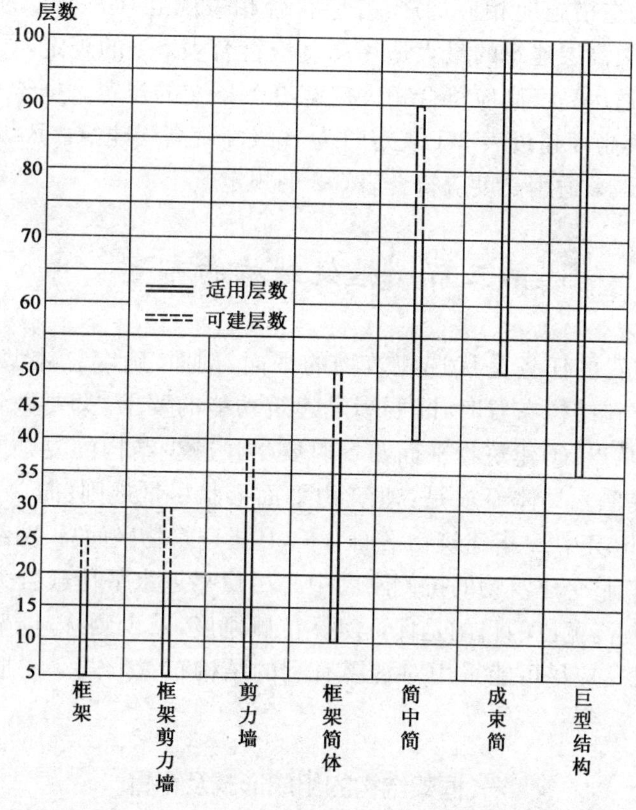

图3-10 各种体系适用层数

B级高度钢筋混凝土高层建筑的最大适用高度(m) 表3-2

结构体系		非抗震设计	抗震设防烈度		
			6度	7度	8度
框架—剪力墙		170	160	140	120
剪力墙	全部落地剪力墙	180	170	150	130
	部分框支剪力墙	150	140	120	100

续上表

结构体系		非抗震设计	抗震设防烈度		
			6度	7度	8度
筒体	框架—核心筒	220	210	180	140
	筒中筒	300	280	230	170

注：①房屋高度指室外地面至主要屋面高度，不包括局部突出屋面的电梯机房、水箱、构架等高度；

②部分框支剪力墙结构指地面以上有部分框支剪力墙的剪力墙结构；

③平面和竖向均不规则的建筑或位于Ⅳ类场地的建筑，表中数值应适当降低；

④甲类建筑，6、7度时宜按本地区抗震设防烈度提高1度后符合本表的要求，8度时应专门研究；

⑤当房屋高度超过表中数值时，结构设计应有可靠依据，并采取有效措施。

表3-1及表3-2的说明：①钢筋混凝土高层建筑结构的最大适用高度和高宽比应分为A级和B级。B级高度高层建筑结构的最大适用高度和高宽比可较A级适当放宽，其结构抗震等级、有关的计算和构造措施应相应加严，并应符合相关规范有关条文的规定。②A级高度钢筋混凝土乙类和丙类高层建筑的最大适用高度应符合表3-1的规定，具有较多短肢剪力墙的剪力墙结构的最大适用高度尚应符合相关规范有关条文的规定。框架—剪力墙、剪力墙和筒体结构高层建筑，其高度超过表3-1规定时为B级高度高层建筑。B级高度钢筋混凝土乙类和丙类高层建筑的最大适用高度应符合表3-2的规定。

第三节　框架结构的布置

多层房屋结构布置的任务是优选建筑物的平面、剖面，确定总体型、总体量、基础类型以及变形缝的设置。在结构布置时，既要满足建筑功能的要求，又要做到结构布置的合理，因此，需要考虑以下几点：①建筑物平面布置时要尽量减少结构的复杂受力和扭转受力，避免传力途径不明确现象。具体要求是：建筑物平面形状尽量规则、简单；建筑平面长宽比不宜过大，L/B宜小于6，其中L指建筑物平面总长，B指建筑物平面总宽；结构的竖向承重构件要尽量布置匀称，使其整个建筑物的抗侧刚度中心尽量靠近水平荷载合力中心。②建筑物的高宽比不宜过大，控制高宽比的目的是保证房屋抗侧刚度，减少侧移，框架结构非抗震设计时$H/B \leqslant 5$。③在地震区，应尽可能采用对抗震有利的结构布置形式。④根据具体条件妥善设置变形缝。

一、框架结构的组成形式及布置

1. 框架结构的形式

框架结构按走向可分为纵向框架（沿建筑物长向的框架）及横向框架（沿建筑物短向的框架）；按承受楼盖（楼面）竖向荷载的情况，分为承重框架和非承重框架；框架结构按施工方法可分为全现浇框架、装配整体式框架和装配式框架三种，如图3-11所示。设计时采用哪种形式要根据房屋的功能、是否要求考虑抗震、预制加工能力、起重运输设备条件等因素综合考虑。

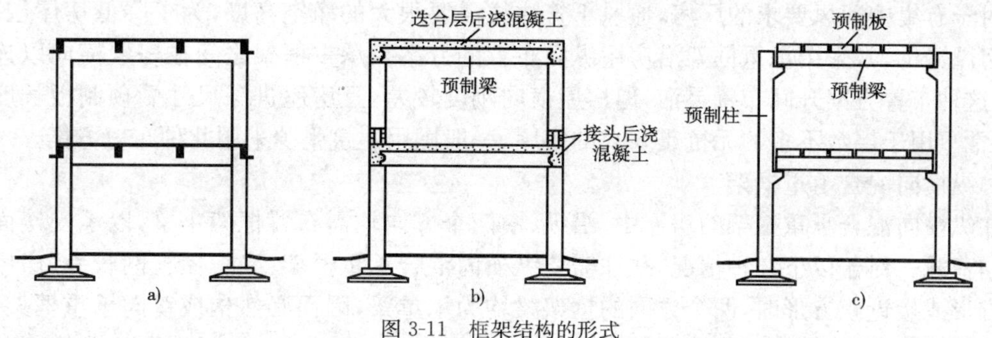

图 3-11 框架结构的形式

a)全现浇框架结构；b)装配整体式框架结构；c)装配式框架结构

2. 框架结构的布置

框架结构体系是由若干平面框架通过梁系连结而形成的空间结构体系。在这个体系中，平面框架是基本的承重结构单元。沿建筑物长向的框架称为纵向框架，沿建筑物短向的框架称为横向框架。纵向框架和横向框架分别承受各自方向上的水平荷载作用。根据楼面竖向荷载的布置情况，可以沿横向、纵向或两个方向同时传递，其中承受楼(层)面竖向荷载的框架称为承重框架。根据楼面(楼盖)的布置方式及其竖向荷载传递途径，承重框架的布置有以下 3 种：横向承重框架、纵向承重框架及纵横向混合承重框架。在框架结构房屋的设计中，承重框架沿哪一个方向布置，将直接影响到结构是否合理、建筑物是否适用。

1)横向承重框架

承重框架沿横向布置，这样横向框架梁是直接承受楼面荷载的框架主梁，因此，横向梁截面高。而在纵向设置连系梁，形成纵向框架，纵向梁为框架次梁(图 3-12)。通常房屋长向柱列的柱数较多，因而无论是强度还是刚度都比宽度方向易于保证。而房屋的横向则相对较弱，所以一般多把主要承重框架沿房屋的横向布置，使房屋横向刚度得到保证及提高。

纵向框架仅承受纵向水平荷载，由于纵向框架跨数较多，所以纵向框架的内力很小，常可忽略，于是在纵向仅需按构造要求布置较小截面的连系梁。

承重框架沿横向布置，建筑上有利于室内的采光与通风和立面处理，而且结构上合理，因而一般工业与民用的框架房屋多采用横向布置。

2)纵向承重框架

当房屋需要大开间时，由于受预制板长度的限制，形成纵向承重框架，这样纵向梁成为框架的主梁，而在横向设置连系梁(图 3-13)。由于横向连系梁截面高度较小，有利于沿房屋纵向设置架空管道，可以获得较高的室内净空；另外，主梁纵向布置有利于加强房屋的纵向刚度，以调整房屋纵向地基的不均匀沉降。

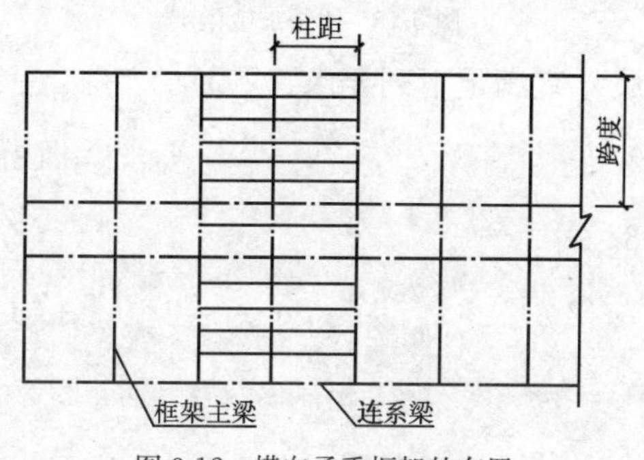

图 3-12 横向承重框架的布置

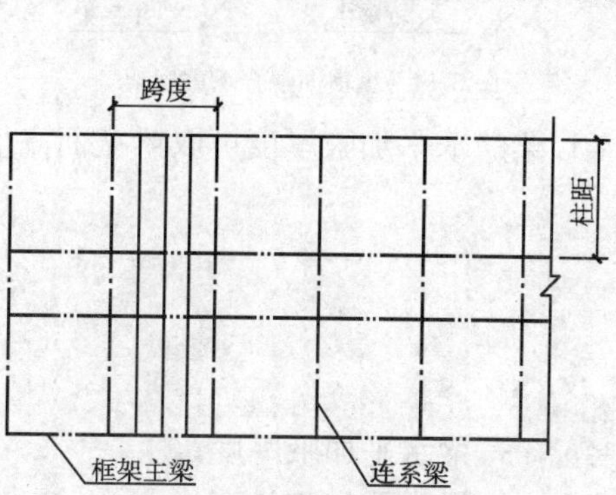

跨度

柱距

框架主梁

连系梁

图 3-13 纵向承重框架的布置

对于有集中通风要求的厂房，通风干管往往需要很大的净空高度，为了降低房屋层高，以降低房屋造价，常采用承重框架沿房屋纵向布置的方案。承重框架之间在房屋横向以连系梁连接，这种布置方案开间布置灵活，但房屋横向刚度较差，且房屋进深尺寸受预制板长度的限制，通常只用于层数不多的无抗震要求的房屋，一般民用建筑很少采用此种布置方案。

3)纵横向混合承重框架

在纵横向混合承重框架的房屋中，沿纵、横两个方向均需布置框架主梁，以承受楼面传来的竖向荷载。对于以下几种情况，往往需要纵横向混合承重框架：当房屋柱网较大、房屋平面为正方形或接近正方形时，两个方向的框架梁均为承重梁，因而必然构成双向承重框架；当楼面活荷载较大、或当楼面有较大开洞、或当楼板如图 3-14 所示布置时(适用于楼面荷载较大时)也要采用纵横向混合承重框架；当房屋有抗震设防要求时，房屋纵、横两个方向地震作用大致相同(房屋纵向刚度一般略高于横向，所以沿房屋纵向地震作用略大)，两个方向的框架都应具有足够的强度与刚度，这时应采用纵横向混合承重框架，楼盖常采用现浇双向板或井字梁楼盖(图 3-14)。

纵横向混合承重框架的布置使结构具有较好的整体工作性能，原则上纵、横两向均按框架进行结构计算，框架柱均为双向偏心受压构件。但是，当纵向框架梁柱线刚度比 $i_{梁}/i_{柱}>5$，且纵向柱较多时，纵向框架梁可近似按连续梁计算，相应地横向框架柱也可近似按单向偏心受压构件计算。框架梁、柱中心线宜重合。当梁柱中心线不能重合时，在计算中应考虑偏心对梁柱节点核心区受力和构造的不利影响，以及梁荷载对柱子的偏心影响。

梁、柱中心线之间的偏心距，9 度抗震设计时不应大于柱截面在该方向宽度的 1/4；非抗震设计和 6～8 度抗震设计时不宜大于柱截面在该方向宽度的 1/4，如偏心距大于该方向柱宽的 1/4 时，可采取增设梁的水平加腋(图 3-15)等措施。设置水平加腋后，仍须考虑梁柱偏心的不利影响。

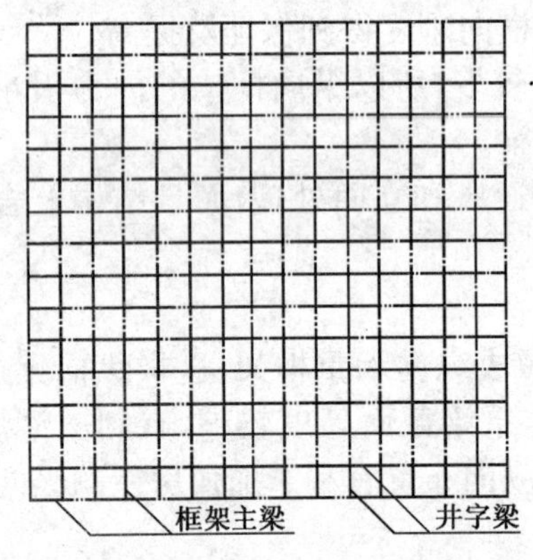

图 3-14　纵横向混合承重框架

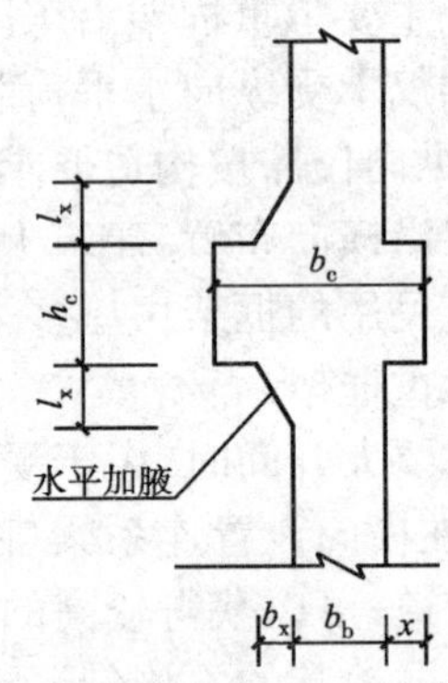

图 3-15　水平加腋梁

(1)梁的水平加腋厚度可取梁截面高度，其水平尺寸宜满足下列要求：

$$b_x/l_x \leqslant 1/2 \tag{3-1}$$

$$b_x/b_b \leqslant 2/3 \tag{3-2}$$

$$b_b + b_x + x \geqslant b_c/2 \tag{3-3}$$

式中：b_x——梁水平加腋厚度；

l_x——梁水平加腋长度；

b_b——梁截面宽度；

b_c——沿偏心方向柱截面宽度；

x——非加腋侧梁边到柱边的距离。

(2)梁采用水平加腋时，框架节点有效宽度 b_j 宜符合式(3-4)要求：

①当 $x=0$ 时，b_j 按下式计算

$$b_j \leqslant b_b + b_x \tag{3-4}$$

②当 $x \neq 0$ 时，b_j 取下面两式计算的较大值：

$$b_j \leqslant b_b + b_x + x \tag{3-5}$$

$$b_j \leqslant b_b + 2x \tag{3-6}$$

且应满足式(3-7)的要求：

$$b_j \leqslant b_b + 0.5h_c \tag{3-7}$$

式中：h_c——柱截面高度。

框架结构的填充墙及隔墙宜选用轻质墙体。抗震设计时，框架结构如采用砌体填充墙，其布置应符合下列要求：避免形成上、下层刚度变化过大；避免形成短柱；减少因抗侧刚度偏心所造成的扭转。

二、框架的柱网布置及层高

多层框架房屋的柱网尺寸及层高是在承重框架平面布置的基础上确定柱网尺寸及层高，一般应根据生产工艺、建筑平面布置及结构等因素进行全面考虑后确定，同时也要考虑施工的便利。

1. 柱网布置

1)柱网布置应满足生产工艺的要求

多层框架结构厂房根据其生产工艺的要求，柱网布置可采用内廊组合式和跨度组合式两种形式(图 3-16)。一般采用 6m 柱距。当生产工艺要求有较好的生产环境和防止互相干扰时，在平面布置上常采用内廊式，并用隔墙将生产区和交通区隔开，此法在电子、仪表、电器等工业的生产与装配车间用得较多。当生产工艺要求需要较大空间时，可采用跨度组合式的平面布置方式。这种柱网布置形式可以给工艺布置以更大的灵活性，如机械加工、食品、化工等工业的生产车间及原料和成品仓库。

2)柱网布置应满足建筑功能要求

多层民用房屋框架种类繁多，其功能要求各不相同，柱网尺寸难以统一，但一般在 4.0m 以上，通常按 300mm 进级。从经济角度考虑，民用建筑柱网尺寸的适宜范围：柱距为 3.6～6.0m(次梁经济跨度在 4.0～6.0m)；跨度为 6.0～9.0m(主梁经济跨度在 5.0～8.0m)。

3)柱网布置应满足使结构受力合理的要求

(1)柱网的布置应考虑使结构受力明确、传力途径简捷，柱网布置简单、规则、整齐。但是，从建筑的角度考虑，建筑常采用复杂的平面形式以提高建筑艺术的效果。因此，力求在复杂的

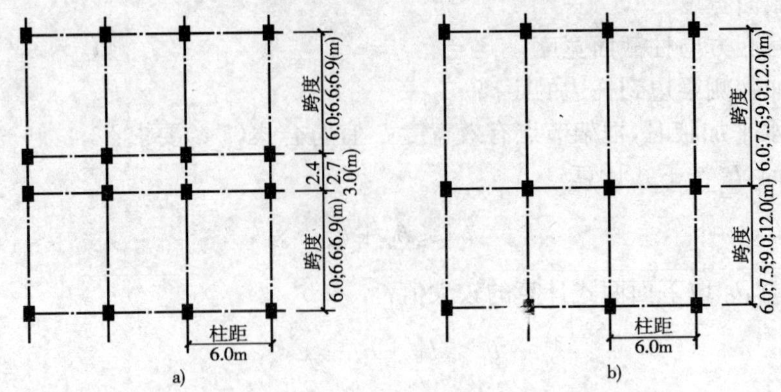

图 3-16 柱网的布置

a)内廊组合式;b)跨度组合式

建筑平面上,进行简单的框架柱网布置,并使纵横框架对齐贯通。

(2)柱网布置应考虑到承重框架在竖向荷载作用下内力分布均匀合理,使梁、柱材料的强度均能充分利用。

4)柱网布置应满足施工便利的要求

在进行建筑平剖面设计及柱网布置时应尽可能统一柱网,更多使用标准层,尽量减少构件的类型、规格,以利于现场施工和构件制作。对预制构件还要考虑其最大重量和长度,使其能满足吊装设备及运输设备的限制。

2. 层高要求

工业厂房层高的确定涉及车间工艺设备、管道布置(如吸尘、通风及电缆管道等)及空中传送设备等,还与车间采光等因素有关。由于底层往往有较大的设备和产品,甚至有起重运输设备,故底层层高一般比楼层为高,常用的底层层高有 3.9m、4.2m、4.5m、4.8m、5.1m、5.4m、6.0m、6.6m、7.2m;在同一厂房中,楼层层高宜取同一尺寸,常用的楼层层高有 3.6m、3.9m、4.2m、4.5m、4.8m、5.1m、5.4m、6.0m、6.6m 等。工业厂房的层数取决于生产工艺、垂直及水平运输设备、产品性质及基建投资等因素,同时还与地质条件、荷载大小等有关。

民用房屋的层高通常按 300mm 进级,尺度一般较工业厂房为小。层高常采用 3.0m、3.3m、3.6m、3.9m、4.2m 等。

三、变形缝的设置

变形缝包括:伸缩缝、沉降缝和防震缝三种。当设置伸缩缝和沉降缝时,其宽度应符合防震缝的要求。

1. 伸缩缝

伸缩缝是为了解决建筑物超长而产生的伸缩变形而设置的缝。由于基础埋在地表土中,受温度变化的影响很小,所以基础可不设置伸缩缝。伸缩缝的宽度一般为 20~40mm。砌体结构墙体伸缩缝的最大间距见表 3-3。钢筋混凝土结构墙体伸缩缝的最大间距见表 3-4。

砌体结构墙体伸缩缝的最大间距(m) 表 3-3

屋盖或楼盖类别		间距
整体式或装配整体式钢筋混凝土结构	有保温层或隔热层的屋盖、楼盖,无保温层或隔热层的屋盖	50 40
装配式无檩体系钢筋混凝土结构	有保温层或隔热层的屋盖、楼盖,无保温层或隔热层的屋盖	60 50
装配式有檩体系钢筋混凝土结构	有保温层或隔热层的屋盖、楼盖,无保温层或隔热层的屋盖	75 60
瓦材屋盖、木屋盖或楼盖、轻钢屋盖		100

注:当有实践经验和可靠根据时,可不遵守本表的规定。

钢筋混凝土结构伸缩缝的最大间距(m) 表 3-4

结构类型		室内或土中	露天
排架结构	装配式	100	70
框架结构	现浇式	55	35
	装配式	75	50
剪力墙结构	现浇式	45	30
	装配式	65	40
挡土墙、地下室墙壁等类结构	现浇式	30	20
	装配式	40	30

有时为了立面的需要,在较大的距离上不设伸缩缝,但要采取以下可靠的结构及施工措施:①在温度影响较大的部位提高配筋率。这些部位是顶层、底层、山墙和内纵墙的端开间,因它们受到日照的直接作用或基础的约束。②施工中留后浇带。如图 3-17 所示,每隔 40m 留宽为 700~1000mm 的混凝土后浇带,钢筋搭接 35d,这样在施工过程中混凝土可以自由收缩,而早期收缩占总收缩值的大部分,从而减少了收缩应力。后浇带一般采用高强混凝土填充,后浇带的填筑宜在主体混凝土浇筑后两个月进行,有困难时至少应有一个月。

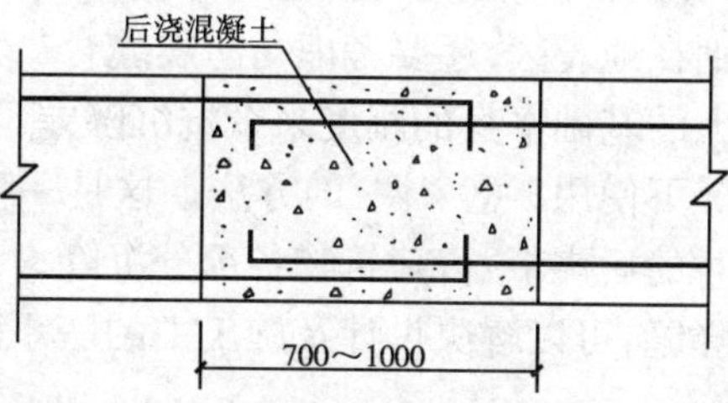

图 3-17 后浇带作法示意图(尺寸单位:mm)

2. 沉降缝

沉降缝是为了解决由于建筑物的高度、重量不同及平面转折部位等产生的不均匀沉降变形而设置的缝。由于设置沉降缝的目的是为了解决不均匀沉降变形,所以缝应从基础断开。凡符合下列情况之一者,均应设置沉降缝:①当建筑物建造在不同的地基土壤上时;②当同一建筑物相邻部分高度相差在两层以上或部分高度差超过 10m 以上时;③当建筑物部分的基础底部压力值有很大差别时;④在原有建筑物和扩建建筑物之间;⑤当相邻的基础宽度和埋置深度相差悬殊时;⑥在平面形状较复杂的建筑中,为了避免不均匀下沉,应将建筑物平面划分成几个单元,在各个部分之间设置沉降缝。

沉降缝的设置宽度应按表 3-5 选取。沉降缝可利用挑梁、搁置预制梁或预制板等方法做成(图 3-18)。

房屋沉降缝宽度 表 3-5

地 基 性 质	建筑物高度	沉降缝宽度(mm)
一般地基	$H<5m$ $H=5\sim10m$ $H=10\sim15m$	30 50 70
软弱地基	2～3 层 4～5 层 5 层以上	50～80 80～120 不小于 120
沉陷性黄土地基	—	≥30～70

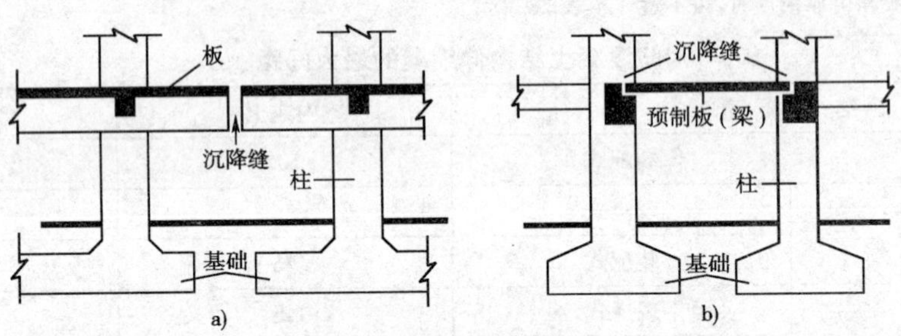

图 3-18 沉降缝作法示意

a)设挑梁(板);b)设预制板(梁)

设置与处理沉降缝的思路与方法有:①"放"的方法。让各部分自由沉降互不影响,避免不均匀沉降引起内力。这是一种传统而有效的方法,然而,在结构、建筑和施工上都较复杂。特别在地震区,还要考虑与防震缝合二为一时的宽度要求。②"抗 "的方法。此法是利用刚性很大的基础本身的刚度来抵抗沉降差,不设置沉降缝。该方法耗材较多很不经济,只在一定的情况下使用。③ "调"的方法。这是一种"中和"的方法,即调整各部分沉降差,在施工中留设暂时的后浇带,待建筑物各部分沉降大致趋于稳定后再进行浇筑,连成整体,不设置永久性的沉降缝,可以解决设计及施工中的一系列问题。后浇带的做法如图 3-17 所示。

3. 防震缝

防震缝是为了解决由于地震时建筑物不同部位相互撞击而产生的变形。防震缝应根据抗震设防裂度、结构材料种类、结构类型、结构单元的高度及高差情况,留有足够的宽度,其两侧的上部结构应完全分开。

多层砌体房屋和底部框架、内框架房屋,有下列情况之一时宜设置防震缝 ,缝两侧均应设置墙体,缝宽应根据烈度和房屋高度确定,可采用 50～100mm:

(1)房屋立面高差在 6m 以上。

(2)房屋有错层,且楼板高差较大。

(3)各部分结构刚度、质量截然不同。

高层钢筋混凝土房屋宜避免采用不规则的建筑结构方案,这样可不设防震缝;当需要设置防震缝时,应符合下列规定:

(1)防震缝最小宽度应符合下列要求:

①框架结构房屋的防震缝宽度,当高度不超过 15m 时可采用 70mm;超过 15m 时,6 度、7 度、8 度和 9 度相应每增加高度 5m、4m、3m 和 2m,宜加宽 20mm。

②框架—抗震墙结构房屋的防震缝宽度可采用①项规定数值的70%,抗震墙结构房屋的防震缝宽度可采用①项规定数值的50%;且均不宜小于70mm。

③防震缝两侧结构类型不同时,宜按需要较宽防震缝的结构类型和较低房屋高度确定缝宽。

(2)8度、9度框架结构房屋防震缝两侧结构高度、刚度或层高相差较大时,可在缝两侧房屋的尽端沿全高设置垂直于防震缝的抗撞墙,每一侧抗撞墙的数量不应少于两道,宜分别对称布置,墙肢长度可不大于一个柱距,框架和抗撞墙的内力应按设置和不设置抗撞墙两种情况分别进行分析,并按不利情况取值。防震缝两侧抗撞墙的端柱和框架的边柱,箍筋应沿房屋全高加密。

第四节 房屋水平位移的限制

多层及高层房屋结构在水平荷载的作用下会产生水平位移,也称侧移。侧移过大将使填充墙开裂,外墙饰面脱落,影响到房屋的正常使用,并会使人的感觉不舒服等。因此需要对结构房屋的侧移加以限制及控制。侧移包括两个方面的内容:一是房屋顶点的总水平位移,常称顶层最大侧移;二是各层层间的相对水平位移,常称层间相对位移。

在正常使用条件下,高层建筑结构应具有足够的刚度,避免产生过大的位移而影响结构的承载力、稳定性和使用要求。按弹性方法计算的楼层层间最大位移与层高之比 $\Delta u/h$ 宜符合以下规定:①高度不大于150m的高层建筑,其楼层层间最大位移与层高之比 $\Delta u/h$ 不宜大于表3-6的限制;②高度等于或大于250m的高层建筑,其楼层层间最大位移与层高之比 $\Delta u/h$ 不宜大于1/500;③高度在150～250m的高层建筑,其楼层层间最大位移与层高之比 $\Delta u/h$ 的限值按①和②的限值线性插入取用。

楼层层间最大位移与层高之比的限值 表3-6

结构类型	$\Delta u/h$ 限值	结构类型	$\Delta u/h$ 限值
框架	1/550	筒中筒、剪力墙	1/1000
框架—剪力墙、框架—核心筒、板柱—剪力墙	1/800	框支层(属于框—剪结构)	1/1000

注:楼层层间最大位移 Δu 以楼层最大的水平位移差计算,不扣除整体弯曲变形。抗震设计时,本条规定的楼层位移计算不考虑偶然偏心的影响。

高层建筑结构在罕遇地震作用下薄弱层弹塑性变形验算,应符合下列规定:

(1)下列结构应进行弹塑性变形验算:

①7～9度时楼层屈服强度系数小于0.5的框架结构;

②甲类建筑和9度抗震设防的乙类建筑结构;

③采用隔振和消能减振技术的建筑结构。

(2)下列结构宜进行弹塑性变形验算:

①表3-7所列高度范围且不满足下列规定的高层建筑结构:

a.抗震设计的高层建筑结构,其楼层侧向刚度不宜小于相邻上部楼层侧向刚度的70%或其上相邻三层侧向刚度平均值的80%。

b.A级高度高层建筑的楼层层间抗侧力结构的受剪承载力不宜小于其上一层受剪承载力的80%,不应小于其上一层受剪承载力的65%;B级高度高层建筑的楼层层间抗侧力结构的受剪承载力不应小于其上一层受剪承载力的75%(注:楼层层间抗侧力结构受剪承载力是指在所考虑的水平地震作用方向上，该层全部柱及剪力墙的受剪承载力之和）。

c. 抗震设计时，结构竖向抗侧力构件宜上下连续贯通。

d. 抗震设计时，当结构上部楼层收进部位到室外地面的高度 H_1 与房屋高度 H 之比大于 0.2 时，上部楼层收进后的水平尺寸 B_1 不宜小于下部楼层水平尺寸 B 的 0.75 倍[图 3-19a)、b)]；当上部结构楼层相对于下部楼层外挑时，下部楼层的水平尺寸 B 不宜小于上部楼层水平尺寸 B_1 的 0.9 倍，且水平外挑尺寸 a 不宜大于 4m[图 3-19c)、d)]。

②7 度 III、IV 类场地和 8 度抗震设防的乙类建筑结构。

③板柱—剪力墙结构（注：楼层屈服强度系数为按构件实际配筋和材料强度标准值计算的楼层受剪承载力与按罕遇地震作用计算的楼层弹性地震剪力的比值）。

采用时程分析法的高层建筑结构 表 3-7

设防烈度、场地类别	建筑高度范围	设防烈度、场地类别	建筑高度范围
8 度 I、II 类场地和 7 度	＞100m	9 度	＞60m
8 度 III、IV 类场地	＞80m		

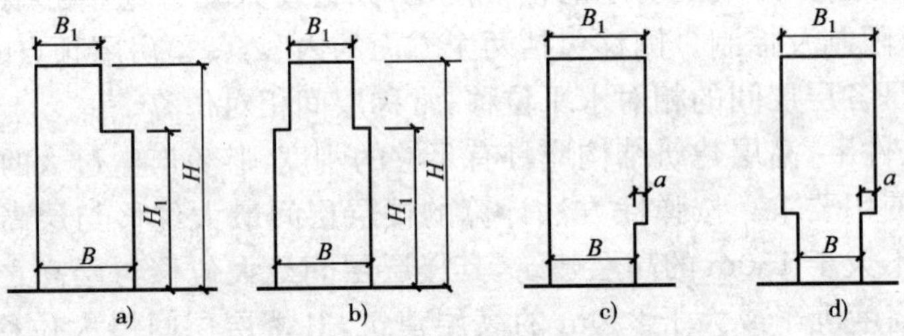

图 3-19 结构竖向收进和外挑示意

a)上部楼层尺寸收进一；b)上部楼层收进二；c)下部尺寸收进一；d)下部尺寸收进二

结构薄弱层（部位）层间弹塑性位移应符合下式要求：

$$\Delta u_p \leqslant [\theta_p]h \tag{3-8}$$

式中：Δu_p——层间弹塑性位移；

$[\theta_p]$——层间弹塑性位移角限值，可按表 3-8 采用；对框架结构，当轴压比小于 0.40 时，可提高 10%；当柱子全高的箍筋构造采用比相关规定中框架柱箍筋最小含箍特征值大 30%时，可提高 20%，但累计不超过 25%；

h——层高。

层间弹塑性位移角限值 表 3-8

结构类型	$[\theta_p]$
框架结构	1/50
框架—剪力墙结构、框架—核心筒结构、板柱—剪力墙结构	1/100
剪力墙结构和筒中筒结构	1/120
框支层	1/120

高度超过 150m 的高层建筑结构应具有良好的使用条件，满足舒适度要求，按现行国家标准《建筑结构荷载规范》(GB 50009—2012)规定的 10 年一遇的风荷载取值计算的顺风向与横风向结构顶点最大加速度 a_{max} 不应超过表 3-9 的限值。必要时，可通过专门风洞试验结果计算确定顺风向与横风向结构顶点最大加速度 a_{max}，且不应超过表 3-9 的限值。

结构顶点最大加速度限值 a_{max} 表 3-9

使用功能	$a_{max}(m/s^2)$	使用功能	$a_{max}(m/s^2)$
住宅、公寓	0.15	办公、旅馆	0.25

为了减少侧移，宜采用有效的结构体系和合理的构件形式，以增强结构的侧向刚度。高层房屋常设计成圆柱（棱柱）体体型，若将房屋的外侧略向内侧倾斜设置，使房屋成为圆台或截锥体，这样就能有效地增大房屋的抗侧刚度，减少侧移量。对高度高而宽度又窄的高层房屋，其效果更为显著。椭圆柱体的房屋外形，对减少房屋的侧移也是有利的，因为这种体型所受的风荷载比矩形平面棱柱体外形的房屋小 15%～40%。近于圆柱体型的八边形棱柱体型，也是一种有效的结构体型。

第五节 框架结构上的荷载

建筑结构设计中涉及的作用包括直接作用（荷载）和间接作用（如地基变形、混凝土收缩、焊接变形、温度变化或地震等引起的作用），本节仅对荷载的有关内容进行阐述。多层及高层房屋结构承受的荷载，可以分为 3 类：①永久荷载（permanent load），即在结构使用期间，其值不随时间变化，或其变化与平均值相比可以忽略不计，或其变化是单调的并能趋于限值的荷载，如结构自重、土压力等。②可变荷载（variable load），即在结构使用期间，其值随时间变化，且其变化与平均值相比不可以忽略不计的荷载，如楼面活荷载、屋面活荷载和风荷载、雪荷载、吊车荷载、积灰荷载等。③偶然荷载（accidental load），即在结构使用期间不一定出现，一旦出现，其值很大且持续时间很短的荷载，如爆炸力、撞击力等。

本节将结合多层房屋框架结构的特点，重点讲述楼面（屋面）活荷载及风荷载、雪荷载等相关内容。

一、几个基本概念

1. 设计基准期（design reference period）

为确定可变荷载代表值而选用的时间参数。

2. 荷载代表值（representative values of a load）

设计中用以验算极限状态所采用的荷载量值，例如标准值、组合值、频遇值和准永久值。

3. 标准值（characteristic value/nomind value）

为荷载的基本代表值，是设计基准期内最大荷载统计分布的特征值（例如均值、众值、中值或某个分位值）。

4. 组合值（combination value）

对可变荷载，使组合后的荷载效应在设计基准期内的超越概率，能与该荷载单独出现时的相应概率趋于一致的荷载值；或使组合后的结构具有统一规定的可靠指标的荷载值。

5. 频遇值（frequent value）

对可变荷载，在设计基准期内，其超越的总时间为规定的较小比率或超越频率为规定频率的荷载值。

6. 准永久值(quasi-permanent value)

对可变荷载,在设计基准期内,其超越的总时间约为设计基准期一半的荷载值。

7. 荷载设计值(design value of a load)

荷载代表值与荷载分项系数的乘积。

8. 荷载效应(load effect)

由荷载引起结构或结构构件的反应,例如内力、变形或裂缝等。

9. 从属面积(tributary area)

从属面积是在计算梁柱构件时采用,是指所计算构件负荷的楼面面积,它应由楼板的剪力零线划分,在实际应用中可作适当简化。

二、楼面活荷载及其折减

1. 楼面活荷载

民用建筑楼面均布活荷载的标准值及其组合值、频遇值和准永久值系数,应按《建筑结构荷载规范》(GB 50009—2012)的规定采用,表 3-10 列出了常用的楼面荷载情况。

民用建筑楼面均布活荷载标准值及其组合值、频遇值和准永久值系数 表 3-10

序号	类　别	标准值 (kN/m²)	组合值系数 Ψ_c	频遇值系数 Ψ_f	准永久值系数 Ψ_q
1	住宅、宿舍、旅馆、办公楼、医院病房、托儿所、幼儿园	2.0	0.7	0.5	0.4
2	教室、实验室、阅览室、会议室、医院门诊室	2.0	0.7	0.6	0.5
3	食堂、餐厅、一般资料档案室	2.5	0.7	0.6	0.5
4	厨房(1)一般的 (2)餐厅的	2.0 4.0	0.7 0.7	0.6 0.7	0.5 0.7
5	浴室、厕所、浴洗室: (1)第 1、2 项中的民用建筑 (2)其他民用建筑	 2.0 2.5	 0.7 0.7	 0.5 0.6	 0.4 0.5
6	走廊、门厅、楼梯: (1)宿舍、旅馆、医院病房、托儿所、幼儿园、住宅 (2)办公楼、教室、餐厅、医院门诊部 (3)消防疏散楼梯,其他民用建筑	 2.0 2.5 3.5	 0.7 0.7 0.7	 0.5 0.6 0.5	 0.4 0.5 0.3
7	阳台: (1)一般情况 (2)当人群有可能密集时	 2.5 3.5	0.7	0.6	0.5

注:①本表所给各项活荷载适用于一般使用条件,当使用荷载较大或情况特殊时,应按实际情况采用;

②第 6 项楼梯活荷载,对预制楼梯踏步平板,尚应按 1.5kN 集中荷载验算;

③本表各项荷载不包括隔墙自重和二次装修荷载。对固定隔墙的自重应按恒荷载考虑,当隔墙位置可灵活自由布置时,非固定隔墙的自重应取每延米长墙重(kN/m)的 1/3 作为楼面活荷载的附加值(kN/m²)计入,附加值不小于 1.0kN/m²。

工业建筑楼面在生产使用或安装检修时，由设备、管道、运输工具及可能拆移的隔墙产生的局部荷载，均应按实际情况考虑，可采用等效均布活荷载代替[楼面等效均布活荷载，包括计算次梁、主梁和基础时的楼面活荷载，可分别按《建筑结构荷载规范》(GB 50009—2012)中附录B、C的规定确定]。

2. 楼面活荷载的折减

《建筑结构荷载规范》(GB 50009—2012)规定：在设计楼面梁、墙、柱、基础时要考虑楼面活荷载值的折减系数。这是因为作用在楼面上的活荷载，以标准值的大小同时布满在所有的楼面上的可能性是很小的，一般楼面面积愈大，层数愈多，楼面满载的可能性愈小，所以楼面上的活荷载要乘以规定的折减系数。

在设计民用建筑的楼面梁、墙、柱及基础时，楼面活荷载标准值在下列情况下应乘以规定的折减系数：

1)设计楼面梁时的折减系数

(1)对住宅、宿舍、旅馆、办公楼、医院病房、托儿所、幼儿园等，当楼面梁从属面积超过25m² 时，应取0.9。

(2)对停车库及汽车通道，设计单向板楼盖的次梁和槽形板的纵肋应取0.8；单向板楼盖的主梁应取0.6。

(3)对教室、试验室、会议室、食堂、餐厅、一般资料档案室、商店、书库等，当楼面梁从属面积超过50m² 时应取0.9。

(4)对表3-10中的第4～7项应采用与所属房屋类别相同的折减系数。

2)设计墙、柱和基础时的折减系数

(1)对住宅、宿舍、旅馆、办公楼、医院病房、托儿所、幼儿园，其折减系数应按表3-11规定采用。当楼面梁的从属面积超过25m² 时，应采用括号内的系数。

活荷载按楼层的折减系数 表3-11

墙、柱、基础计算截面以上的层数	1	2～3	4～5	6～8	9～20	>20
计算截面以上各楼层活荷载总和的折减系数	1.00 (0.90)	0.85	0.70	0.65	0.60	0.55

(2)对停车库及汽车通道，单向板楼盖应取0.5，双向板楼盖和无梁楼盖应取0.8。

(3)对教室、试验室、会议室、食堂、餐厅、一般资料档案室、商店、书库等，应采用与其楼面梁相同的折减系数。

(4)对表3-10中的第4～7项，应采用与所属房屋类别相同的折减系数。

楼面梁的从属面积应按梁两侧各延伸1/2梁间距的范围内的实际面积确定。

三、风 荷 载

风遇到房屋时，将在房屋表面产生压力(正号)或吸力(负号)，风的这种作用称为风荷载。风荷载的大小与风的性质、风速 、风向有关，与房屋的周围环境、地形、地貌有关，同时与房屋的体型、高度有关。

荷载规范规定，垂直于建筑物表面上的风荷载标准值，应按下式计算

(1)计算主要承重结构时

$$w_k=\beta_z\mu_s\mu_z w_0 \tag{3-9}$$

(2)当计算围护结构时

$$w_k=\beta_{gz}\mu_s\mu_z w_0 \tag{3-10}$$

式中:w_k——风荷载标准值,kN/m^2;

β_z——高度 z 处的风振系数;

μ_s——风荷载体型系数;

μ_z——风压高度变化系数;

w_0——基本风压,kN/m^2。

β_{gz}——高度 z 处的阵风系数。

1. 基本风压

基本风压是根据全国各气象台站历年的最大风速记录,按基本风压的标准要求,将不同风仪高度和时次时距的年最大风速,统一换算为离地 10m 高,自记 10min 平均年最大风速(m/s)。基本风压按规范给出的 50 年一遇的风压采用,但不得小于 0.3 kN/m^2。

2. 风振系数 β_z

实际风压是在平均风压值上波动的。这种波动的风压对建筑物产生的动效应与建筑物的高度及刚度有关。波动风压值的基本周期可长达 60s 以上,而多层钢筋混凝土结构房屋基本自振周期很小,约为 0.4~1s,所以对一般多层房屋的动力反应效应不大。

对于主要承重结构,在结构的风振计算中,往往是第 1 振型起主要作用,因而我国与大多数国家相同,采用平均风压乘以风振系数。风振系数综合考虑了结构在风荷载作用下的动力响应,其中包括风速随时间、空间的变异性和结构的阻尼特性等因素。

当结构基本自振周期 $T\geqslant0.25$s 时,以及高度超过 30m 且高宽比大于 1.5 的高柔房屋,由风引起的结构振动比较明显,而且随着结构自振周期的增长,风振也随着增强,因此在设计中应考虑风振的影响,而且在原则上还应考虑多个振型的影响。所以设计中采用风振系数 β_z 来加大风荷载的办法,将这种动力效应简化为静力荷载来进行计算。对于 $T<0.25$s 的结构和高度小于 30m 或高宽比小于 1.5 的房屋,原则上也应考虑风振影响。但经计算表明,这类结构的风振一般不大,此时往往按构造要求进行设计,结构已有足够的刚度,因而一般不考虑风振影响也不至于会影响结构的抗风安全性。

3. 风荷载体型系数 μ_s

风荷载体型系数是指风作用在建筑物表面上所引起的实际压力(或吸力)与来流风的速度压的比值。它描述的是建筑物表面在稳定风压作用下的静态压力的分布规律,主要与建筑物的体型和尺度有关,也与周围环境和地面粗糙度有关,反映了建筑物平面及立面形状对风压值的影响。图 3-20 给出了某建筑风荷载的实测结果,表明了沿建筑物表面风压分布的不均匀性。对矩形平面的多层建筑物,μ_s 可取 0.8－(－0.5)＝1.30,其他形状的结构可参照现行《建筑结构荷载规范》(GB 50009—2012)的风荷载体型系数计算。

4. 风压高度变化系数 μ_z

基本风压值是根据标准风速确定的,而风速的大小与建筑物高度及地面粗糙程度有关。

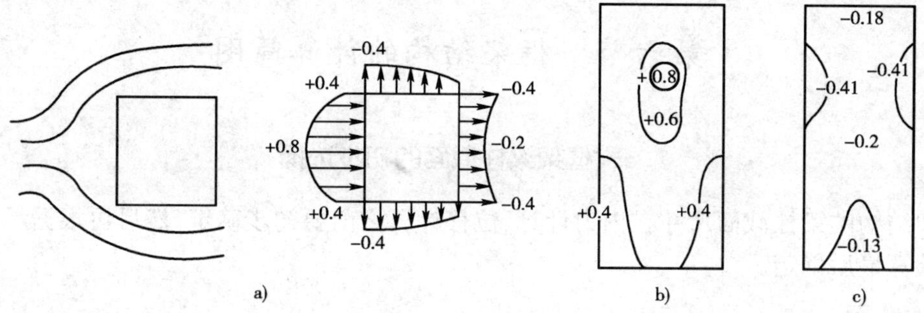

图 3-20 风压分布

a)风压对建筑物平面作用；b)迎风面风压分布系数；c)背风面风压分布系数

高度增加，风速加快，风压值就加大，所以用风压高度变化系数来调整基本风压，其风压高度变化系数 μ_z 按表 3-12 选用。对山区的建筑物还应考虑其他因素的影响。

风压高度变化系数 μ_z 表 3-12

离地面或海平面高度（m）	地面粗糙度类别			
	A	B	C	D
5	1.17	1.00	0.74	0.62
10	1.38	1.00	0.74	0.62
15	1.52	1.14	0.74	0.62
20	1.63	1.25	0.84	0.62
30	1.80	1.42	1.00	0.62
40	1.92	1.56	1.13	0.73
50	2.03	1.67	1.25	0.84
60	2.12	1.77	1.35	0.93
70	2.20	1.86	1.45	1.02
80	2.27	1.95	1.54	1.11
90	2.34	2.02	1.62	1.19
100	2.40	2.09	1.70	1.27
150	2.64	2.38	2.03	1.61
200	2.83	2.61	2.30	1.92
250	2.99	2.80	2.54	2.19
300	3.12	2.97	2.75	2.45
350	3.12	3.12	2.94	2.68
400	3.12	3.12	3.12	2.91
≥450	3.12	3.12	3.12	3.12

5. 阵风系数 β_{gz}

对于围护结构，由于其刚度一般较大，在结构效应中可不必考虑其共振的分量，可以仅在平均风压的基础上，近似考虑脉动风瞬间的增大因素，通过阵风系数 β_{gz} 来计算其风荷载。

第六节　框架结构的计算简图

一、框架梁柱截面的初步选择

框架结构的梁柱截面尺寸在内力计算、位移计算之前要初步确定，然后再根据承载力计算及变形验算最后确定。

1. 梁柱截面的形状

框架梁的截面形状在全现浇框架中以 T 形和 Γ 形为主，如图 3-21a）所示；在装配整体式框架中常做成花篮形，如图 3-21b）所示；在装配式框架中除矩形截面外还可做成台阶形和花篮形截面，如图 3-21c）所示。

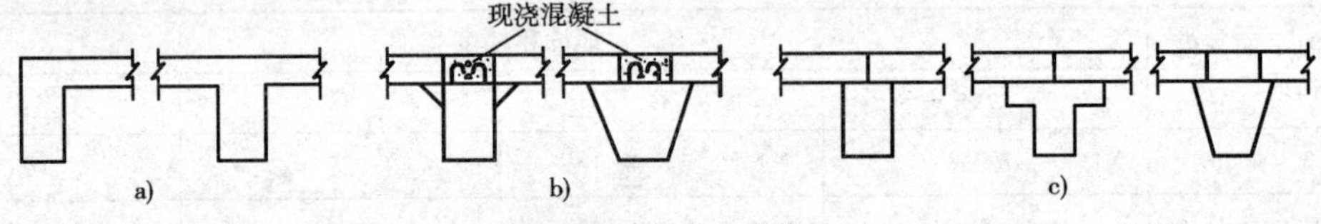

图 3-21　梁截面形状

a）Γ 形和 T 形现浇框架梁截面；b）花篮形框架截面；c）台阶形框架截面

框架柱的截面形状一般为矩形、正方形或圆形，也可根据需要做成其他形状。

在多层框架结构中，为了尽可能减少构件外观截面的类型，各层梁柱截面的尺寸通常不变而仅仅改变其截面配筋。

2. 梁柱截面尺寸的拟定

1）梁截面

框架梁截面尺寸可参考受弯构件初步确定：梁的高度 h 按 $M=(0.6\sim0.8)M_0$ 来估算，M_0 为简支梁跨中最大正弯矩设计值。当梁以承受均布荷载为主时，可按高跨比确定梁的高度：$h=\left(\frac{1}{8}\sim\frac{1}{12}\right)L$，且梁截面高度 h 不宜大于净跨的 1/4，式中 L 为梁的计算跨度。梁的截面宽度取 $b=\left(\frac{1}{2}\sim\frac{1}{3}\right)h$，同时梁的截面宽度 b 不宜小于 200mm，且不小于柱截面宽度的 1/2，还应满足 $h/b\leqslant4$。若采用预应力混凝土梁，其截面尺寸可适当减少或乘一个 0.8 的系数。

梁的截面宽度常见的可有 200mm、250mm、300mm 等，可取 50mm 的倍数；梁的截面高度常见的有 300mm、350mm、400mm、450mm、500mm 等，可取 100mm 的倍数。梁的混凝土强度等级不宜低于 C25。

在初步选择好梁截面尺寸后，还可按全部荷载的 0.6～0.8 倍作用在框架梁上，按简支梁核算抗弯、抗剪和承载力。

2）柱截面

框架柱截面可做成矩形或正方形，且截面高度一般应与其框架方向一致。柱截面的高和宽一般可取$\left(\frac{1}{15}\sim\frac{1}{20}\right)$的层高，柱截面宽度还可取其截面高度的约$\left(1\sim\frac{2}{3}\right)$。柱截面高度一般不宜小于 400mm，截面宽度不宜小于 300mm，且为了防止发生剪切破坏柱净高与截面高度之比不宜小于 4。并按下述方法进行计算：

(1)根据柱承受的竖向荷载来估算。可按照每根柱子支承的楼板面积及填充墙长度，由单位楼板面积上的荷载(含全部活荷载)及填充墙材料重量计算它的最大竖向荷载设计值 N，考虑在水平荷载作用下弯矩的影响，乘以 1.1～1.4 的影响系数，按下式计算柱的截面面积

$$A_c \geqslant (1.1 \sim 1.4)N/f_c \tag{3-11}$$

式中：f_c——混凝土的轴心抗压强度设计值。

(2)对于考虑抗震设防的框架结构，为了保证有足够的延性，对柱的轴压比进行限制，见表 3-13。柱截面面积按下式计算

$$A_c \geqslant \frac{N}{\lambda f_c} \tag{3-12}$$

式中：λ——柱轴压比限值，详见表 3-13。

柱轴压比限值

表 3-13

结构类型	抗震等级		
	一	二	三
框架结构	0.7	0.8	0.9
框架—抗震墙，板柱—抗震墙及筒体	0.75	0.85	0.95
部分框支抗震墙	0.6	0.7	—

注：①轴压比指柱组合的轴压力设计值与柱的全截面面积和混凝土轴心抗压强度设计值乘积之比值；可不进行地震作用计算的结构，取无地震作用组合的轴力设计值；

②表内限值适用于剪跨比大于 2、混凝土强度等级不高于 C60 的柱；剪跨比不大于 2 的柱轴压比限值应降低 0.05；剪跨比小于 1.5 的柱，轴压比限值应专门研究并采取特殊构造措施。

(3)当风荷载的影响较大时，由风荷载引起的弯矩可粗略地按下式估算

$$M = \frac{h}{2n}\sum p \tag{3-13}$$

式中：$\sum p$——风荷载设计值的总和；

n——同一层中柱子根数；

h——柱子高度(层高)。

然后将 M 与 $1.2N$(N 为轴向力设计值)一起作用，按偏心受压构件验算。

3)框架梁柱的截面惯性矩

框架结构是超静定结构，必须先知道其各杆件的截面惯性矩才能计算框架结构的内力和位移。由于楼板作为框架梁的翼缘参与工作，使得梁的刚度有所提高，通常根据翼缘参与工作的程度采用简化的方法进行计算。将计算出来的矩形截面梁的惯性矩再乘以不同的放大系数见表 3-14。表中 I_o 为梁矩形截面部分的截面惯性矩，可按材料力学方法计算。框架柱截面的惯性矩按实际截面尺寸按材料力学方法进行计算 。

梁截面惯性矩取值

表 3-14

截面形式 楼面类型	框架中梁 (T 形截面梁)	框架边梁 (倒 L 形截面梁)
整体现浇楼面	$2.0I_o$	$1.5I_o$
装配整体式楼面	$1.5I_o$	$1.2I_o$

二、框架结构的计算简图

1. 计算单元的选取

多层框架结构房屋是由纵向框架和横向框架组成的空间结构，但在工程设计实际中，为了简化计算，可以忽略它们之间的空间作用，将空间结构简化为若干榀纵向和横向框架。从各榀纵向和横向框架中选出一榀或几榀有代表性的框架，分别按平面框架进行分析计算。计算单元取相邻两框架柱距的 1/2（图 3-22），作用于计算单元上的荷载按该单元的负荷面积，即图中阴影面积确定。当采用横向承重框架方案时，截取横向框架作为计算单元，认为全部竖向荷载由横向框架承担。当采用纵向承重框架方案时，截取纵向框架作为计算单元，认为全部竖向荷载全部由纵向框架承担。当采用纵、横双向承重框架方案时，应根据竖向荷载实际传递路径，按纵、横向框架共同承担进行计算。

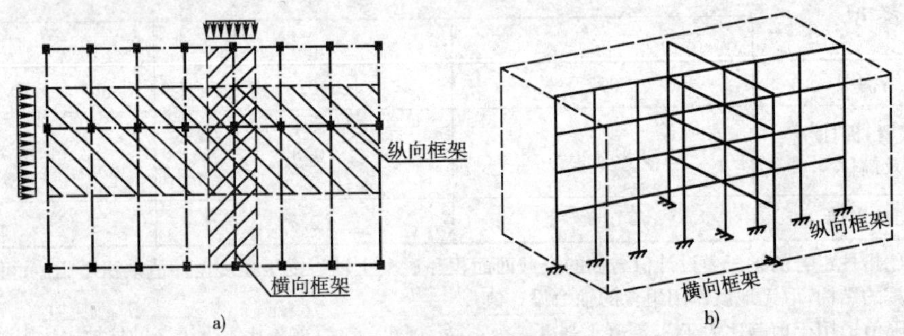

图 3-22 框架的计算单元

a)框架结构纵向与横向一榀计算单元平面图；b)框架结构纵向与横向空间计算模型图

水平荷载作用下，假定楼板平面内刚度无限大，在房屋无扭转时，各榀框架有相同的水平位移。然而由于各榀框架平面布置的变化、尺寸不同、楼板开洞等影响，框架的侧移刚度不同，因而受到的水平作用是不同的，侧移刚度大的框架分担的比重大。为了得到不同的水平作用，一般应先计算作用在整个房屋（即综合框架）的总水平作用，然后按框架的侧移刚度分配给各计算的框架。这样就考虑了空间协同工作的问题。如果各榀框架的侧移刚度相同，也可类似于竖向荷载，按该榀框架范围内的水平作用确定。当房屋可能发生扭转时，水平作用仍按上述方法计算，扭转作用效应另行单独考虑。

在工程设计实际中，各方向的水平力全部由与该方向的框架承担，与该方向垂直的框架不参与工作，即横向水平力由横向框架承担，纵向水平力由纵向框架承担。当水平力为地震作用时，每榀框架承担的水平力按各榀框架的抗侧刚度比例分配。当水平力为风荷载时，每榀框架只承担计算单元范围内的风荷载值。

2. 计算模型的确定

计算简图是结构的力学抽象，它既要反映工程结构的真实受力状态，同时又要便于内力分析，在保证必要计算精度的前提下，对计算简图作适当的简化：框架杆件用其几何轴线表示，杆件之间的连接用节点表示，杆件长度用节点之间的距离表示。如图 3-23a）所示的框架结构的计算简图如图 3-23b）所示。这样框架的计算跨度即取框架柱轴线间的距离；框架柱的计算高度可取各层楼面梁截面轴线之间的距离，即各层层高。底层柱取基础顶面至底层楼面梁截面形心之间的距离。当有整体刚度很大的地下室时，可取地下室结构的顶部至底层楼面梁截面形心之间的距离。在实际设计时，为计算方便，底层柱的柱高常从基础顶面算至二层楼面板底（现浇楼面算至板顶），其余各层柱高则为各层的建筑层高，即为相邻层板底之间距离。

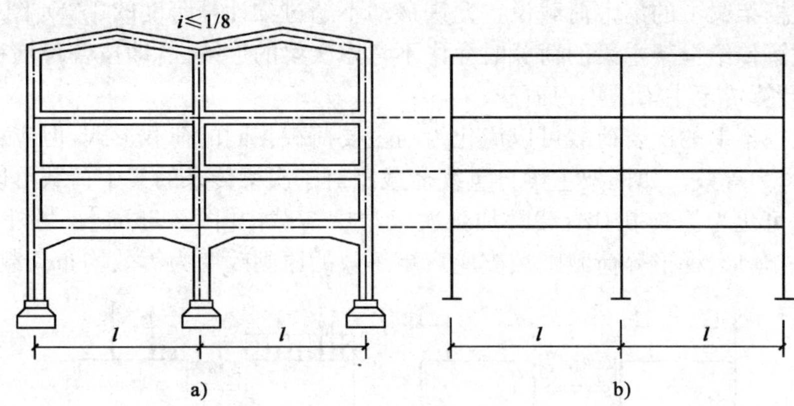

图 3-23　框架计算简图

a)实际框架结构；b)计算简图

关于框架梁柱的轴线及节点情况还应注意以下几点：

(1)当框架各层柱截面尺寸相同[图 3-24a)]或截面尺寸不同但形心线重合时[图 3-24b)]，框架柱的轴线取截面形心线。当框架各层柱截面尺寸不同且形心不重合时[图 3-24c)]，也可近似取顶层柱的形心线作为柱的轴线。但是必须注意，按上述计算简图算出的内力是计算简图轴线上的内力，在计算下柱配筋时，必须将计算简图中柱的内力转化为下柱截面形心处的内力。

(2)对于不等跨框架，当各跨跨度相差不大于 10%时可简化为等跨框架，其跨度取各跨跨度的平均值。当框架横梁为坡度 $i \leqslant \frac{1}{8}$ 的折梁时，可简化为水平直杆。

(3)当框架横梁为有支托的加腋梁时，若 $I_{end}/I_{mid} < 4$ 或 $h_{end}/h_{mid} < 1.6$ 时，则可不考虑支托的影响而简化为无支托的等截面梁，I_{end}、h_{end}分别为支托端最高截面的惯性矩和高度，I_{mid}、h_{mid}分别为跨中等截面梁的截面惯性矩和高度。

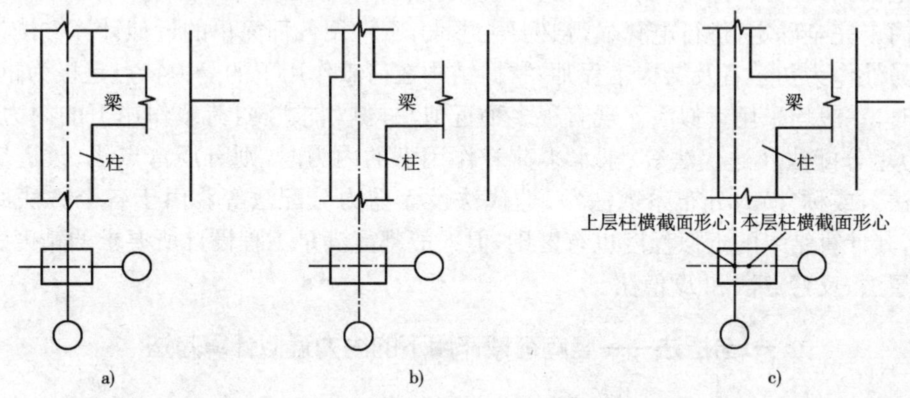

图 3-24　框架柱轴线位置示意图

a)各层柱截面相同；b)截面尺寸不同但形心线重合；c)截面尺寸不同且形心不重合

3. 荷载形式的简化

在保证必要计算精度的前提下，为简化计算，可以将作用在框架上的荷载作如下简化：

(1)作用在框架梁上的集中荷载位置允许移动不超过梁计算跨度的 1/20[图 3-25a)]。

(2)计算次梁传给框架主梁的荷载时允许不考虑次梁的连续性，即按各跨均在支座处间断的简支次梁来计算传至主梁的集中荷载。

(3)作用在框架上的次要荷载可以简化为与主要荷载相同的荷载形式，但应对结构的主要受力部位维持内力等效。如框架主梁自重线荷载相对于次梁传来的集中荷载可以说是次要荷载，故此线荷载可化为等效集中荷载叠加到次梁集中荷载中[图 3-25b)]。另外，也可将作用于框架梁上的三角形、梯形等荷载图按支座弯矩等效的原则改变为等效均布荷载。

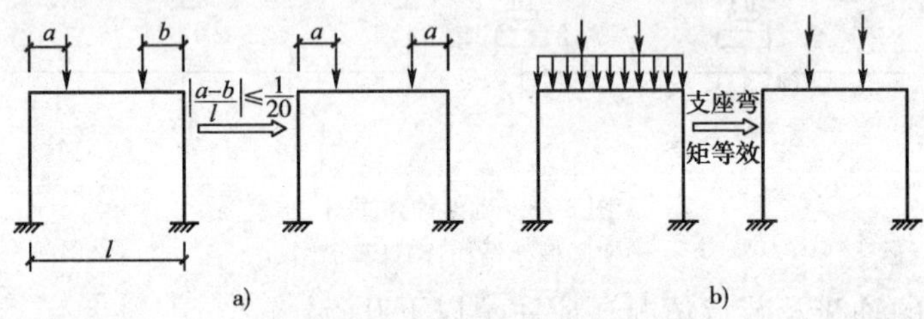

图 3-25 荷载形式的简化

a)框架梁上集中荷载允许移动位移；b)框架梁上线荷载化为等效集中荷载

第七节 框架结构的内力分析与计算

多层多跨框架的内力(弯矩 M、剪力 V 及轴力 N)的计算有电算及手算两种方法。

如用电算，一般采用矩阵位移法，即以节点的位移为基本未知量，由汇交于节点的各个杆件的杆端力平衡条件建立联立基本方程，通过解方程求得节点位移，从而计算杆件内力。现在已有利用结构矩阵位移法编出的计算程序，只需根据框架的荷载图将框架的几何尺寸、荷载及材料特性参数输入计算机，则框架各构件内力及侧移，甚至截面配筋都可算出。电算速度快、精度亦高，已广泛应用于工程实际中。

尽管框架结构的内力分析及计算已有比较成熟的计算机软件及程序，在进行方案设计时由于数据尚未完全确定，进行电算显得必要性不大，常常用各种简单的近似计算方法计算框架的内力。另外作为初学者及结构工程师，掌握结构在荷载作用下的受力特点是极为重要的。

手算时，一般均采用近似法。现有很多种近似法，例如求竖向荷载作用下的内力时，则有分层法、力矩分配法及迭代法等；求水平荷载作用下的内力时，则有反弯点法、改进反弯点法(即“D 值法”，或称“横力分布系数法”)、迭代法及无剪力分配法等。由于各个方法所采用的假定不同，其计算结果的近似程度也有区别，但一般都能满足工程设计所要求的精度。本节重点介绍分层法、反弯点法和 D 值法。

一、分层法——竖向荷载作用下的内力近似计算方法

1. 基本思路

首先分析一下竖向荷载作用下框架的受力特点。一普通框架在某一层上施加外载，则由

图 3-26 可见，在整个框架中只有直接受荷的梁及与它相连的上、下层柱弯矩较大，其他各层梁、柱弯矩均很小，当梁线刚度大于柱线刚度时，这一特点尤为明显。在框架内力计算中，若忽略这些非本层梁、柱的较小的弯矩，对内力影响很小，因此可以设想把一各层满载的框架分解为若干个只有单层作用外载的框架之和[图 3-27a)]；而每一单层受荷框架的内力又都可忽略其非本层梁、柱的弯矩[图 3-27b)]；进而可以设想把那些不受力（弯矩忽略为零）的框架杆件从结构计算模型中去掉，而以一弹性支座来代替非本层梁、柱对直接受荷层梁柱的约束作用。为了计算方便，把这一弹性支座改造为我们常用的固定端支座，为了改善由此所引起的误差，作如下修正：①除底层外其余各层柱的线刚度均乘以 0.9 的折减系数。②除底层（底层柱弯矩传递系数仍取 1/2）外其余各层柱的弯矩传递系数取为 1/3，使改造后的小开口框架在外载作用下的内力尽可能地接近原弹性支座各小开口框架的内力。计算这些改造好的小开口框架，再叠加这些小开口框架内力，即可得整体框架的最终内力这就是分层法计算的基本思路。

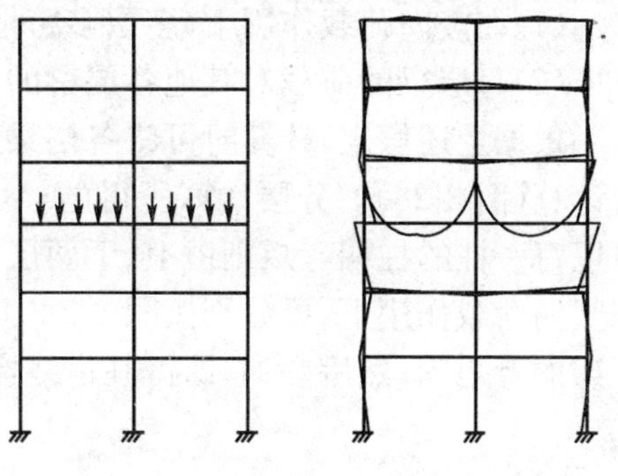

图 3-26　竖向荷载作用在某一层时框架的内力特点

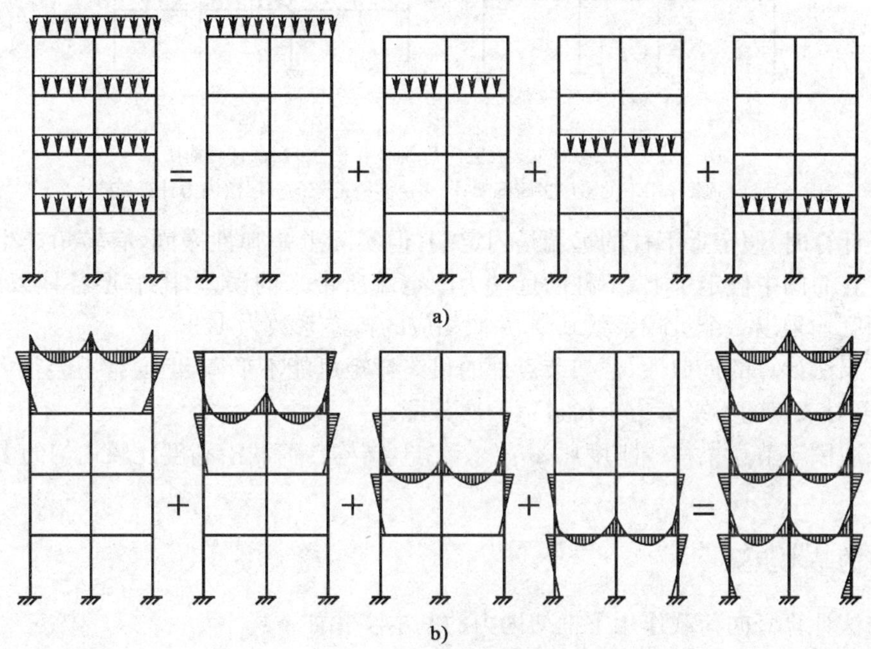

图 3-27　分层法计算的基本思路

a)框架结构荷载分析分层；b)框架结构内力计算分层叠加

2. 基本假定

多层多跨框架在竖向荷载作用下，用位移法或力法等精确方法的计算结果表明：它的侧移值是极小的，而且作用在某层横梁上的荷载对其他各层横梁，以及不与该梁相连的柱的内力影响也很小。为了简化计算，分层法计算作如下基本假定：

(1)在竖向荷载作用下，多层多跨框架的侧移极小而忽略不计。

(2)每层梁的荷载对其他各层梁的影响可以忽略不计。

根据上述假定，计算时可将各层梁及其上、下柱所组成的框架作为一个独立的计算单元分层计算(图 3-28)。分层计算所得的梁中弯矩即为其最后的弯矩。因每一柱属于上、下两层，所以每一柱的柱端弯矩则由上、下两层计算所得的弯矩值叠加得到。如图 3-28a)所示的框架，在竖向荷载作用下，可分别按图 3-28b)所示的计算简图计算。一般可用力矩分配法求出各层框架的弯矩图，然后叠加，即得其最终弯矩值。

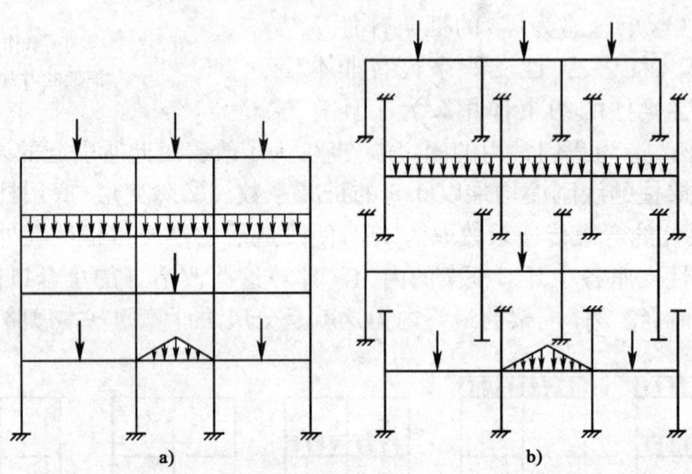

图 3-28　多层多跨框架在竖向荷载作用下的分层法计算简图

a)竖向荷载作用下的多层多跨框架；b)多层多跨框架的分层法内力计算简图

在分层计算时，假定上下柱的远端是固定端，但实际上是弹性嵌固，有转角产生。为了改善由于在计算简图中假定了上、下柱的远端为固定端所带来的误差，除底层各柱以外，其他各层柱的线刚度均乘以一个折减系数 0.9，并取相应的传递系数为 1/3。

由于分层法计算的近似性，框架节点处的最终弯矩可能不平衡，但通常不会很大。如需进一步修正，可对节点的不平衡力矩再进行一次分配。

分层法适用于节点梁柱线刚度比$\sum i_b/\sum i_c \geqslant 3$，结构与荷载沿高度比较均匀的多层框架的计算。

3. 计算的基本步骤

用分层法计算竖向荷载作用下框架内力的基本步骤如下：

(1)画出多层多跨框架结构计算简图(标明荷载、轴线尺寸、节点编号等)。

(2)按规定计算梁、柱的线刚度及相对线刚度。梁、柱的线刚度分别为 EI_b/l 和 EI_c/h。此处 I_b、I_c 各为梁、柱的截面惯性矩；l、h 各为梁的跨度及柱高。计算梁截面惯性矩 I_b 时，应考虑楼板作为梁的翼缘宽度对 I_b 的影响。现浇楼板的有效翼缘宽度可取楼板厚度的 6 倍(梁每一侧伸出)。但是分析表明，I_b 在一定范围内的变化对内力的影响很小。因此，设计时可近似按下列公式确定有现浇楼板的梁的截面惯性矩(式中，I_r 为按矩形截面计算的惯性矩)。

①两侧有楼板：$I_b=2.0I_r$；

②一侧有楼板：$I_b=1.5I_r$。

(3)除底层柱外，其他各层柱的线刚度(或相对线刚度)均应乘以0.9。

(4)计算各节点处的弯矩分配系数，用弯矩分配法从上至下分层计算各个计算单元(每层横梁及相应的上下柱组成一个计算单元)的杆端弯矩。计算可从不平衡弯矩较大的节点开始，一般每节点分配1～2次即可。

(5)弯矩传递。底层柱弯矩传递系数仍取1/2，其余各层柱的弯矩传递系数取为1/3。

(6)叠加有关杆端弯矩，得出最后弯矩图(如节点弯矩不平衡值较大，可在节点重新分配一次，但不进行传递)。

(7)按照静力平衡条件求解并绘制框架的其他内力图(轴力图、剪力图)。

4. 计算例题

某写字楼为三跨5层现浇钢筋混凝土框架结构，各层框架梁所受竖向荷载设计值如图3-29a)所示，各杆件相对线刚度标示于图中，试用分层法计算各杆件的弯矩，并绘制弯矩图。

解题步骤如下：

(1)如图3-29b)所示，将原框架分为5个敞口框架，除底层外的各柱线刚度均乘以折减系数0.9，如图3-29a)括号内数值。

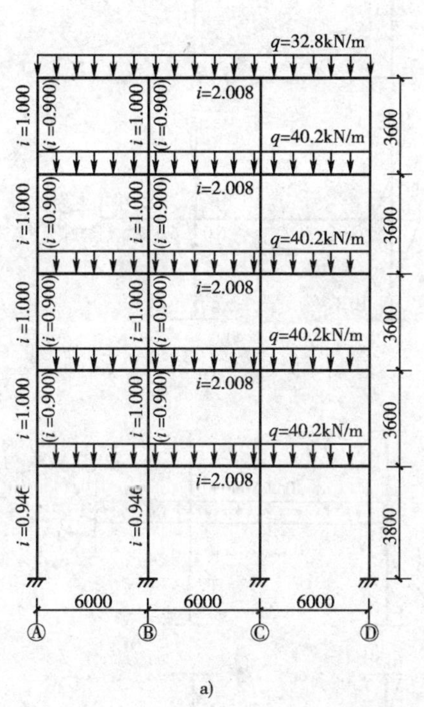

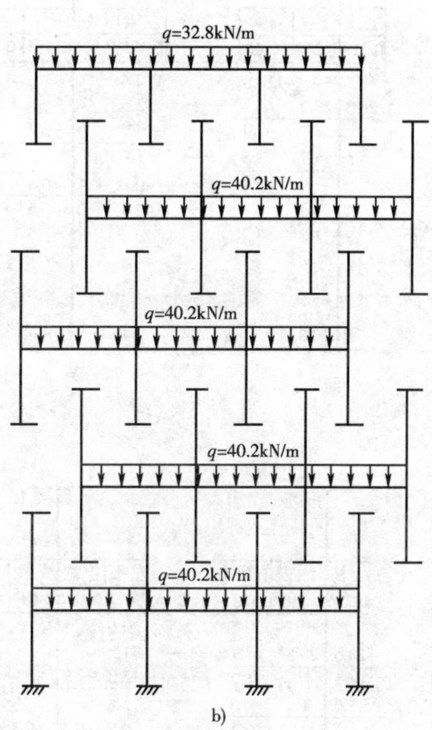

图3-29 例题基本内容(尺寸单位：mm)

a)框架计算简图；b)分层后敞口框架

(2)计算各节点处的弯矩分配系数，用弯矩分配法从上至下分层计算各个计算单元(每层横梁及相应的上下柱组成一个计算单元)的杆端弯矩。计算可从不平衡弯矩较大的节点开始，一般每节点分配约2次即可。

(3)计算每一敞口框架的杆端弯矩时，利用对称性取半跨，底层柱弯矩传递系数仍取1/2，其余各柱弯矩传递系数取1/3，具体计算过程如图3-30所示。

q=32.8kN/m
下柱
上柱
右梁
0.691
0
0.309
左梁
上柱
下柱
右梁
0.513
0
0.230
0.257
a)
q=40.2kN/m
上柱
下柱
右梁
0.218
0.242
0.540
左梁
上柱
下柱
右梁
0.425
0.171
0.191
0.213
b)
q=40.2kN/m
上柱
下柱
右梁
0.236
0.236
0.528
左梁
上柱
下柱
右梁
0.417
0.187
0.187
0.209
c)

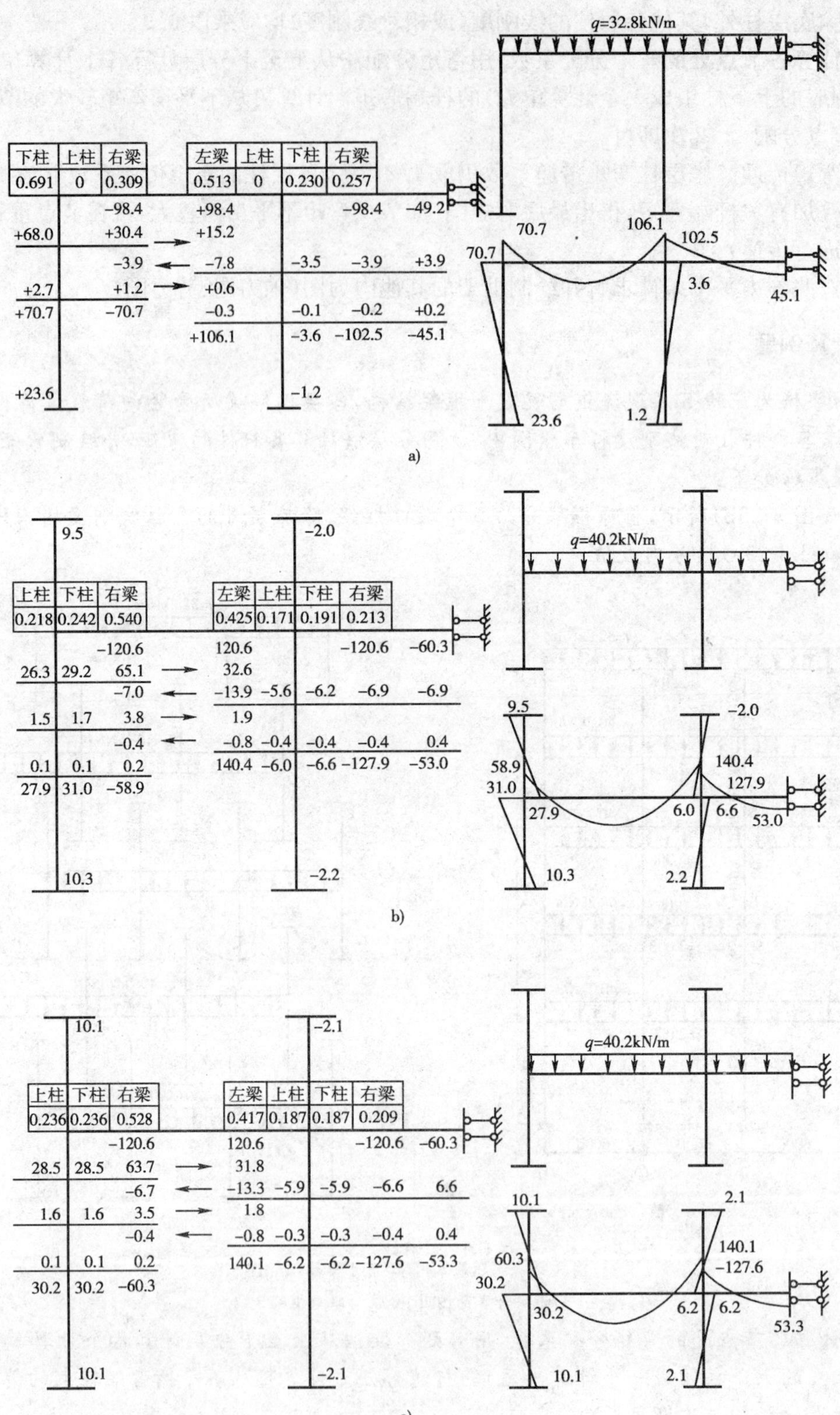

图 3-30

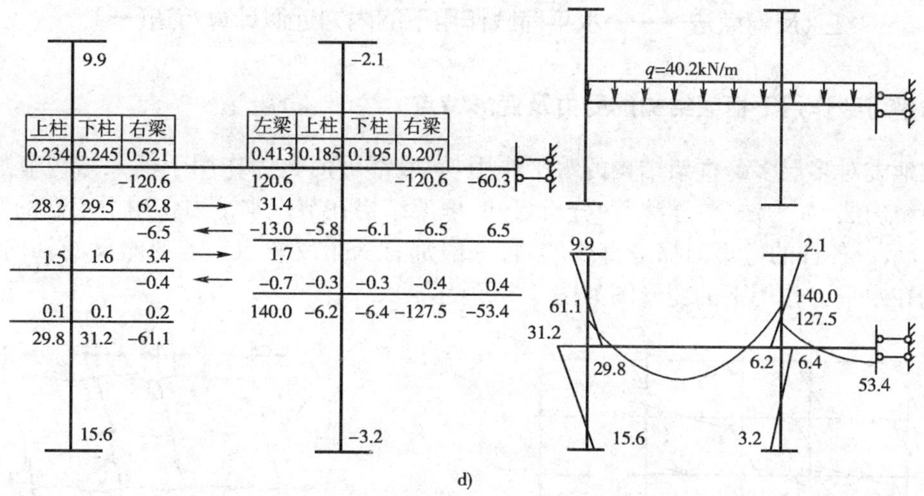

d)

图 3-30　分层法弯矩分配(单位:kN·m)

a)顶层;b)四层;c)二、三层;d)底层

(4)将分层法所得弯矩图叠加,并将A、D轴线各节点不平衡弯矩作一次分配,B、C轴线各节点不平衡弯矩相差不大,不再分配。框架最终弯矩图示于图3-31。

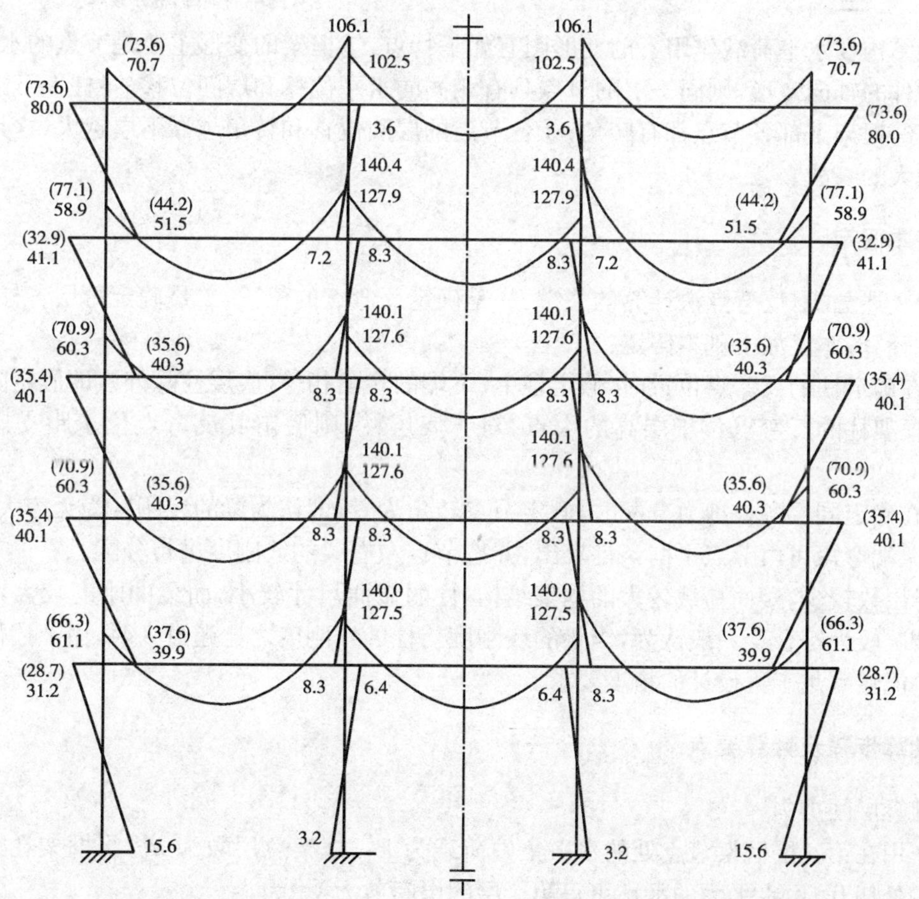

图 3-31　框架最终弯矩图(单位:kN·m)

二、反弯点法——水平荷载作用下的内力近似计算方法(一)

1. 水平荷载作用下框架结构的受力及变形特点

风或地震对多层多跨框架结构的水平作用，一般都可简化为作用于框架结构节点上的水平力。由精确法(如力法、位移法等)分析可知，框架结构在节点水平力作用下定性的弯矩图如图 3-32 所示。各杆的弯矩图都呈直线形，且一般都有一个反弯点。若忽略梁的轴向变形，则框架结构在水平力作用下的变形图如图 3-33 所示。

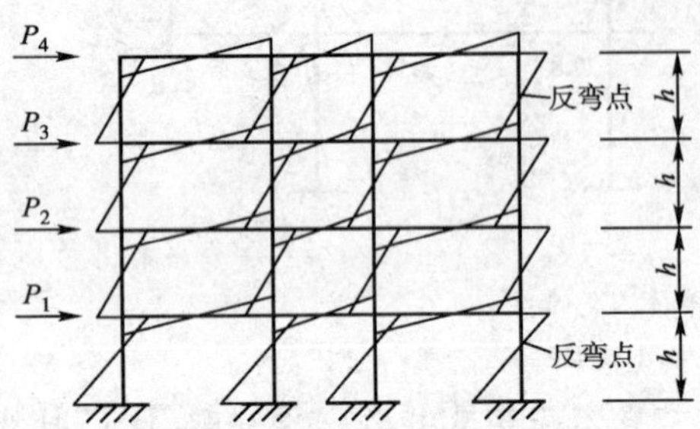

图 3-32　框架结构在水平荷载作用下的弯矩图

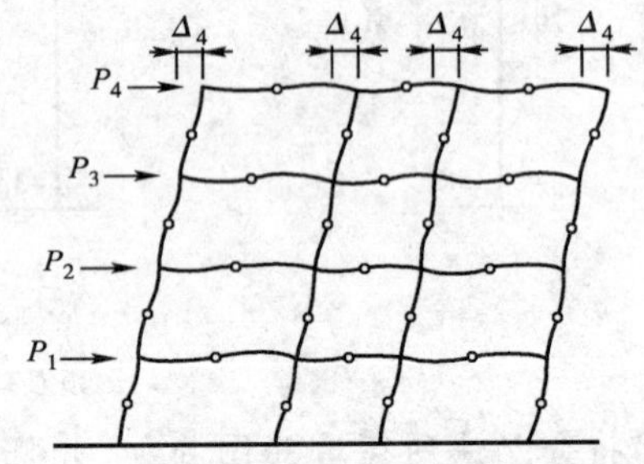

图 3-33　框架结构在水平荷载作用下的变形图

(图中的圆圈，表示反弯点)

框架结构在水平荷载作用下的变形图有如下特点：①框架的变形主要是节点的水平位移，若忽略构件的轴向变形，则同一层的节点具有相同的水平位移和层间位移(各柱上下端的水平位移差)；②框架上部各节点都有转角；③各节点的层间位移和转角越靠下层越大，这是因为层间剪力增大的缘故。

2. 基本假定

综合上述分析，反弯点法计算的关键：一是确定反弯点的位置，二是确定每层各柱的剪力。为了简化计算，作了如下基本假定：

(1)在确定柱的反弯点位置时，假定柱上、下端的转角相等(底层柱除外)，即假定除底层以外，各层框架柱的反弯点位于层高的中点，对于底层柱，则假定其反弯点位于距支座 2/3 层高处。

(2)在确定同层各柱剪力分配时，假定节点转角为零，即认为梁的线刚度为无穷大。

(3)梁端弯矩可由节点平衡条件求出，并按节点左右梁的线刚度进行分配。

对于层数较少、楼面荷载较大的框架结构，柱的截面尺寸较小，而梁的刚度较大，假定(2)与实际情况较为符合。一般认为，当梁的线刚度与柱的线刚度之比超过 3 时，由上述假定所引起的误差能够满足工程设计的精度要求。

3. 计算步骤及计算要点

1)计算层间剪力

设作用在第 j 层框架节点处的水平集中荷载为 P_j，框架总层数为 n。将框架在第 j 层柱的反弯点处切开，由水平力的平衡可得第 j 层的层间剪力 V_j 为

$$V_j = P_j + P_{j+1} + \cdots\cdots + P_n = \sum_{j}^{n} P_j \tag{3-14}$$

2)层间剪力分配

由于假设梁的刚度为无限大，节点转角为零，由结构力学可知，柱的抗侧刚度为 $12i_c/h^2$，表示柱端产生单位水平位移时，在柱端所需施加的水平力大小，i_c 为柱的线刚度，h 为柱高。设 d_{ij} 代表第 j 层(层高为 h_j)的第 i 根柱子的抗侧刚度，则

$$d_{ij}=\frac{12i_{ci}}{h_j^2} \tag{3-15}$$

按各层柱的抗侧刚度 d_{ij} 分配层间剪力，第 j 层(第 j 层共 m 根柱子)第 i 根柱抵抗的剪力为

$$V_{ij}=\frac{d_{ij}}{\sum\limits_{i=1}^{m}d_{ij}}V_j \tag{3-16}$$

3)计算柱端及梁端弯矩

由各柱剪力 V_{ij} 乘以反弯点到柱上、下端的距离即为柱端弯矩：

j 层 i 柱上端弯矩 $$M_{ij}^{u}=(1-y_{ij})h_jV_{ij} \tag{3-17}$$

j 层 i 柱下端弯矩 $$M_{ij}^{d}=y_{ij}h_jV_{ij} \tag{3-18}$$

式中，$y_{ij}h_j$ 为反弯点到柱下端的距离：

对底层柱 $$y_{i1}h_1=\frac{2}{3}h_1 \tag{3-19}$$

对其他各层柱 $$y_{ij}h_j=h_j/2 \tag{3-20}$$

根据节点平衡，将上、下层柱端弯矩之和($M_{ij}^{u}+M_{i,j+1}^{d}$)，按节点左、右两侧梁的线刚度比例分配给梁端(图 3-34)：

$$M_b^l=(M_{ij}^{u}+M_{i,j+1}^{d})\frac{i_b^l}{i_b^l+i_b^r} \tag{3-21}$$

$$M_b^r=(M_{ij}^{u}+M_{i,j+1}^{d})\frac{i_b^r}{i_b^l+i_b^r} \tag{3-22}$$

4)计算梁内剪力及柱内轴力

以各个梁为隔离体，将梁的左右端弯矩之和除以该梁的跨度，便得梁内剪力。自上而下逐层叠加节点左右的梁端剪力，即可得到柱内轴向力。

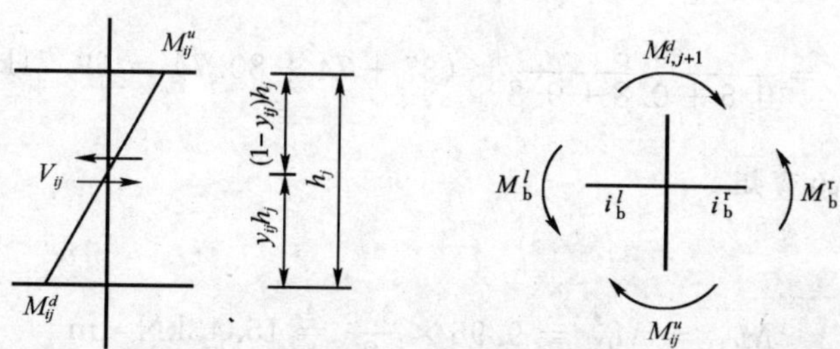

图 3-34 柱端及梁端弯矩的计算

综上所述，反弯点法计算的要点是：直接确定反弯点高度 $\bar{y}$；计算各柱的抗侧刚度 d(当同层各柱的高度相等时，d 还可以直接用柱的线刚度表示)；各柱剪力按该层各柱的抗侧刚度比例分配；根据节点平衡条件及梁线刚度比例求解梁端弯矩。

反弯点法适用于各层结构比较均匀(各层层高变化不大、梁的线刚度变化不大)、节点梁柱线刚度比$\sum i_b/\sum i_c \geqslant 5$的多层框架。

4. 计算例题

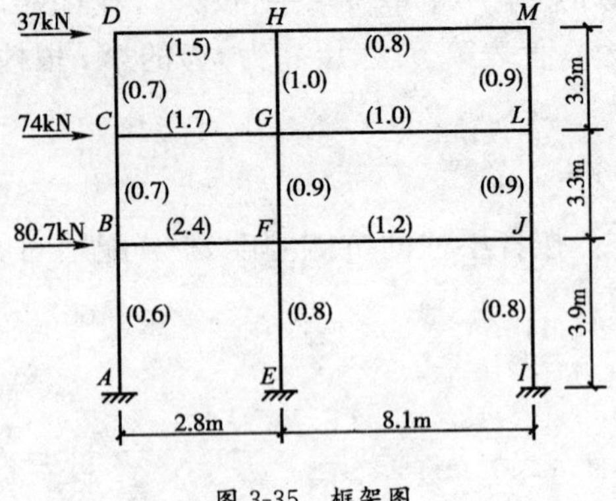

图 3-35　框架图

试用反弯点法求图 3-35 所示框架的弯矩图。图中带括号内的数值为该杆的线刚度比值。

1)求出各柱在反弯点处的剪力值

第三层

$$V_{CD}=\frac{0.7}{0.7+1.0+0.9}\times 37=9.96\text{kN}$$

$$V_{GH}=\frac{1.0}{0.7+1.0+0.9}\times 37=14.23\text{kN}$$

$$V_{LM}=\frac{0.9}{0.7+1.0+0.9}\times 37=12.81\text{kN}$$

第二层

$$V_{BC}=\frac{0.7}{0.7+0.9+0.9}\times(37+74)=31.08\text{kN}$$

$$V_{FG}=\frac{0.9}{0.7+0.9+0.9}\times(37+74)=39.96\text{kN}$$

$$V_{JL}=\frac{0.9}{0.7+0.9+0.9}\times(37+74)=39.96\text{kN}$$

第一层

$$V_{AB}=\frac{0.6}{0.6+0.8+0.8}\times(37+74+80.7)=52.28\text{kN}$$

$$V_{EF}=\frac{0.8}{0.6+0.8+0.8}\times(37+74+80.7)=69.71\text{kN}$$

$$V_{IJ}=\frac{0.8}{0.6+0.8+0.8}\times(37+74+80.7)=69.71\text{kN}$$

2)求出各柱柱端的弯矩

第三层

$$M_{CD}=M_{DC}=9.96\times\frac{3.3}{2}=16.43\text{kN}\cdot\text{m}$$

$$M_{GH}=M_{HG}=14.23\times\frac{3.3}{2}=23.48\text{kN}\cdot\text{m}$$

$$M_{LM}=M_{ML}=12.81\times\frac{3.3}{2}=21.14\text{kN}\cdot\text{m}$$

第二层

$$M_{BC}=M_{CB}=31.08\times\frac{3.3}{2}=51.28\text{kN}\cdot\text{m}$$

$$M_{FG}=M_{GF}=39.96\times\frac{3.3}{2}=65.93\text{kN}\cdot\text{m}$$

$$M_{JL}=M_{LJ}=39.96\times\frac{3.3}{2}=65.93\text{kN}\cdot\text{m}$$

第一层

$$M_{AB}=52.28\times\frac{2}{3}\times3.9=135.9\text{kN}\cdot\text{m}$$

$$M_{BA}=52.28\times\frac{1}{3}\times3.9=67.96\text{kN}\cdot\text{m}$$

$$M_{EF}=69.71\times\frac{2}{3}\times3.9=181.2\text{kN}\cdot\text{m}$$

$$M_{FE}=69.71\times\frac{1}{3}\times3.9=90.62\text{kN}\cdot\text{m}$$

$$M_{IJ}=69.71\times\frac{2}{3}\times3.9=181.2\text{kN}\cdot\text{m}$$

$$M_{JI}=69.71\times\frac{1}{3}\times3.9=90.62\text{kN}\cdot\text{m}$$

3)求出各横梁端的弯矩

第三层

$$M_{DH}=M_{DC}=16.43\text{kN}\cdot\text{m}$$

$$M_{HD}=\frac{1.5}{1.5+0.8}\times23.48=15.31\text{kN}\cdot\text{m}$$

$$M_{HM}=\frac{0.8}{1.5+0.8}\times23.48=8.17\text{kN}\cdot\text{m}$$

$$M_{MH}=M_{ML}=21.14\text{kN}\cdot\text{m}$$

第二层

$$M_{CG}-M_{CD}+M_{CB}=16.43+51.28=67.71\text{kN}\cdot\text{m}$$

$$M_{GC}=\frac{1.7}{1.7+1.0}\times(23.48+65.93)=56.30\text{kN}\cdot\text{m}$$

$$M_{GL}=\frac{1.0}{1.7+1.0}\times(23.48+65.93)=33.11\text{kN}\cdot\text{m}$$

$$M_{LG}=M_{LM}+M_{LJ}=21.14+65.93=87.07\text{kN}\cdot\text{m}$$

第一层

$$M_{BF}=M_{BC}+M_{BA}=51.28+67.96=119.24\text{kN}\cdot\text{m}$$

$$M_{FB}=\frac{2.4}{2.4+1.2}\times(65.93+90.62)=104.37\text{kN}\cdot\text{m}$$

$$M_{FJ}=\frac{1.2}{2.4+1.2}\times(65.93+90.62)=52.18\text{kN}\cdot\text{m}$$

$$M_{JF}=M_{JL}+M_{JI}=65.93+90.62=156.55\text{kN}\cdot\text{m}$$

4)绘制各杆的弯矩图(图 3-36)

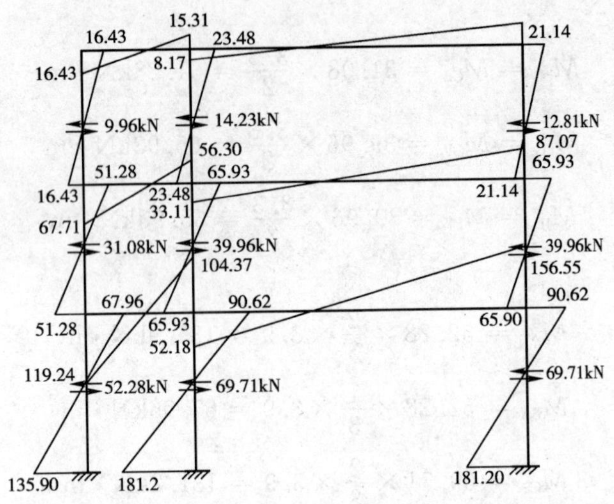

图 3-36　弯矩图(单位:kN·m)

三、D 值法(改进反弯点法)——水平荷载作用下的内力近似计算方法(二)

1. D 值法的基本概念及基本思路

反弯点法只适用于各层结构比较均匀、梁柱线刚度比较大的多层多跨框架内力计算,从而使框架结构在水平荷载作用下的内力计算大为简化,并满足工程精度要求。但在实际工程中,当框架柱的线刚度大、上下层的层高变化大、上下层梁的线刚度变化大时,节点转角对内力的影响不容忽视。若仍采用反弯点法计算框架在水平荷载作用下的内力,将产生较大的误差。因而提出了对框架柱的侧移刚度($12i_c/h^2$)和反弯点高度进行修正的方法,称为"改进反弯点法"或"D 值法"(D 值法的名称是由于修正后的柱侧移刚度用 D 来表示)。

D 值法是位移法的一种。所谓 D 值,就是指框架柱的抗剪刚度,即框架柱的两端产生单位相对侧移时所需的剪力。由于认为楼盖的轴向变形小得可被忽略,所以框架柱在同一楼层高程处的水平侧移都是相同的,楼层剪力可按各柱的 D 值进行分配。应用 D 值法除了要决定各柱分配到的剪力之外,另一个关键问题是确定柱的反弯点位置。确定了每根柱的剪力与反弯点后,也就可以绘出各柱的弯矩图了。

由此可知 D 值法分析框架的基本思路是:

(1)将第 j 层的层剪力按该层各柱的 D 值进行分配。这样可得第 i 个柱的剪力 V_{ij}。

(2)求柱的反弯点高度 y,V_{ij} 与 y 的乘积就是柱端弯矩。

(3)按照节点平衡条件,上、下柱端弯矩之和等于节点左右梁端弯矩之和,并按节点左右两侧梁刚度比例即可求得梁端的弯矩。

(4)根据各梁上的实际荷载,可以得到简支梁弯矩图,以此与由梁端弯矩所作出的直线弯矩图相叠加,即可得到梁的弯矩图。

(5)以各个梁为隔离体,将梁左右端弯矩之和除以梁的跨度,得到梁内剪力。

(6)节点左右端梁剪力之和即为该层轴压力,逐层叠加这些压力,即可得到柱的轴向力。

2. 修正后的柱抗侧移刚度 D

如图 3-37 所示,从框架中任取一柱 AB,其两端转角为 θ_A 和 θ_B,相对水平位移为 Δu,根据

转角位移方程，其两端剪力 V（即反力）为

$$V=\frac{12i_c}{h^2}\Delta u-\frac{6i_c}{h}(\theta_A+\theta_B) \tag{3-23}$$

改进反弯点法（D 值法）的柱抗侧移刚度 D 与反弯点法中柱抗侧移刚度 d 的物理意义相同，即使柱端产生单位相对侧移时所需的剪力。但 D 值法中柱的抗侧移刚度 $D(=V/\Delta u)$值，不仅与柱本身的刚度有关，而且与柱上下两端的转动约束即与 θ_A 和 θ_B 有关，因而影响转角 θ_A 和 θ_B 的因素，也都对 D 值产生影响。这些因素主要有：①柱本身刚度 i_c；②上下梁的刚度 i_b；③上下层柱的高度；④柱所在层的位置；⑤上下层剪力（水平荷载的分布）情况。由于计算 D 值的目的主要是用于分配剪力，对于同层各柱而言，上述③～⑤项影响因素相同，对剪力的分配影响不大。因此确定 D 值时，主要考虑柱本身刚度和上下层梁刚度的影响。

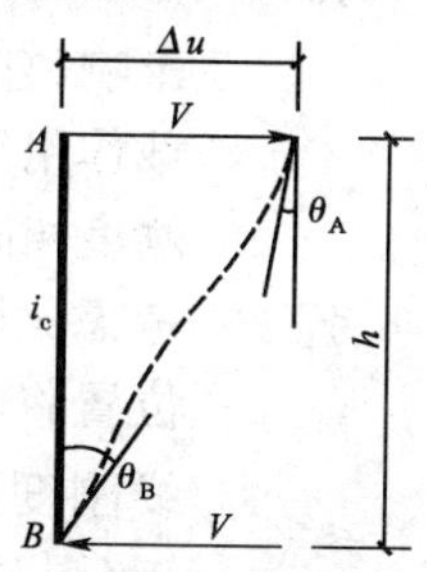

图 3-37　框架柱剪力计算图示

由上式可知，节点的转动会降低柱的抗侧移能力。此时，柱的抗侧移刚度为

$$D=\alpha_c\frac{12i_c}{h^2} \tag{3-24}$$

式中：α_c——节点转动影响系数；或称两端嵌固时柱的侧移刚度（$12i_c/h^2$）的修正系数。

根据柱所在位置及支承条件以及 D 值法的计算假定（柱两端转角相等，即在图 3-37 中 $\theta_A=\theta_B=\theta$；与该柱相连的各杆远端转角也相等，均为 θ；和该柱相连的上下柱线刚度与该柱的相同），由转角位移方程可导出 α_c 的表达式，见表 3-15。

柱抗侧移刚度修正系数 α_c　　表 3-15

位置		边柱		中柱		α_c
一般层		i_2, i_c, i_4	$\overline{K}=\frac{i_2+i_4}{2i_c}$	i_1, i_2, i_c, i_3, i_4	$\overline{K}=\frac{i_1+i_2+i_3+i_4}{2i_c}$	$\alpha_c=\frac{\overline{K}}{2+\overline{K}}$
底层	固接	i_2, i_c	$\overline{K}=\frac{i_2}{i_c}$	i_1, i_2, i_c	$\overline{K}=\frac{i_1+i_2}{i_c}$	$\alpha_c=\frac{0.5+\overline{K}}{2+\overline{K}}$
	铰接	i_2, i_c	$\overline{K}=\frac{i_2}{i_c}$	i_1, i_2, i_c	$\overline{K}=\frac{i_1+i_2}{i_c}$	$\alpha_c=\frac{0.5\overline{K}}{1+2\overline{K}}$

3. 柱的反弯点高度的确定

D 值法计算的另一关键是确定自柱下端算起的柱的反弯点高度 $\overline{y}$。各个柱的反弯点位置取决于该上下端转角的比值。如果柱上下端转角相同，反弯点就在柱高的中央，如果柱上下端转角不同，则反弯点偏向转角较大的一端，亦即偏向约束刚度较小的一端。即若上端转角大于下端转角，则反弯点偏于柱的上端。各层柱反弯点高度可用统一的公式计算。

$$\overline{y} = \gamma h = (\gamma_0 + \gamma_1 + \gamma_2 + \gamma_3)h \tag{3-25}$$

式中：$\overline{y}$——反弯点高度，即反弯点到柱下端的距离；

h——柱高；

γ——反弯点高度比，表示反弯点高度与柱高的比值；

γ_0——标准反弯点高度比。标准反弯点高度比 γ_0 主要考虑梁柱线刚度比及楼层位置的影响，它可根据梁柱相对线刚度比$\overline{K}$（表 3-15 ）、框架总层数 m、该柱所在层数 n、荷载作用形式由表 3-16 或表 3-17 查得。$\gamma_0 h$ 称为标准反弯点高度，它表示各层梁线刚度相同、各层柱线刚度及层高都相同的规则框架的反弯点位置；

γ_1——考虑梁刚度不同的修正系数。当某层柱上下横梁的线刚度比不同时，反弯点位置将相对于标准反弯点发生移动。其修正值为 $\gamma_1 h$。γ_1 可根据上下层横梁线刚度比 α_1 及$\overline{K}$由表 3-18 查出。对底层柱，当无基础梁时，可不考虑这项修正（图 3-38）；

γ_2、γ_3——考虑层高变化的修正系数。当柱所在楼层的上下楼层高有变化时，反弯点也将偏离标准反弯点位置。若上层较高，反弯点将从标准反弯点上移 $\gamma_2 h$；若下层较高，反弯点则向下移动 $\gamma_3 h$（此时取 γ_3 为负值）。γ_2 及 γ_3 可由表 3-19 查得（图 3-39）。

对顶层柱不考虑 γ_2 的修正项，对底层柱不考虑 γ_3 的修正项。求得各层柱的反弯点位置 γh 及柱的侧移刚度 D 后，框架在水平荷载作用下的内力计算与反弯点法完全相同。

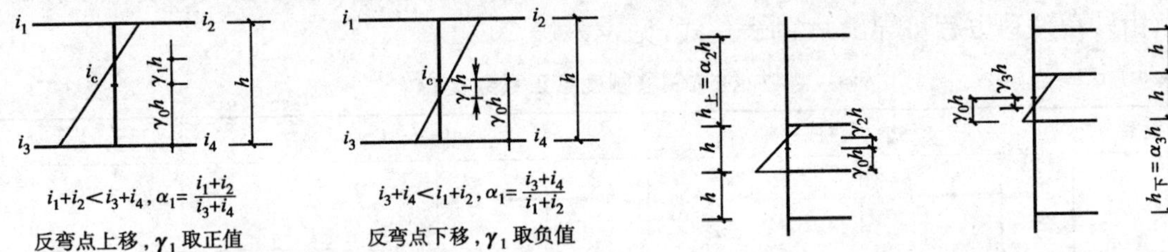

图 3-38　上下梁刚度变化时的反弯点高度比修正系数 γ_1

图 3-39　上下层高度变化时的反弯点高度比修正系数 γ_2、γ_3

规则框架承受均布水平力作用下各柱标准反弯点高度比 γ_0　　表 3-16

m	n \ $\overline{K}$	0.1	0.2	0.3	0.4	0.5	0.6	0.7	0.8	0.9	1.0	2.0	3.0	4.0	5.0
1	1	0.80	0.75	0.70	0.65	0.65	0.60	0.60	0.60	0.60	0.55	0.55	0.55	0.55	0.55
2	2	0.45	0.40	0.35	0.35	0.35	0.35	0.40	0.40	0.40	0.40	0.45	0.45	0.45	0.45
	1	0.95	0.80	0.75	0.70	0.65	0.65	0.65	0.60	0.60	0.60	0.55	0.55	0.55	0.50
3	3	0.15	0.20	0.20	0.25	0.30	0.30	0.30	0.35	0.35	0.35	0.40	0.45	0.45	0.45
	2	0.55	0.50	0.45	0.45	0.45	0.45	0.45	0.45	0.45	0.45	0.45	0.50	0.50	0.50
	1	1.00	0.85	0.80	0.75	0.70	0.70	0.65	0.65	0.65	0.60	0.55	0.55	0.55	0.55
4	4	−0.05	0.05	0.15	0.20	0.25	0.30	0.30	0.35	0.35	0.35	0.40	0.45	0.45	0.45
	3	0.25	0.30	0.30	0.35	0.35	0.40	0.40	0.40	0.40	0.45	0.45	0.50	0.50	0.50
	2	0.65	0.55	0.50	0.50	0.45	0.45	0.45	0.45	0.45	0.45	0.50	0.50	0.50	0.50
	1	1.10	0.90	0.80	0.75	0.70	0.70	0.65	0.65	0.65	0.60	0.55	0.55	0.55	0.55

续上表

m	n \ $\overline{K}$	0.1	0.2	0.3	0.4	0.5	0.6	0.7	0.8	0.9	1.0	2.0	3.0	4.0	5.0
5	5	−0.20	0.00	0.15	0.20	0.25	0.30	0.30	0.30	0.35	0.35	0.40	0.45	0.45	0.45
	4	0.10	0.20	0.25	0.30	0.35	0.35	0.40	0.40	0.40	0.40	0.45	0.45	0.50	0.50
	3	0.40	0.40	0.40	0.40	0.40	0.45	0.45	0.45	0.45	0.45	0.50	0.50	0.50	0.50
	2	0.65	0.55	0.50	0.50	0.50	0.50	0.50	0.50	0.50	0.50	0.50	0.50	0.50	0.50
	1	1.20	0.95	0.80	0.75	0.75	0.70	0.70	0.65	0.65	0.65	0.55	0.55	0.55	0.55
6	6	−0.30	0.00	0.10	0.20	0.25	0.25	0.30	0.30	0.35	0.35	0.40	0.45	0.45	0.45
	5	0.00	0.20	0.25	0.30	0.35	0.35	0.40	0.40	0.40	0.40	0.45	0.45	0.50	0.50
	4	0.20	0.30	0.35	0.35	0.40	0.40	0.40	0.45	0.45	0.45	0.45	0.50	0.50	0.50
	3	0.40	0.40	0.40	0.45	0.45	0.45	0.45	0.45	0.45	0.45	0.50	0.50	0.50	0.50
	2	0.07	0.60	0.55	0.50	0.50	0.50	0.50	0.50	0.50	0.50	0.50	0.50	0.50	0.50
	1	1.20	0.95	0.85	0.80	0.75	0.70	0.70	0.65	0.65	0.65	0.55	0.55	0.55	0.55
7	7	−0.35	−0.05	0.10	0.20	0.20	0.25	0.30	0.30	0.35	0.35	0.40	0.45	0.45	0.45
	6	−0.10	0.15	0.25	0.30	0.35	0.35	0.35	0.40	0.40	0.40	0.45	0.45	0.50	0.50
	5	0.10	0.25	0.30	0.35	0.40	0.40	0.40	0.45	0.45	0.45	0.50	0.50	0.50	0.50
	4	0.30	0.35	0.40	0.40	0.40	0.45	0.45	0.45	0.45	0.45	0.50	0.50	0.50	0.50
	3	0.50	0.45	0.45	0.45	0.45	0.45	0.45	0.45	0.45	0.45	0.50	0.50	0.50	0.50
	2	0.75	0.60	0.55	0.50	0.50	0.50	0.50	0.50	0.50	0.50	0.50	0.50	0.50	0.50
	1	1.20	0.95	0.85	0.80	0.75	0.70	0.70	0.65	0.65	0.65	0.55	0.55	0.55	0.55
8	8	−0.35	−0.15	0.10	0.10	0.25	0.25	0.30	0.30	0.35	0.35	0.40	0.45	0.45	0.45
	7	−0.10	0.15	0.25	0.30	0.35	0.35	0.40	0.40	0.40	0.40	0.45	0.50	0.50	0.50
	6	0.05	0.25	0.30	0.35	0.40	0.40	0.40	0.45	0.45	0.45	0.45	0.50	0.50	0.50
	5	0.20	0.30	0.35	0.40	0.40	0.45	0.45	0.45	0.45	0.45	0.50	0.50	0.50	0.50
	4	0.35	0.40	0.40	0.45	0.45	0.45	0.45	0.45	0.45	0.45	0.50	0.50	0.50	0.50
	3	0.50	0.45	0.45	0.45	0.45	0.45	0.45	0.45	0.50	0.50	0.50	0.50	0.50	0.50
	2	0.75	0.60	0.55	0.55	0.50	0.50	0.50	0.50	0.50	0.50	0.50	0.50	0.50	0.50
	1	1.20	1.00	0.85	0.80	0.75	0.70	0.70	0.65	0.65	0.65	0.55	0.55	0.55	0.55
9	9	−0.40	−0.05	0.10	0.20	0.25	0.25	0.30	0.30	0.35	0.35	0.45	0.45	0.45	0.45
	8	−0.15	0.15	0.25	0.30	0.35	0.35	0.35	0.40	0.40	0.40	0.45	0.45	0.50	0.50
	7	0.05	0.25	0.30	0.35	0.40	0.40	0.40	0.45	0.45	0.45	0.45	0.50	0.50	0.50
	6	0.15	0.30	0.35	0.40	0.40	0.45	0.45	0.45	0.45	0.45	0.50	0.50	0.50	0.50
	5	0.25	0.35	0.40	0.40	0.45	0.45	0.45	0.45	0.45	0.45	0.50	0.50	0.50	0.50
	4	0.40	0.40	0.40	0.45	0.45	0.45	0.45	0.45	0.45	0.45	0.50	0.50	0.50	0.50
	3	0.55	0.45	0.45	0.45	0.45	0.45	0.45	0.45	0.50	0.50	0.50	0.50	0.50	0.50
	2	0.80	0.65	0.55	0.55	0.50	0.50	0.50	0.50	0.50	0.50	0.50	0.50	0.50	0.50
	1	1.20	1.00	0.85	0.80	0.75	0.70	0.70	0.65	0.65	0.65	0.55	0.55	0.55	0.55

续上表

m	n \ $\overline{K}$	0.1	0.2	0.3	0.4	0.5	0.6	0.7	0.8	0.9	1.0	2.0	3.0	4.0	5.0
10	10	−0.40	−0.05	0.10	0.20	0.25	0.30	0.30	0.30	0.30	0.35	0.40	0.45	0.45	0.45
	9	−0.15	0.15	0.25	0.30	0.35	0.35	0.40	0.40	0.40	0.40	0.45	0.45	0.50	0.50
	8	0.00	0.25	0.30	0.35	0.40	0.40	0.40	0.45	0.45	0.45	0.45	0.50	0.50	0.50
	7	0.10	0.30	0.35	0.40	0.40	0.40	0.45	0.45	0.45	0.45	0.50	0.50	0.50	0.50
	6	0.20	0.35	0.40	0.40	0.45	0.45	0.45	0.45	0.45	0.45	0.50	0.50	0.50	0.50
	5	0.30	0.40	0.40	0.45	0.45	0.45	0.45	0.45	0.45	0.50	0.50	0.50	0.50	0.50
	4	0.40	0.40	0.45	0.45	0.45	0.45	0.45	0.45	0.45	0.50	0.50	0.50	0.50	0.50
	3	0.55	0.50	0.45	0.45	0.45	0.50	0.50	0.50	0.50	0.50	0.50	0.50	0.50	0.50
	2	0.80	0.65	0.55	0.55	0.55	0.50	0.50	0.50	0.50	0.50	0.50	0.50	0.50	0.50
	1	1.30	1.00	0.85	0.80	0.75	0.70	0.70	0.65	0.65	0.65	0.60	0.55	0.55	0.55
11	11	−0.40	0.05	0.10	0.20	0.25	0.30	0.30	0.30	0.35	0.35	0.40	0.45	0.45	0.45
	10	−0.15	0.15	0.25	0.30	0.35	0.35	0.40	0.40	0.40	0.40	0.45	0.45	0.50	0.50
	9	0.00	0.25	0.30	0.35	0.40	0.40	0.40	0.45	0.45	0.45	0.45	0.50	0.50	0.50
	8	0.10	0.30	0.35	0.40	0.40	0.45	0.45	0.45	0.45	0.45	0.50	0.50	0.50	0.50
	7	0.20	0.35	0.40	0.45	0.45	0.45	0.45	0.45	0.45	0.45	0.50	0.50	0.50	0.50
	6	0.25	0.35	0.40	0.45	0.45	0.45	0.45	0.45	0.45	0.45	0.50	0.50	0.50	0.50
	5	0.35	0.40	0.40	0.45	0.45	0.45	0.45	0.45	0.45	0.50	0.50	0.50	0.50	0.50
	4	0.40	0.45	0.45	0.45	0.45	0.45	0.45	0.50	0.50	0.50	0.50	0.50	0.50	0.50
	3	0.55	0.50	0.50	0.50	0.50	0.50	0.50	0.50	0.50	0.50	0.50	0.50	0.50	0.50
	2	0.80	0.65	0.60	0.55	0.55	0.50	0.50	0.50	0.50	0.50	0.50	0.50	0.50	0.50
	1	1.30	1.00	0.85	0.80	0.75	0.70	0.70	0.65	0.65	0.65	0.60	0.55	0.55	0.55
12以上	自上1	−0.40	−0.05	0.10	0.20	0.25	0.30	0.30	0.30	0.35	0.35	0.40	0.45	0.45	0.45
	2	−0.15	0.15	0.25	0.30	0.35	0.35	0.40	0.40	0.40	0.40	0.45	0.45	0.50	0.50
	3	0.00	0.25	0.30	0.35	0.40	0.40	0.40	0.45	0.45	0.45	0.50	0.50	0.50	0.50
	4	0.10	0.30	0.35	0.40	0.40	0.45	0.45	0.45	0.45	0.45	0.50	0.50	0.50	0.50
	5	0.20	0.35	0.40	0.40	0.45	0.45	0.45	0.45	0.45	0.45	0.50	0.50	0.50	0.50
	6	0.25	0.35	0.40	0.45	0.45	0.45	0.45	0.45	0.45	0.45	0.50	0.50	0.50	0.50
	7	0.30	0.40	0.40	0.45	0.45	0.45	0.45	0.45	0.50	0.50	0.50	0.50	0.50	0.50
	8	0.35	0.40	0.45	0.45	0.45	0.45	0.45	0.50	0.50	0.50	0.50	0.50	0.50	0.50
	中间	0.40	0.40	0.45	0.45	0.45	0.45	0.50	0.50	0.50	0.50	0.50	0.50	0.50	0.50
	4	0.45	0.45	0.45	0.45	0.50	0.50	0.50	0.50	0.50	0.50	0.50	0.50	0.50	0.50
	3	0.60	0.50	0.50	0.50	0.50	0.50	0.50	0.50	0.50	0.50	0.50	0.50	0.50	0.50
	2	0.80	0.65	0.60	0.55	0.55	0.50	0.50	0.50	0.50	0.50	0.50	0.50	0.50	0.50
	自下1	1.30	1.00	0.85	0.80	0.75	0.70	0.70	0.60	0.60	0.55	0.55	0.55	0.55	0.55

注：m——框架总层数；n——该柱所在层数；$\overline{K}$——梁柱相对线刚度比；$\overline{K}=\frac{i_1+i_2+i_3+i_4}{2i_c}$。

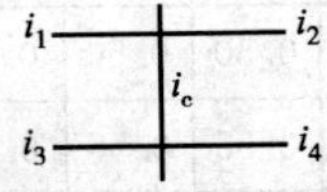

规则框架承受倒三角形分布水平力作用下各层柱标准反弯点高度比 γ_0　　表 3-17

m	n \ $\overline{K}$	0.1	0.2	0.3	0.4	0.5	0.6	0.7	0.8	0.9	1.0	2.0	3.0	4.0	5.0
1	1	0.80	0.75	0.70	0.65	0.65	0.60	0.60	0.60	0.60	0.55	0.55	0.55	0.55	0.55
2	2	0.50	0.45	0.40	0.40	0.40	0.40	0.40	0.40	0.40	0.45	0.45	0.45	0.45	0.50
	1	1.00	0.85	0.75	0.70	0.70	0.65	0.65	0.65	0.60	0.60	0.55	0.55	0.55	0.55
3	3	0.25	0.25	0.25	0.30	0.30	0.35	0.35	0.35	0.40	0.40	0.45	0.45	0.45	0.50
	2	0.60	0.50	0.50	0.50	0.50	0.45	0.45	0.45	0.45	0.45	0.50	0.50	0.55	0.50
	1	1.15	0.90	0.80	0.75	0.75	0.70	0.70	0.65	0.65	0.65	0.60	0.55	0.55	0.55
4	4	0.10	0.15	0.20	0.25	0.30	0.30	0.35	0.35	0.35	0.40	0.45	0.45	0.45	0.45
	3	0.35	0.35	0.35	0.40	0.40	0.40	0.40	0.45	0.45	0.45	0.45	0.50	0.50	0.50
	2	0.70	0.60	0.55	0.50	0.50	0.50	0.50	0.50	0.50	0.50	0.50	0.50	0.50	0.50
	1	1.20	0.95	0.85	0.80	0.75	0.70	0.70	0.70	0.65	0.65	0.55	0.55	0.55	0.50
5	5	−0.05	0.10	0.20	0.25	0.30	0.30	0.35	0.35	0.35	0.35	0.40	0.45	0.45	0.45
	4	0.20	0.25	0.35	0.35	0.40	0.40	0.40	0.40	0.40	0.45	0.45	0.50	0.50	0.50
	3	0.45	0.40	0.45	0.45	0.45	0.45	0.45	0.45	0.45	0.45	0.50	0.50	0.50	0.50
	2	0.75	0.60	0.55	0.55	0.50	0.50	0.50	0.50	0.50	0.50	0.50	0.50	0.50	0.50
	1	1.30	1.00	0.85	0.80	0.75	0.70	0.70	0.65	0.65	0.65	0.65	0.55	0.55	0.55
6	6	−0.15	0.05	0.15	0.20	0.25	0.30	0.30	0.35	0.35	0.35	0.40	0.45	0.45	0.45
	5	0.10	0.25	0.30	0.35	0.35	0.40	0.40	0.40	0.45	0.45	0.45	0.50	0.50	0.50
	4	0.30	0.35	0.40	0.40	0.45	0.45	0.45	0.45	0.45	0.45	0.50	0.50	0.50	0.50
	3	0.50	0.45	0.45	0.45	0.45	0.45	0.45	0.45	0.45	0.50	0.50	0.50	0.50	0.50
	2	0.80	0.65	0.55	0.55	0.55	0.55	0.50	0.50	0.50	0.50	0.50	0.50	0.50	0.50
	1	1.30	1.00	0.85	0.80	0.75	0.70	0.70	0.65	0.65	0.65	0.60	0.55	0.55	0.55
7	7	−0.20	0.05	0.15	0.20	0.25	0.30	0.30	0.35	0.35	0.35	0.45	0.45	0.45	0.45
	6	0.05	0.20	0.30	0.35	0.35	0.40	0.40	0.40	0.40	0.45	0.45	0.50	0.50	0.50
	5	0.20	0.30	0.35	0.40	0.40	0.45	0.45	0.45	0.45	0.45	0.50	0.50	0.50	0.50
	4	0.35	0.40	0.40	0.45	0.45	0.45	0.45	0.45	0.45	0.45	0.50	0.50	0.50	0.50
	3	0.55	0.50	0.50	0.50	0.50	0.50	0.50	0.50	0.50	0.50	0.50	0.50	0.50	0.50
	2	0.80	0.65	0.60	0.55	0.55	0.55	0.50	0.50	0.50	0.50	0.50	0.50	0.50	0.50
	1	1.30	1.00	0.90	0.80	0.75	0.70	0.70	0.70	0.65	0.65	0.60	0.55	0.55	0.55
8	8	−0.20	0.05	0.15	0.20	0.25	0.30	0.30	0.35	0.35	0.35	0.45	0.45	0.45	0.45
	7	0.00	0.20	0.30	0.35	0.35	0.40	0.40	0.40	0.40	0.45	0.45	0.50	0.50	0.50
	6	0.15	0.30	0.35	0.40	0.40	0.45	0.45	0.45	0.45	0.45	0.50	0.50	0.50	0.50
	5	0.30	0.45	0.40	0.45	0.45	0.45	0.45	0.45	0.45	0.45	0.50	0.50	0.50	0.50
	4	0.40	0.45	0.45	0.45	0.45	0.45	0.45	0.50	0.50	0.50	0.50	0.50	0.50	0.50
	3	0.60	0.50	0.50	0.50	0.50	0.50	0.50	0.50	0.50	0.50	0.50	0.50	0.50	0.50
	2	0.85	0.65	0.60	0.55	0.55	0.55	0.50	0.50	0.50	0.50	0.50	0.50	0.50	0.50
	1	1.30	1.00	0.90	0.80	0.75	0.70	0.70	0.70	0.65	0.65	0.60	0.55	0.55	0.55

续上表

m	n \ $\overline{K}$	0.1	0.2	0.3	0.4	0.5	0.6	0.7	0.8	0.9	1.0	2.0	3.0	4.0	5.0
9	9	−0.25	0.00	0.15	0.20	0.25	0.30	0.30	0.35	0.35	0.40	0.45	0.45	0.45	0.45
	8	−0.00	0.20	0.30	0.35	0.35	0.40	0.40	0.40	0.40	0.45	0.45	0.50	0.50	0.50
	7	0.15	0.30	0.35	0.40	0.40	0.45	0.45	0.45	0.45	0.45	0.50	0.50	0.50	0.50
	6	0.25	0.35	0.40	0.40	0.45	0.45	0.45	0.45	0.45	0.50	0.50	0.50	0.50	0.50
	5	0.35	0.40	0.45	0.45	0.45	0.45	0.45	0.45	0.50	0.50	0.50	0.50	0.50	0.50
	4	0.45	0.45	0.45	0.45	0.45	0.50	0.50	0.50	0.50	0.50	0.50	0.50	0.50	0.50
	3	0.65	0.50	0.50	0.50	0.50	0.50	0.50	0.50	0.50	0.50	0.50	0.50	0.50	0.50
	2	0.80	0.65	0.65	0.55	0.55	0.55	0.55	0.50	0.50	0.50	0.50	0.50	0.50	0.50
	1	1.35	1.00	1.00	0.80	0.75	0.75	0.70	0.70	0.65	0.65	0.60	0.55	0.55	0.55
10	10	−0.25	0.00	0.15	0.20	0.25	0.30	0.30	0.35	0.35	0.40	0.45	0.45	0.45	0.45
	9	−0.05	0.20	0.30	0.35	0.35	0.40	0.40	0.40	0.40	0.45	0.45	0.50	0.50	0.50
	8	0.10	0.30	0.35	0.40	0.40	0.40	0.45	0.45	0.45	0.45	0.50	0.50	0.50	0.50
	7	0.20	0.35	0.40	0.40	0.45	0.45	0.45	0.45	0.45	0.50	0.50	0.50	0.50	0.50
	6	0.30	0.40	0.40	0.45	0.45	0.45	0.45	0.45	0.45	0.50	0.50	0.50	0.50	0.50
	5	0.40	0.45	0.45	0.45	0.45	0.45	0.45	0.50	0.50	0.50	0.50	0.50	0.50	0.50
	4	0.50	0.45	0.45	0.45	0.50	0.50	0.50	0.50	0.50	0.50	0.50	0.50	0.50	0.50
	3	0.60	0.55	0.50	0.50	0.50	0.50	0.50	0.50	0.50	0.50	0.50	0.50	0.50	0.50
	2	0.85	0.65	0.60	0.55	0.55	0.55	0.55	0.50	0.50	0.50	0.50	0.50	0.50	0.50
	1	1.35	1.00	0.90	0.80	0.75	0.75	0.70	0.70	0.65	0.65	0.60	0.55	0.55	0.55
11	11	−0.25	0.00	0.15	0.20	0.25	0.30	0.30	0.30	0.35	0.35	0.45	0.45	0.45	0.45
	10	−0.05	0.20	0.25	0.30	0.35	0.40	0.40	0.40	0.40	0.45	0.45	0.50	0.50	0.50
	9	0.10	0.30	0.35	0.40	0.40	0.40	0.45	0.45	0.45	0.45	0.50	0.50	0.50	0.50
	8	0.20	0.35	0.40	0.40	0.45	0.45	0.45	0.45	0.45	0.45	0.50	0.50	0.50	0.50
	7	0.25	0.40	0.40	0.45	0.45	0.45	0.45	0.45	0.45	0.50	0.50	0.50	0.50	0.50
	6	0.35	0.40	0.45	0.45	0.45	0.45	0.45	0.50	0.50	0.50	0.50	0.50	0.50	0.50
	5	0.40	0.45	0.45	0.45	0.45	0.50	0.50	0.50	0.50	0.50	0.50	0.50	0.50	0.50
	4	0.50	0.50	0.50	0.50	0.50	0.50	0.50	0.50	0.50	0.50	0.50	0.50	0.50	0.50
	3	0.65	0.55	0.50	0.50	0.50	0.50	0.50	0.50	0.50	0.50	0.50	0.50	0.50	0.50
	2	0.85	0.65	0.60	0.55	0.55	0.55	0.55	0.50	0.50	0.50	0.50	0.50	0.50	0.50
	1	1.35	1.50	0.90	0.80	0.75	0.75	0.70	0.70	0.65	0.65	0.60	0.55	0.55	0.55
12以上	自上1	−0.30	0.00	0.15	0.20	0.25	0.30	0.30	0.30	0.35	0.35	0.40	0.45	0.45	0.45
	2	−0.10	0.20	0.25	0.30	0.35	0.40	0.40	0.40	0.40	0.40	0.45	0.45	0.45	0.50
	3	0.05	0.25	0.35	0.40	0.40	0.40	0.45	0.45	0.45	0.45	0.45	0.50	0.50	0.50
	4	0.15	0.30	0.40	0.40	0.45	0.45	0.45	0.45	0.45	0.45	0.45	0.50	0.50	0.50
	5	0.25	0.30	0.40	0.45	0.45	0.45	0.45	0.45	0.45	0.45	0.50	0.50	0.50	0.50
	6	0.30	0.40	0.40	0.45	0.45	0.45	0.45	0.50	0.50	0.50	0.50	0.50	0.50	0.50

续上表

m	n \ $\overline{K}$	0.1	0.2	0.3	0.4	0.5	0.6	0.7	0.8	0.9	1.0	2.0	3.0	4.0	5.0
12以上	7	0.35	0.40	0.40	0.45	0.45	0.45	0.50	0.50	0.50	0.50	0.50	0.50	0.50	0.50
	8	0.35	0.45	0.45	0.45	0.50	0.50	0.50	0.50	0.50	0.50	0.50	0.50	0.50	0.50
	中间	0.45	0.45	0.45	0.45	0.45	0.50	0.50	0.50	0.50	0.50	0.50	0.50	0.50	0.50
	4	0.55	0.50	0.50	0.50	0.50	0.50	0.50	0.50	0.50	0.50	0.50	0.50	0.50	0.50
	3	0.65	0.55	0.50	0.50	0.50	0.50	0.50	0.50	0.50	0.50	0.50	0.50	0.50	0.50
	2	0.70	0.70	0.60	0.55	0.55	0.55	0.55	0.50	0.50	0.50	0.50	0.50	0.50	0.50
	自下1	1.35	1.05	0.70	0.80	0.75	0.70	0.70	0.70	0.65	0.65	0.60	0.55	0.55	0.55

注：m、n、$\overline{K}$的意义同表 3-16。

上下层横梁线刚度比变化时的修正系数 γ_1　　表 3-18

α_1 \ $\overline{K}$	0.1	0.2	0.3	0.4	0.5	0.6	0.7	0.8	0.9	1.0	2.0	3.0	4.0	5.0
0.4	0.55	0.40	0.30	0.25	0.20	0.20	0.20	0.15	0.15	0.15	0.05	0.05	0.05	0.05
0.5	0.45	0.30	0.20	0.20	0.15	0.15	0.15	0.10	0.10	0.10	0.05	0.05	0.05	0.05
0.6	0.30	0.20	0.15	0.15	0.10	0.10	0.10	0.10	0.05	0.05	0.05	0.05	0	0
0.7	0.20	0.15	0.10	0.10	0.10	0.10	0.05	0.05	0.05	0.05	0.05	0	0	0
0.8	0.15	0.10	0.05	0.05	0.05	0.05	0.05	0.05	0.05	0	0	0	0	0
0.9	0.05	0.05	0.05	0.05	0	0	0	0	0	0	0	0	0	0

注：①$\overline{K}$ 的计算：$\overline{K}=\dfrac{i_1+i_2+i_3+i_4}{2i_c}$；

②$\alpha_1=\dfrac{i_1+i_2}{i_3+i_4}$。当 $i_1+i_2>i_3+i_4$ 时，则 $\alpha_1=\dfrac{i_3+i_4}{i_1+i_2}$，同时在查得的 γ_1 值前加负号“－”；

③底层柱不作此项修正。

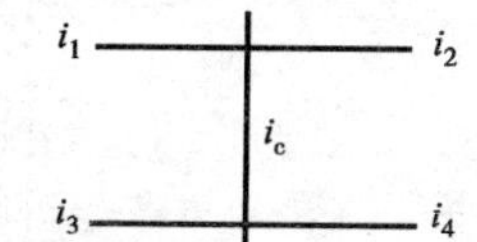

上下层柱高度变化时的修正系数 γ_2 和 γ_3　　表 3-19

α_2	α_3 \ $\overline{K}$	0.1	0.2	0.3	0.4	0.5	0.6	0.7	0.8	0.9	1.0	2.0	3.0	4.0	5.0
2.0	—	0.25	0.15	0.15	0.10	0.10	0.10	0.10	0.10	0.05	0.05	0.05	0.05	0	0
1.8	—	0.20	0.15	0.10	0.10	0.10	0.05	0.05	0.05	0.05	0.05	0.05	0	0	0
1.6	0.4	0.15	0.10	0.10	0.05	0.05	0.05	0.05	0.05	0.05	0.05	0	0	0	0
1.4	0.6	0.10	0.05	0.05	0.05	0.05	0.05	0.05	0.05	0.05	0	0	0	0	0
1.2	0.8	0.05	0.05	0.05	0	0	0	0	0	0	0	0	0	0	0
1.0	1.0	0	0	0	0	0	0	0	0	0	0	0	0	0	0
0.8	1.2	−0.05	−0.05	−0.05	0	0	0	0	0	0	0	0	0	0	
0.6	1.4	−0.10	−0.05	−0.05	−0.05	−0.05	−0.05	−0.05	−0.05	−0.05	0	0	0	0	0
0.4	1.6	−0.15	−0.10	−0.10	−0.05	−0.05	−0.05	−0.05	−0.05	−0.05	−0.05	0	0	0	0
—	1.8	−0.20	−0.15	−0.10	−0.10	−0.10	−0.05	−0.05	−0.05	−0.05	−0.05	−0.05	0	0	0
—	2.0	−0.25	−0.15	−0.15	−0.10	−0.10	−0.10	−0.10	−0.10	−0.05	−0.05	−0.05	−0.05	0	0

注：①γ_2 按 α_2 查表求得，上层较高时为正值，最上层不考虑 γ_2；

②γ_3 按 α_3 查表求得，对于底层柱不考虑 γ_3；

③$\overline{K}$ 按表 3-15 计算。

第八节　框架在水平荷载作用下侧移的近似计算

框架结构设计时，不仅要进行承载能力的计算，而且要进行结构的刚度计算。对结构的侧移值要控制，控制的内容为：控制顶层最大侧移，因其值过大，将影响使用；控制层间相对侧移，其值过大，将会使填充墙出现裂缝以及使得门窗变形。由于引起框架侧移的主要原因是水平荷载，因此，这里也只讨论水平荷载作用下侧移的近似计算。

框架结构在水平荷载作用下的侧移可以看做是梁柱弯曲变形和轴向变形所引起的侧移的叠加。由梁柱弯曲变形（梁和柱本身的剪切变形较小，工程上可以忽略）所导致的层间相对侧移具有越靠下越大的特点，其侧移曲线与悬臂梁的剪切变形曲线相一致，故称这种变形为总体剪切变形（图 3-40）；而由框架轴向力引起柱的伸长和缩短所导致的框架变形，在柱的底层轴向变形最小，随层数的增加，轴向变形积累，侧移增大，与悬臂梁的弯曲变形曲线类似，故称其为总体弯曲变形（图 3-41）。

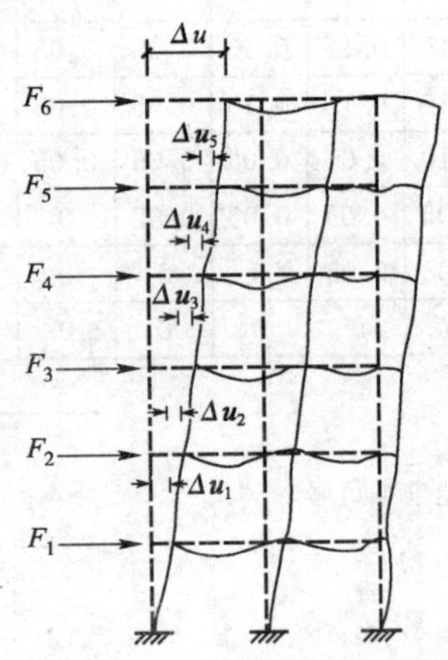

图 3-40　框架总体剪切变形

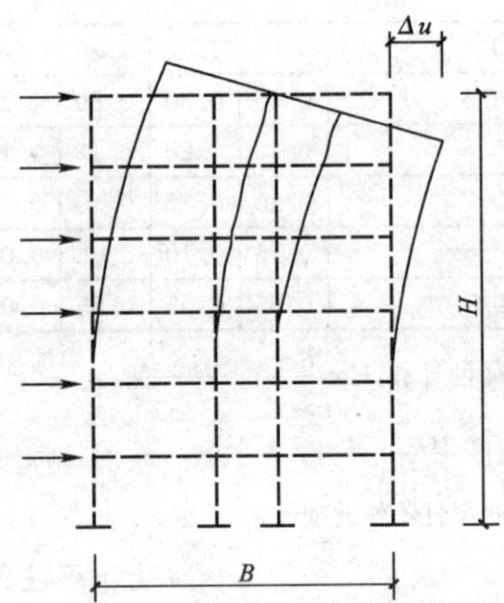

图 3-41　框架总体弯曲变形

框架的总侧移（包括上述这两种变形的和）根据结构力学的推导可按下式计算

$$\sum\int_l \frac{MM_1}{EI}\mathrm{d}l+\sum\int_l \frac{NN_1}{EA}\mathrm{d}l+\mu\sum\int_l \frac{VV_l}{GA}\mathrm{d}l \tag{3-26}$$

式中：M、N、V——外载在框架各杆中引起的内力；

M_1、N_1、V_1——框架顶点单位水平力在框架各杆中引起的内力。

对一般框架结构通常只考虑式中的第一项已足够精确，但对于 $H>50\text{m}$ 或 $H/B>4$ 的细高框架结构，上述公式中第二项所占比例增长迅速，故此类框架结构应考虑由杆件轴力引起的总体弯曲变形。对于由细长杆件组成的框架结构，第三项剪切变形的影响可以忽略不计。

在工程设计中用上述公式计算结构侧移显然是太繁了，一般均采用下述两种近似法计算：①D 值法；②折算总刚度法。本文仅简单介绍 D 值法。

对于一般框架结构，其侧移主要是由梁柱的弯曲变形所引起的，轴向变形产生的侧移相对很小，可忽略不计，即主要发生总体剪切变形，在计算时考虑该项变形已足够精确。但对于房屋高度大于 50m 或房屋高宽比 H/B 大于 4 的框架结构，则需考虑柱轴力引起的总体弯曲变形。本节只介绍总体剪切变形（即由梁、柱弯曲变形引起的框架变形）的近似计算方法，在需要计算框架总体弯曲变形时，可另见参考书。

抗侧移刚度 D 值的物理意义是层间产生单位侧移时所需施加的层间剪力，用 D 值法计算水平荷载作用下的框架内力时，需要算出任意柱的抗侧移刚度 D_{ij}，则第 j 层各柱抗侧移刚度之和为 $\sum_{i=1}^{m} D_{ij}$。按照侧移刚度的定义，第 j 层框架上下节点的相对侧移 Δu_j 为

$$\Delta u_j = \frac{\sum P}{\sum_{i=1}^{m} D_{ij}} \tag{3-27}$$

式中：D_{ij}——第 j 层第 i 柱的抗侧移刚度；

m——框架第 j 层的总柱数；

$\sum p$——计算层以上水平荷载标准值的总和，即第 j 层的层间剪力。

框架顶点的总侧移为各层相对侧移之和，即

$$\Delta u = \sum_{j=1}^{n} \Delta u_j \tag{3-28}$$

式中：n——框架结构的总层数。

顺便指出，由式(3-27)可以看出，框架层间位移 Δu_j 与外荷载在该层所产生的层间剪力成正比，当框架柱的抗侧移刚度沿高度变化不大时，因层间剪力是自顶层向下逐层累加的，所以层间位移 Δu_j 是自顶层向下逐层递增的。结构的位移曲线如图 3-42a)所示，这种位移曲线称为剪切型。它与悬臂梁弯矩所引起的弯曲变形曲线[图 3-42b)]有本质上的区别。

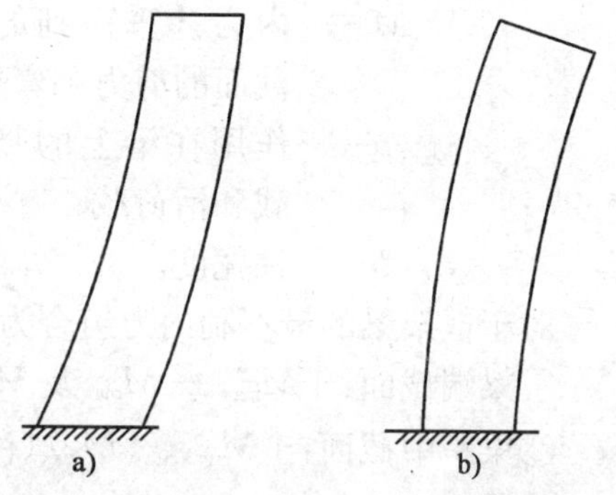

图 3-42　剪切型变形曲线和弯曲型变形曲线的比较

第九节　框架结构的内力组合及构件截面配筋计算

框架结构在各种荷载作用下产生内力，发生位移，在进行框架结构截面配筋设计之前，必须找出构件的控制截面及其最不利内力，作为梁柱截面配筋计算的依据。对每一控制截面，要分别考虑各种荷载下最不利的作用状态及其组合的可能性。内力组合的目的就是要找出框架梁柱控制截面的最不利内力，最不利内力是使截面配筋最大的内力。一般来说，并不是所有荷载同时作用时某截面才有最大内力，而是在其中一些荷载作用下才能得到最大内力。因此，必须对框架构件的控制截面进行内力组合，从几种组合中选取最不利组合，并以此作为梁柱截面配筋的依据。

一、控制截面及最不利内力类型

1. 框架梁

框架梁的控制截面是支座截面和跨中截面(实际上是跨中附近产生最大弯矩的截面)。在支座截面处，一般产生最大负弯矩和最大剪力(水平荷载作用下还有正弯矩产生，故也要注意组合可能出现的正弯矩)；跨中截面则是跨中附近最大正弯矩作用处(也要注意组合可能出现的负弯矩)。对于框架梁，在水平力和竖向荷载共同作用下，剪力沿梁轴线呈线性变化，弯矩则呈抛物线形变化(指竖向分布荷载)。因此，除取梁的两端为控制截面以外，还应在跨间取最大正弯矩的截面为控制截面。为了简便，不再用求极值的方法确定最大正弯矩控制截面，而直接以梁的跨中截面作为控制截面。

由于内力分析的结果是轴线位置处的内力，所以在截面配筋计算时，梁支座截面的最不利位置应是柱边缘处。因此在求柱边缘处的最不利内力时，应根据梁轴线处的弯矩和剪力算出柱边截面的弯矩和剪力(图 3-43)，即

$$V_{com}=V-(g+p)\frac{b}{2} \tag{3-29}$$

$$M_{com}=M-V_{com}\frac{b}{2} \tag{3-30}$$

式中：V_{com}、M_{com}——梁端柱边截面的剪力和弯矩；

V、M——内力计算得到的梁端柱轴线截面的剪力和弯矩；

g、p——作用在梁上的竖向分布恒荷载和活荷载；

b——柱宽度。

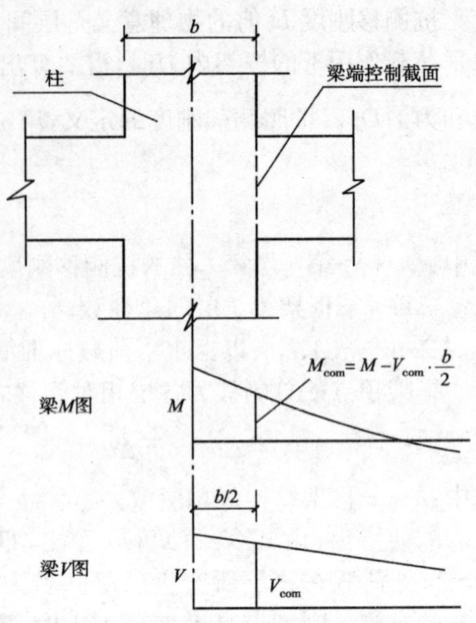

图 3-43 梁端控制截面弯矩及剪力

对于框架梁的最不利内力组合为：

①梁端截面：$+M_{max}$、$-M_{max}$及V_{max}。

②梁跨中截面：$+M_{max}$、$-M_{max}$(注意组合，可能会出现)。

2. 框架柱

对于框架柱，由弯矩图可知，弯矩最大值在柱的上下两端，框架柱的弯矩、轴力和剪力沿柱高是呈线性变化的，因此可取各层柱的上、下端截面作为控制截面。柱的破坏形态将随着弯矩M和轴力N的比值不同而发生变化。出现小偏心受压破坏时，轴力N愈大对柱越不利；而出现大偏心受压破坏时，弯矩M愈大则对柱越不利。此外，柱的正负弯矩绝对值也不相同，因此最不利内力有多种情况。但一般的框架柱都采用对称配筋，因此只需选择绝对值最大的弯矩来考虑即可，从而柱的最不利内力可归结为如下 4 种类型：①$|M|_{max}$及相应的N、V；②N_{max}及相应的M；③N_{min}及相应的M；④$|M|$比较大(但不是最大)，而N比较小或比较大(也不是绝对最小或最大)。这是因为柱是偏心受压构件，可能出现大偏心受压破坏，也可能出现小偏心受压破坏。偏心受压构件的截面承载力不仅取决于N和M的大小，还与偏心距$e_0=M/N$的大小有关。对于大偏压构件，$e_0=M/N$越大，截面需要的配筋越多，有时M虽然不是最大，但相应的N较小，此时e_0最大，也能成为最不利内力。对于小偏压构件，有时N并不是最大，但相应的M也较大，截面配筋反而增多，成为最不利内力。在多层框架的一般情形下，只考虑前三种最不利内力即可满足工程要求。

二、活荷载的最不利布置

作用于框架上的竖向荷载包括恒荷载和活荷载，恒荷载是长期作用于结构上的竖向荷载。恒荷载一旦作用在结构上将不再发生变化，设计时应按恒荷载实际分布和全部作用的情况计算框架荷载效应。活荷载是随机作用于结构上的竖向荷载，活荷载可以单独作用在某跨或某几跨，也可以同时作用在整个框架上，设计时应考虑其最不利布置。活荷载的最不利位置需要根据截面的位置及最不利内力种类分别确定，常采用的方法有以下几种。

1. 最不利荷载位置法

此法首先在结构体系中确定若干个计算截面，然后按对这些截面可能形成最不利内力布置活荷载，最后再计算框架内力，则所求得的内力在计算截面即为最大内力。这种方法确定结构中最不利内力与楼盖结构设计中确定梁、板最不利内力的方法完全一致。

例如：为求某一指定截面的最不利内力，可以根据影响线方法，直接确定产生此最不利内力的活荷载布置。以图 3-44a)的五层五跨框架为例，欲求某跨梁 AB 的跨中 C 截面最大正弯矩 M_c 的活荷载最不利的布置，可先作 M_c 的影响线，即解除 M_c 相应的约束（将 C 点改为铰），代之以正向约束力，使结构沿约束力的正向产生单位虚位移 $\theta_c=1$，由此可得到整个结构的虚位移图，如图 3-44b)所示。

根据虚位移原理，为求梁 AB 跨中最大正弯矩，则需在图 3-44b)中，凡产生正向虚位移的跨间均布置活荷载，亦即除该跨必须布置活荷载外，其他各跨应相间布置，同时在竖向亦相间布置，形成“棋盘式”间隔布置，如图 3-44a)所示。可以看出，当 AB 跨达到跨中弯矩最大时的活荷载最不利布置，也正好使其他布置活荷载跨的跨中弯矩达到最大值。因此，只要进行二次棋盘式活荷载布置，便可求得整个框架中所有梁的跨中最大正弯矩。

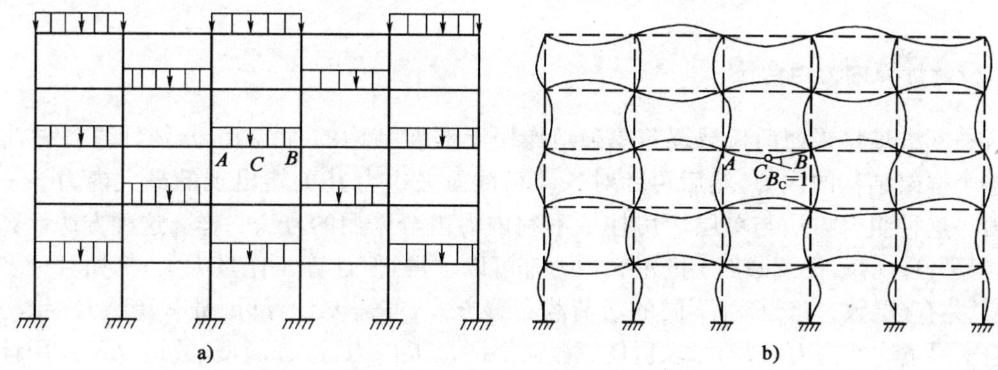

图 3-44　跨中弯矩的最不利荷载布置举例

梁端支座最大负弯矩的活荷载最不利布置，也可用上述方法得到。如图 3-45 给出了支座弯矩的最不利荷载布置。但对于各跨各层梁柱线刚度均不一致的多层多跨框架结构，要准确地做出其影响线是十分困难的。对于远离计算截面的框架节点往往难以准确地判断其虚位移（转角）的方向，但在远离计算截面处的荷载，对于计算截面的内力影响很小，在工程实际中可以忽略不计。

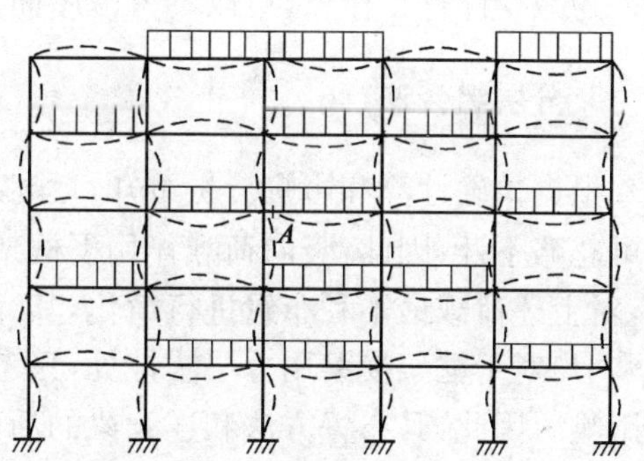

图 3-45　支座弯矩的最不利荷载布置举例

柱端最大弯矩及柱的最大（最小）轴向力的活荷载最不利布置，同样可以用上述方法得到。如求 AB 柱端 $|M_{com}|$ 时，应在该柱一侧的上下层跨布置活荷载，其他各跨按“棋盘式”布置[图 3-46a)]；求 AB 柱 N_{max} 时，应在该柱一侧及以上各层与该柱相邻两跨布置活荷载，其他各跨按“棋盘式”布置[图 3-46b)]；求 AB 柱 N_{min} 时，应在该柱一侧的上下层跨布置活荷载，该柱以上各层左右跨均不布置荷载，其他各跨按“棋盘式”布置[图 3-46c)]。

最不利荷载位置法，可直接求得控制截面最不利内力，所以当校核某个截面内力时，用此法较为简便。但内力分析次数很多，如六层四跨框架，仅梁控制截面内力分析为 3×4×6＝72 次。由于内力分析要比内力组合复杂得多，故设计中多用分跨计算内力组合法。

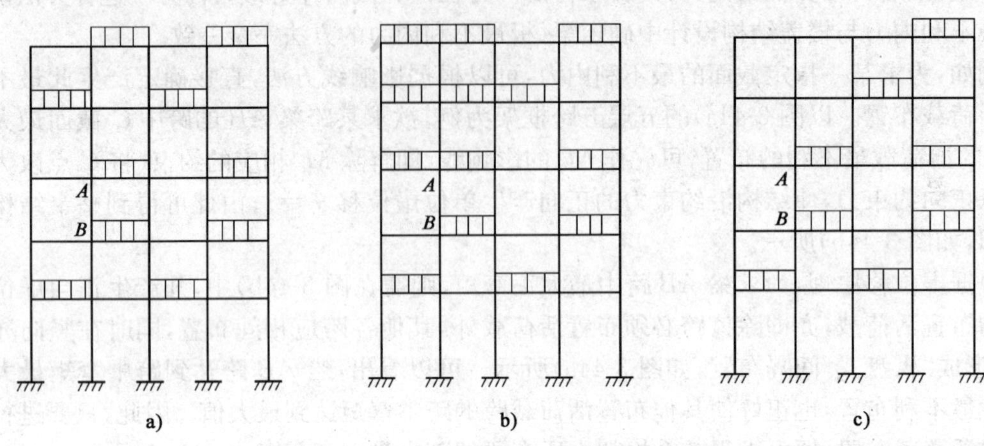

图 3-46　柱端内力的最不利荷载布置

2. 分跨计算内力组合法

这种方法是将楼面活荷载逐跨单独地作用于框架结构的各跨上，分别计算各种荷载情况的整个框架结构的内力，然后再针对各计算截面去组合其可能出现的最大内力——最不利内力。这种组合方法与单层厂房柱最不利内力组合采用的方法一样。这种方法计算过程简单、明了、有规律，任意截面上的最大内力都可以求得，但计算工作量太大，例如对一多层多跨框架，共有(层数×跨数)种不同的活荷载布置方式，亦需要计算(层数×跨数)次结构的内力。但求得了这些内力后，即可求得任意截面上的最大内力，过程简便，故适合于采用计算机计算。

为减少计算工作量，可以不考虑屋面活荷载的最不利分布而按满布考虑。

3. 分层组合法

根据精确计算和影响分析可知，远离某一控制截面的荷载对该截面内力影响较小，在实用上可忽略不计，因此，竖向荷载作用下框架内力常采用分层法计算。分层组合是以分层法为依据，对上述荷载最不利布置进行简化，其计算比较简单。

(1)对于框架横梁用分层法计算，只考虑本层活荷载的不利布置，而不考虑其他层活荷载的影响。因此，其布置方法和连续梁的活荷载最不利布置方法相同。

(2)对于柱端弯矩，只需考虑该柱上下相邻两层的活荷载的最不利布置，而不考虑其他层活荷载的影响。

(3)对于柱最大轴力，则只需考虑该层柱一侧及以上所有层中与该柱相邻的两跨满布活荷载的情况，不与该柱相邻的上层活荷载不作弯矩分析，只需将轴力传给该柱。

(4)对于柱最小轴力，只需考虑该柱上下两层活荷载的影响，不与该柱相邻的上层活荷载同样只传递轴力给该柱，而不作弯矩分析。

4. 满布荷载法(也称活荷载一次布置)

当活荷载较小时(在多层及高层民用建筑中,楼面活荷载标准值一般为 1.5～2.0kN/m^2),或活荷载与恒荷载之比不大于 1 时,活荷载所产生的内力与恒荷载及水平荷载产生的内力相比,活荷载引起的内力所占比例较小。为了进一步简化计算,在工程实际中可采用近似的满布荷载法,即不考虑活荷载的不利布置。按各跨满布活荷载计算内力。这样求得的内力在支座截面处与按活荷载最不利布置所得内力非常接近,可以直接进行内力组合。但跨中弯矩偏小,为了安全起见,对算得的梁跨中弯矩宜乘以 1.1～1.2 的增大系数。计算结果表明,对楼面活荷载标准值不超过 5kN/m^2 的一般工业与民用多层框架结构,满布荷载法的计算精度和安全度可以满足工程设计要求。

当竖向活荷载很大,超过 5.0kN/m^2 时,如工业建筑、图书馆书库等才考虑活荷载的不利布置。

5. 活荷载分跨布置法

在工程实际设计时,只要活荷载不算很大(如活荷载设计值与恒荷载设计值之比小于 3 时),还可以采用分跨布置方法。对于 n 跨框架,活荷载的布置只有 n 种,从而大大减少计算工作量。对图 3-47 所示的三跨框架,最多只需考虑 3 种布置方式。但这样的布置方式其内力组合并非最不利。为弥补由此产生的不利影响,可不考虑活荷载的折减。

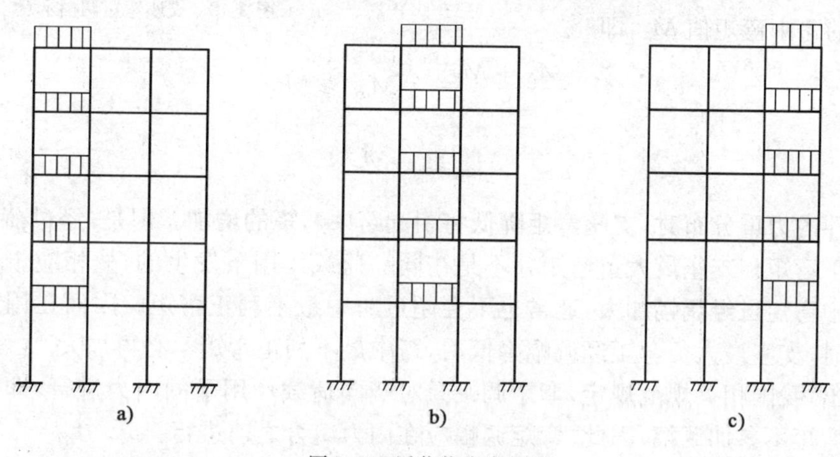

图 3-47 活荷载分跨布置

三、水平荷载的布置

作用于框架结构上的水平荷载有风荷载和水平地震作用,水平荷载应考虑正反两个方向作用。如果结构对称,风荷载和水平地震作用下的框架内力只需将水平力沿一个方向作用计算一次内力,然后改变符号即可得到另一方向作用下的内力。

四、梁端弯矩调幅

框架结构中的梁端弯矩调幅包含两个方面的内容:一是按照框架结构的合理破坏形式,框架中允许在梁端出现塑性铰,希望节点处梁的负钢筋放得少些,便于浇捣混凝土。因此在梁中可以考虑塑性内力重分布,通常在垂直荷载作用下考虑支座调幅以降低支座弯矩;二是对于装配或装配整体式框架，节点并非绝对刚性，由于钢筋焊接及接缝不密实等原因，受力后容易引起节点变形，节点的整体性低于现浇框架，因节点变形而引起梁端弯矩的降低和跨中弯矩的增加。因此，在进行框架结构设计时，一般均对梁端弯矩进行调幅，即人为地减小梁端负弯矩，减少节点附近梁顶面的配筋量，方便施工，而且在抗震结构中还可以提高柱的安全储备，以满足强柱弱梁的设计要求。

设某框架梁 AB 在竖向荷载作用下，梁端最大负弯矩分别为 M_{AB}、M_{BA}，梁跨中最大正弯矩为 M_{co}，则调幅后梁端弯矩可取

$$M_A = \beta M_{AB} \quad (3\text{-}31)$$

$$M_B = \beta M_{BA} \quad (3\text{-}32)$$

式中：β 为弯矩调幅系数。

对于现浇框架，可取 β=0.8～0.9；对于装配整体式框架，由于节点容易产生变形而达不到绝对刚性，框架梁端的实际弯矩比弹性计算值要小，因此，弯矩调幅系数允许取得低一些，一般取 β=0.7～0.8。

梁端弯矩降低后，经过塑性内力重分布，跨中弯矩将会增大(图 3-48)，这时应校核该梁的静力平衡条件，即调幅后梁端弯矩 M_A、M_B 的平均值与跨中最大正弯矩 M_{co}之和应大于按简支梁计算的跨中弯矩值 M_o，即

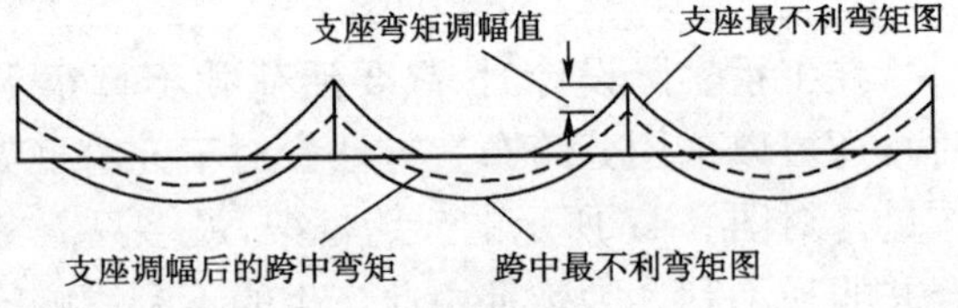

图 3-48　支座弯矩调幅示意

$$\frac{M_A + M_B}{2} + M_{co} \geqslant M_o \quad (3\text{-}33)$$

$$M_{co} \geqslant \frac{1}{2} M_o \quad (3\text{-}34)$$

考虑塑性内力重分布时，支座弯矩降低将引起跨中弯矩的增加。但是，经过荷载组合求出的跨中最大正弯矩和支座最大负弯矩并不是在同一荷载作用下发生的，故相应于支座最大负弯矩下的跨中弯矩虽经调幅加大，通常也不会超过跨中最不利正弯矩。因而在用最不利内力作截面配筋时，支座最大负弯矩经调幅降低后，跨中最不利正弯矩不必再加大。

同时指出，我国相关规范规定，弯矩调幅只对竖向荷载作用下的内力进行，即水平荷载作用下产生的弯矩不参加调幅，因此，弯矩调幅应在内力组合之前进行。

五、框架构件截面配筋计算

通过框架的内力分析与组合，求得梁柱控制截面的最不利内力后，可以进行梁柱配筋计算及构造处理。

在非地震区框架结构梁、柱配筋应满足承载力的要求，并且要注意钢筋的弯起、切断位置，搭接和锚固等构造要求，对于梁和偏心距 e_0>0.55h_0 的柱(主要是边柱)还应满足裂缝宽度的要求。

1. 框架横梁设计

横梁的纵向钢筋及腹筋的配置，按受弯构件正截面承载力和斜截面承载力的计算和构造确定，此外纵筋还应满足裂缝宽度的要求；纵筋的弯起和截断位置，一般应根据弯矩包络图确

定。但当均布活荷载设计值 q 与均布恒荷载设计值 g 的比值 $q/g \leqslant 3$，或考虑塑性内力重分布对支座弯矩进行调幅时，可参照梁板结构中的次梁作法，对框架横梁中的纵筋进行弯起和截断。必须注意，梁下部纵筋不在跨中截断。

2. 框架柱设计

框架柱属偏心受压构件，由于有正、负弯矩的作用，故一般可采用对称配筋，一般在中间轴线上的框架柱，按单向偏心受压考虑，位于边轴线上的角柱，则应按双向偏心受压考虑。平面外按轴心受压构件验算。

在通常情形下，框架边柱为大偏心受压构件，框架中柱（内柱）为小偏心受压构件。在进行内力组合时，考虑这一特点可使计算大为简化。工程实际中，框架柱通常采用对称配筋，确定柱中纵筋数量时，应从内力组合中找出最不利的内力进行配筋计算。由于柱的正截面承载力受到 M 与 N 的相关影响，很难从 M 或 N 的数值上确定哪一组内力为最不利内力。可首先根据偏心距 $e_0 = M/N$，将组合出的内力分为大、小偏心两种情况，然后在大偏心受压中选取 e_0 最大的一组；在小偏心受压中选取 N 最大和 M 较大的一组，或者 N 不是最大的，但 M 较大的一组进行截面配筋计算，并从中选取纵筋数量最大者作为截面配筋的依据。

框架柱除进行正截面受压承载力的计算外，还应根据内力组合得到的剪力值进行斜截面抗剪承载力计算。

3. 框架构件设计的构造要点

1）框架梁

框架的混凝土强度等级不应低于 C20。为了保证梁柱节点的承载力和延性，要求节点区的混凝土强度与柱的混凝土强度相同或接近。按照弯矩调幅法设计框架结构时，为保证梁端塑性铰有良好的延性能够充分转动，受力钢筋宜采用 HRB335 级、HRB400 级等延性较好的钢筋；混凝土强度等级宜在 C20～C45 范围内；截面的相对受压区高度不应超过 $0.35h_0$。对于直接承受动力荷载作用的结构、要求不出现裂缝的结构、配置延性较差的受力钢筋的结构和处于严重侵蚀性环境中的结构，不得采用塑性内力重分布的分析方法。

梁纵向受拉钢筋除应满足受弯承载力的要求外，还应考虑温度的变化、混凝土收缩引起附加应力的影响。纵向受拉钢筋的最小配筋率在支座处不应小于 0.25%，跨中处不应小于 0.20%。梁跨中截面的上部架立筋不应小于 $2\phi12$，架立筋与梁支座负筋的搭接长度为 $1.2l_a$。梁支座截面下部至少有 2 根纵筋伸入柱中，伸入柱内长度不应小于 l_a。如水平锚固长度不足需要弯折时，则弯折前的水平锚固长度不应小于 $10d$。梁支座截面的负弯矩钢筋自柱边缘算起的长度不应小于 $\frac{1}{4}l_a$。

梁的箍筋沿梁全长范围内设置，第一排箍筋一般设置在距离柱边缘 50mm 处。梁的配箍率不应小于 $0.24f_t/f_{yv}$。

2）框架柱

框架柱的截面宽度和高度均不宜小于 300mm，圆柱的截面直径不宜小于 350mm，柱的截面高度与宽度的比值不宜大于 3。

框架可能受到来自两个方向的水平荷载作用，框架柱的纵向钢筋宜采用对称配筋。框架柱纵筋的最小直径不应小于 12mm，全部纵向钢筋的最小配筋率 $\rho_{min} \geqslant 0.4\%$，最大配筋率 ρ_{max}

≤5%。

箍筋应为封闭式，箍筋间距不应大于 400mm，且不应大于柱短边尺寸；同时，在绑扎骨架中，箍筋直径不应小于 $d/4$，且不应小于 6mm。当柱中全部纵向受力钢筋的配筋率超过 3% 时，箍筋直径不宜小于 8mm，间距不应大于 $10d$，且不应大于 200mm，最好焊接成封闭式。

第十节　框架的节点设计与构造

一、框架节点设计

构件连接是框架结构设计中的重要组成部分，主要是梁与柱及柱与柱之间的节点设计及配筋构造。只有通过构件之间的可靠连接，结构才能成为一个整体。所以，节点设计是框架结构极为重要的一个环节。节点设计应保证整个框架结构的安全可靠、经济合理和施工方便。对装配整体式框架的节点，还需保证结构的整体受力，传力直接、明确，构造简单、节约材料，安装方便、易于调整，在构件连接后能尽早地承受部分或全部设计荷载，使上部结构得以及时继续安装。

1. 现浇框架节点

现浇框架的梁柱节点一般应做成刚性节点。框架节点核心区处于剪压复合受力状态，为了保证节点具有良好的延性和足够的抗剪承载力，在节点处，柱的纵向受力钢筋应连续穿过，梁的纵向钢筋应有足够的锚固长度，应在节点核心区配置箍筋，节点范围内的箍筋数量应与柱端相同（即同样进行加密）。

地震震害表明，在地震作用下，钢筋混凝土框架节点发生了不同程度破坏，震害表现为节点核心区的剪切破坏，梁纵筋在节点核心内的黏结破坏，正交梁与柱交角处节点的局部破坏。也有不少由于预埋件锚筋剪断或被拔出引起构件塌落或房屋倒塌。因而，钢筋混凝土框架节点的抗震设计，主要是防止节点核心区的剪切破坏。

2. 装配整体式框架节点

装配整体式框架节点的设计原则：在保证整体稳定、受力可靠的前提下，力求连接形式简单，传力途径直接，节约材料及便于施工安装。

装配整体式框架节点是结构的薄弱部位，在设计及施工中应采取有效措施保证梁柱的节点形成刚性连接，使得框架结构整体稳定、受力可靠。常用的节点连接方法为：对于非抗震设计，柱与梁的连接方式有钢筋混凝土明牛腿或暗牛腿刚性连接、齿槽式刚性连接、预制梁现浇柱整体式刚性连接；对于抗震设计，一定要加强其节点处的整体性。设计时应根据节点受力状态、现场施工方便、工程进度要求选择适当的节点连接方法。

二、框架节点构造

1. 框架节点构造的基本规定

框架梁的上部纵向钢筋应贯穿中间节点或中间支座，如图 3-49 所示。框架梁下部纵向钢筋在中间节点或中间支座处应满足如图 3-49 所示的锚固要求。

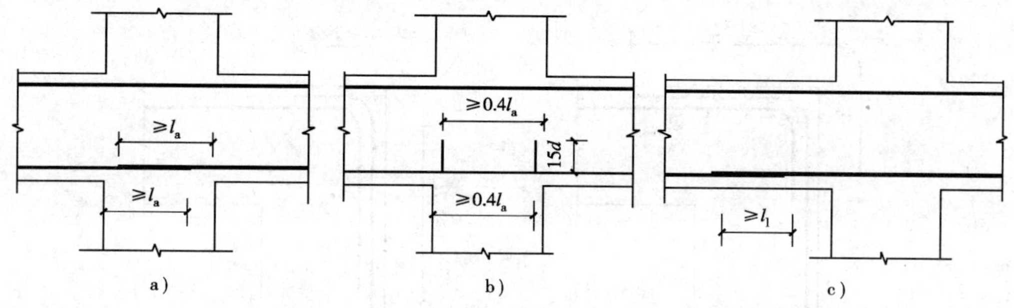

图 3-49　梁下部纵向钢筋在中间节点或中间支座范围的锚固与搭接

a)节点中的直线锚固；b)节点中的弯折锚固；c)节点或支座范围外的搭接

框架梁上部纵向钢筋伸入中间层端节点的锚固长度，当采用直线锚固形式时，不应小于l_a，且伸过柱中心线不宜小于5d(d为梁上部纵向钢筋的直径)。当柱截面尺寸不足时，梁上部纵向钢筋应伸至节点对边并向下弯折，其包含弯弧段在内的水平投影长度不应小于0.4l_a，包含弯弧段在内的竖直投影长度应取为15d(图3-50)，l_a为《混凝土结构设计规范》(GB 50010—2010)规定的受拉钢筋锚固长度。框架梁下部纵向钢筋在端节点处的锚固要求与上述框架梁下部纵向钢筋在中间节点处的锚固要求相同。

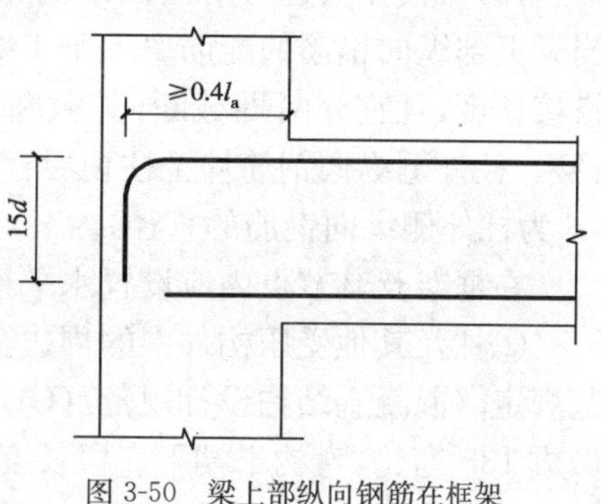

图 3-50　梁上部纵向钢筋在框架中间层端节点内的锚固

框架柱的纵向钢筋应贯穿中间层中间节点和中间层端节点，柱纵向钢筋接头应设在节点区以外。顶层中间节点的柱纵向钢筋及顶层端节点的内侧柱纵向钢筋可用直线方式锚入顶层节点，其自梁底高程算起的锚固长度不应小于受拉钢筋的锚固长度l_a，且柱纵向钢筋必须伸至柱顶。当顶层节点处梁截面高度不足时，柱纵向钢筋应伸至柱顶并向节点内水平弯折。当充分利用柱纵向钢筋的抗拉强度时，柱纵向钢筋锚固段弯折前的竖直投影长度不应小于0.5l_a，弯折后的水平投影长度不宜小于12d；当柱顶有现浇板且板厚不小于80mm、混凝土强度等级不低于C20时，柱纵向钢筋也可向外弯折，弯折后的水平投影长度不宜小于12d。此处，d为纵向钢筋的直径。

框架顶层端节点处，可将柱外侧纵向钢筋的相应部分弯入梁内作梁上部纵向钢筋使用，也可将梁上部纵向钢筋与柱外侧纵向钢筋在顶层端节点及其附近部位搭接。搭接可采用下列方式：

(1)搭接接头可沿顶层端节点外侧及梁端顶部布置[图3-51a)]，搭接长度不应小于1.5l_a。其中，伸入梁内的外侧柱纵向钢筋截面面积不宜小于外侧柱纵向钢筋全部截面面积的65%。梁宽范围以外的外侧柱纵向钢筋宜沿节点顶部伸至柱内边，当柱纵向钢筋位于柱顶第一层时，至柱内边后宜向下弯折不小于8d后截断；当柱纵向钢筋位于柱顶第二层时，可不向下弯折。当有现浇板且板厚不小于80mm、混凝土强度等级不低于C20时，梁宽范围以外的外侧柱纵向钢筋可伸入现浇板内，其长度与伸入梁内的柱纵向钢筋相同。当外侧柱纵向钢筋配筋率大于1.2%时，伸入梁内的柱纵向钢筋应满足以上规定，且宜分两批截断，其截断点之间的距离不宜小于20d。梁上部纵向钢筋应伸至节点外侧并向下弯至梁下边缘高度后截断(d为柱外侧纵向钢筋的直径)。

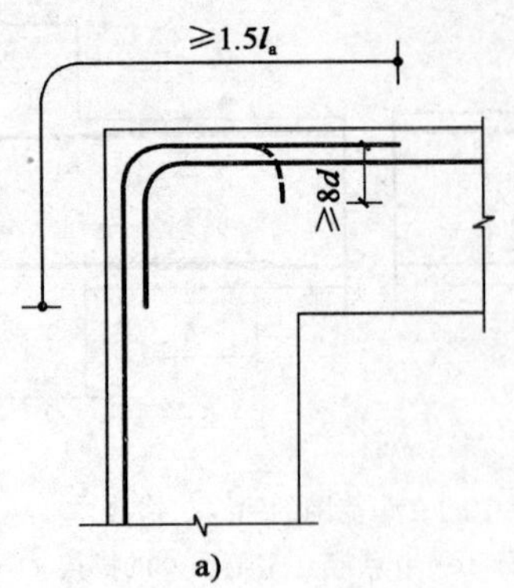

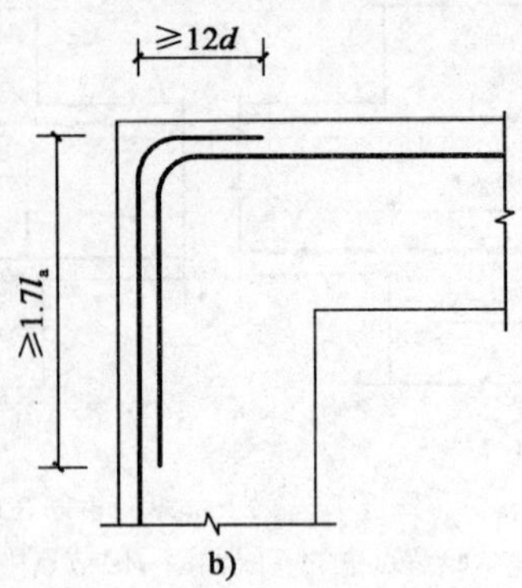

图 3-51　梁上部纵向钢筋与柱外侧纵向钢筋在顶层端节点的搭接

a)位于节点外侧和梁端顶部的弯折搭接接头；b)位于柱顶部外侧的直线搭接接头

(2)搭接接头也可沿柱顶外侧布置[图 3-35b)]。此时，搭接长度竖直段不应小于 $1.7l_a$。当梁上部纵向钢筋的配筋率大于 1.2%时，弯入柱外侧的梁上部纵向钢筋应满足以上规定的搭接长度，且宜分两批截断，其截断点之间的距离不宜小于 $20d$(d 为梁上部纵向钢筋的直径)。柱外侧纵向钢筋伸至柱顶后宜向节点内水平弯折，弯折段的水平投影长度不宜小于 $12d$(d 为柱外侧纵向钢筋的直径)。

在框架及其节点内应设置水平箍筋，同时箍筋还应符合下列构造的规定：

①柱及其他受压构件中的周边箍筋应做成封闭式；对圆柱中的箍筋，搭接长度不应小于规范规定[《混凝土结构设计规范》(GB 50010—2010)第 8.3.1 条的规定]的锚固长度，且末端应做成 135°弯钩，弯钩末端平直段长度不应小于箍筋直径的 5 倍。

②箍筋间距不应大于 400mm 及构件截面的短边尺寸，且不应大于 $15d$(d 为纵向受力钢筋的最小直径)。

③箍筋直径不应小于 $d/4$，且不应小于 6mm(d 为纵向钢筋的最大直径)。

④当柱中全部纵向受力钢筋的配筋率大于 3%时，箍筋直径不应小于 8mm，间距不应大于纵向受力钢筋最小直径的 10 倍，且不应大于 200mm；箍筋末端应做成 135°弯钩且弯钩末端平直段长度不应小于箍筋直径的 10 倍；箍筋也可焊成封闭环式。

⑤当柱截面短边尺寸大于 400mm 且各边纵向钢筋多于 3 根时，或当柱截面短边尺寸不大于 400mm 但各边纵向钢筋多于 4 根时，应设置复合箍筋。

⑥柱中纵向受力钢筋搭接长度范围内的箍筋间距应符合下列规定：当钢筋受拉时，箍筋间距不应大于搭接钢筋较小直径的 5 倍，且不应大于 100mm；当钢筋受压时，箍筋间距不应大于搭接钢筋较小直径的 10 倍，且不应大于 200mm。当受压钢筋直径大于 25mm 时，还应在搭接接头两个端面外 100mm 范围内各设置 2 个箍筋。

对四边均有梁与之相连的中间节点，节点内可只设置沿周边的矩形箍筋。当顶层端节点内设有梁上部纵向钢筋和柱外侧纵向钢筋的搭接接头时，节点内水平箍筋直径不应小于搭接钢筋较大直径的 0.25 倍，其箍筋间距应满足上述第⑥点的要求。

2. 抗震设计时框架节点构造的规定

框架梁和框架柱的纵向受力钢筋在框架节点区的锚固和搭接应符合下列要求：

(1)框架中间层的中间节点处，框架梁的上部纵向钢筋应贯穿中间节点；对一、二级抗震等级，梁的下部纵向钢筋伸入中间节点锚固长度不应小于 l_{aE}，且伸过中心线不应小于 $5d$[图 3-52a)]。梁内贯穿中柱的每根纵向钢筋直径，对一、二级抗震等级，不宜大于柱在该方向截面尺寸的 1/20；对圆柱截面不宜大于纵向钢筋所在位置柱截面弦长的 1/20。

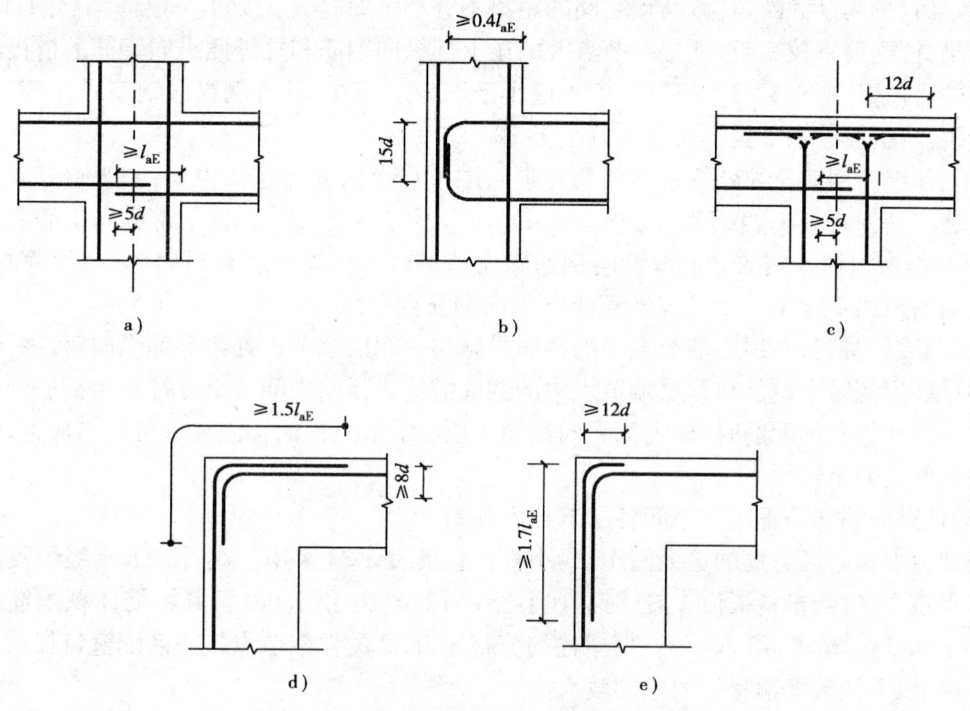

图 3-52　框架梁和框架柱的纵向受力钢筋在节点区的锚固和搭接

a)中间层中间节点；b)中间层端节点；c)顶层中间节点；d)顶层端节点(一)；e)顶层端节点(二)

(2)框架中间层的端节点处，当框架梁上部纵向钢筋用直线锚固方式锚入端节点时，其锚固长度除不应小于 l_{aE}外，尚应伸过柱中心线不小于 $5d$，此处，d 为梁上部纵向钢筋的直径。当水平直线段锚固长度不足时，梁上部纵向钢筋应伸至柱外边并向下弯折。弯折前的水平投影长度不应小于 0.4l_{aE}，弯折后的竖直投影长度取 15d[图 3-52b)]。梁下部纵向钢筋在中间层端节点中的锚固措施与梁上部纵向钢筋相同，但竖向直段应向上弯入节点。

(3)框架顶层中间节点处，柱纵向钢筋应伸至柱顶。当采用直线锚固方式时，其自梁底边算起的锚固长度应不小于 l_{aE}，当直线段锚固长度不足时，该纵向钢筋伸到柱顶后可向内弯折，弯折前的锚固段竖向投影长度不应小于 0.5l_{aE}，弯折后的水平投影长度取 12d；当楼盖为现浇混凝土，且板的混凝土强度不低于 C20、板厚不小于 80mm 时，也可向外弯折，弯折后的水平投影长度取 12d[图 3-52c)]。对一、二级抗震等级，贯穿顶层中间节点的梁上部纵向钢筋的直径，不宜大于柱在该方向截面尺寸的 1/25。梁下部纵向钢筋在顶层中间节点中的锚固措施与梁下部纵向钢筋在中间层中间节点处的锚固措施相同。

(4)框架顶层端节点处，柱外侧纵向钢筋可沿节点外边和梁上边与梁上部纵向钢筋搭接连接[图 3-52d)]，搭接长度不应小于 1.5l_{aE}，且伸入梁内的柱外侧纵向钢筋截面面积不宜少于柱外侧全部柱纵向钢筋截面面积的 65%，其中不能伸入梁内的外侧柱纵向钢筋，宜沿柱顶伸至柱内边；当该柱筋位于顶部第一层时，伸至柱内边后，宜向下弯折不小于 8d 后截断；当该柱筋位于顶部第二层时，可伸至柱内边后截断。此处，d 为外侧柱纵向钢筋直径。当有现浇板时，且现浇板混凝土强度等级不低于C20、板厚不小于80mm时，梁宽范围外的柱纵向钢筋可伸入板内，其伸入长度与伸入梁内的柱纵向钢筋相同。梁上部纵向钢筋应伸至柱外边并向下弯折到梁底高程。当柱外侧纵向钢筋配筋率大于1.2%时，伸入梁内的柱纵向钢筋应满足以上规定，且宜分两批截断，其截断点之间的距离不宜小于20d（d为梁上部纵向钢筋的直径）。

当梁、柱配筋率较高时，顶层端节点处的梁上部纵向钢筋和柱外侧纵向钢筋的搭接连接也可沿柱外边设置[图3-52e)]，搭接长度不应小于1.7l_{aE}，其中，柱外侧纵向钢筋应伸至柱顶，并向内弯折，弯折段的水平投影长度不宜小于12d。

梁上部纵向钢筋及柱外侧纵向钢筋在顶层端节点上角处的弯孤内半径，当钢筋直径$d\leqslant$25mm时，不宜小于6d；当钢筋直径$d>$25mm，时，不宜小于8d。当梁上部纵向钢筋配筋率大于1.2%时，弯入柱外侧的梁上部纵向钢筋除应满足以上搭接长度外，且宜分两批截断，其截断点之间的距离不宜小于20d（d为梁上部纵向钢筋直径）。

梁下部纵向钢筋在顶层端节点中的锚固措施与中间层端节点处梁上部纵向钢筋的锚固措施相同。柱内侧纵向钢筋在顶层端节点中的锚固措施与顶层中间节点处柱纵向钢筋的锚固措施相同。当柱为对称配筋时，柱内侧纵向钢筋在顶层端节点中的锚固要求可适当放宽，但柱内侧纵向钢筋应伸至柱顶。

(5)柱纵向钢筋筋不应在中间各层节点内截断。

框架节点核心区箍筋的最大间距、最小直径宜按表3-20采用。对一、二、三级抗震等级的框架节点核心区，配箍特征值λ_v分别不宜小于0.12、0.10和0.08，且其箍筋体积配筋率分别不宜小于0.6%、0.5%和0.4%。框架柱的剪跨比$\lambda\leqslant2$的框架节点核心区配箍特征值不宜小于核心区上、下柱端配箍特征值中的较大值。

柱端箍筋加密区的构造要求 表3-20

抗震等级	箍筋最大间距(mm)	箍筋最小直径(mm)
一级	纵向钢筋直径的6倍和100中的较小值	10
二级	纵向钢筋直径的8倍和100中的较小值	8
三级	纵向钢筋直径的8倍和150(柱根100)中的较小值	8
四级	纵向钢筋直径的8倍和150(柱根100)中的较小值	6(柱根8)

注：底层柱的柱根系指地下室的顶面或无地下室情况的基础顶面；柱根加密区长度应取不小于该层柱净高的1/3；当有刚性地面时，除柱端箍筋加密区外尚应在刚性地面上、下各500mm的高度范围内加密箍筋。

第十一节 框架结构的基础设计

一、基础设计的基本原则

房屋是由上部结构和基础两部分组成。基础是上部结构与地基之间的过渡性构件，它具有承上启下的作用。基础设计时，除了保证基础本身具有足够的承载力、刚度及稳定性外，还需要合理选择基础类型和确定底面尺寸，使得地基的承载力、房屋的沉降量及沉降差满足要求。因此，基础设计包括合理选择基础形式、确定基础埋置深度、计算底面尺寸、分析基础内力和基础配筋构造等方面的内容。

1. 合理选择基础类型

多层框架结构的基础，一般有柱下独立基础、柱下条形基础、十字交叉基础、片筏基础，必要时也可采用箱形基础或桩基等。本章仅介绍框架结构常用的柱下条形基础、十字交叉基础、片筏基础的基本内容。

柱下独立基础是柱基础中最常用最经济的基础类型，适用于上部结构荷载较小、框架层数不多及地基土均匀且柱距较大的情形，其计算及构造与单层厂房的柱基础相同。为了加强基础的整体性，基础之间常用拉梁联结。

柱下条形基础一般呈条状布置，把上部各片框架结构连成整体[图 3-53a)]。条形基础具有较大的抗弯刚度，不易产生挠曲，故可减小各柱基础的沉降差。条形基础经济指高程于独立基础，主要用于在上部结构荷载较大、地基土质较差的情况下。

十字交叉基础布置成十字形，即不但在垂直于各片框架的方向上，而且在另一方向上也布置成条状，从而使上部结构在纵横两个方向都互相连系[图 3-53b)]。十字交叉基础不仅增强了基础的空间刚度，而且扩大了基底的受荷面积。它适用于地基土质分布不均匀或上部结构荷载在纵横两个方向存在较大差异的情况。

若十字形基础的底面积不能满足地基土的承载力与上部结构容许变形的要求，以致需要使底板覆盖房屋所有底层面积甚至更大，则基础底板连成一片，即成为片筏基础。片筏基础分为平板式和梁板式。平板式片筏基础实际上是一大片厚达 1～3m 的平板[图 3-53c)]，施工简单方便，但混凝土用量大；梁板式片筏基础则类似一倒置的肋梁楼盖[图 3-53d)]。梁板式片筏基础一般沿柱网纵横方向布置肋梁，因而可减小底板厚度，增强结构刚度，但施工较为复杂。

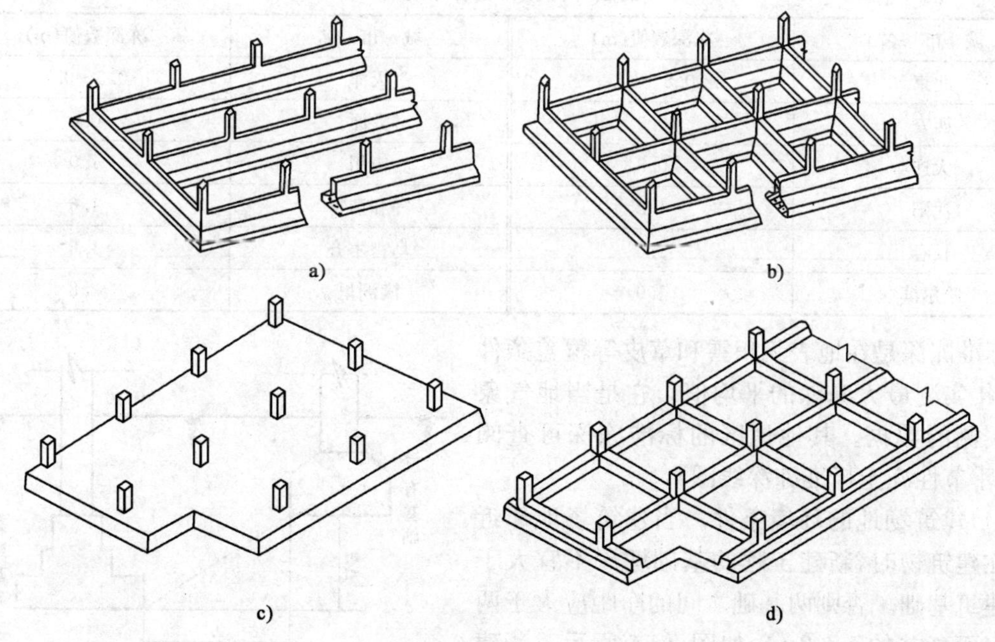

图 3-53　框架结构常用基础类型

a)条形基础；b)十字形基础；c)平板式片筏基础；d)梁板式片筏基础

基础类型的选择，取决于现场的工程地质条件、上部结构荷载的大小、上部结构对地基土不均匀沉降及倾斜的敏感程度以及施工条件等因素。设计时应进行必要的技术经济比较，综合考虑后确定。

2. 基础埋置深度的确定

为了防止基础日晒雨淋、人来车往造成基础的损伤等，房屋基础要有一定的埋置深度，通常基础埋置深度不小于 0.5m。基础埋置深度，一般从室外地坪高程算起，至基础底面的深度称为基础埋深，在保证房屋基础安全、稳定、耐久使用的前提下，基础尽量浅埋，以节省投资及开挖工程量。

选择基础埋置深度，是基础设计工作中的首要环节。因为它涉及地基是否可靠、基础施工的难易和工程造价的高低。一般说，基础的埋置深度受到以下几个因素的影响：

(1)上部结构情况。内容包括建筑物的用途、结构类型、建设规模、荷载大小及性质(如有无地下室、设备基础和地下设施，以及基础的形式和构造)。

(2)工程地质和水文地质条件。工程地质条件往往对基础设计方案起着决定性的作用。应当选择地基承载力高的坚实土层作为地基持力层，并由此确定基础的埋置深度。当遇到地基上下各层土软硬不同时，应分析各土层的深度、厚度、地基承载力与压缩性高低，结合上部结构情况进行技术与经济比较，确定最佳的基础埋深方案。地下水情况与基础埋深也有密切关系，通常基础尽量做在地下水位以上，这样便于施工。当必须埋在地下水位以下时，则施工时要进行基槽排水，并且地基土不得受到扰动。

(3)当地冻结深度及地基土的湿陷影响。为了防止地基土发生冻胀、融沉及湿陷等地基不良现象，基础埋置深度必须考虑当地冻深大小的影响。我国一些城市的标准冻深见表 3-21。

我国部分城市的标准冻深 表 3-21

城 市 名	冻深数值(m)	城 市 名	冻深数值(m)
北京	0.8～1.0	天津	0.5～0.7
西安	0.6	太原	0.8
大连	0.8	银川	1.0
沈阳	1.2	呼和浩特	1.6
长春	1.6	乌鲁木齐	1.6
哈尔滨	1.9	满洲里	2.8

标准冻深是在地表无积雪和草皮等覆盖条件下，多年实测最大冻深的平均值。它是当地气象部门实测的数据。其他地区的标准冻深可查阅《中国季节性冻土标准冻深线图》。

(4)建筑场地的环境条件。当建筑场地邻近已存在建筑物时，新建工程的基础埋深不宜大于原有建筑基础。否则两基础之间的净距应大于两基础底面高差的 1～2 倍，如图 3-54 所示。若建筑场地靠近各种土坡，包括山坡、河岸、海滨、湖边等，则基础埋深应考虑邻近土坡临空面的稳定性。

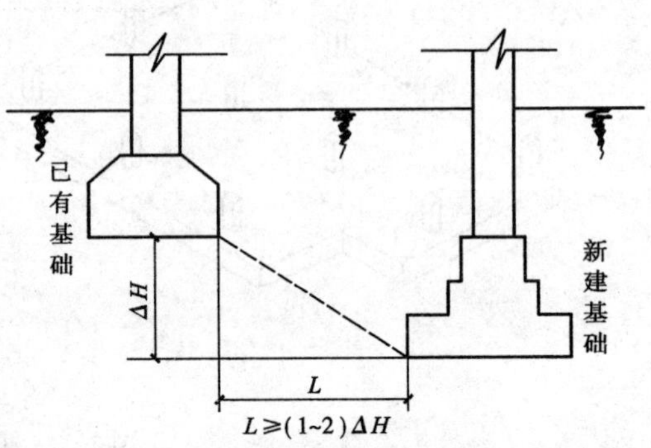

图 3-54 新建基础与已有基础

二、柱下条形基础设计

条形基础可以缓解地基的不均匀沉降，可以加强基础在地震作用时的整体抗震效应。柱下条形基础是框架结构常见的基础形式。柱下条形基础设计，一般先按上部结构传来的荷载估计底板的宽度，按构造要求勾出轮廓尺寸，然后再进行内力计算。

中柱的条形基础底板宽度可按下式估算

$$b=\frac{1.2F_k}{(f_a-\gamma_m d)l} \tag{3-35}$$

式中：F_k——相应于荷载效应标准组合时，上部结构传至基础顶面的竖向力值，kN；

f_a——修正后的地基承载力特征值，kN/m^2；

γ_m——基础底面以上的基础材料和填土的平均重度，地下水位以下取浮重度，kN/m^3；

d——基础埋置深度，m，一般自室外地面高程算起；

l——估算横向条形基础时，取柱距，m；估算纵向条形基础时，取跨度，m。

1.构造要求

（1）截面形式。根据柱子的数量、基础的剖面尺寸、上部荷载大小与分布以及结构刚度等情况，柱下条形基础可分别采用以下两种形式：①等截面条形基础。此类基础的横截面通常呈倒T形，底部挑出部分为翼板，其余部分为肋部。②局部扩大条形基础。此类基础的横截面，在柱位处局部加高或扩大，以适应柱与基础梁的荷载传递和牢固连接。

（2）基础梁高 $H=\left(\frac{1}{4}\sim\frac{1}{8}\right)l$（$l$ 为柱距），上部结构对不均匀沉降敏感时取上限（大值），不太敏感时取下限（小值），通常梁高 $H=1.00\sim2.00$m。

（3）翼板厚度 h 不小于 200mm，通常 $h=200\sim400$mm。当翼板厚 $h=200\sim250$mm 时，采用等厚度翼板；当翼板厚 $H>250$mm 时，采用变厚度翼板，其坡度 $i\leqslant1:3$。

（4）一般情况下，条形基础的端部应外伸，以扩大基底面积，并调整底面形心位置，使基底反力分布更为合理。两端基础外伸长度不宜太大，宜为边跨距的 25%～30%。

（5）现浇柱与条形基础交接处的关系尺寸不应小于图 3-55 的规定。

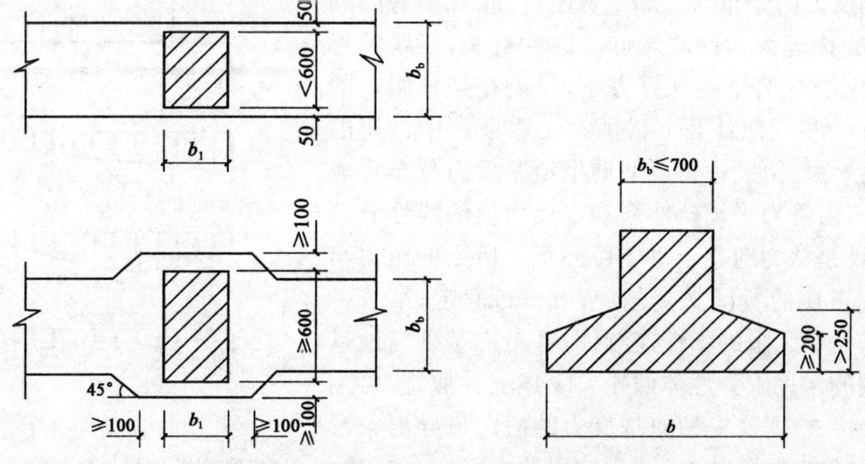

图 3-55　现浇柱与条形基础梁交接处的关系尺寸（尺寸单位：mm）

(6)纵向受力钢筋及箍筋。基础梁顶面和底面的纵向受力钢筋，除了应满足计算要求外，应有2～4根通长的纵向钢筋，其截面面积分别不应少于上下纵向钢筋总面积的1/3。基础梁的箍筋直径不小于$\phi 8$，肋宽$b_b \leqslant 350$mm时，用双肢；350mm$< b_b \leqslant 800$mm时，用4肢；$b_b >$ 800mm时，用6肢。

(7)混凝土强度等级要求。基础梁混凝土的强度等级低于底层柱混凝土强度等级超过一个等级时，尚应验算基础梁顶面柱位处的局部受压承载力。柱下条形基础混凝土强度等级，一般采用C20、C25。

2. 确定基础底面尺寸

柱下条形基础底面一般为矩形平面。其长度l由柱间距和两端伸出悬臂长度确定，其宽度b由基础底面积处的土反力确定。柱下条形基础可视为一狭长的矩形基础进行计算

$$A = l \times b \geqslant \frac{N}{f - \gamma d} \tag{3-36}$$

式中：A——条形基础底面面积；

l——条形基础长度，由构造要求设计；

b——条形基础宽度，由上部荷载与地基承载力确定；

N——柱下条形基础上各竖向荷载设计值，kN；

f——地基承载力设计值，kN/m^2；

γ——基础及其台阶上填土的平均重度，一般取20kN/m^3。

d——基础埋深，m；一般自室外地坪高程算起。在填方整平地区，可自填土地面高程算起；但填土在上部结构施工后完成时，应从天然地坪高程算起。对于地下室，如采用箱形基础或片筏基础时，基础埋深自室外地坪高程算起；其他情况下，应从室内地面高程算起。

3. 条形基础的内力计算方法

条形基础一方面承受上部结构传来的荷载，另一方面又受地基反力的作用。两者的合力满足静力平衡条件。如能确定地基反力的分布规律，则基础的内力计算就迎刃而解、变得容易。但地基反力的分布与上部结构刚度、基础本身的刚度、地基土的物理力学性质等许多因素有关，问题较复杂，目前还无统一的精确计算方法，只能在某种假定的基础上进行一些近似计算。目前在工程设计中常用的假定一般有3种：第一种是近似地把地基反力分布看成为线性分布，由静力平衡条件来确定反力值的线性分布假定；第二种是认为地基土每单位面积上所受的压力与地基沉降成正比的所谓文克尔(Winkler)假定；第三种是认为地基是半无限的弹性连续体，并考虑基础与地基变形相协调的半无限弹性体假定。上述三种假定，可用图3-56表示。根据这三种地基反力的假定可导出条形基础内力计算的很多方法，目前常用的有静定分析法、倒置连续法、弹性地基梁法等，本章仅对弹性地基梁法

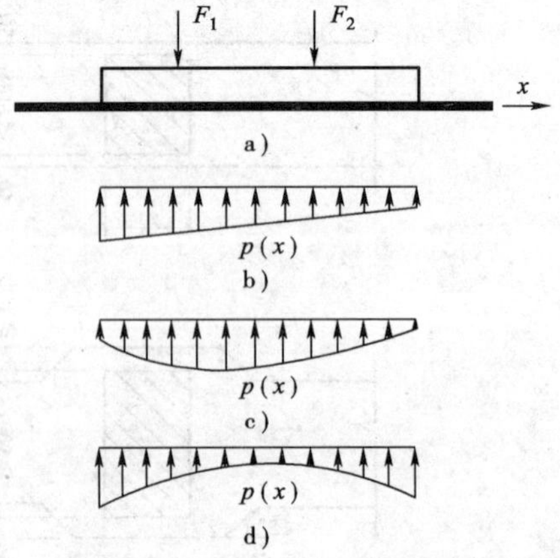

图3-56　地基反力假定的种类

a)地基示意图；b)线性分布假定；c)文克尔假定；d)半无限弹性体假定

作一简要介绍。

在地基的压缩性显著不均匀、柱下条形基础截面刚度比较小（例如截面高度小于 1/6 柱距）时，上述将土反力分布假设为直线的近似计算可能很不符合土反力的实际情况。这时，宜采用弹性地基梁计算法来求柱下条形基础的土反力和基础梁的截面内力。

弹性地基梁法（又称地基系数法，基床系数法），是捷克工程师文克尔（E. Winkler）于 1867 年提出的，因此又称文克尔理论。该法假定地基上任意点所受的压应力 p 与该点的地基沉降（变形）s 成正比，即

$$p = Ks \tag{3-37}$$

式中：K——基床系数。

K 值的大小与地基土的名称、松密程度、软硬状态、基础底面尺寸大小和形状以及基础荷载和刚度等因素有关。K 值应根据实际条件，由现场载荷试验确定；如无载荷试验资料，可参考表 3-22 选用。在软弱地基或地基压缩层很薄的情况下，按上述方法计算可得到满意的结果。

基床系数 K 的经验值 表 3-22

土的分类	土的状态	$K(N/cm^3)$
淤泥质黏土	流塑	3.0～5.0
淤泥质粉质黏土	流塑	5.0～10
黏土、粉质黏土	软塑 可塑 硬塑	5.0～20 20～40 40～100
砂土	松散 中密 密实	7.0～15 15～25 25～40
砾石	中密	25～40

注：该表参见陈仲颐，叶书麟主编《基础工程学》（中国建筑工业出版社，1990）及陈希哲编著《土力学地基基础》（清华大学出版社，1998 年第三版）。

三、十字交叉基础设计

1. 适用范围及设计基本原则

下列情况宜采用柱下十字交叉基础：房屋的跨度不大，地基软弱；地基中有软弱地带（或地块）；荷载分布不均匀，引起的不均匀沉降超过相关规定。

无论采用何种方法计算交叉基础，纵向和横向地基梁在交点处的沉降必须相等（即变形协调条件），纵横梁在交点处的集中力之和必须等于节点荷载（即静力平衡条件）。略去纵横梁转动时的相互影响，即交叉点受有一个方向的集中力偶作用时，全由与力偶作用方向一致的梁承担，另一个方向的地基梁不参加工作。为了计算简化，集中力只在交叉点一次分配，不往远处传递。

2. 内力分析与计算

十字交叉基础为超静定空间结构，应用弹性理论精确计算十分复杂，通常采用简化计算法。简化计算时，假定纵、横梁的抗扭刚度均为零。每个交叉节点仅由下列两个方程组成。

$$N_i = N_{ix} + N_{iy} \tag{3-38}$$

$$w_{ix} = w_{iy} \tag{3-39}$$

式中：N_i——第 i 节点的柱荷载；

N_{ix}——第 i 节点分配给 x 向条基的荷载；

N_{iy}——第 i 节点分配给 y 向条基的荷载；

w_{ix}——第 i 节点处 x 向条基的挠度；

w_{iy}——第 i 节点处 y 向条基的挠度。

用基床系数法文克尔模型计算基础梁的挠度为

对无限长梁
$$w = \frac{N}{2Kbs} \tag{3-40}$$

半无限长梁
$$w = \frac{2N}{Kbs} \tag{3-41}$$

式中：s——系数，$s=\sqrt[4]{\dfrac{4E_cI}{Kb}}$，m；

K——基床系数，kN/m^3；

I——基础横截面的惯性矩，m^4；

E_c——混凝土弹性模量，kPa；

b——条形基础宽度，m；

十字交叉基础的节点有 3 种：十字节点、T 字节点和 Γ 字节点。由式(3-38)至式(3-41)，可以求解任意节点 i 柱荷载分配给纵、横方向条基的荷载 N_{ix}、N_{iy}。

1)中柱节点

基本方程为

$$N_{ix} + N_{iy} = N_i \tag{3-42}$$

$$w = \frac{N_{ix}}{2Kb_xs_x} = \frac{N_{iy}}{2Kb_ys_y} \tag{3-43}$$

解此联立方程得

$$N_{ix} = \frac{b_xs_x}{b_xs_x + b_ys_y}N_i \tag{3-44}$$

$$N_{iy} = \frac{b_ys_y}{b_xs_x + b_ys_y}N_i \tag{3-45}$$

2)边柱节点

基本方程为

$$N_{ix} + N_{iy} = N_i \tag{3-46}$$

$$\frac{N_{ix}}{2Kb_xs_x} = \frac{2N_{iy}}{Kb_ys_y} \tag{3-47}$$

解此联立方程可得

$$N_{ix} = \frac{4b_x s_x}{4b_x s_x + b_y s_y} N_i \tag{3-48}$$

$$N_{iy} = \frac{b_y s_y}{4b_x s_x + b_y s_y} N_i \tag{3-49}$$

3)角柱节点

基本方程为

$$N_{ix} + N_{iy} = N_i \tag{3-50}$$

$$\frac{2N_{ix}}{Kb_x s_x} = \frac{2N_{iy}}{Kb_y s_y} \tag{3-51}$$

同理,解此联立方程式,可得

$$N_{ix} = \frac{b_x s_x}{b_x s_x + b_y s_y} N_i \tag{3-52}$$

$$N_{iy} = \frac{b_y s_y}{b_x s_x + b_y s_y} N_i \tag{3-53}$$

当求出十字交叉基础所有节点在纵、横向的分配荷载 N_{ix}、N_{iy} 后,就可以按柱下条形基础的方法进行设计。

第十二节　框架结构计算实例

设计某 5 层钢筋混凝土框架结构。

该工程为办公楼,采用全现浇框架结构。根据该房屋的使用要求,层数为 5 层,层高为 3.50m,室内外高差 0.60m。其建筑平面布置和剖面布置如图 3-57 所示。其他设计条件及设计资料如下:

一、设计资料

(1)工程地质资料:场地地势平坦,自然地表下 0.6m 内为填土,填土以下为黏土,地基承载力设计值 $f = 175\text{kN/m}^2$,地下水位在地表下 5.2m 处。该地区为非地震区,不考虑抗震设防。

(2)风荷载:基本风压 $w_0 = 0.40\text{kN/m}^2$,(地面粗糙度属 B 类)。

(3)雪荷载:基本雪压 $s_0 = 0.30\text{kN/m}^2$。

(4)活荷载:楼面活荷载标准值为 2.0kN/m^2,屋面活荷载标准值为 0.5kN/m^2(按不上人的钢筋混凝土结构承重屋面)。

(5)主要建筑构造与作法:

①墙身做法:墙身为普通机制红砖填充墙,用 M5 混合砂浆砌筑。内粉刷为混合砂浆打底,纸筋灰面,厚 20mm,仿瓷涂料两度。外粉刷为 1∶3 水泥砂浆打底,厚 20mm,锦砖贴面。

②楼面做法:楼板顶面为 20mm 厚水泥砂浆找平,5mm 厚 1∶2 水泥砂浆加“107”胶水着色粉面层;楼板底面为 15mm 厚纸筋面石灰打底,涂料两度。

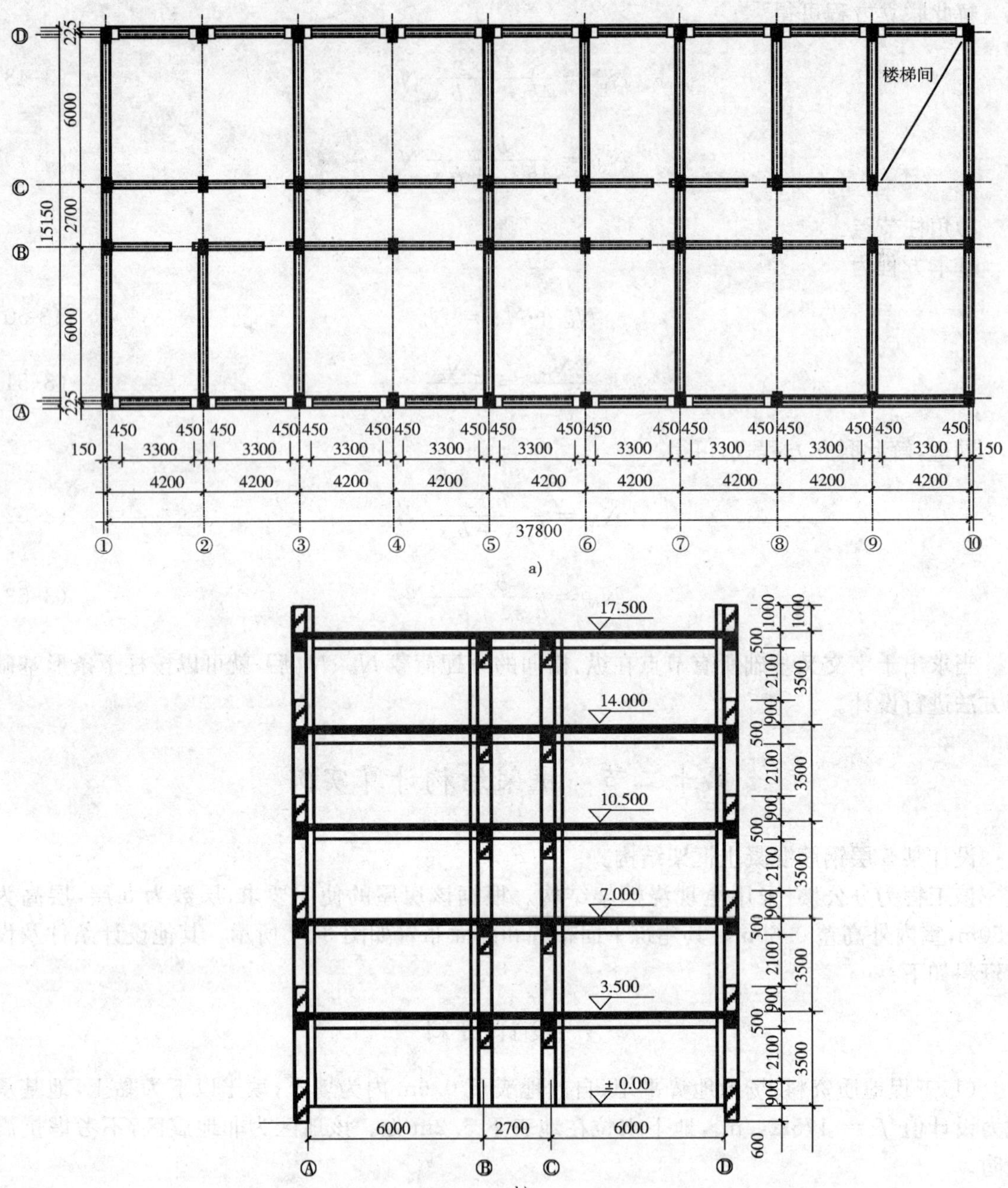

图 3-57　建筑平面图、剖面图(尺寸单位:mm)

a)建筑平面图;b)建筑剖面图

③屋面做法:现浇楼板上铺膨胀珍珠岩保温层(檐口处厚 100mm,自两侧檐口向中间找坡 3%,1∶2 水泥砂浆找平层厚 20mm,二毡三油防水层,撒绿豆砂保护。

④门窗做法:门厅为铝合金门窗,其他为木门、塑钢窗。

二、结构选型及结构布置

采用钢筋混凝土现浇框架结构(纵横向承重框架)体系。结构平面布置如图 3-58 所示。

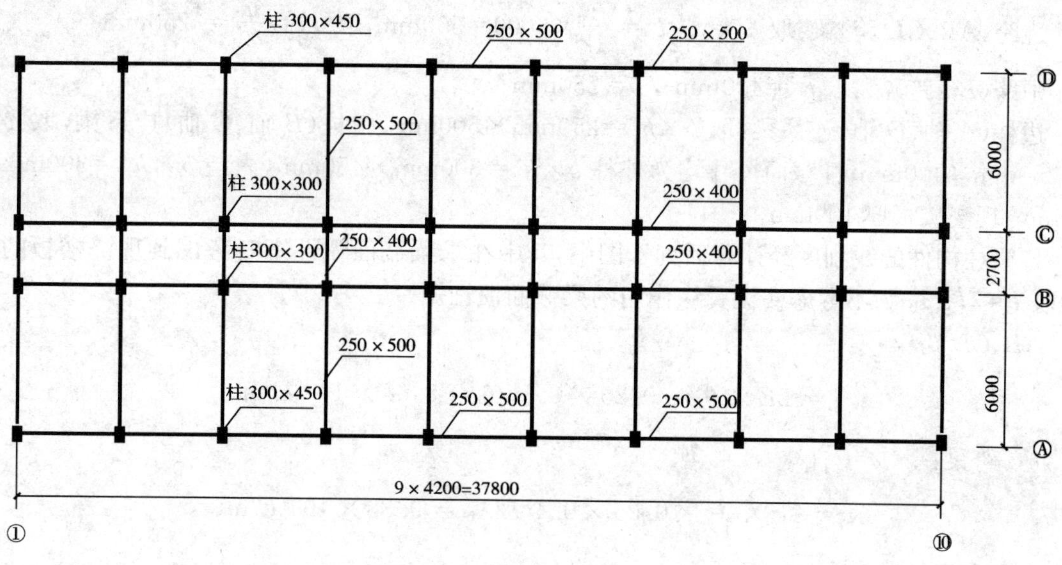

图 3-58　结构平面布置图(尺寸单位:mm)

三、框架计算简图及其截面尺寸的拟定

结构计算简图,根据题中所给设计资料,确定为如图 3-59 所示。

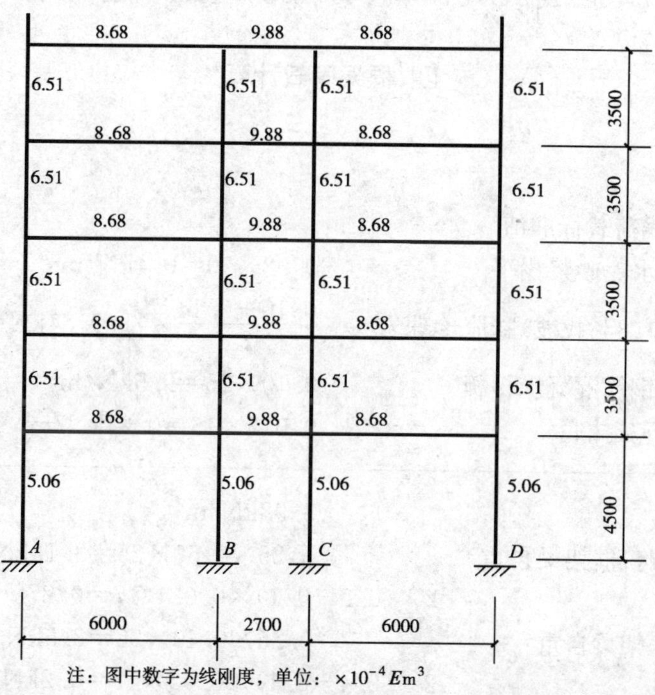

图 3-59　结构计算简图

根据地质资料,确定基础顶面距离室外地面为 400mm,由此求得底层层高为 4.5m。

多层框架为超静定结构,在内力计算之前,要预先估算梁、柱的截面尺寸及初选结构所采用材料的强度等级,以便求得框架中各杆的线刚度。

混凝土强度等级:梁用 C20(E=25.5×10^6kN/m^2),柱用 C30(E=30.0×10^6kN/m^2)

边跨（AB、CD 跨）梁：取 $h=\frac{1}{12}l=\frac{1}{12}\times6000=500\text{mm}$，取 $b=\frac{h}{2}=250\text{mm}$

中跨（BC 跨）梁：取 $h=400\text{mm}$，$b=250\text{mm}$

边柱（A 轴、D 轴）连系梁：取 $b\times h=250\text{mm}\times500\text{mm}$；中柱（$B$ 轴、C 轴）连系梁，取：$b\times h=250\text{mm}\times400\text{mm}$；柱截面尺寸均为外柱 $b\times h=300\text{mm}\times450\text{mm}$，内柱 $b'\times h'=300\text{mm}\times300\text{mm}$，现浇楼板厚 100mm。

各梁柱构件的线刚度经计算后列于图中，其中在求梁截面惯性矩时考虑到现浇楼板的作用，取 $I=2I_0$（I_0 为不考虑楼板翼缘作用的梁截面惯性矩）。

AB、CD 跨梁：

$$i=2E\times\frac{1}{12}\times0.25\times0.5^3/6=8.68\times10^{-4}E\ \text{m}^3$$

BC 跨梁：

$$i=2E\times\frac{1}{12}\times0.25\times0.4^3/2.7=9.88\times10^{-4}E\ \text{m}^3$$

上部各层柱：

$$i=E\times\frac{1}{12}\times0.30\times0.45^3/3.5=6.51\times10^{-4}E\ \text{m}^3$$

底层柱：

$$i=E\times\frac{1}{12}\times0.30\times0.45^3/4.5=5.06\times10^{-4}E\ \text{m}^3$$

四、框架荷载计算

1. 恒荷载计算

1）屋面框架梁线荷载标准值

20mm 厚 1∶2 水泥砂浆找平	$0.02\times20=0.4\text{kN/m}^2$
100～140mm 厚（3%找坡）膨胀珍珠岩	$\frac{0.10+0.14}{2}\times7=0.84\text{kN/m}^2$
100mm 厚现浇钢筋混凝土楼板	$0.10\times25=2.5\text{kN/m}^2$
15mm 厚纸筋石灰抹底	$0.015\times16=0.24\text{kN/m}^2$
屋面恒荷载	3.98kN/m^2
边跨（AB、CD 跨）框架梁自重	$0.25\times0.50\times25=3.13\text{kN/m}$ } 3.4kN/m
梁侧粉刷	$2\times(0.5-0.1)\times0.02\times17=0.27\text{kN/m}$
中跨（BC 跨）框架梁自重	$0.25\times0.40\times25=2.5\text{kN/m}$ } 2.7kN/m
梁侧粉刷	$2\times(0.4-0.1)\times0.02\times17=0.2\text{kN/m}$

因此，作用在顶层框架梁上的线荷载为

$g_{5AB1}=g_{CD1}=3.4\text{kN/m}$

$g_{5BC1}=2.7\text{kN/m}$

$g_{5AB2}=g_{CD2}=3.98\times4.2=16.72\text{kN/m}$

$g_{5BC2}=3.98\times2.7=10.75\text{kN/m}$

2)楼面框架梁线荷载标准值

25mm 厚水泥砂浆面层	0.025×20=0.50kN/m^2
100mm 厚现浇钢筋混凝土楼板	0.10×25=2.5kN/m^2
15mm 厚纸筋石灰抹底	0.015×16=0.24kN/m^2
楼面恒荷载	3.24kN/m^2
边跨框架梁自重及梁侧粉刷	3.4kN/m
边跨填充墙自重	0.24×(3.5−0.5)×19=13.68kN/m } 15.72kN/m
墙面粉刷	(3.5−0.5)×0.02×2×17=2.04kN/m
中跨框架梁自重及梁侧粉刷	2.7kN/m

因此,作用在中间层框架梁上的线荷载为

$g_{AB1}=g_{CD1}=3.4+15.7=19.1\text{kN/m}$

$g_{BC1}=2.7\text{kN/m}$

$g_{AB2}=g_{CD2}=3.24\times4.2=13.61\text{kN/m}$

$g_{BC2}=3.24\times2.7=8.75\text{kN/m}$

3)屋面框架节点集中荷载标准值

边柱连系梁自重	0.25×0.50×4.2×25=13.13kN
边柱连系梁粉刷	0.02×(0.50−0.10)×2×4.2×17=1.14kN
1m 高女儿墙自重	1×4.2×0.24×19=19.15kN
1m 高女儿墙粉刷	1×0.02×2×4.2×17=2.86kN
连系梁传来屋面自重	$\frac{1}{2}\times4.2\times\frac{1}{2}\times4.2\times3.98=17.55\text{kN}$
顶层边节点集中荷载	$G_{5A}=G_{5D}=53.83\text{kN}$
中柱连系梁自重	0.25×0.40×4.2×25=10.5kN
中柱连系梁粉刷	0.02×(0.40−0.10)×2×4.2×17=0.86kN
连系梁传来屋面自重	$\frac{1}{2}\times(4.2+4.2-2.7)\times1.35\times3.98=15.31\text{kN}$
	$\frac{1}{2}\times4.2\times2.100\times3.98=17.55\text{kN}$
顶层中节点集中荷载	$G_{5B}=G_{5C}=44.22\text{kN}$

4)楼面框架节点集中荷载标准值

边柱连系梁自重	13.13kN
边柱连系梁粉刷	1.14kN
钢窗自重	3.3×2.1×0.45=3.12kN
窗下墙体自重	0.24×0.9×3.9×19=16.01kN
窗下墙体粉刷	2×0.02×0.9×3.9×17=2.39kN
窗边墙体自重	0.60×(3.5−1.4)×0.24×19=5.75kN
窗边墙体粉刷	0.60×(3.5−1.4)×2×0.02×17=0.86kN
框架柱自重	0.30×0.45×3.5×25=11.81kN

框架柱粉刷	0.78×0.02×3.5×17＝0.93kN
连系梁传来楼面自重	$\frac{1}{2}$×4.2×$\frac{1}{2}$×4.2×3.24＝14.29kN

中间层边节点集中荷载	$G_A=G_D$＝69.43kN
中柱连系梁自重	10.5kN
中柱连系梁粉刷	0.86kN
内纵墙自重	3.9×(3.5－0.4)×0.24×19＝55.13kN
内纵墙粉刷	3.9×(3.5－0.4)×2×0.02×17＝8.22kN
扣除门洞重加上门重	－2.1×1.0×(5.24－0.2)＝－10.58kN
框架柱自重	11.81kN
框架柱粉刷	0.93kN
连系梁传来楼面自重	$\frac{1}{2}$×(4.2＋4.2－2.7)×1.35×3.24＝12.47kN
	$\frac{1}{2}$×4.2×2.10×3.24＝14.29kN

中间层中节点集中荷载	$G_B=G_C$＝103.63kN

5)恒荷载作用下的结构计算简图

恒荷载作用下的结构计算简图如图 3-60 所示。

2. 楼面活荷载计算

楼面活荷载作用下的结构计算简图如图 3-61 所示。图中各荷载值计算如下：

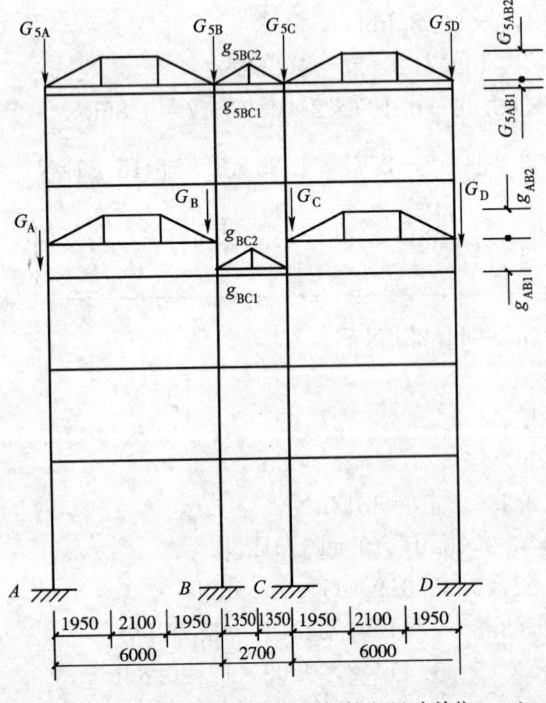

图 3-60　恒荷载作用下结构计算简图(尺寸单位:mm)

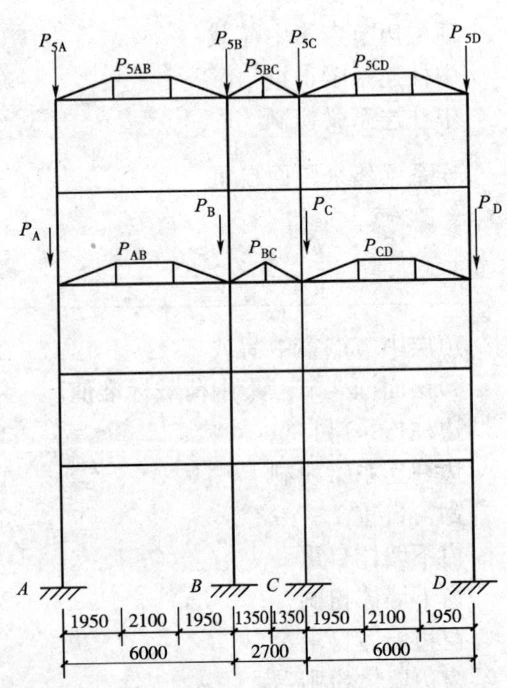

图 3-61　楼面活荷载作用下结构计算简图(尺寸单位:mm)

$$P_{5AB} = P_{5CD} = 0.5 \times 4.2 = 2.1\text{kN/m}$$

$$P_{5BC} = 0.5 \times 2.7 = 1.35\text{kN/m}$$

$$P_{5A} = P_{5D} = \frac{1}{2} \times 4.2 \times \frac{1}{2} \times 4.2 \times 0.5 = 2.21\text{kN}$$

$$P_{5B} = P_{5C} = \frac{1}{2} \times (4.2 + 4.2 - 2.7) \times 1.35 \times 0.5 + \frac{1}{4} \times 4.2 \times 4.2 \times 0.5 = 4.13\text{kN}$$

$$P_{AB} = P_{CD} = 2.0 \times 4.2 = 8.4\text{kN/m}$$

$$P_{BC} = 2.0 \times 2.7 = 5.4\text{kN/m}$$

$$P_{A} = P_{D} = \frac{1}{2} \times 4.2 \times \frac{1}{2} \times 4.2 \times 2.0 = 8.82\text{kN}$$

$$P_{B} = P_{C} = \frac{1}{2} \times (4.2 + 4.2 - 2.7) \times 1.35 \times 2 + \frac{1}{4} \times 4.2 \times 4.2 \times 2.0 = 16.52\text{kN}$$

3. 风荷载计算

风压标准值计算公式为

$$W = \beta_Z \cdot \mu_S \cdot \mu_Z \cdot W_0$$

因结构高度 $H=20.3\text{m}<30\text{m}$，可取 $\beta_Z=1.0$；对于矩形平面 $\mu_S=1.3$；μ_Z 可查荷载规范。将风荷载换算成作用于框架每层节点上的集中荷载，计算过程见表 3-23。表中 z 为框架节点至室外地面的高度，A 为一榀框架各层节点的受风面积，计算结果如图 3-62 所示。

风荷载计算

表 3-23

层　次	β_Z	μ_S	z (m)	μ_Z	W_0(kN/m²)	A(m²)	P_W(kN)
5	1.0	1.3	18.1	1.208	0.40	7.35	4.62
4	1.0	1.3	14.6	1.129	0.40	14.7	8.63
3	1.0	1.3	11.1	1.031	0.40	14.7	7.88
2	1.0	1.3	7.6	0.094	0.40	14.7	6.91
1	1.0	1.3	4.1	0.656	0.40	14.76	5.03

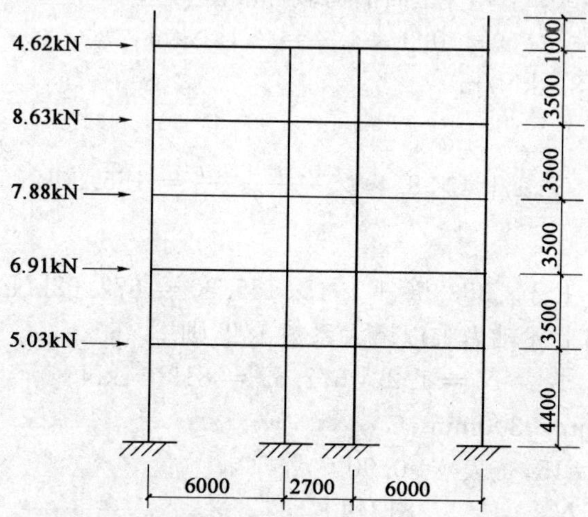

图 3-62　风荷载作用下结构计算简图(尺寸单位:mm)

4. 雪荷载计算

屋面水平投影面上的雪荷载标准值,应按下式计算

$$s_K = \mu_r s_0$$

式中,μ_r 为屋面积雪分布系数,取 $\mu_r = 1.2$;s_0 为基本雪压。

$$P_K = A \cdot s_K = 4.2 \times (6 \times 2 + 2.7) \times 1.2 \times 0.3 = 22.23\text{kN}$$

五、核算框架梁、柱截面尺寸及框架水平位移

若钢筋采用 HRB400 级,梁的混凝土为 C20;柱的混凝土为 C30,验算结果如下:

1)框架梁

框架梁采用同一截面尺寸,故只需对受力较大的楼面梁进行核算。

$$M_0 = (g_{AB1} + g_{AB2})l^2/8 = (19.1 + 13.61) \times 6^2/8 = 147.20\text{kN} \cdot \text{m}$$

$$V_0 = (g_{AB1} + g_{AB2})l/2 = (19.1 + 13.61) \times 6/2 = 98.13\text{kN}$$

$$M_{umax} = \xi_b(1 - 0.5\xi_b)\alpha_1 f_c b h_0^2 = 1 \times 9.6 \times 250 \times 440^2 \times 0.518 \times (1 - 0.5 \times 0.518)$$
$$= 178\text{kN} \cdot \text{m} > M_0$$

$$V_{umax} = 0.25\beta_c f_c b h_0 = 0.25 \times 9.6 \times 250 \times 440 = 264\text{kN} > V_0$$

故初选截面可满足要求。

2)框架柱

只需对受力最大的底层中柱柱底截面(基础顶面处)的承载力及轴压比进行核算。

(1)内柱:对于底层柱,其轴压力标准值为

①恒荷载:

作用于框架上的恒荷载标准值 G_k 为

a. 屋面:$3.98 \times 4.2 + 3.4 = 20.12\text{kN/m}$

b. 楼面:$3.24 \times 4.2 + 3.4 = 17.01\text{kN/m}$

$$(20.12 + 4 \times 17.01) \times \frac{6.0 + 2.7}{2} = 383.50\text{kN}$$

②活荷载:

a. 屋面:雪荷载为 0.30kN/m^2,屋面活荷载标准值为 0.5kN/m^2,取大值,即

$$0.5 \times 4.2 = 2.1\text{kN/m}$$

b. 楼面:$2.0 \times 4.2 = 8.4\text{kN/m}$

准永久系数 $\psi_q = 0.5$

$$(2.1 + 4 \times 8.4) \times \frac{6.0 + 2.7}{2} = 155.30\text{kN}$$

③轴力设计值为

$$1.2 \times 383.50 + 1.4 \times 155.30 = 677.62\text{kN}$$

考虑弯矩的影响,将上述轴力乘以增大系数 1.2,则

$$N = 1.2 \times 677.62 = 813.14\text{kN}$$

④内柱尺寸为 300mm×300mm。

由 $l_0/b = 4500/300 = 15$,查表 $\phi = 0.90$

则 $$A'_s = \frac{\frac{N}{\phi} - f_c A}{f'_y} = \frac{\frac{813140}{0.90} - 9.6300300}{300} = 131.62\text{mm}^2$$

$$A'_s/A = 131.62/(300 \times 300) = 0.002 < 0.03$$

故内柱截面尺寸 300mm×300mm 合适。

(2)外柱：外柱受风荷载影响较大，须按式 $M = \frac{H}{2n}\sum F$ 对风荷载产生的弯矩标准值进行估算。

风荷载产生的弯矩标准值　　表 3-24

层　数	5	4	3	2	1
H(m)	3.5	3.5	3.5	3.5	4.5
n(根)	4	4	4	4	4
$\sum F_{wk}$(kN)	4.62	13.25	21.13	28.04	33.07
M_{wk}(kN/m)	2.02	5.80	9.24	12.27	18.60

外柱轴向力标准值按荷载作用面积估算(荷载作用面积取外跨长度一半)，见表 3-25。

外柱轴向力标准值　　表 3-25

层　数	5	4	3	2	1
恒荷载标准值(kN)	188	426	664	902	1208
活荷载标准值(kN)	20	90	160	230	300

选外柱截面尺寸 $b \times h$=300mm×450mm。

取恒荷载分项系数 1.2，可变荷载分项系数 1.4，并适当增大轴向力设计值(乘 1.2 系数)，则可得估算外柱截面的弯矩设计值和轴向力设计值见表 3-26。

外柱的弯矩设计值和轴向力设计值　　表 3-26

层　数	5	4	3	2	1
M (kN·m)	9.1	23.0	36.8	50.6	67.3
N(kN)	304	765	1225	1685	2244

在上述 M 和 N 共同作用下，按对称配筋偏心受压构件验算(当各层柱截面尺寸相同时，一般可只验算一层柱和顶层柱；截面尺寸不同时，应分别验算)。此处仅以一层柱为例说明验算方法，其余柱类似，也可用图表查出配筋。

(1)有关数据计算：

$$e_0 = M/N = 67320/2244 = 30\text{mm} < 0.3h_0 = 124.5\text{mm}$$

$$e_a = 0.12(0.3\,h_0 - e_0) = 0.12 \times (124.5 - 30) = 11.34\text{mm}$$

$$e_i = e_0 + e_a = 30 + 11.34 = 41.34\text{mm}$$

$$\zeta_1 = 0.5 f_c A/N = 0.5 \times 9.6 \times 300 \times 450/2244000 = 0.289$$

$$8 < l_0/h = 10 < 15\text{时，取}\ \zeta_2 = 1$$

则偏心距增大系数为

$$\eta = 1 + \frac{1}{1400 e_i/h_0}\left(\frac{l_0}{h}\right)^2 \zeta_1 \zeta_2$$

$$= 1 + \frac{1}{1400 + 41.34/415} \times 10^2 \times 0.289 \times 1 = 1.02$$

$$\eta e_i = 1.02 \times 41.34 = 42.17\text{mm} < 0.3h_0$$

$$N_b = \xi_b \alpha_1 f_c b h_0 = 0.550 \times 9.6 \times 300 \times 415 = 657\text{kN} < \text{N}$$

故按小偏心受压计算

$$e = \eta e_i + \frac{h}{2} - a_s = 42.17 + \frac{450}{2} - 35 = 232.17\text{mm}$$

(2)求对称配筋的钢筋截面面积

$$\xi = \frac{N - \xi_b \alpha_1 f_c b h_0}{\dfrac{N_e - 0.43\alpha_1 f_c b h_0^2}{(\beta_1 - \xi_b)(h_0 - a_s')} + \alpha_1 f_c b h_0} + \xi_b$$

$$= \frac{2244000 - 0.550 \times 1 \times 9.6 \times 300 \times 415}{\dfrac{2244000 \times 232.17 - 0.43 \times 1 \times 9.6 \times 300 \times 415^2}{(0.8 - 0.550)(415 - 35)} + 1 \times 9.6 \times 300 \times 415} + 0.550$$

$$= 0.9078$$

$$A_s = A_s' = \frac{N_e - \xi(1 - 0.5\xi)\alpha_1 f_c b h_0^2}{f_y'(h_0 - a_s')}$$

$$= \frac{2244000232.17 - 0.90781 - (1 - 0.5 \times 0.9078) \times 1 \times 9.6 \times 300 \times 415^2}{300 \times (415 - 35)}$$

$$= 2413.1\text{mm}^2$$

验算表明:初选截面尺寸为 300mm×450mm。

六、框架内力计算及内力组合

1.恒荷载作用下的内力计算

恒载(竖向荷载)作用下的内力计算采用分层法。这里以中间层为例说明分层法的计算过程,其他层(顶层、底层)仅给出计算结果。

由图 3-60 取出中间任一层进行分析,结构计算简图如图 3-63a)所示。图 3-63 中柱的线刚度取框架柱实际线刚度的 0.9 倍。

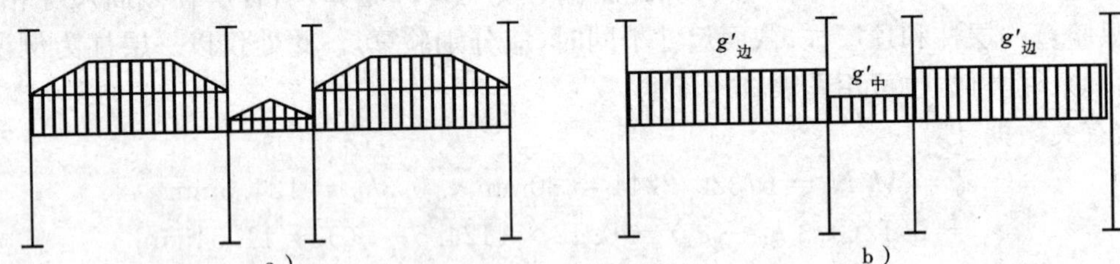

图 3-63　分层法计算简图

a)框架中任一层梁上分布荷载;b)框架中任一层分布荷载等效的均布荷载

图 3-63a)中梁上分布荷载由矩形和梯形两部分组成,在求固端弯矩时可直接根据图示荷载计算,也可根据固端弯矩相等的原则,先将梯形分布荷载及三角形分布荷载,化为等效均布荷载[图 3-63b)],等效均布荷载的计算公式如图 3-64 所示。

把梯形荷载化作等效均布荷载

$$g'_{边} = g_{AB1} + (1 - 2\alpha^2 + \alpha^3) g_{AB2}$$
$$= 19.1 + (1 - 2 \times 0.325^2 + 0.325^3) \times 13.61$$
$$= 30.30\text{kN/m}$$

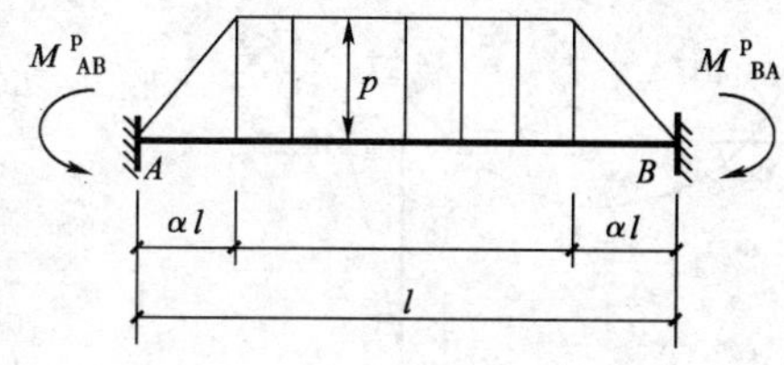

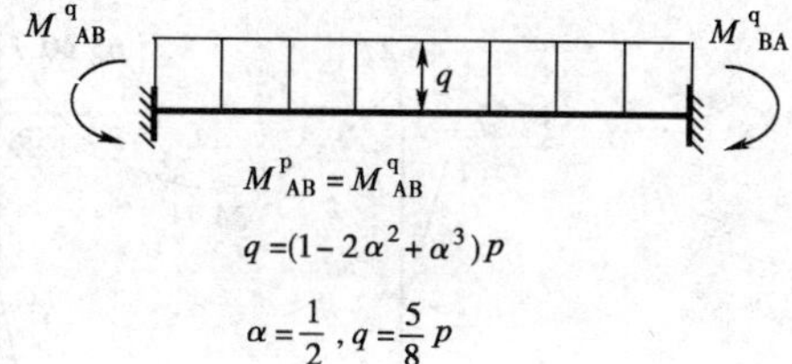

图 3-64　荷载的等效

$$g'_{中} = g_{BC1} + \frac{5}{8}g_{BC2} = 2.7 + \frac{5}{8} \times 8.75 = 8.17\text{kN/m}$$

图 3-63b)所示结构内力可用弯矩分配法计算并可利用结构对称性取 1/2 结构计算。各杆的固端弯矩为

$$M_{AB} = \frac{1}{12}g'_{边}\ l^2_{边} = \frac{1}{12} \times 30.3 \times 6^2 = 90.9\text{kN}\cdot\text{m}$$

$$M_{BE} = \frac{1}{3}g'_{中}\ l^2_{中} = \frac{1}{3} \times 8.17 \times 1.35^2 = 4.96\text{kN}\cdot\text{m}$$

$$M_{EB} = \frac{1}{6}g'_{中}\ l^2_{中} = \frac{1}{6} \times 8.17 \times 1.35^2 = 2.48\text{kN}\cdot\text{m}$$

弯矩分配法如图 3-65 所示。

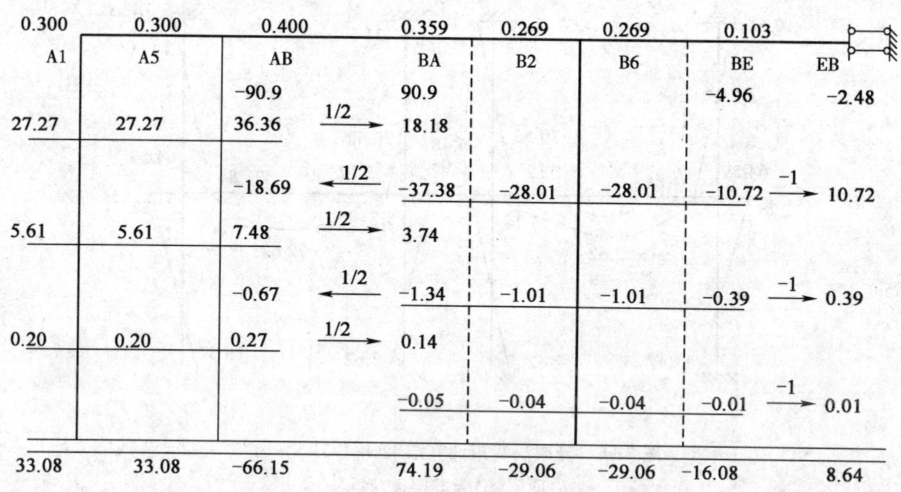

图 3-65　弯矩分配法计算过程(单位:kN·m)

计算所得结构弯矩图如图 3-66 所示。

同样可用分层法求得顶层及底层的弯矩图,如图 3-66 所示。

将各层分层法求得的弯矩图叠加,可得整个框架结构在恒载作用下的弯矩图。很显然,叠加后框架内各节点弯矩并不一定能达到平衡,这是由于分层法计算的误差所造成的。为提高精度,可将节点不平衡弯矩再分配一次进行修正,修正后竖向荷载作用下整个结构弯矩图如图 3-67a)所示,并进而可求得框架各梁柱的剪力和轴力［图 3-67b)］。

必须注意,在求得图 3-63b)所示结构的梁端支座弯矩后,如欲求梁跨中弯矩,则需根据求得的支座弯矩和各跨的实际荷载分布［即图 3-63a)所示荷载分布)］按平衡条件计算,而不能

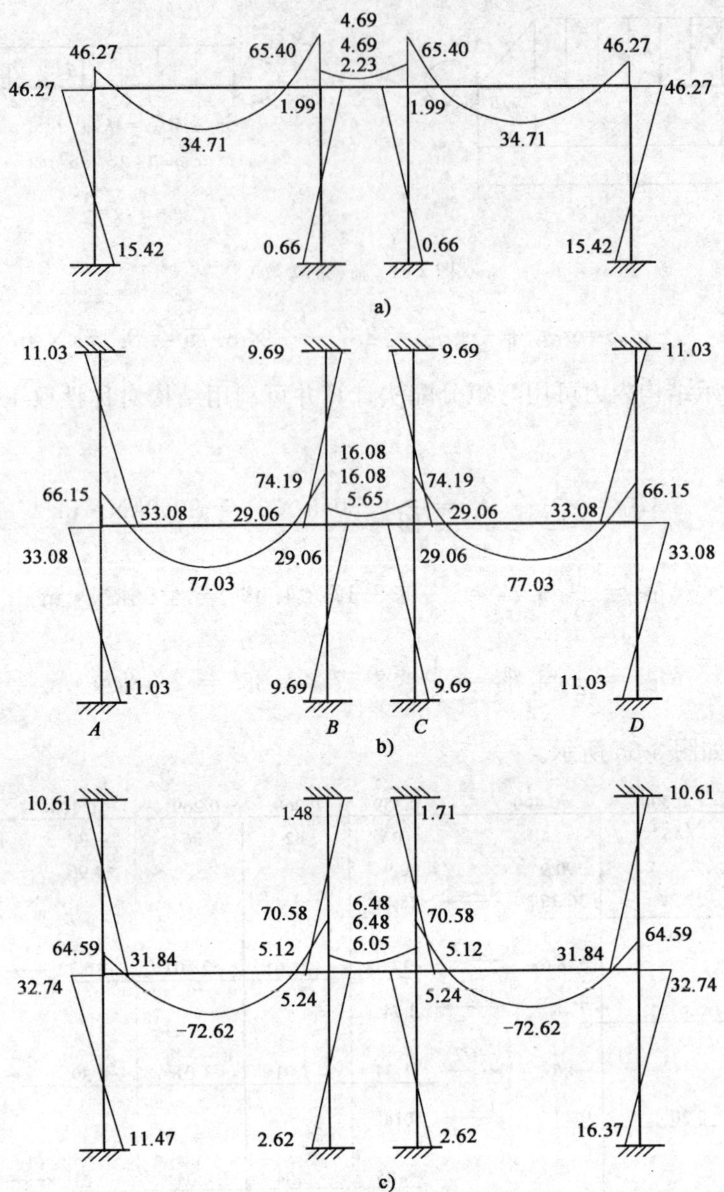

图 3-66　分层法弯矩计算结果(单位:kN·m)

a)顶层;b)标准层;c)底层

按等效分布荷载计算。框架梁在实际分布荷载作用下按简支梁计算的跨中弯矩如图 3-68 所示。

考虑梁端弯矩调幅,并将梁端节点弯矩换算至梁端柱边弯矩值,以备内力组合时用,如图 3-69 所示。

2. 楼面活荷载作用下的内力计算

活荷载作用下的内力计算也采用分层法,考虑到活荷载分布的最不利组合,各层楼面活荷载布置可能有图 3-70 所示的几种组合方式。同样采用弯矩分配法计算,考虑弯矩调幅,并将梁端节点弯矩换算成梁端柱边弯矩值。其最后弯矩图(标准层)如图 3-70 所示。

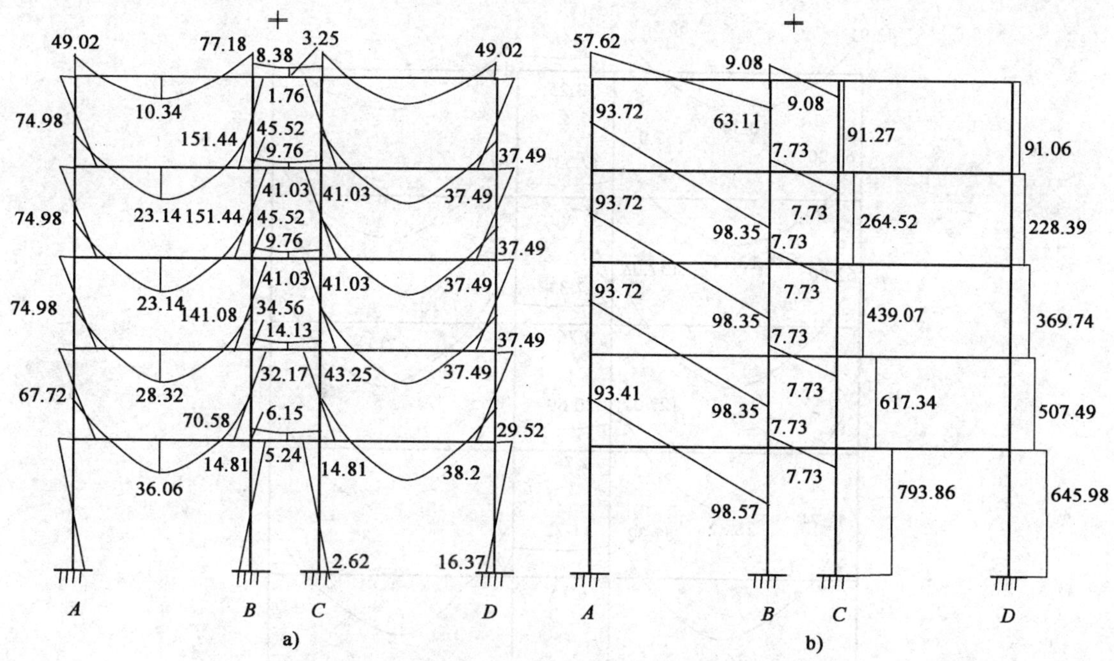

图 3-67　框架在恒荷载下的内力

a)弯矩图(单位:kN・m);b)梁剪力、柱轴力图(单位:kN)

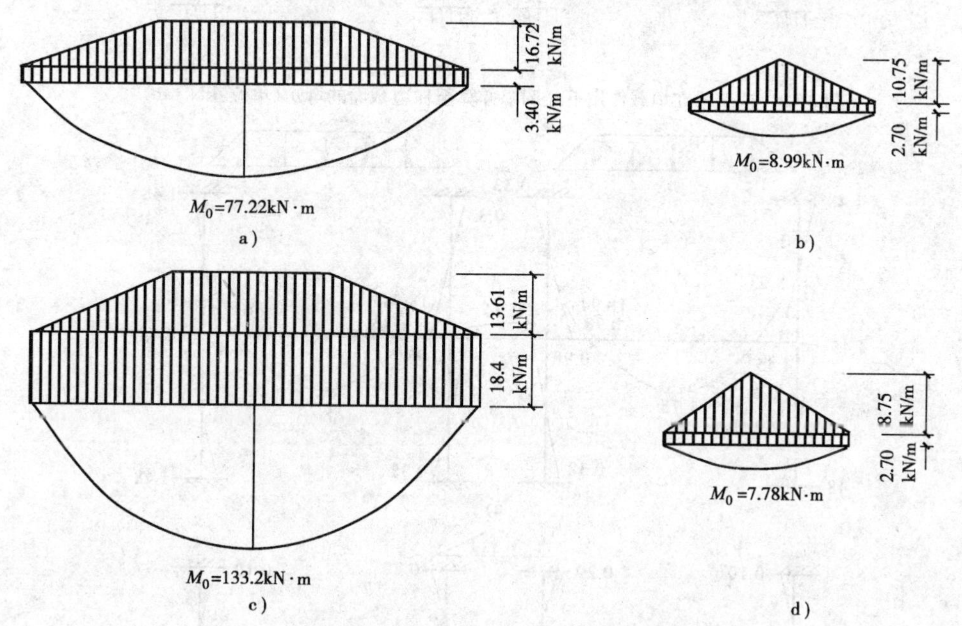

图 3-68　梁在实际分布荷载作用下按简支梁计算的跨中弯矩

a)顶层边跨梁;b)顶层中跨梁;c)标准层及底层边跨梁;d)标准层及底层中跨梁

3. 风荷载作用下内力计算

风荷载作用下的结构计算简图如图 3-62 所示。内力计算采用 D 值法,计算过程如图 3-71 所示。其中由表 3-18、表 3-19 查得 $\gamma_1=\gamma_2=\gamma_3=0$,即 $\gamma=\gamma_0$。由图 3-62 可见,风荷载分布较接近于均布荷载,故 γ_0 由表 3-16 查得。风荷载作用下框架结构弯矩图如图 3-72a)所示,框架轴力图和剪力图如图 3-72b)所示。

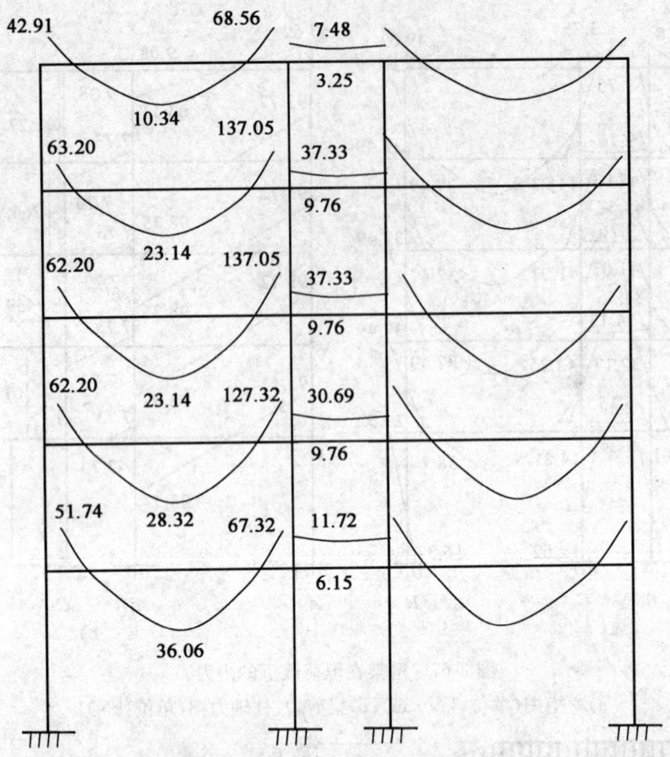

图 3-69 框架梁在恒载作用下经调幅并算至柱边截面的弯矩(单位:kN·m)

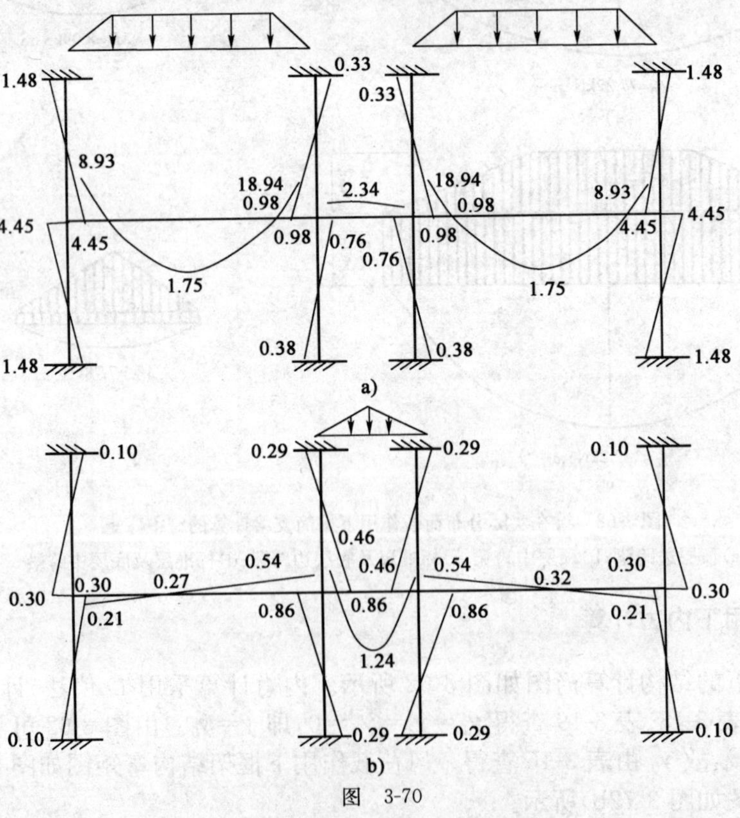

图 3-70

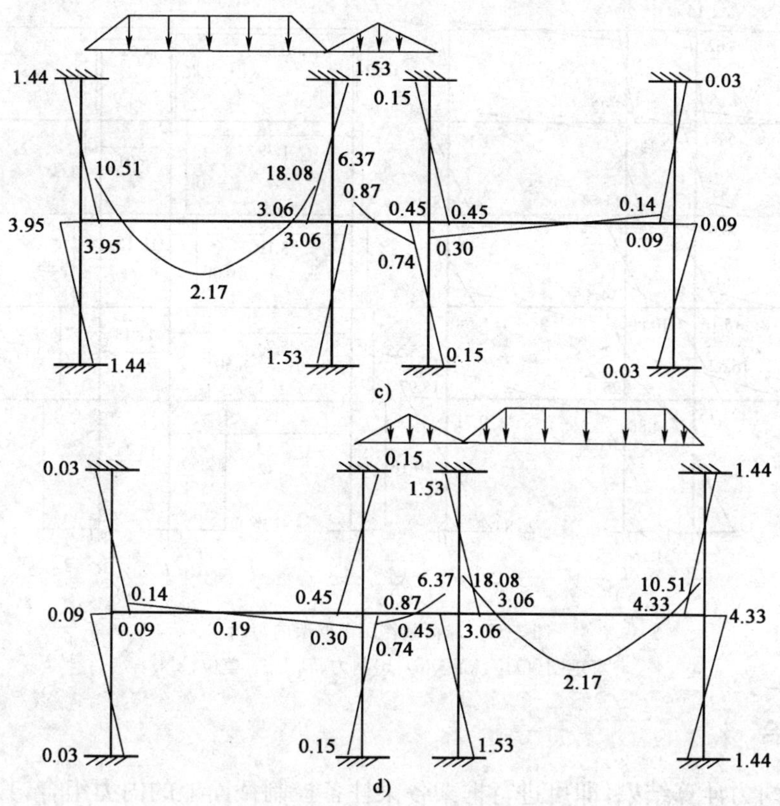

图 3-70 楼面活荷载作用下的梁柱弯矩图(单位:kN·m)

层	左柱	右柱
P_5=4.62 V_{p5}=4.62	K=1.22 α_2=0.38 V_5=0.92	K=2.72 α_2=0.58 V_5=1.40
P_4=8.63 V_{p4}=13.25	K=1.22 α_2=0.38 V_4=2.62	K=2.72 α_2=0.58 V_4=4.01
P_3=7.88 V_{p3}=21.13	K=1.22 α_2=0.38 V_3=4.18	K=2.72 α_2=0.58 V_3=6.40
P_2=6.91 V_{p2}=28.04	K=1.22 α_2=0.38 V_2=5.55	K=2.72 α_2=0.58 V_2=8.50
P_1=5.03 V_{p1}=33.07	K=1.64 α_2=0.59 V_1=10.18	K=3.65 α_2=0.73 V_1=12.59

a)

左柱	右柱
y_0=0.361 $M_上$=2.06 $M_下$=1.16	y_0=0.436 $M_上$=2.76 $M_下$=2.14
y_0=0.411 $M_上$=5.40 $M_下$=3.77	y_0=0.45 $M_上$=7.72 $M_下$=6.32
y_0=0.450 $M_上$=8.05 $M_下$=8.95	y_0=0.486 $M_上$=11.51 $M_下$=10.89
y_0=0.500 $M_上$=9.71 $M_下$=9.71	y_0=0.500 $M_上$=14.88 $M_下$=14.88
y_0=0.586 y_2=0.00 $M_上$=2.06 $M_下$=26.84	y_0=0.550 y_2=0.00 $M_上$=25.49 $M_下$=31.16

b)

图 3-71 风荷载作用下框架内力计算

a)剪力在各柱间分配(单位:kN);b)各柱反弯点及柱端弯矩(单位:kN·m)

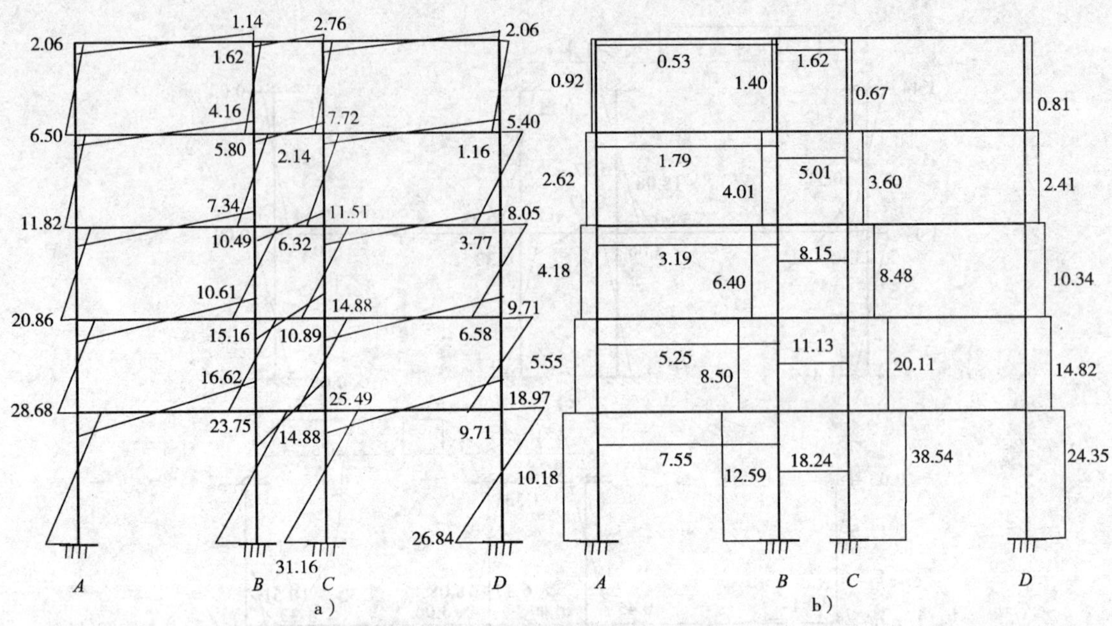

图 3-72　风荷载作用下框架内力图

a)弯矩图(单位:kN·m);b)剪力、轴力图(单位:kN)

4. 内力组合

根据以上内力计算结果,即可进行框架各梁柱各控制截面上的内力组合,其中梁的控制截面为梁端柱边及跨中。由于对称性,每层有 5 个控制截面,即图 3-73a)梁中的 1、2、3、4、5 号截面,表 3-27 给出了第三层梁的内力组合过程;柱则分为边柱和中柱(即 A 柱、B 柱),每个柱每层有两个控制截面,如图 3-73b)所示。以第四层为例,控制截面为 7、8 号截面。因活荷载作用下内力计算采用分层法,故当三层梁和四层梁上作用有活荷载时,将对四层柱内产生内力。表 3-28 整理出了当三层、四层分别有活荷载最不利组合时在 5、6 号截面所产生的内力。表 3-29 给出了 3 层柱的内力组合过程。

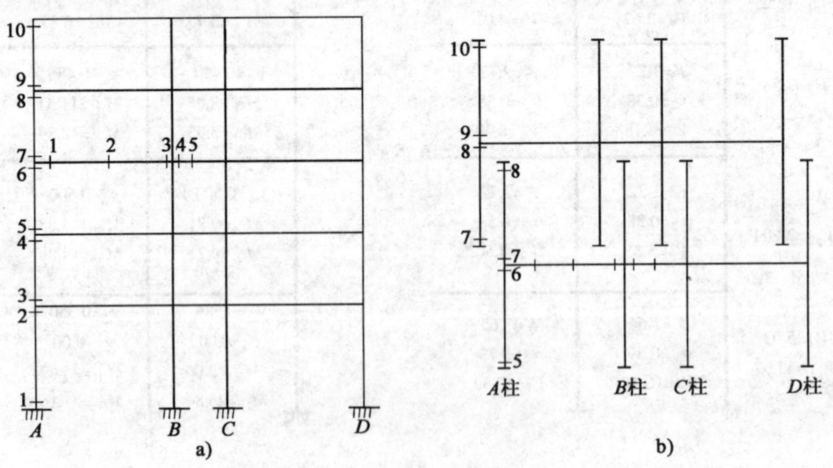

图 3-73　框架梁柱控制截面

a)框架梁、柱整体控制截面;b)分层后框架梁、柱控制截面

第三层梁内力组合 表 3-27

荷载类型	恒载		活载							
	①		②		③		④		⑤	
截面	M (kN·m)	V (kN)	M (kN·m)	V (kN)	M (kN·m)	V (kN)	M (kN·m)	V (kN)	M (kN·m)	V (kN)
1	−63.20	86.69	−8.93	11.28	0.21	−0.17	−10.51	10.34	−0.14	−0.09
2	23.14	—	1.75	—	−0.27	—	2.17	—	0.19	—
3	−137.05	−90.97	−18.94	−15.37	−0.54	−0.17	−18.08	−15.26	0.30	−0.09
4	−37.33	6.87	−0.76	0	−0.46	2.96	−6.37	8.32	0.74	−0.05
5	−9.76	—	−2.34	—	1.24		−0.87	—	−0.87	—

荷载类型	风载		内力组合					
			恒载×1.2+活载×1.4			恒载×1.2+0.90×（活载×1.4 + 风载×1.4）		
	⑥		⑦			⑧		
截面	M (kN·m)	V (kN)	M_{max} (kN·m)	M_{min} (kN·m)	V_{max} (kN)	M_{max} (kN·m)	M_{min} (kN·m)	V_{max} (kN)
1	±11.08	±3.19	—	−90.55	119.82	—	−103.04	122.26
2	±1.94	—	28.03	—	—	32.95	—	—
3	±6.66	±3.19	—	−190.98	−130.68	—	−196.72	−132.55
4	±9.32	±8.15	—	−45.83	19.89	—	−64.57	29.00
5	0	—	—	−14.99	—	—	−14.66	—

注：①竖向荷载调幅 {梁端 80%；跨中不调；

②校核：$M_{跨中} \geqslant 0.5 \times \frac{1}{8}(g+p)\,l^2$；

$\frac{M_{左}+M_{右}}{2}+M_{跨中} \geqslant \frac{1}{8}(g+p)\,l^2$；

③$M' = M - V'\frac{b}{2}$（柱边弯矩）

$V' = V - q\frac{b}{2}$（柱边剪力）。

三层柱内力计算结果 表 3-28

柱	荷载类型 / 截面	三层梁上有活荷载的情况				二层梁上有活荷载的情况			
A柱	M_6	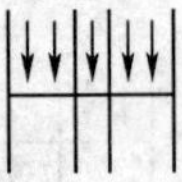 4.45	 −0.30	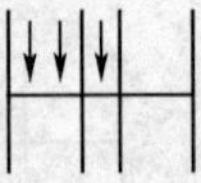 4.33	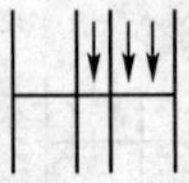 0.09	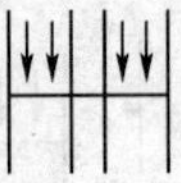 1.48	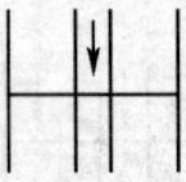 −0.10	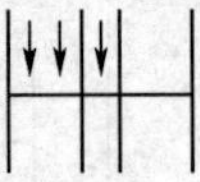 1.44	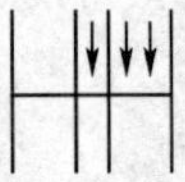 0.03
	M_5	1.48	−0.10	1.44	0.03	4.45	−0.30	4.33	0.09
	N	8.31	−0.32	11.47	0.12	0	0	0	0
B柱	M_6	−0.98	0.86	−3.06	−0.30	−0.38	0.29	−1.53	−0.15
	M_5	−0.38	0.29	−1.53	−0.15	−0.98	0.86	−3.06	−0.30
	N	9.68	3.67	18.34	−0.09	0	0	0	0

三层柱内力组合 表 3-29

柱号	荷载类型 / 截面	恒载		活载				风载
		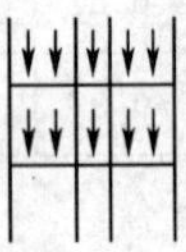	上层传来	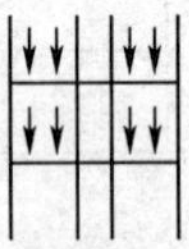	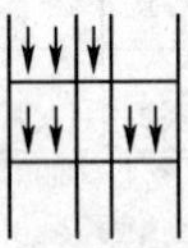	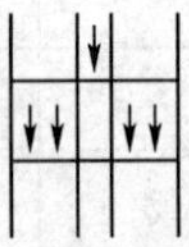	上层传来	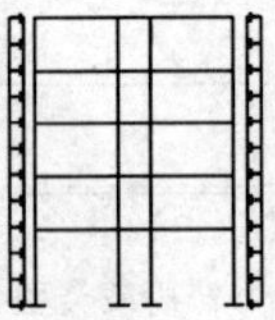
		(1)	(2)	(3)	(4)	(5)	(6)	(7)
A柱	M_6	37.49	—	5.93	5.81	1.18	—	±8.05
	M_5	37.3495	—	5.93	5.89	4.35	—	±6.58
	N	93.72	319.45	8.07	9.88	−0.19	31.46	±10.34
	V	—	—	—	—	—	—	±2.62
B柱	M_6	−41.03	—	−1.36	3.44	−0.48	—	±11.51
	M_5	−41.03	—	−1.36	−2.51	−0.76	—	±10.89
	N	91.06	355.79	9.81	16.37	3.56	53.69	±8.48
	V	—	—	—	—	—	—	±6.40

柱号	荷载类型 / 截面	内力组合					
		恒载×1.2+活载×1.4			恒载×1.2+0.90×(活载×1.4+风载×1.4)		
		N_{max}、M	N_{min}、M	$\|M\|_{max}$、M、V	N_{max}、M	N_{min}、M	$\|M\|_{max}$、M、V
		(8)	(9)	(10)	(11)	(12)	(13)
A柱		(1)+(2)+(3)+(6)	(1)+(2)+(5)	(1)+(2)+(3)	(7)+(9)	(7)+(10)	(7)+(11)
	M_6(kN·m)	53.29	46.64	53.29	56.62	42.32	48.57
	M_5(kN·m)	53.29	51.08	53.29	58.76	44.16	52.18
	N(kN)	551.15	495.54	507.10	508.59	502.78	498.25
	V(kN)	—	—	—	—	—	3.30

续上表

柱号	荷载类型 / 截面	内力组合					
		恒载×1.2+活载×1.4			恒载×1.2+0.90×(活载×1.4+风载×1.4)		
		N_{max}、M	N_{min}、M	$\|M\|_{max}$、M、V	N_{max}、M	N_{min}、M	$\|M\|_{max}$、M、V
		(8)	(9)	(10)	(11)	(12)	(13)
B柱		(1)+(2)+(4)+(6)	(1)+(2)+(5)	(1)+(2)+(3)	(7)+(9)	(7)+(10)	(7)+(11)
	M_6(kN·m)	−54.05	−49.91	−51.14	−65.56	−39.90	−77.07
	M_5(kN·m)	−52.75	−50.30	−51.14	−61.19	−40.25	−76.45
	N(kN)	559.14	541.20	549.95	549.68	541.47	558.16
	V(kN)	—	—	—	—	—	−8.06

七、截面设计

根据内力结果,即可选择各截面的最不利内力进行截面配筋计算。必须指出的是,表3-29中组合得到的内力,并不一定是最不利内力。例如对于大偏心受压的情况,可能是N较小但不是最小而M又较大时更危险,因此,必要时应根据截面大小偏压的情况重新组合做出最不利的一组内力配筋。最后,在考虑构造要求以后,确定有关控制截面的配筋,并做出结构施工图。

思 考 题

1. 多高层建筑结构体系分为哪几种?每种体系的特点是什么?适用层数及应用范围是什么?
2. 承重框架布置有哪几种形式?
3. 多层及高层结构在进行结构布置时,应考虑哪些原则?
4. 框架计算简图如何确定(包括框架梁、柱截面尺寸确定、框架几何轴线位置等)?
5. 简述竖向荷载作用下分层法计算框架结构内力的基本思路、基本假定及基本步骤。
6. 简述水平荷载作用下计算框架结构内力的反弯点法及D值法的异同点。D值的物理意义是什么?
7. 水平荷载作用下框架侧移包括哪两部分?各自有什么特点?
8. 框架结构设计时一般要对梁端负弯矩进行调幅,现浇框架梁与装配整体式框架梁的负弯矩调幅系数取值是否一致?哪个大?为什么?
9. 如何进行框架梁、柱截面内力组合?
10. 活荷载的最不利布置有哪几种常用的方法?

习　题

1. 分别画出图 3-74 中下述现浇框架在竖向荷载和水平荷载作用下的内力图。

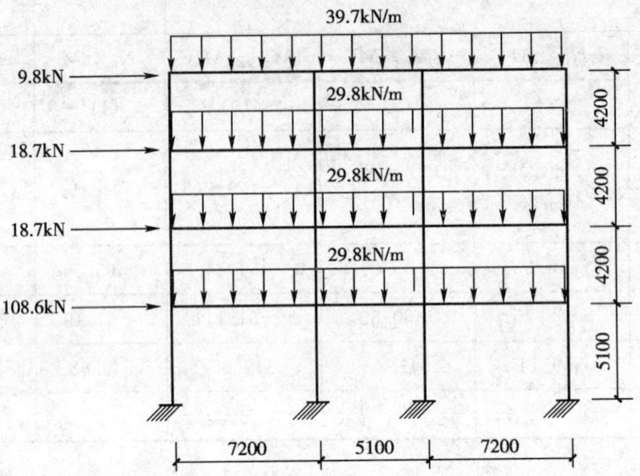

图 3-74　习题 1 附图(尺寸单位:mm)

2. 已知上述框架采用轻质隔墙,混凝土强度等级为 C20,钢筋为 HRB335 级,构件截面尺寸:梁截面 $b\times h=300\text{mm}\times700\text{mm}$,柱截面 $b'\times h'=400\text{mm}\times500\text{mm}$,试验算框架水平荷载作用下的侧移。

附录一 2～5跨等截面等跨连续梁在常用荷载作用下的内力系数表

FULUYI

(1)均布、三角形荷载作用下

M=表中系数×ql^2(或×gl^2)

V=表中系数×ql×(或×gl)

(2)集中荷载作用下

M=表中系数×Ql(或×Gl)

V=表中系数×Q(或×G)

(3)内力正负号规定

M——使截面上部受压、下部受拉为正

V——对邻近截面所产生的力矩沿顺时针方向的为正

荷载图	跨内最大弯矩		支座弯矩	剪力		
	M_1	M_2	M_B	V_A	V_{Bl} V_{Br}	V_C
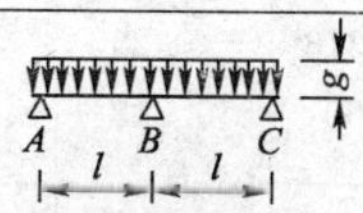 g; A B C; l l	0.070	0.0703	−0.125	0.375	−0.625 0.625	−0.375
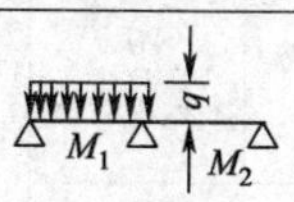 q; M_1 M_2	0.096	—	−0.063	0.437	−0.563 0.063	0.063
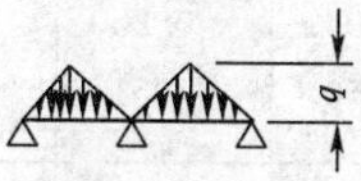 q	0.048	0.048	−0.078	0.172	−0.328 0.328	−0.172
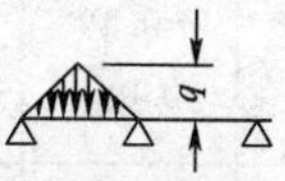 q	0.064	—	−0.039	0.211	−0.289 0.039	0.039
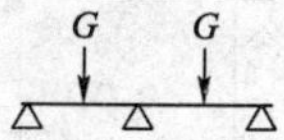 G G	0.156	0.156	−0.188	0.312	−0.688 0.688	−0.312
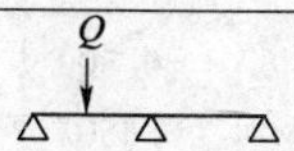 Q	0.203	—	−0.094	0.406	−0.594 0.094	0.094

续上表

荷载图	跨内最大弯矩		支座弯矩	剪力		
	M_1	M_2	M_B	V_A	V_{Bl} V_{Br}	V_C
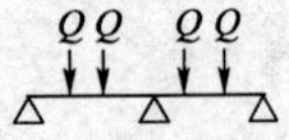 Q Q Q Q	0.222	0.222	−0.333	0.667	−1.333 1.333	−0.667
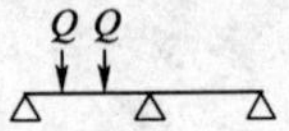 Q Q	0.278	—	−0.167	0.833	−1.167 0.167	0.167

荷载图	跨内最大弯矩		支座弯矩		剪力			
	M_1	M_2	M_B	M_C	V_A	V_{Bl} V_{Br}	V_{Cl} V_{Cr}	V_D
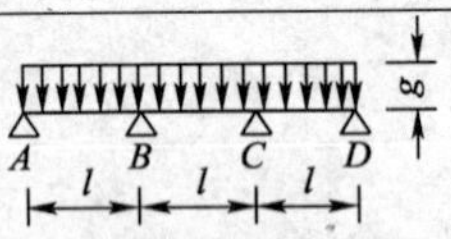 g; A B C D; l l l	0.080	0.025	−0.100	−0.100	0.400	−0.600 0.500	−0.500 0.600	−0.400
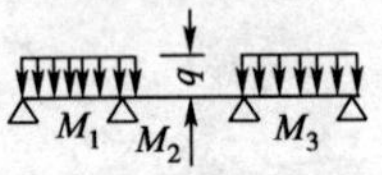 q; M_1 M_2 M_3	0.101	—	−0.050	−0.050	0.450	−0.550 0	0 0.550	−0.450
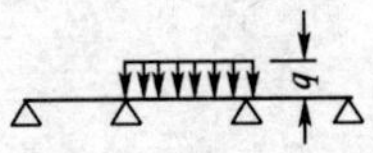 q	—	0.075	−0.050	−0.050	0.050	−0.050 0.500	−0.500 0.050	0.050
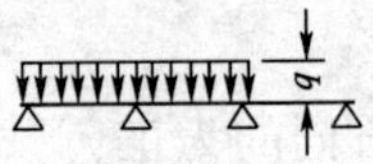 q	0.073	0.054	−0.117	−0.033	0.383	−0.617 0.583	−0.417 0.033	0.033
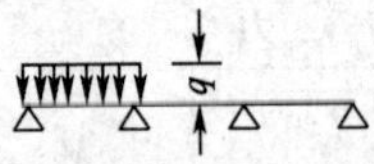 q	0.094	—	−0.067	0.017	0.433	−0.567 0.083	0.083 −0.017	−0.017
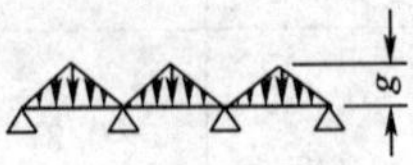 g	0.054	0.021	−0.063	−0.063	0.183	−0.313 0.250	−0.250 0.313	−0.188
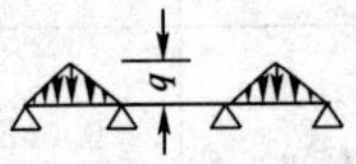 q	0.068	—	−0.031	−0.031	0.219	−0.281 0	0 0.281	−0.219
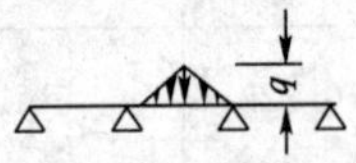 q	—	0.052	−0.031	−0.031	0.031	−0.031 0.250	−0.250 0.051	0.031
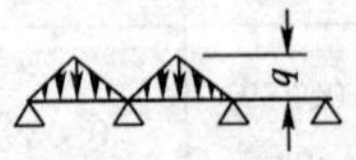 q	0.050	0.038	−0.073	−0.021	0.177	−0.323 0.302	−0.198 0.021	0.021
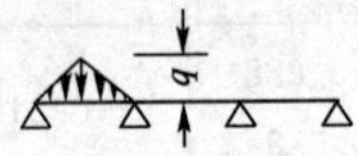 q	0.063	—	−0.042	0.010	0.208	−0.292 0.052	0.052 −0.010	−0.010
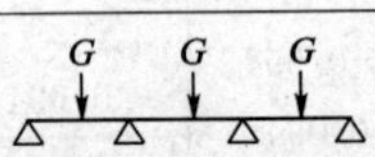 G G G	0.175	0.100	−0.150	−0.150	0.350	−0.650 0.500	−0.500 0.650	−0.350

续上表

<table>
<tr><th rowspan="2">荷载图</th><th colspan="2">跨内最大弯矩</th><th colspan="2">支座弯矩</th><th colspan="4">剪力</th></tr>
<tr><th>M_1</th><th>M_2</th><th>M_B</th><th>M_C</th><th>V_A</th><th>V_{Bl}
V_{Br}</th><th>V_{Cl}
V_{Cr}</th><th>V_D</th></tr>
<tr><td> 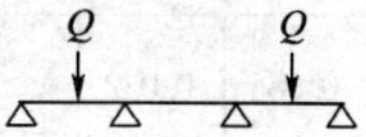</td><td>0.213</td><td>—</td><td>−0.075</td><td>−0.075</td><td>0.425</td><td>−0.575
0</td><td>0
0.575</td><td>−0.425</td></tr>
<tr><td> 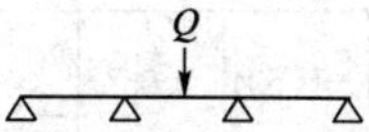</td><td>—</td><td>0.175</td><td>−0.075</td><td>−0.075</td><td>−0.075</td><td>−0.075
0.500</td><td>−0.500
0.075</td><td>0.075</td></tr>
<tr><td> 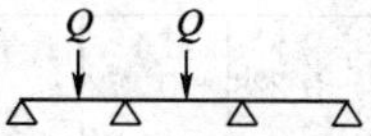</td><td>0.163</td><td>0.137</td><td>−0.175</td><td>−0.050</td><td>0.325</td><td>−0.675
0.625</td><td>−0.375
0.050</td><td>0.050</td></tr>
<tr><td> 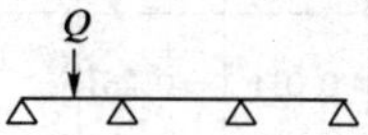</td><td>0.200</td><td>—</td><td>−0.100</td><td>0.025</td><td>0.400</td><td>−0.600
0.125</td><td>0.125
−0.025</td><td>−0.025</td></tr>
<tr><td> 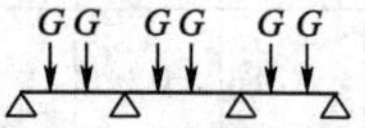</td><td>0.244</td><td>0.067</td><td>−0.267</td><td>0.267</td><td>0.733</td><td>−1.267
1.000</td><td>−1.000
1.267</td><td>−0.733</td></tr>
<tr><td> 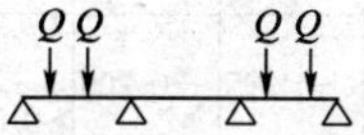</td><td>0.289</td><td>—</td><td>0.133</td><td>−0.133</td><td>0.866</td><td>−1.134
0</td><td>0
1.134</td><td>−0.866</td></tr>
<tr><td> 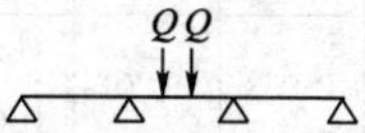</td><td>—</td><td>0.200</td><td>−0.133</td><td>0.133</td><td>−0.133</td><td>−0.133
1.000</td><td>−1.000
0.133</td><td>0.133</td></tr>
<tr><td> 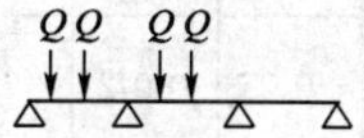</td><td>0.229</td><td>0.170</td><td>−0.311</td><td>−0.089</td><td>0.689</td><td>−1.311
1.222</td><td>−0.778
0.089</td><td>0.089</td></tr>
<tr><td> 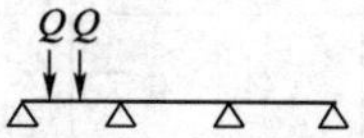</td><td>0.274</td><td>—</td><td>0.178</td><td>0.044</td><td>0.822</td><td>−1.178
0.222</td><td>0.222
−0.044</td><td>−0.044</td></tr>
</table>

<table>
<tr><th rowspan="2">荷载图</th><th colspan="4">跨内最大弯矩</th><th colspan="3">支座弯矩</th><th colspan="5">剪力</th></tr>
<tr><th>M_1</th><th>M_2</th><th>M_3</th><th>M_4</th><th>M_B</th><th>M_C</th><th>M_D</th><th>V_A</th><th>V_{Bl}
V_{Br}</th><th>V_{Cl}
V_{Cr}</th><th>V_{Dl}
V_{Dr}</th><th>V_E</th></tr>
<tr><td> 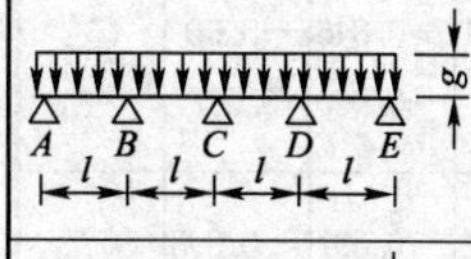</td><td>0.077</td><td>0.036</td><td>0.036</td><td>0.077</td><td>−0.107</td><td>−0.071</td><td>−0.107</td><td>0.393</td><td>−0.607
0.536</td><td>−0.464
0.464</td><td>−0.536
0.607</td><td>−0.393</td></tr>
<tr><td> 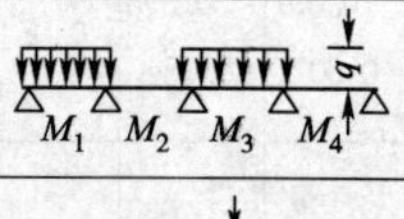</td><td>0.100</td><td>—</td><td>0.081</td><td>—</td><td>−0.054</td><td>−0.036</td><td>−0.054</td><td>0.446</td><td>−0.554
0.018</td><td>0.018
0.482</td><td>−0.518
0.054</td><td>0.054</td></tr>
<tr><td> 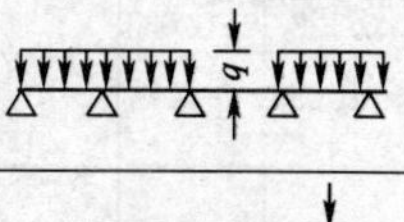</td><td>0.072</td><td>0.061</td><td>—</td><td>0.098</td><td>−0.121</td><td>−0.018</td><td>−0.058</td><td>0.380</td><td>−0.620
0.603</td><td>−0.397
−0.040</td><td>−0.040
−0.558</td><td>−0.442</td></tr>
<tr><td> 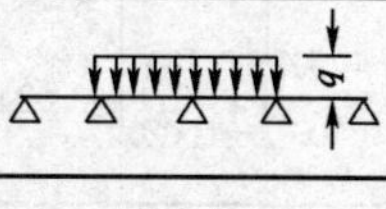</td><td>—</td><td>0.056</td><td>0.056</td><td>—</td><td>−0.036</td><td>−0.107</td><td>0.036</td><td>−0.036</td><td>−0.036
0.429</td><td>−0.571
0.571</td><td>−0.429
0.036</td><td>0.036</td></tr>
</table>

续上表

荷载图	跨内最大弯矩				支座弯矩			剪力				
	M_1	M_2	M_3	M_4	M_B	M_C	M_D	V_A	V_{Bl} V_{Br}	V_{Cl} V_{Cr}	V_{Dl} V_{Dr}	V_E
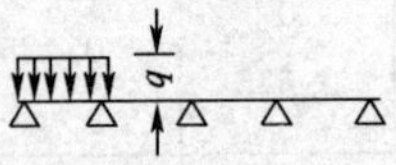 q	0.094	—	—	—	−0.067	0.018	−0.004	0.433	−0.567 0.085	0.085 −0.022	0.022 0.004	0.004
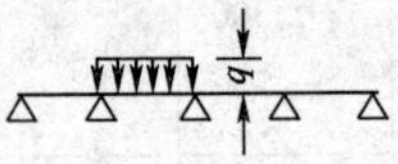 q	—	0.071	—	—	−0.049	−0.054	0.013	−0.049	−0.049 0.496	−0.504 0.067	0.067 0.013	−0.013
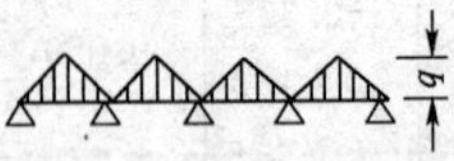 q	0.062	0.028	0.028	0.052	−0.067	−0.045	−0.067	0.183	−0.317 0.272	−0.228 0.228	−0.272 0.317	−0.183
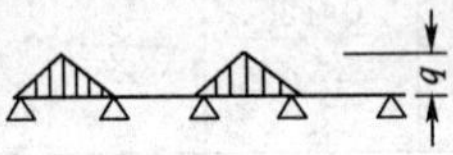 q	0.067	—	0.055	—	−0.084	−0.022	−0.034	0.217	−0.234 0.011	0.011 0.239	−0.261 0.034	0.034
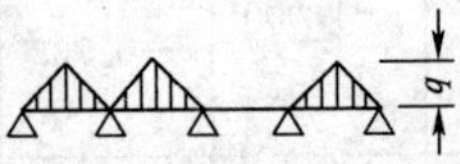 q	0.049	0.042	—	0.066	−0.075	−0.011	−0.036	0.175	−0.325 0.314	−0.186 −0.025	−0.025 0.286	−0.214
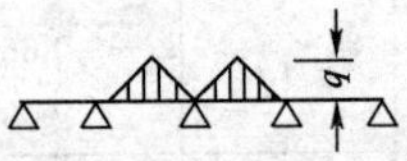 q	—	0.040	0.040	—	−0.022	−0.067	−0.022	−0.022	−0.022 0.205	−0.295 0.295	−0.205 0.022	0.022
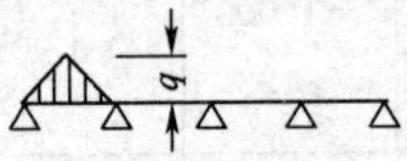 q	0.088	—	—	—	−0.042	0.011	−0.003	0.208	−0.292 0.053	0.063 −0.014	−0.014 0.003	0.003
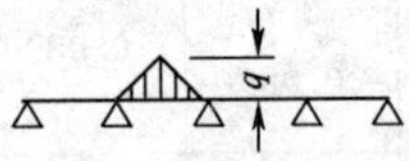 q	—	0.051	—	—	−0.031	−0.034	0.008	−0.031	−0.031 0.247	−0.253 0.042	0.042 −0.008	−0.008
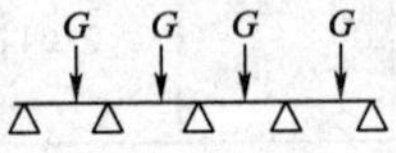 G G G G	0.169	0.116	0.116	0.169	0.161	−0.107	0.161	0.339	−0.661 0.554	−0.446 0.446	−0.554 0.661	−0.330
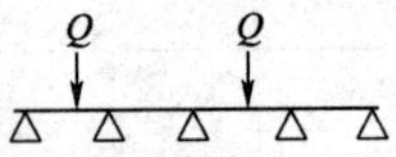 Q Q	0.210	—	0.183	—	−0.080	−0.054	−0.080	0.420	−0.580 0.270	0.027 0.473	−0.527 0.080	0.080
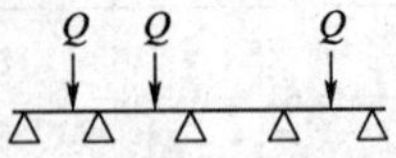 Q Q Q	0.159	0.146	—	0.206	−0.181	−0.027	−0.087	0.319	−0.681 0.654	−0.346 −0.060	−0.060 0.587	−0.413
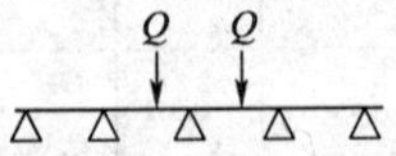 Q Q	—	0.142	0.142	—	−0.054	−0.161	−0.054	0.054	−0.054 0.393	−0.607 0.607	−0.393 0.054	0.054
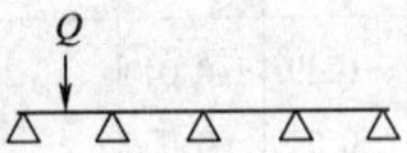 Q	0.200	—	—	—	−0.100	−0.027	−0.007	0.400	−0.600 0.127	0.127 −0.033	−0.033 0.007	0.007
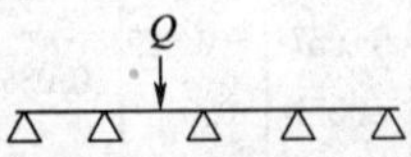 Q	—	0.173	—	—	−0.074	−0.080	−0.020	−0.074	−0.074 0.493	−0.507 0.100	0.100 −0.020	0.020

续上表

荷载图	跨内最大弯矩				支座弯矩			剪力				
	M_1	M_2	M_3	M_4	M_B	M_C	M_D	V_A	V_{Bl} V_{Br}	V_{Cl} V_{Cr}	V_{Dl} V_{Dr}	V_E
GG GG GG GG	0.238	0.111	0.111	0.238	−0.286	0.191	−0.286	0.714	1.286 1.095	−0.905 0.905	−1.095 1.286	−0.714
QQ QQ	0.286	—	0.222	—	0.143	−0.095	−0.143	0.857	−1.143 0.048	0.048 0.952	−1.048 0.143	0.143
QQ QQ QQ	0.226	0.194	—	0.282	−0.321	−0.048	−0.155	0.679	−1.321 1.274	−0.726 −0.107	−0.107 1.155	−0.845
QQ QQ	—	0.175	0.175	—	−0.095	−0.286	−0.095	−0.095	0.095 0.810	−1.190 1.190	−0.810 0.095	0.095
QQ	0.274	—	—	—	−0.178	0.048	−0.012	0.822	−1.178 0.226	0.226 −0.060	−0.060 0.012	0.012
QQ	—	0.198	—	—	−0.131	−0.143	0.036	−0.131	−0.131 0.988	−1.012 0.178	0.178 −0.036	−0.036

荷载图	跨内最大弯矩				支座弯矩			剪力					
	M_1	M_2	M_3	M_4	M_B	M_C	M_D	V_A	V_{Bl} V_{Br}	V_{Cl} V_{Cr}	V_{Dl} V_{Dr}	V_{El} V_{Er}	V_F
g; A l B l C l D l E l F	0.078	0.033	0.046	−0.015	−0.079	−0.079	−0.105	0.394	−0.606 0.526	−0.474 0.500	−0.500 0.474	−0.526 0.606	−0.394
q; M_1 M_2 M_3 M_4 M_5	0.100	—	0.085	−0.053	−0.040	−0.404	−0.053	0.447	−0.553 0.013	0.013 0.500	−0.500 −0.013	−0.013 0.553	−0.447
q	—	0.079	—	−0.053	−0.040	−0.040	−0.053	−0.053	−0.053 0.513	−0.487 0	0 0.487	−0.513 0.053	0.053
q	0.073	②0.059 0.078	—	0.119	−0.022	−0.144	−0.051	0.038	−0.620 0.598	−0.402 −0.023	−0.023 0.493	−0.507 0.052	0.052
q	①— 0.098	0.055	0.064	−0.035	−0.111	0.020	−0.057	0.035	0.035 0.424	0.576 0.591	−0.409 −0.037	−0.037 0.557	−0.443
q	0.094	—	—	−0.067	0.018	−0.005	0.001	0.433	0.567 0.085	0.086 0.023	0.023 0.006	0.006 −0.001	0.001

续上表

荷载图	跨内最大弯矩				支座弯矩			剪力					
	M_1	M_2	M_3	M_4	M_B	M_C	M_D	V_A	V_{Bl} V_{Br}	V_{Cl} V_{Cr}	V_{Dl} V_{Dr}	V_{El} V_{Er}	V_F
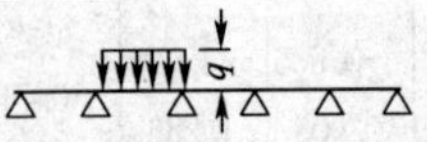	—	0.074	—	−0.049	−0.054	0.014	−0.004	0.019	−0.049 0.496	−0.505 0.068	0.068 −0.018	−0.018 0.004	0.004
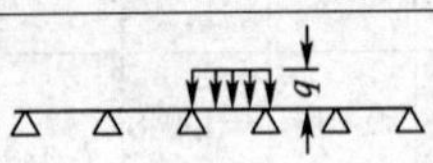	—	—	0.072	0.013	0.053	0.053	0.013	0.013	0.013 −0.066	−0.066 0.500	−0.500 0.066	0.066 −0.013	0.013
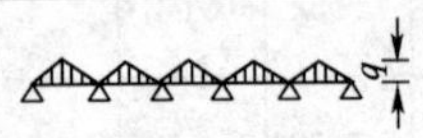	0.053	0.026	0.034	−0.066	−0.049	0.049	−0.066	0.184	−0.316 0.266	−0.234 0.250	−0.250 0.234	−0.266 0.316	0.184
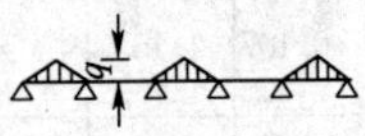	0.067	—	0.059	−0.033	−0.025	−0.025	0.033	0.217	0.283 0.008	0.008 0.250	−0.250 −0.006	−0.008 0.283	0.217
	—	0.055	—	−0.033	−0.025	−0.025	−0.033	0.033	−0.033 0.258	−0.242 0	0 0.242	−0.258 0.033	0.033
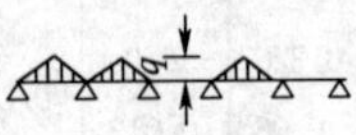	0.049	②0.041/0.053	—	−0.075	−0.014	−0.028	−0.032	0.175	0.325 0.311	−0.189 −0.014	−0.014 0.246	−0.255 0.032	0.032
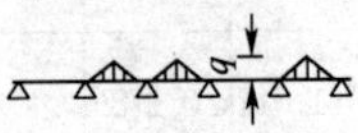	①—/0.066	0.039	0.044	−0.022	−0.070	−0.013	−0.036	−0.022	−0.022 0.202	−0.298 0.307	−0.198 −0.028	−0.023 0.286	−0.214
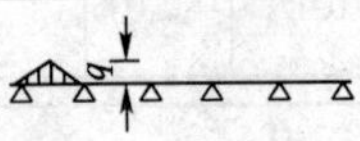	0.063	—	—	−0.042	0.011	−0.003	0.001	0.208	−0.292 0.053	0.053 −0.014	−0.014 0.004	0.004 −0.001	−0.001
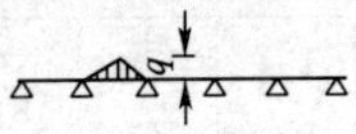	—	0.051	—	−0.031	−0.034	0.009	−0.002	−0.031	−0.031 0.247	−0.253 0.043	0.049 −0.011	−0.011 0.002	0.002
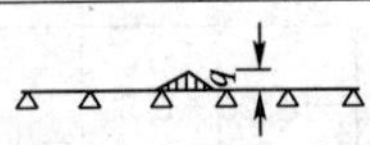	—	—	0.050	0.008	−0.033	−0.033	0.008	0.008	0.008 −0.041	−0.041 0.250	−0.250 0.041	0.041 −0.008	−0.008
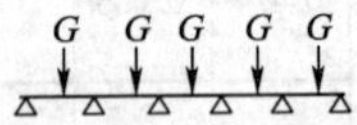	0.171	0.112	0.132	−0.158	−0.118	−0.118	−0.158	0.342	−0.658 0.540	−0.460 0.500	−0.500 0.460	−0.540 0.658	−0.342
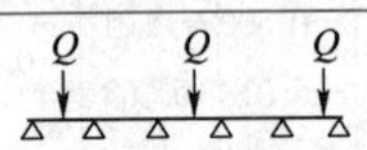	0.211	—	0.191	−0.079	−0.059	−0.059	−0.079	0.421	−0.579 0.020	0.020 0.500	−0.500 −0.020	−0.020 0.579	−0.421
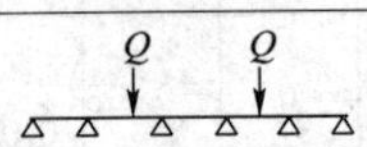	—	0.181	—	−0.079	−0.059	−0.059	−0.079	−0.079	−0.079 0.520	−0.480 0	0 0.480	−0.520 0.079	0.079
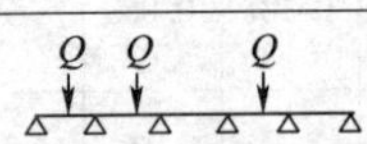	0.160	②0.144/0.178	—	−0.179	−0.032	−0.066	−0.077	0.321	−0.679 0.647	−0.353 −0.034	−0.034 0.489	−0.511 0.077	0.077
	①—/0.207	0.140	0.151	−0.052	−0.167	−0.031	−0.086	−0.052	−0.052 0.385	−0.615 0.637	−0.363 −0.056	−0.056 0.586	−0.414
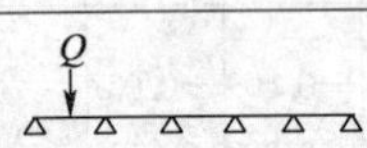	0.200	—	—	−0.100	0.027	−0.007	0.002	0.400	−0.600 0.127	0.127 −0.031	−0.034 0.009	0.009 −0.002	−0.002
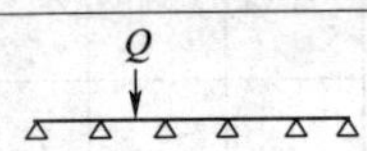	—	0.173	—	−0.073	−0.081	0.022	−0.005	−0.073	−0.073 0.493	−0.507 0.102	0.102 −0.027	−0.027 0.005	0.005
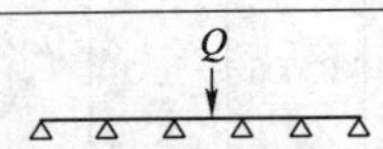	—	—	0.171	0.020	−0.079	−0.079	0.020	0.020	0.020 −0.099	−0.099 0.500	−0.500 0.099	0.090 −0.020	−0.020

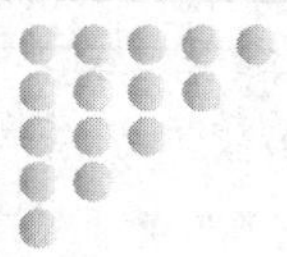

附录二 单阶柱柱顶反力与水平位移系数值

FULUER

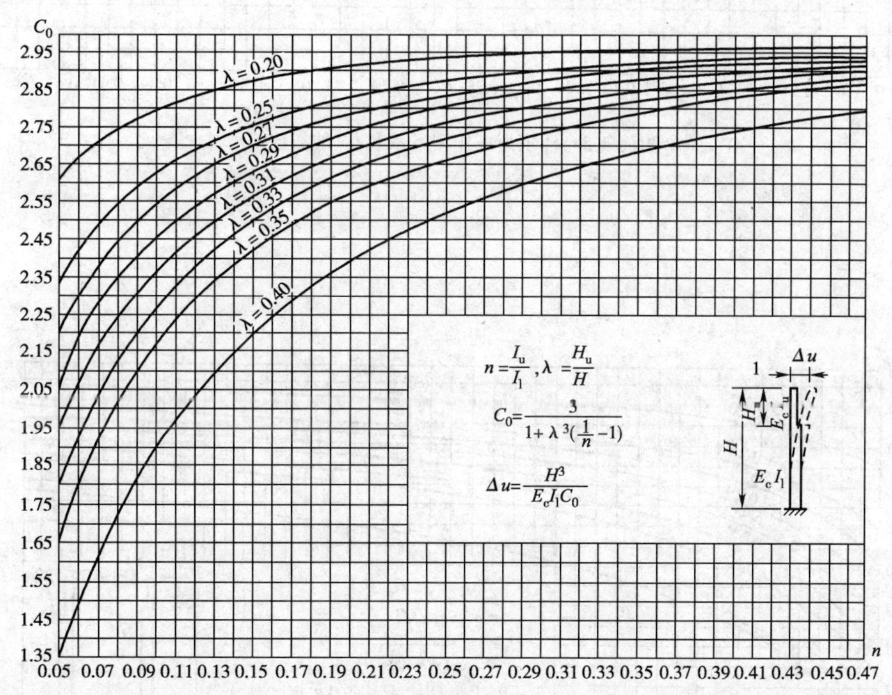

附图 1-1 柱顶单位集中荷载作用下系数 C_0 的数值

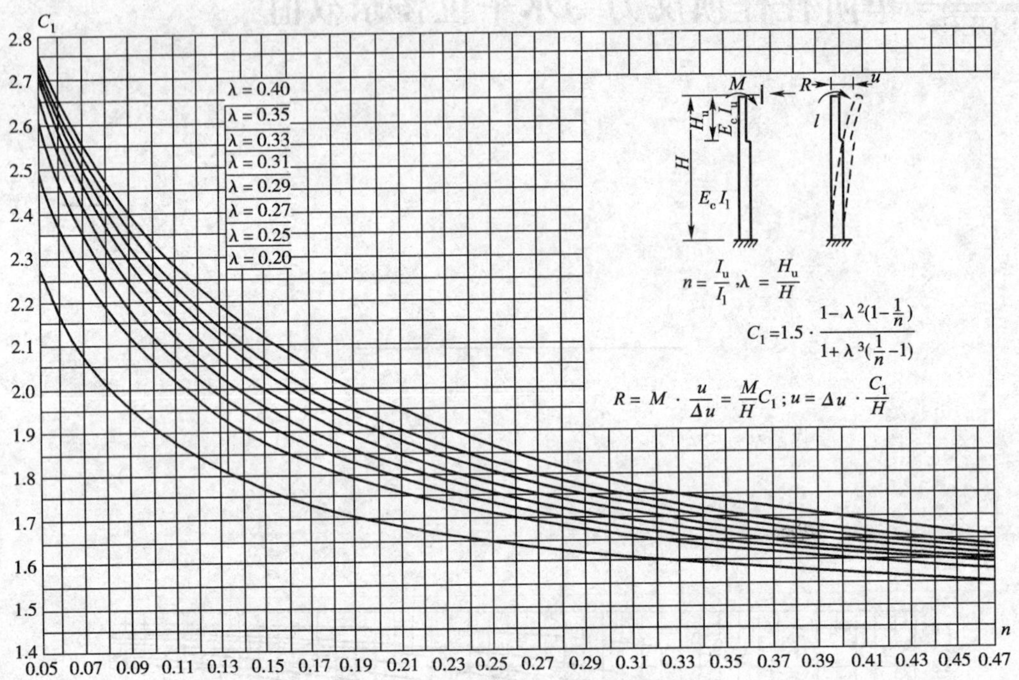

附图 1-2　柱顶力矩作用下系数 C_1 的数值

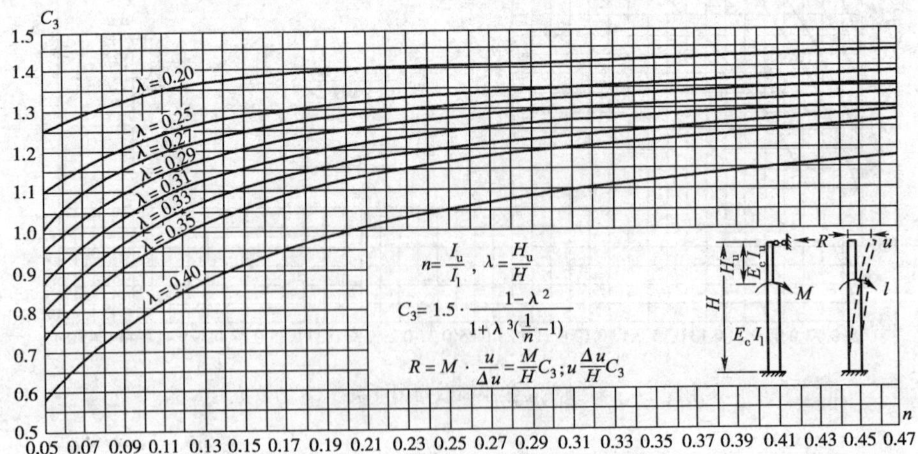

附图 1-3　力矩作用在牛腿顶面时系数 C_3 的数值

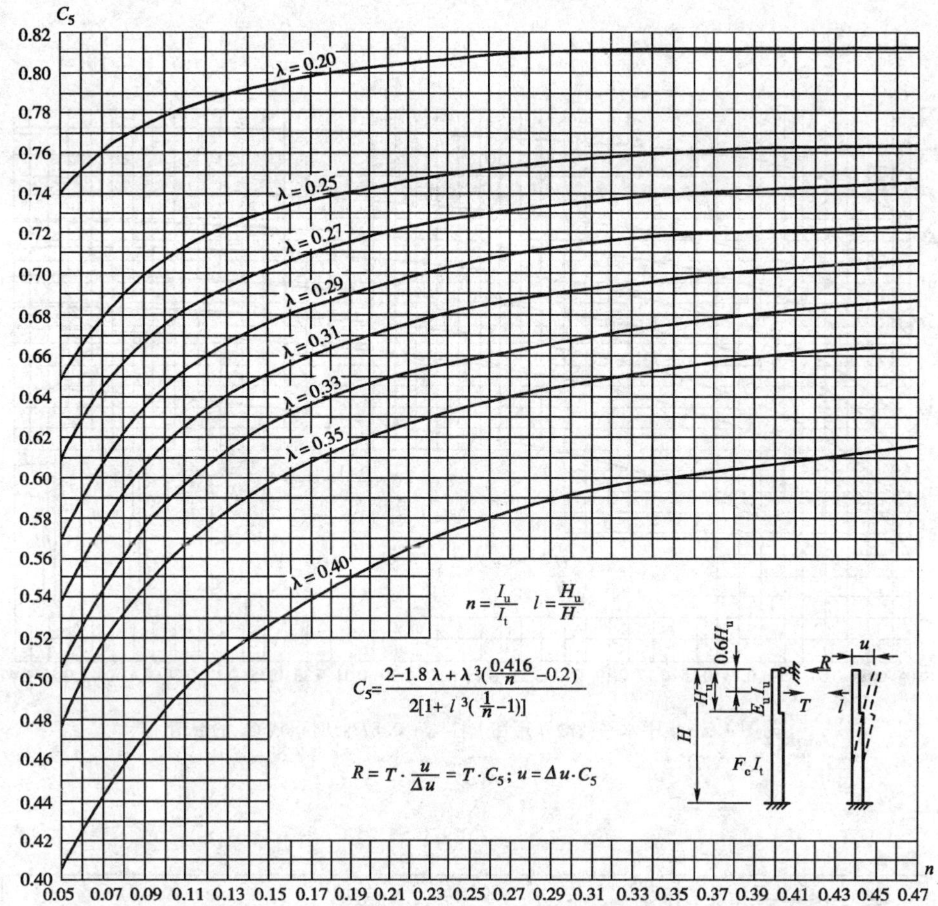

附图 1-4　集中水平荷载作用在上柱($y=0.6H_u$)时系数 C_5 的数值

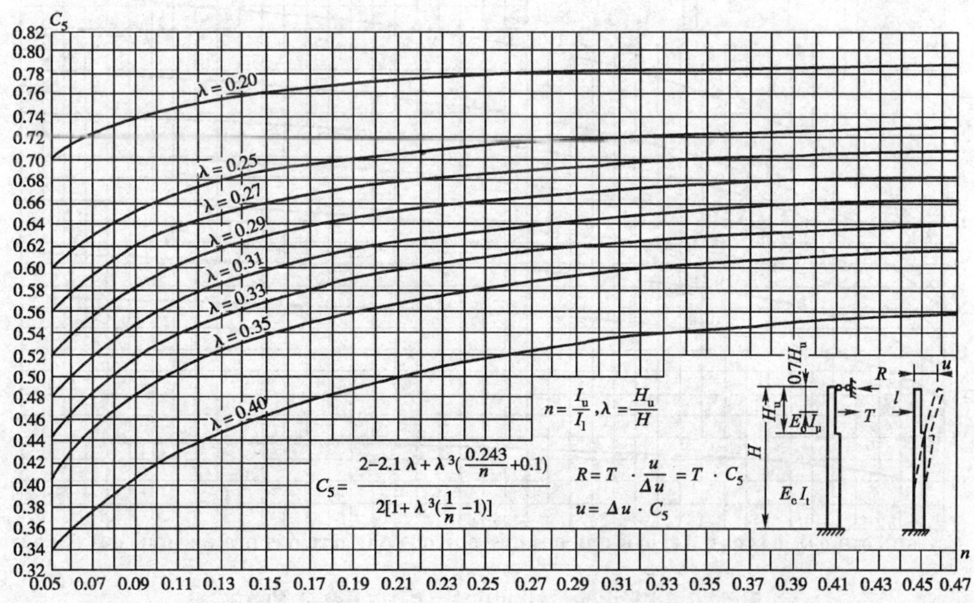

附图 1-5　集中水平荷载作用在上柱($y=0.7H_u$)时系数 C_5 的数值

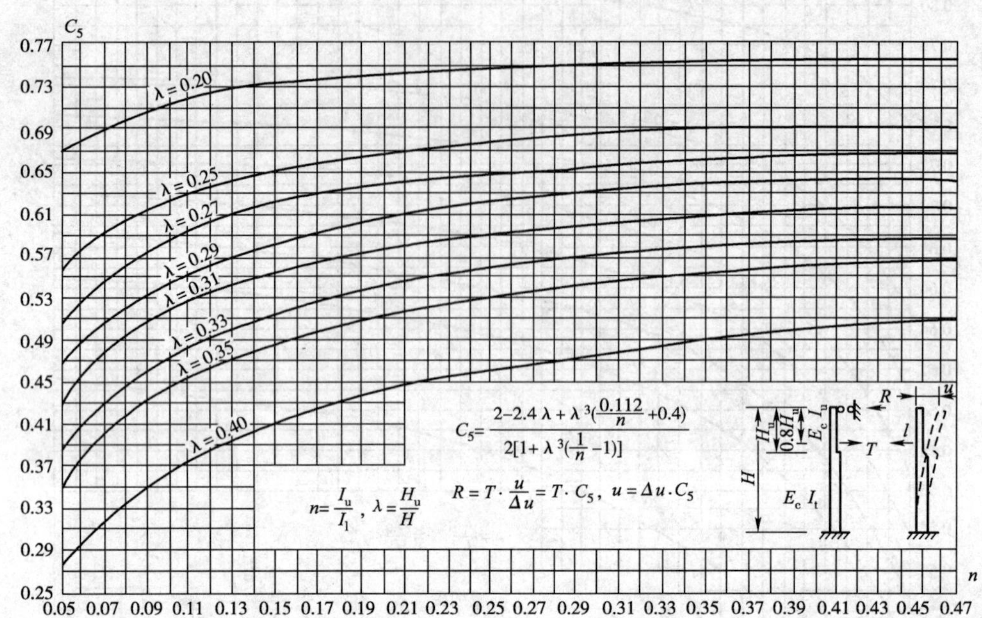

附图 1-6　集中水平荷载作用在上柱($y=0.8H_u$)时系数 C_5 的数值

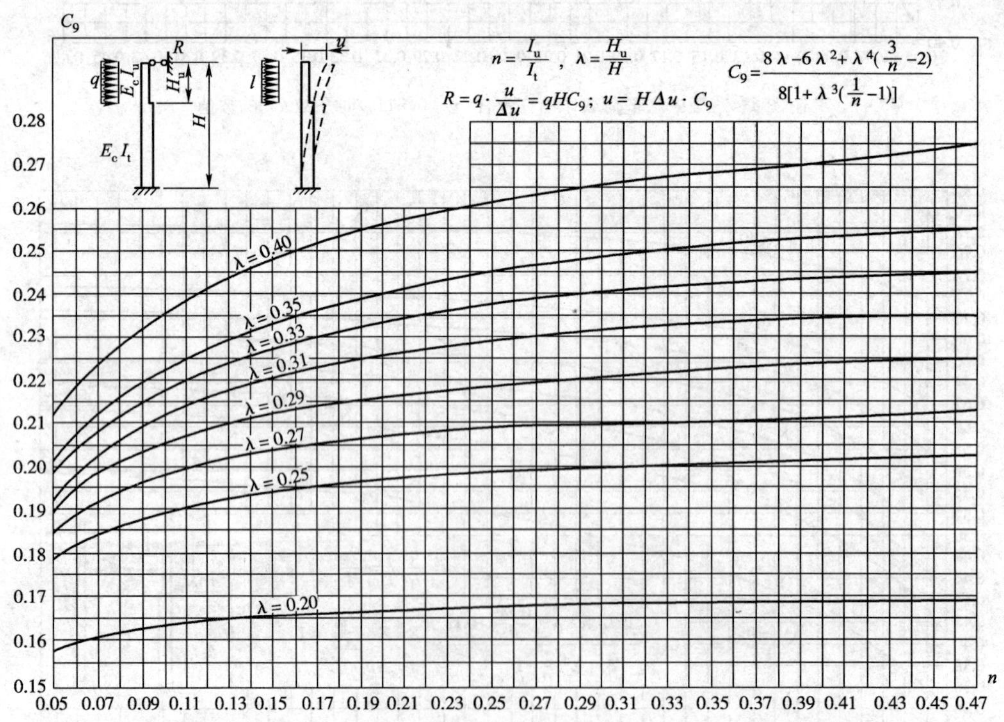

附图 1-7　水平均布荷载作用在整个上柱时系数 C_5 的数值

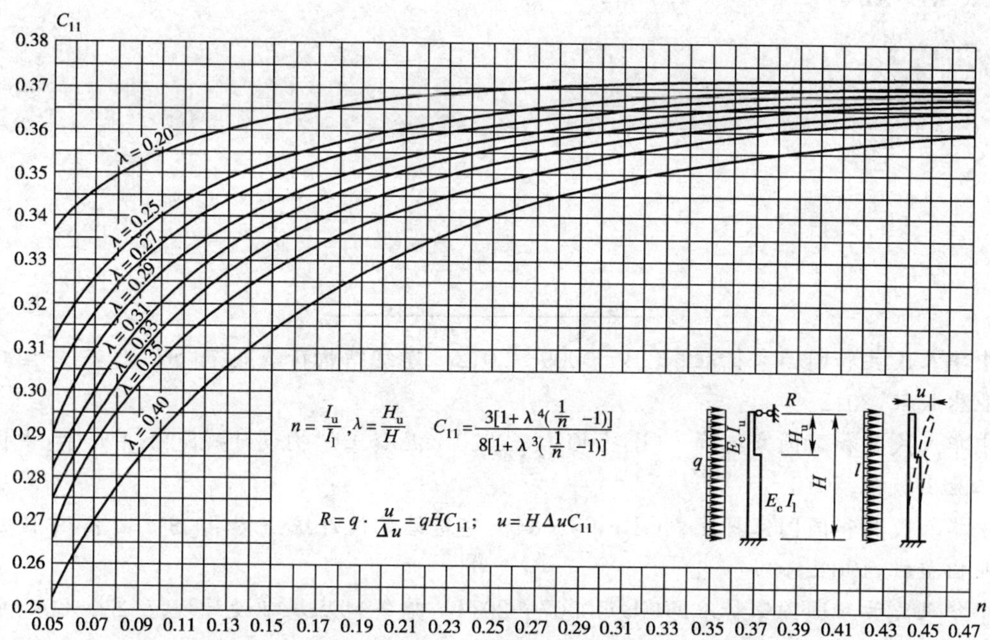

附图 1-8　水平均布荷载作用在整个上、下柱时系数 C_{11} 的数值

参考文献

CANKAOWENXIAN

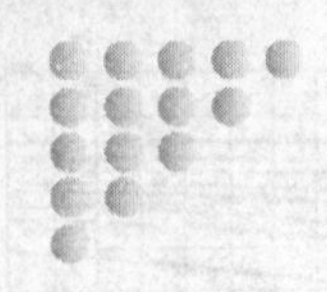

[1] 中华人民共和国国家标准　GB 50009—2012　建筑结构荷载规范[S]. 北京:中国建筑工业出版社,2012.

[2] 中华人民共和国国家标准　GB 50010—2010　混凝土结构设计规范[S]. 北京:中国建筑工业出版社,2010.

[3] 中华人民共和国国家标准　GBJ 68—84　建筑结构设计统一标准[S]. 北京:中国建筑工业出版社,1984.

[4] 中华人民共和国国家标准　GB 50007—2011　建筑地基基础设计规范[S]. 北京:中国建筑工业出版社,2011.

[5] 中华人民共和国国家标准　GB 50011—2001　建筑抗震设计规范[S]. 北京:中国建筑工业出版社,2001.

[6] 中华人民共和国行业标准　JBJ 3—2010　高层建筑混凝土结构技术规程[S]. 北京:中国建筑工业出版社,2010.

[7] 彭少民. 混凝土结构(下册)[M]. 武汉:武汉工业大学出版社,2002.

[8] 沈蒲生. 楼盖结构设计原理[M]. 北京:科学出版社,2003.

[9] 罗国强,陈文棋,邵铁年主编. 房屋建筑工程毕业设计指南[M]. 长沙:湖南科学技术出版社,1994.

[10] 段敬民,林登阁主编. 土木工程专业毕业设计导论[M]. 徐州:中国矿业大学出版社,2009.

[11] 东南大学,天津大学,同济大学. 混凝土结构设计[M]. 北京:中国建筑工业出版社,2002.

[12] 王祖华,陈眼云. 混凝土与砌体结构(下册)[M]. 广州:华南理工大学出版社,1994.

[13] 滕智明,张惠英编. 混凝土结构及砌体结构(下册)[M]. 北京:中央广播电视大学出版社,1997.

[14] 黄双华,宋健夏主编. 混凝土结构及砌体结构(下册)[M]. 重庆:重庆大学出版社,2004.

[15] 沈蒲生,罗国强,熊丹安编著. 混凝土结构(第三版)(下册)[M]. 北京:中国建筑工业出版社,2003.

[16] 天津大学,同济大学,南京工学院等. 钢筋混凝土结构(下册)[M]. 北京:中国建筑工业出版社,1987.

[17] 廉晓飞主编. 钢筋混凝土结构及砖石结构(下册)[M]. 北京:中央广播电视大学出版社,1989.

[18] 沈蒲生,罗国强主编. 混凝土结构(第二版)(下册)[M]. 武汉:武汉理工大学出版

社，1993.
[19] 朱伯龙主编. 混凝土结构设计原理(下册)[M]. 上海：同济大学出版社，1998.
[20] 包进华，方鄂华主编. 高层建筑结构设计[M]. 北京：清华大学出版社，1994.
[21] 陈希哲主编. 土力学地基基础(第三版)[M]. 北京：清华大学出版社，1998.
[22] 吕西林主编. 高层建筑结构[M]. 武汉：武汉工业大学出版社，2001.
[23] 程文瀼，颜德姮，康谷贻主编. 混凝土结构(第二版)(中册)混凝土建筑结构设计[M]. 北京：中国建筑工业出版社，2005.
[24] 方鄂华编著. 多层及高层建筑结构设计[M]. 北京：地震出版社，1994.
[25] 周果行主编. 房屋结构毕业设计指南[M]. 北京：中国建筑工业出版社，2004.
[26] 罗福午主编. 单层工业厂房结构设计(第二版)[M]. 北京：清华大学出版社，1995.
[27] 周克荣、顾祥林、苏小卒主编. 混凝土结构设计[M]. 上海：同济大学出版社，2001.
[28] 舒士霖、邵永治、陈鸣主编. 钢筋混凝土结构设计[M]. 杭州：浙江大学出版社，2001.
[29] 熊丹安主编. 混凝土结构设计[M]. 武汉：武汉理工大学出版社，2006.
[30] 李汝庚、张季超主编. 混凝土结构设计[M]. 北京：中国环境科学出版社，2003.